变电站设备监控与智慧巡检技术丛书

变电站设备监控人机交互技术

主　编　徐　波　王　宾

副主编　李　浩　杨国锋　郝艳军

中国电力出版社

CHINA ELECTRIC POWER PRESS

内 容 提 要

随着电力系统规模不断扩大和智能化水平持续提升，各种变电站设备监控系统不断涌现。本书旨在系统地介绍集控站、变电站设备监控系统的技术和应用，为电力系统设备监控提供参考和指导。

本书主要包含变电站设备监控人机交互技术、变电站设备监控系统概念、集控站设备监控系统人机交互功能设计、变电站层监控界面设计、集控站与变电站数据交互设计和设备监控数据管理六方面内容。

本书适合从事电力系统设备监控和管理工作的人员、电力系统自动化领域的研究人员以及相关专业学生阅读，在促进变电站设备监控人机交互技术的创新和进步方面具有积极作用。

图书在版编目（CIP）数据

变电站设备监控人机交互技术 / 徐波，王宾主编. —北京：中国电力出版社，2023.6
（变电站设备监控与智慧巡检技术丛书）
ISBN 978-7-5198-7722-4

Ⅰ . ①变… Ⅱ . ①徐… ②王… Ⅲ . ①变电所–电力监控系统–人–机系统 Ⅳ . ①TM63

中国国家版本馆 CIP 数据核字（2023）第 064785 号

出版发行：中国电力出版社
地　　址：北京市东城区北京站西街 19 号（邮政编码 100005）
网　　址：http://www.cepp.sgcc.com.cn
责任编辑：罗　艳（yan-luo@sgcc.com.cn，010-63412315）　马雪倩
责任校对：黄　蓓　常燕昆
装帧设计：张俊霞
责任印制：石　雷

印　　刷：三河市万龙印装有限公司
版　　次：2023 年 6 月第一版
印　　次：2023 年 6 月北京第一次印刷
开　　本：710 毫米×1000 毫米　16 开本
印　　张：27.25
字　　数：487 千字
印　　数：0001—2000 册
定　　价：130.00 元

编写人员名单

主　　编	徐　波　王　宾
副 主 编	李　浩　杨国锋　郝艳军
参编人员	龙理晴　刘　熊　宋爱国　吴　琼　李　帆　涂其臣
	赵轶帆　郭丽娟　师　聪　李怀东　华　栋　余大成
	陶可京　许勇刚　姜　帆　孔文萱　周　勇　余江斌
	薛　濛　张维宁　汪子航　郎庆凯　赵明明　李冀宁
	汪　佳　赵福根　林　谋　刘红成　青　鹏　祖振阳
	王明新　周　华　吴怀诚　张　祎　刘家强　罗　磊
	钟　磊　陈明霞　亢　刚　高亚明　孙辰军　高树国
	姚　陶　赵　军　雷　俊　张　睿　陈宏刚　张涛允
	王文龙　臧春艳　赵　勇　郭跃男　兰　森　李文希
	相里子鹏　贾萌萌　杨　扬　于　海　董世文　梁李凡
参编单位	国网江西省电力有限公司超高压分公司
	国网新疆电力有限公司
	国网山东省电力公司超高压公司
	国网辽宁省电力有限公司超高压分公司
	国网重庆市电力公司电力科学研究院
	国网湖南省电力有限公司超高压变电公司
	国网新疆电力有限公司
	清华大学
	东南大学

西安创奕信息科技有限公司

北京国网富达科技发展有限责任公司

北京天成易合科技有限公司

国网浙江省电力有限公司超高压分公司

国网江苏省电力有限公司常州供电分公司

广西电网有限责任公司电力科学研究院

安徽继远软件有限公司

华南理工大学

国网思极网安科技（北京）有限公司

国网江西省电力有限公司上饶供电分公司

国网河北省电力有限公司

国网甘肃省电力公司电力科学研究院

国网江西省电力有限公司九江供电分公司

国网黑龙江省电力有限公司

国网陕西省电力有限公司物资公司

南京南瑞继保电气有限公司

国网智研院

国网重庆市电力公司

亿嘉和科技股份有限公司

华中科技大学

福建和盛高科技产业有限公司

齐丰科技股份有限公司

前 言 Foreword

　　"双碳"目标背景下，构建新型电力系统已成为电力行业转型发展方向，数字化是支撑其建设的有效手段，通过实时监视、数据挖掘分析、智能化决策、数字化控制等，可实现电力系统安全稳定运行。随着电力行业各种智能装备不断涌现和设备集中监控进一步推广应用，变电站设备监控人机交互技术也不断创新和完善，各种变电站设备监控系统陆续被研发、使用。本书旨在系统地介绍集控站、变电站设备监控系统的技术和应用，为电力系统设备监控提供参考和指导。

　　本书主要包含六方面内容：变电站设备监控人机交互技术、变电站设备监控系统概念、集控站设备监控系统人机交互功能设计、变电站层监控界面设计、集控站与变电站数据交互设计和设备监控数据管理。

　　本书适合从事电力系统设备监控和管理工作的人员、电力系统自动化领域的研究人员以及相关专业学生阅读。通过本书可以帮助人们了解电力系统人机交互技术发展史，掌握集控站和变电站设备监控的典型系统架构、应用功能、监控界面和数据管理，助力人们了解变电站设备监控系统的最新技术和应用研究进展，探讨智能化、可视化等发展方向，促进变电站设备监控人机交互技术的创新和进步。

　　本书在编写过程中难免有疏漏之处，欢迎广大读者提出宝贵意见和建议（联系人：徐波，13870391635）。

　　最后，对于本书引用的公开发表国内外有关研究成果的作者及各制造厂家公开发表的科技成果的作者，编者表示由衷的感谢！

编　者

2023 年 3 月 4 日

目　录 Contents

前言

>> **第1章　人机交互技术** ······························· 1

1.1　人机交互定义 ······································· 1

1.2　人机交互主要特征 ··································· 1

1.3　人机交互发展史 ····································· 3

1.4　电力系统人机交互发展史 ··························· 14

1.5　人机交互应用现状 ··································· 18

1.6　人机交互未来发展趋势 ······························ 21

>> **第2章　变电站设备监控系统概念** ·················· 25

2.1　变电站设备监控构成 ································· 25

2.2　变电站设备监控内容 ································· 32

2.3　变电站监控系统需求 ································· 37

>> **第3章　集控站设备监控系统人机交互功能设计** ······· 42

3.1　设计原则与依据 ····································· 42

3.2　典型应用功能说明 ··································· 43

3.3　典型监控界面说明 ··································· 83

3.4　接口一致性要求 ····································· 133

3.5　安全防护要求 ······································· 134

>> **第4章　变电站层监控界面设计** ··················· 136

4.1　总体架构 ··· 136

4.2　设计原则与依据 ····································· 141

4.3 典型应用功能说明 ················· 142

第5章 集控站与变电站数据交互设计 ················· **207**

5.1 集控站业务数据交互 ················· 207

5.2 变电站业务数据交互 ················· 209

第6章 设备监控数据管理 ················· **216**

6.1 概述 ················· 216

6.2 变电站典型数据采集 ················· 218

6.3 变电站设备监控数据传输和存储 ················· 221

6.4 数据分析 ················· 223

附录 ················· **227**

附录1 运维年计划报表 ················· 227

附录2 运维月计划报表 ················· 227

附录3 运维周计划报表 ················· 227

附录4 项目可研初设评审记录 ················· 228

附录5 关键点见证记录 ················· 229

附录6 中间验收记录 ················· 230

附录7 竣工（预）验收及整改记录 ················· 231

附录8 工程遗留问题记录 ················· 232

附录9 工程遗留问题跟踪复验记录 ················· 233

附录10 重大问题反馈单 ················· 234

附录11 精益化评价问题明细表 ················· 234

附录12 精益化评价自查汇总表 ················· 235

附录13 变电站精益化参评申报表 ················· 236

附录14 交流变电站精益化评价整改情况统计表 ················· 237

附录15 年度检修计划模板 ················· 239

附录16 月度检修计划模板 ················· 239

附录17 周工作计划模板 ················· 240

附录18 检修计划管控表模板 ················· 240

附录19 检修总结报表 ················· 241

附录20 带电检测计划表 ················· 242

附录21　带电检测异常分析报告 ……………………………………… 242

附录22　试验报告模板 ……………………………………………… 243

附录23　标准作业卡 ………………………………………………… 244

附录24　变电检测仪器校验周期表 ………………………………… 245

附录25　典型采集数据 ……………………………………………… 248

第**1**章

人 机 交 互 技 术

≫ 1.1　人 机 交 互 定 义 ≪

人机交互（human-computer interaction，HCI）技术是用户通过计算机的输入、输出设备，实现人脑与电脑的相互沟通的技术。早在 20 世纪 80 年代初期，计算机科学领域的一个专业领域人因工程与认知科学便提出了对人机交互的研究和实践，经过了四十年的发展，目前人机交互技术已经成了计算机界面中重要的设计内容之一。

人机交互是一门研究系统与用户之间的交互关系的学问。系统可以是各种各样的机器，也可以是计算机化的系统和软件。人机交互界面通常是指用户可见的部分。用户通过人机交互界面与系统交流，并进行操作。小如收音机的播放按键，大至飞机上的仪表板，或是发电厂的控制室。人机交互界面的设计要包含用户对系统的理解（即心智模型），那是为了系统的可用性或者用户友好性。

计算机技术的发展，使得操作命令和功能逐渐增强，同时随着语音识别、触感操作等新设备的出现，用户和计算机在自然语言层级上的交互已经实现，并朝向更加符合人为习惯的方向不断演化。

≫ 1.2　人 机 交 互 主 要 特 征 ≪

人机交互是研究人、计算机以及之间相互影响的技术。人机交互是人与计算机系统之间的通信，是人与计算机系统之间进行各种符号和动作的双向信息交换。这里的"交互"定义为一种通信，即信息交换，而且是一种双向的信息交换，即可有人向计算机输入信息，又可有计算机向使用者反馈信息。人机交互流程图如图 1−1 所示。

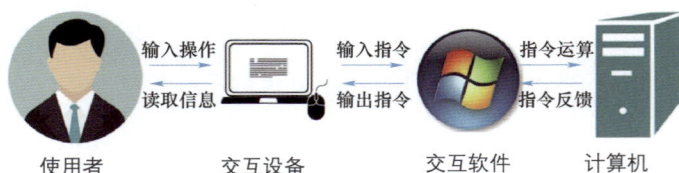

图 1-1 人机交互流程图

如图 1-1 所示，使用者利用交互设备（如鼠标和键盘）输入操作，交互设备读取输入指令下达到计算机交互软件（如 WIN 系统），交互软件利用计算机进行指令运算，得到指令反馈，再输出指令给交互设备（如显示器），最终使用者读取反馈信息，就完成一次人机交互过程。

综上所述，得出人机交互四要素和三特点。

1.2.1　人机交互要素

（1）使用者。在人机交互过程中人是必不可少的，也就是不能缺少使用者。使用者具有操控权，人机交互必须依靠人的主观能动性来调动设备进行交互，任务将用户和计算机的各种行为有机地结合起来。

（2）交互设备。在人机交互过程中交互设备也是不能缺少的，交互设备承担起人机交互的桥梁作用，承载使用者的输入操作，并呈现计算机的输出反馈供使用者识别，都离不开交互设备，是人与计算机信息交换的硬件支持。常见的交互设备有键盘、鼠标、触摸器、显示器、指示灯、陀螺仪等。

（3）交互软件。交互软件是交互计算机的思维，承担起人机交互的桥梁作用，读取交互设备的输入指令下达给计算机运算，并读取计算机指令反馈上传到交互设备，都离不开交互软件，是人与计算机信息交换的软件支持。常见的交互软件有 DOS、Windows.Linux.UNIX、Android.iOS、Symbian.Windows Phone 等。

（4）计算机。计算机在人机交互中扮演使用者的被操作对象，并承担起人机交互的运算作用，对交互软件下达的指令进行运算，并将运算结果反馈给交互软件，都离不开计算机，是交互行为的硬件基础。常见的计算机有电脑主机、手机、VR/AR 设备等。

1.2.2　人机交互特点

（1）使用者具有主动操控权：人机交互中使用者具有主动操控权，人机交互行为是服务于人的行为，必须是使用者发挥主观能动性利用交互设备和计算机达到使用者需求目的，来完成人机交互。使用者具有接受、判断、决策和操作的权利，同时也是主动的，而不是被动地接受信息。

（2）使用者主观意识与计算机指令有效转换：使用者能够及时有效地把信息传递给计算机，能确保计算机得到的指令正确性，依赖于交互设备和交互软件对使用者主观意识的正确解析，有效转换为计算机指令，并下达给计算机运算。

（3）计算机反馈指令与可读取信息有效转换：计算机能够及时有效地把信息反馈给使用者，能确保计算机反馈的指令正确性，依赖于交互设备和交互软件对计算机反馈指令的正确转换，确保使用者得到正确的可读取信息，并且使用者能够根据反馈的信息做出判断。

≫ 1.3　人机交互发展史 ≪

人机交互的发展历史，是从人适应计算机到计算机不断地适应人的发展史。人机交互流程经历了图灵机阶段、作业控制语言及交互命令语言阶段、图形用户界面阶段、自然用户界面阶段、元宇宙五个阶段，人机交互流程如图 1-2 所示。

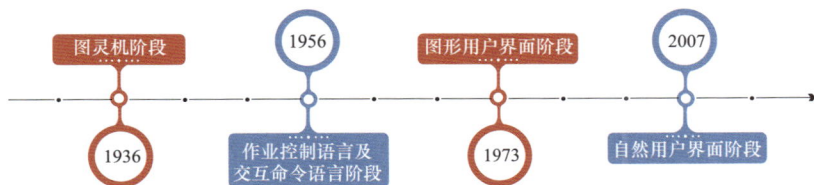

图 1-2　人机交互流程图

1.3.1　图灵阶段

回顾人机交互的发展史，要从计算机的发展史说起，在 1947 年晶体管发明之前，计算机不能称之为电子设备，而叫作机械计算设备。早期机械计算设备，用齿轮、旋钮和开关等机械结构来输入/输出。这些就是交互界面，甚至一些早期电子计算机，也是用一大堆机械面板和线来操作，其输出是打印在纸上。特弗里德·莱布尼茨 1694 年发明的步进计算器如图 1-3 所示。

1936 年，英国数学家艾伦·麦席森·图灵发表了论文《论数字计算在决断难题中的应用》。在这篇奠定电子计算机理论基础的论文中，著名的"图灵机"

诞生了。这个虚构的思想机器，让图灵无意中得到一个天大的收获——通用计算机的可行性，可以将人们使用纸笔进行数学运算的过程进行抽象，由一个虚拟的机器替代人们进行数学运算。此机器的发明目的旨在破解当时二战德国的恩尼格玛密码机。

图 1-3　特弗里德·莱布尼茨 1694 年发明的步进计算器

图灵机是卡带式，操作员将提前编写好的二进制代码编写到纸带上，然后再将这个纸带插入到笨重的机器中，输出依然是打印在纸上，此时的计算机输入是以计算机为照顾对象输入的，因为纸带方便计算机读取信息，但是不适合人类了解纸带里的信息。人类输入程序和信息，但是计算机不会交互式地回应；程序开始运行后会一直进行，直到结束，而且人需要等待很长时间才能得到计算机的反馈，此阶段的人机交互设备原始，依靠硬件反应交互，没有交互软件，所以严格意义上来说，早期的人机交互就是基本没有交互。印有二进制代码的纸带与庞大的图灵机如图 1-4 所示。

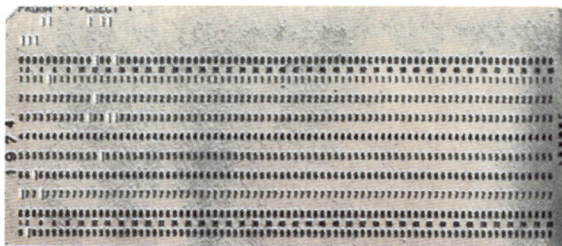

图 1-4　印有二进制代码的纸带与庞大的图灵机

1946 年 2 月 14 日，世界上第一台现代电子计算机"埃尼阿克"（ENIAC）诞生在美国宾夕法尼亚大学，是利用图灵机原理实现的第一台计算机。世界上第一台现代电子计算机"埃尼阿克"（ENIAC）如图 1-5 所示。

图 1-5　世界上第一台现代电子计算机"埃尼阿克"（ENIAC）

"埃尼阿克"（ENIAC）的体积庞大，有 2.4m 高，占地 170 多 m^2，重约 30t，由 17000 个电子管、70000 个电阻、10000 个电容、1500 个继电器和 60000 个开关等组成，耗电近 100kW。"埃尼阿克"（ENIAC）当时曾用于弹道计算。显然，如此庞大的计算机成本很高，使用也不方便。

1.3.2　作业控制语言及交互命令语言阶段（1956～1973年）

图灵机虽然是最早出现的计算机，但上文提到过其并不具备人机交互四要素中交互软件，因此并不能称作人机交互的第一代机器，且图灵机庞大的身躯与效率极低的手动操作方式使得机器的推广受到了极大的限制。手工操作计算机拓扑关系如图 1-6 所示。

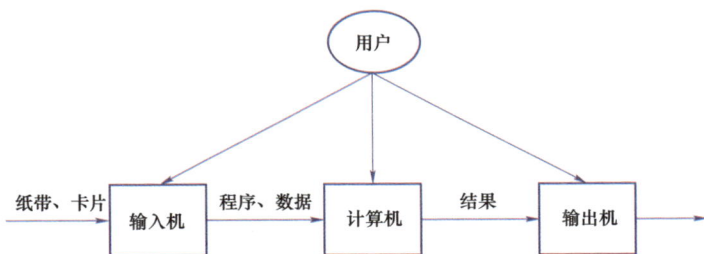

图 1-6　手工操作计算机拓扑关系

到了 20 世纪 50 年代后期，出现了人机交互矛盾，就是手工操作的慢速度和计算机的高速度之间形成了尖锐矛盾，手工操作方式已严重损害了系统资源的利用率（使资源利用率降为百分之几，甚至更低）。唯一的解决办法只有摆脱人的手工操作，实现作业的自动过渡，这样就出现了成批处理。所谓批处理系统，就是加载在计算机上的一个系统软件，在批处理系统的控制下，计算机能够自动地、成批地处理一个或多个用户的作业（作业包括程序、数据和命令），这就是操作系统的前身。

1956 年，鲍勃·帕特里克（Bob Patrick）在美国通用汽车的系统监督程序（system monitor）的基础上，为美国通用汽车和北美航空公司在 IBM704 机器上设计了基本的输入/输出系统，即 GM−NAA I/O，这是有记录以来历史上最早的计算机操作系统，此时的人机交互具备了基本的发展条件，开始慢慢成型。Ibm704 大型机如图 1−7 所示。

图 1−7　Ibm704 大型机

20 世纪中期，键盘开始被用于计算机上，是一种特殊打字机，是专门用于发电报的，叫电传打字机。利用电传打字机，一方的人打的字，可以在另一方显示，使得两个人可以长距离通信；将电传打字机改装一下，就可以用于计算机了，人机交互的方式变成了问答式，利用键盘，用户输入一个命令，然后按回车，命令行处理器通过收到的指令反馈输出到计算机显示屏或打印机，称为"命令行界面"（command-line interface，CLI）。比如，输入 HCI，计算机就会列出所有文件到打印机上，这就是早期的人机交互界面。早期的命令行界面如图 1−8 所示。

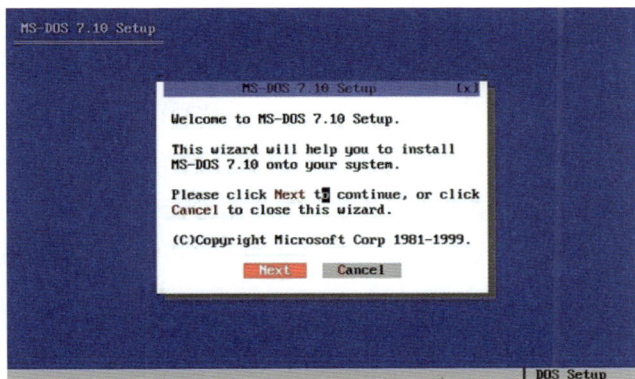

图 1-8　早期的命令行界面

在这个阶段，用户主要通过手和眼对计算器进行输入和输出，计算机通过用户敲击键盘来获取输入，然后通过单一字符对用户进行输出。命令行界面拓扑关系如图 1-9 所示。

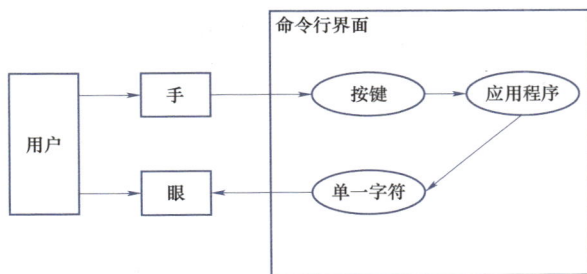

图 1-9　命令行界面拓扑关系

对比没有程序并且体积庞大的图灵机交互，此阶段虽然交互效率与交互效果还有待提升，但实质上已经具备人机交互的四要素以及三个特征。严格意义上来说，CLI 的问答式交互方式已经开创了人机交互先河。

1.3.3　图形用户界面阶段（1973～2007年）

落后的命令行交互方式需要用户花费时间记忆大量的指令，甚至需要兼备计算机领域的专业知识，这使得那个时代人机交互的门槛大大提高，为了使计算机可以大量普及和推广，就需要将人与计算机交互的门槛降低，为此，图形用户界面（graphical user interface，GUI）应运而生。如果把命令行交互方式比喻为一问一答的口头语言的话，图形用户界面则可以称作为肢体语言，它就像人类的肢体语言一样，即使两个语言不通的人，也可以使用简单的肢体语言进行简单的沟通。抽象化的图形桌面就像是连接人和计算机的肢体语言，使得用户可以无须学习编程语言，直接开始通过图形使用计算机。

那么，最早的图形用户界面是何时出现的？

1961 年，研究人机界面的英国的拉夫堡大学的 HUSAT 研究中心和美国施乐公司的 Palo Alto 研究中心相继成立，为人机交互的发展指明了方向。1973 年，施乐帕克研究中心正式发布了 Alto，是世界上第一台使用了图形用户界面（graphical user interface，GUI）的计算机。第一台图形交互计算机 Alto 如图 1−10 所示。

图 1−10　第一台图形交互计算机 Alto

有了图形界面的开创者，后续的发展就开始了，1979 年，年轻的乔布斯参观了施乐帕克研究中心，GUI 的拟真桌面、堆叠的文件夹以及出色的视觉效果深深地震撼了乔布斯。1983 年，苹果公司推出了全球第一款搭载了图形用户界面的个人电脑 Apple Lisa（如图 1−11 所示），时隔一年，Macintosh 电脑也应运而生（如图 1−11 所示），这两款电脑都受到了 Alto 的启发。

（a）Apple Lisa　　　　　　　　　（b）Macintosh

图 1−11　苹果的 Apple Lisa 与 Macintosh

　　1986 年，由麻省理工学院研究出的 X Windows system 是首款用于 Unix 的窗口系统，如图 1－12 所示。

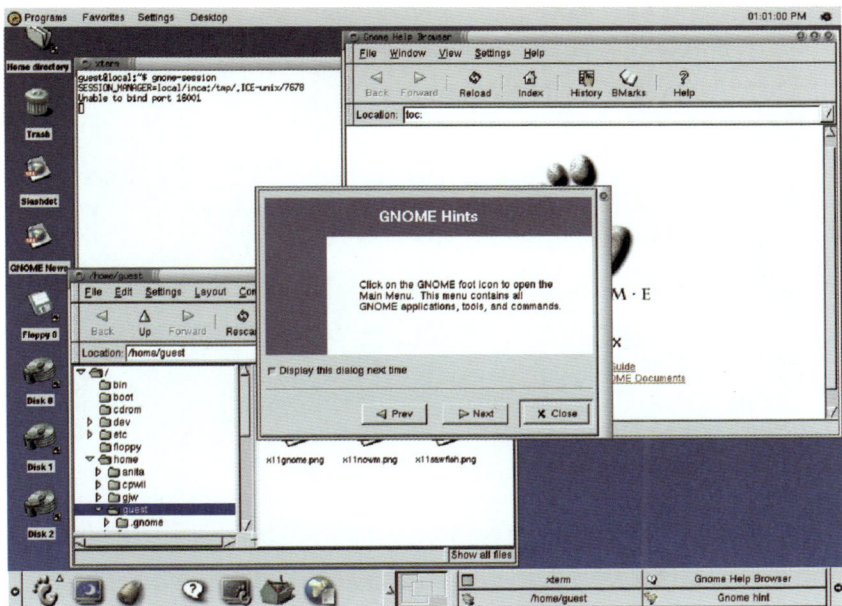

图 1－12　X Windows system

　　1992 年，微软公司发布了 Windows 3.1x 增加了多媒体支持，从此，多媒体的运行更加便捷，如图 1－13 所示。

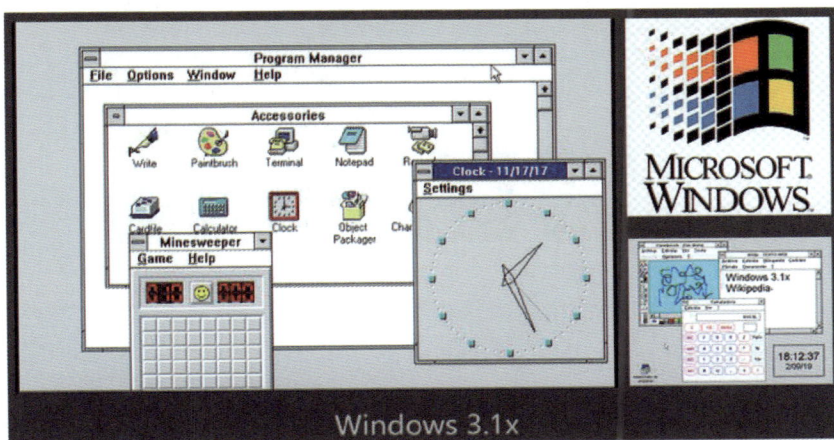

图 1－13　Windows 3.1x

　　1995 年，微软发布了 Windows 95，微软的操作系统外观基本定型，如图 1－14

所示。

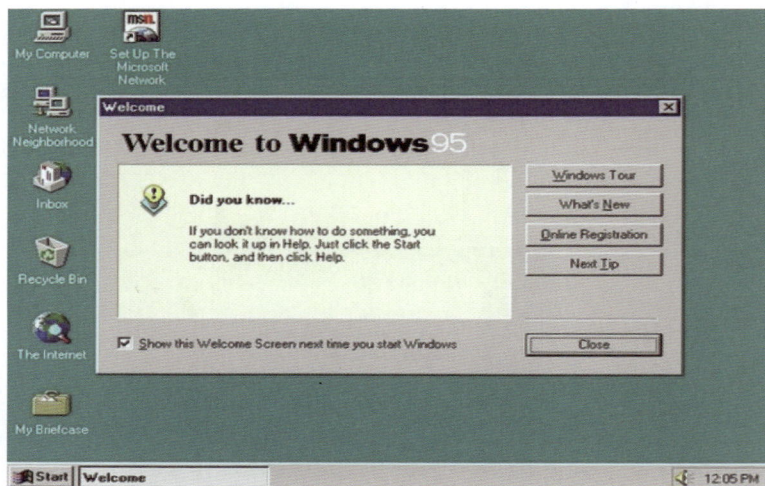

图 1-14　Windows 95

自此，图形用户界面已经变为当今世界操作的电脑的最主要方式，使信息产业得到空前的发展。如今的图形交互界面如图 1-15 所示。

图 1-15　如今的图形交互界面

1.3.4　自然用户界面阶段（2007年至今）

GUI 虽然相比 CLI 入门门槛低，但其本质仍然摆脱不了程序开发者预先设计好的指令进行。20 世纪 90 年代，美国学者"可穿戴设备之父"史蒂夫·曼恩提出了自然用户界面（nature user interface，NUI）的概念，如图 1-16 所示。

他指出 NUI 只需要用户用最自然的方式（语音、面部表情、动作手势、移动身体、旋转头部等）和计算机交流，从而摆脱键盘、鼠标，使得用户与界面更加完美地融合，因此 NUI 是一种无形的交互语言。

2003 年，比尔·盖茨和李开复对这个概念进行了系统、公开的阐述，明确提出 NUI 是微软全力主攻的重要课题。2007 年 1 月 9 日，苹果公司在

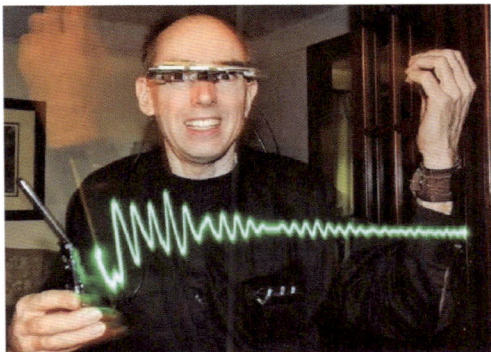

图 1-16　"可穿戴设备之父"史蒂夫·曼恩

Macworld 大会上发布了装载着 iOS 系统的 iPhone 手机，多点触控的自然的交互方式将 NUI 带入人们的日常生活。2008 年，比尔·盖茨在年度消费电子展开幕演讲中提到，NUI 将是下一个"数字十年"的发展方向。随后，NUI 逐渐被大家熟知。随着苹果在 iPhone 4s 上成功推出 Siri 语音助手，这掀起了语音交互方式的热潮。NUI 设备不断发展进化，随后又相继出现 Leap Motion、Google Class、HoloLens 等多媒体、多自然交互方式的 NUI 设备。iPhone 一代如图 1-17 所示。

图 1-17　iPhone 一代

NUI 仅需要人们以最自然的方式与计算机交互，而不必预先学习软件开发者设置好的操作。目前，由于专家学者对"自然"的理解不尽相同，因此 NUI 尚未有统一的界定。从中文翻译"自然"二字看，有两层含义：其一是自然的本质，指事物本身的属性及规律；其二是自然的表象，指事物天然的外在表现。因此，NUI 需要探求用户内在心理，并以用户日常行为为基础进行设计开发，

这也是 NUI 的根本设计原则：更易理解、更易学习、更直观的交互方式。目前 NUI 的发展还停留在触摸、语音、肢体动作等交互方式上，NUI 的发展会继续朝着智能化、多通道、多感官的方向前进。

1.3.5　元宇宙

元宇宙是利用科技手段进行链接与创造的，与现实世界映射与交互的虚拟世界，是具备新型社会体系的数字生活空间，其本质是对现实世界数字化，虚拟化的过程。元宇宙需要对内容生产、经济系统、用户体验以及实体世界内容等进行大量改造；但元宇宙的发展是循序渐进的，是在共享的基础设施、标准及协议的支撑下，由众多工具、平台不断融合、进化而最终成形。

人机交互技术的发展为元宇宙提供了沉浸式虚拟现实体验阶梯，下面从虚拟现实技术（VR）、增强现实技术（AR）、混合现实交互方式（MR）、全息影像技术细说交互。

1.3.5.1　虚拟现实技术（VR）

VR 是一种身临其境的体验，用户可以戴上头显，VR 技术可以让用户看到 360°无死角的虚拟环境，让用户仿佛置身于另一个地方，或者是一个视频、一个游戏里面。VR 效果图如图 1-18 所示。

图 1-18　VR 效果图

1.3.5.2　增强现实技术（AR）

佩戴类 AR 设备可以让文字或者模型投影在用户的眼前。这些投影不能与环境做出互动；而非佩戴类 AR 设备可以透过镜头简单识别指定图片（或者二维码），并把它变成动画的也属于 AR。AR 效果图如图 1-19 所示。

图 1-19　AR 效果图

1.3.5.3　混合现实交互方式（MR）

混合现实交互方式（见图 1-20）融合了 VR 和 AR 的元素，把一个模型放在房间的中间，那么无论用户走到哪去看，模型还是在相同的位置；更进一步的 MR 中，模型再不是叠加在现实视角以上，而是与环境互动，甚至会像实物一样，可以被其他实物掩盖。

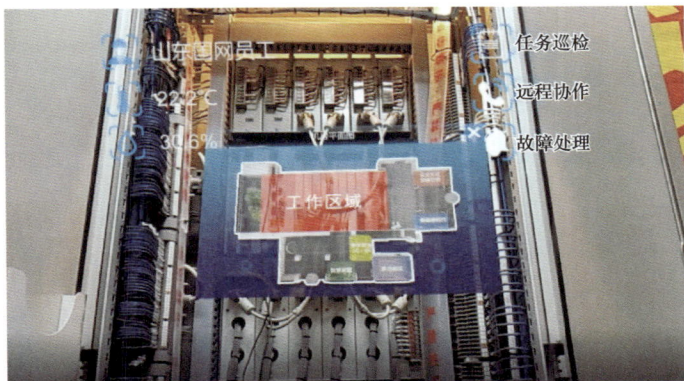

图 1-20　MR 效果图

1.3.5.4　全息影像技术

全息影像技术是摄影技术的下一阶段，记录物体散射的光线，然后将其投影为无须任何特殊设备即可看到的三维（3D）物体；各种全息图已经从透射全息图、彩虹全息图发展到最近的 3D 全息图。关于 3D 全息图的有趣事实是，3D 全息图允许看似真实的物体或动画看起来漂浮在半空中或站在附近的表面上。此外，3D 全息图从四面八方都可见，这意味着用户可以在显示器周围走动，从而形成逼真的图像。全息影像技术效果图如图 1−21 所示。

图 1−21 全息影像技术效果图

元宇宙是一个共享的虚拟空间，允许个人在数字环境中与其他用户进行交互，构建了一个虚拟世界，让人们可以存在于特定的虚拟形象中，就像生活在一个与现实世界平行的世界中。

VR 和 AR 技术的兴起，将是人机交互呈现的新形式。VR 技术将使用户在虚拟的网络世界中获得更真实、具体的体验，使虚拟世界更接近现实世界；AR 技术可以让虚拟融合世界更接近现实。一段时间后，也许一个人在虚拟世界的个人形象会成为其在现实世界中形象属性的一部分。

≫ 1.4　电力系统人机交互发展史 ≪

得益于人机交互的不断发展，电力系统中的人机交互的应用场景也越来越多，其交互方式也由单一的监控演化为智能化人机交互。

1.4.1　国外变电站监控发展

国外变电站监控系统的研究工作始于 20 世纪 70 年代中期，由于变电站在电力系统中的重要性，因此为了保证先进技术的应用不至于影响电力系统的安全运行，几乎所有国家对变电站监控系统的研究和试运行也都是从配电变电站开始。日本在微处理器应用于电力系统方面的研究工作虽然略晚于欧美，但后来居上，于 1975 年由关西电子公司和三菱电气有限公司合作，开始研究用于配电变电站的数字控制系统 SDCS−1，于 1979 年 9 月完成样机制作，同年 12 月在那须其竹克里变电站安装并进行现场试验，1980 年开始商品化生产。20 世

80 年代初，美国西屋公司和美国电力科学研究院联合研制出 SPCS 变电站保护和控制集成系统。1984 年，瑞士也首次推出变电站监控系统。1985 年，德国西门子推出第一套变电站自动化系统 LSA678，在德国汉诺威正式投运，截至 1994 年已有 300 多套同类型系统在德国本土及欧洲其他国家不同电压等级的变电站投入运行。

由此可见，国外研究变电站监控系统始于 20 世纪 70 年代中后期，80 年代发展较快，90 年代技术上有更大的发展，著名的制造厂商颇多。他们研究工作突出的特点是彼此间一开始就十分重视这一领域的技术规范和标准的制定与协调。并由工作组于 2004 年正式发布面向未来变电站自动化的变电站内通信网络和系统的标准。

1.4.2　国内变电站监控发展

在 20 世纪 50 年代，国内电力系统的监测研究主要是模拟监测，遥控装置中使用的元器件主要采用的是电子管；电磁继电器盒采用连续步进选择器，容量小、维护工作量大、可靠性差。到了 20 世纪 60 年代，国内开发了一种基于半导体元件的非接触式遥控装置，使用数字技术进行遥测远程信号，并可以进行远程控制和远程调制，其被称为数字集成遥控装置，性能得到显著改善；但是，这种设备是以有线逻辑方式构建的，其功能和容量受到限制。20 世纪 70 年代后期，国内研究者采用数字化集成遥控装置开发了可编程遥控装置，具有适应性强、易扩展等优点，极大地提高了电力监控系统的研究水平。20 世纪 80 年代中期，清华大学在山东威海望岛 35kV 变电站用 3 台微型计算机实现了全站的微机继电保护、监测和控制功能。20 世纪末到 21 世纪初，随着大规模集成电路技术、微计算机技术、通信技术，特别是现场总线和网络技术的发展，使监控系统的技术进一步向前发展。

根据变电站监控发展过程及系统结构特点，归纳起来可分为四个阶段：

（1）第一阶段：远动终端设备。远动终端设备是基于 RTU、变送器及继电保护与自动装置等设备的变电站综合自动化系统。该类系统实际上是在常规的继电保护及二次接线的基础上增设 RTU 装置以实现"四遥"。结构上仅是站级概念，有关重要信息通过硬接点送给 RTU 装置；变电站的监测量一般经变送器变换后送给 RTU；开关监测量是直接引至 RTU。RTU+继电保护如图 1-22 所示。

（2）第二阶段：变电站计算机监控系统。变电站计算机监控系统从硬件结构上按功能对装置进行了划分，摒弃了集中式单 CPU 结构而走向分散，系统由数据采集单元，主机单元、遥控执行单元、保护单元组成；各功能单元通过通

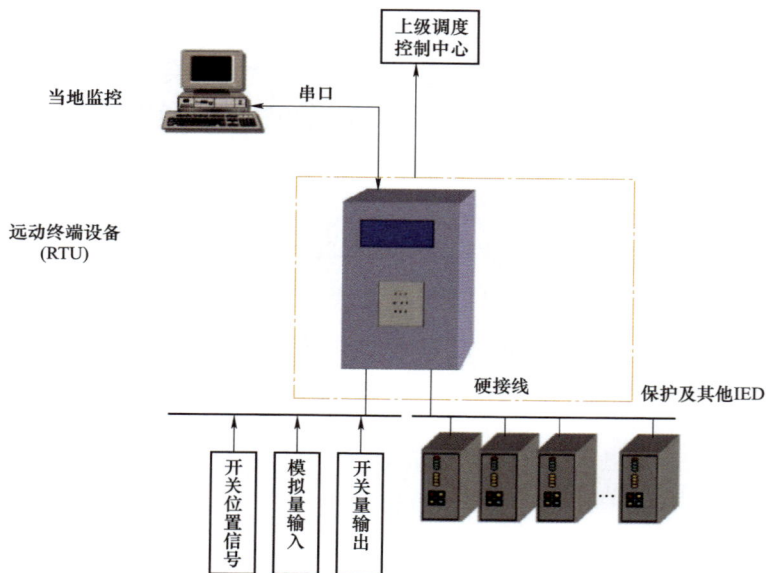

图 1-22　RTU+继电保护

信网络等手段实现有机结合，构成系统。该类系统可替代常规的保护屏、控制屏、中央信号屏、远动屏、测量仪表等。具有较强的在线功能，各种功能比较完善，且人机界面较好；但系统仍然比较复杂，联结电缆较多，系统可靠性不太高。这类系统虽然做到了一定程度上的分散，但没有从整体上来考虑变电站综合自动化系统的结构，一般仅是监控系统和保护系统简单地相加。监控系统（RTU 模式）+继电保护如图 1-23 所示。

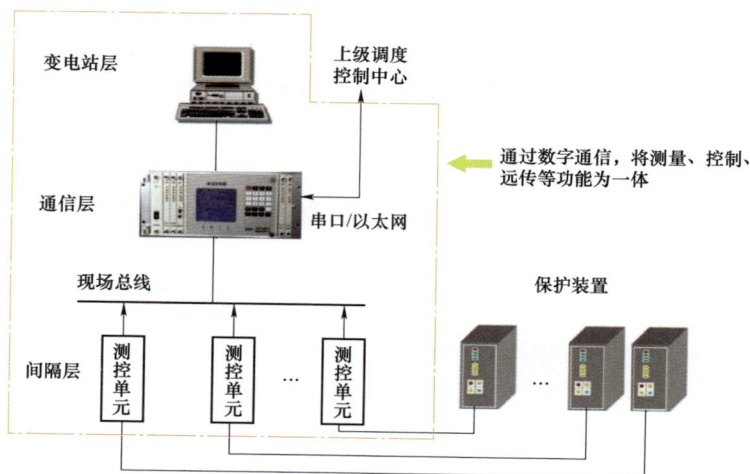

图 1-23　监控系统（RTU 模式）+继电保护

（3）第三阶段：变电站综合自动化系统。变电站综合自动化系统引入了站控级和间隔级概念，系统采用分层分布式结构。设备分变电站层设备（站控级）和间隔层设备（间隔级）。变电站层设备是通过间隔层设备了解和掌握整个变电站实时运行情况，并通过间隔层设备实现变电站控制，它还负责站内信息收集、分析、存储以及与远方调度中心的联系。RTU 模式–分层分布式如图 1–24 所示。

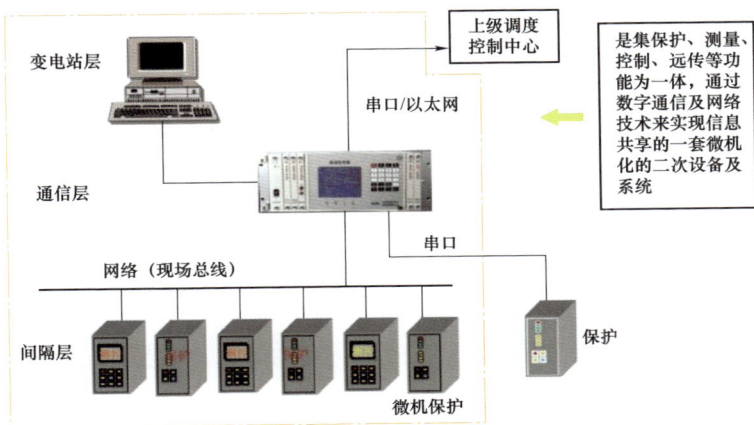

图 1–24　RTU 模式–分层分布式

（4）第四阶段：变电站自动化系统（数字化变电站）。数字化变电站实现了过程设备数字化、站内信息网络化、断路器设备智能化，所有智能电子设备（IED）通信接入，形成了全开放式的结构，监控系统采用分层分布式，组网采用以太网为主，现场总线和串口通信为辅。变电站自动化系统如图 1–25 所示。

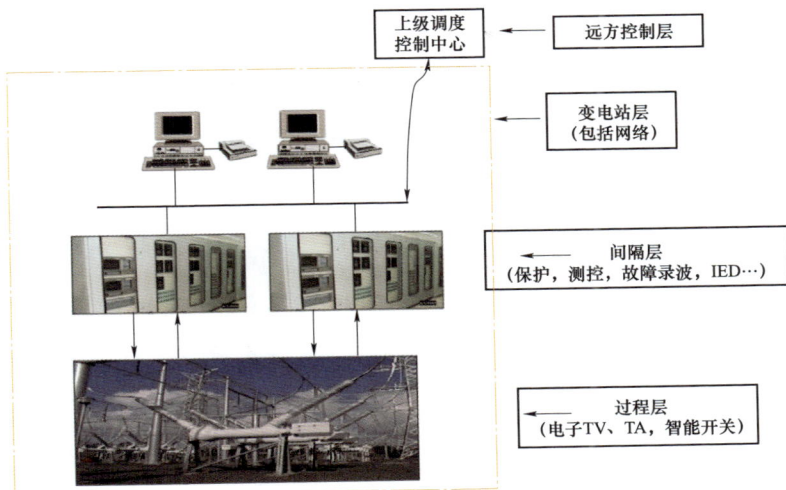

图 1–25　变电站自动化系统

≫ 1.5 人机交互应用现状 ≪

人机交互从图灵机阶段后，反馈输入形式经历了"命令行界面（CLI）–图形用户界面（GUI）–自然用户界面（NUI）"的更迭过程，对应视觉输出内容从单调的一维语句到二维图形，再到三维空间物体的呈现形式，同时辅以声学设备强化听觉输出效果。此外输出设备也从大型主机、台式屏显，演变至笔记本电脑、手机甚至微型投影，逐步走向可移动化和智能化。人机交互的输入形式从用机器语言与机器交互，进化到了用自然语言与机器交互，使输入和输出形式持续向贴近人类本能进化。

目前人机交互已在各个领域有了较成熟的应用范围，主要应用场景如下：

1.5.1 智能终端

目前各类智能家居产品在生活中越来越多，而人们对智能家居人机交互便捷性、高效性的要求也越来越高，人机交互成了科学研究的重中之重。

手机人机交互一直都是影响用机体验的重要因素，手机的交互方式从最初的实体按键到屏幕触控进行了全面升级。手机 App 相比传统的手动交互，实现了远程控制和定时开关，如苹果、华为等品牌的手机 App，不仅拥有这两种功能，还能设置情景模式，实现一键多控，非常便捷，此外，通过手机摄像功能还可以远程监控室内环境。苹果 HomeKit 智能家居如图 1–26 所示。

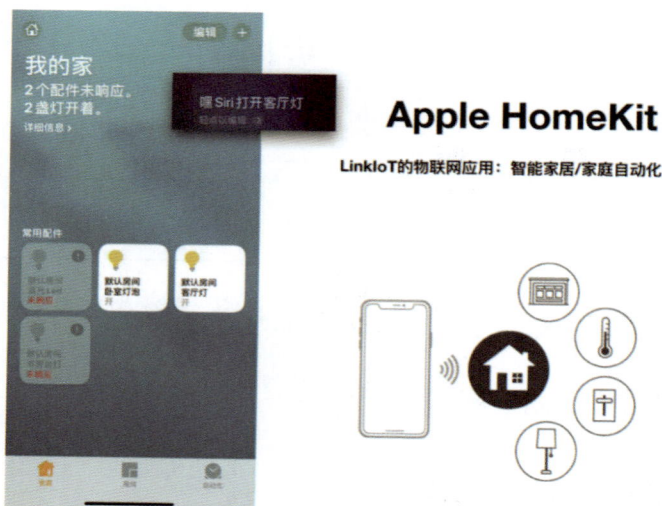

图 1–26 苹果 HomeKit 智能家居

　　智能手机时代的到来，让人机交互思路有了非常大的改变。虚拟导航键直接以画面的形式显示在屏幕上取代了以往的实体导航键，同时在手机上加入指纹识别、人脸识别等可以简化密码解锁的操作步骤，这些变化都让日常使用变得更加方便；为了提升交互效率，许多手机还内置了智能语音助手，简单的语音指令就能实现复杂的操作；随着操作系统的发展进化，新技术使得手机与个人电脑间无线多屏协同，文件分享功能，使得交互更加便捷自然。

1.5.2　智能穿戴

　　可穿戴移动终端是近年来国内外的研究热点，在军事、工业、医疗、航天航空等领域有着广泛的应用前景，人机交互技术是其核心技术，近年来，美国、芬兰、日本等国家都验证了多媒体终端裸指触觉再现的可行性。目前，触觉再现渲染方法研究主要集中在机械力触觉再现设备上，这可以解决人在三维空间进行交互时无触觉反馈的问题。力触觉反馈如图 1-27 所示。

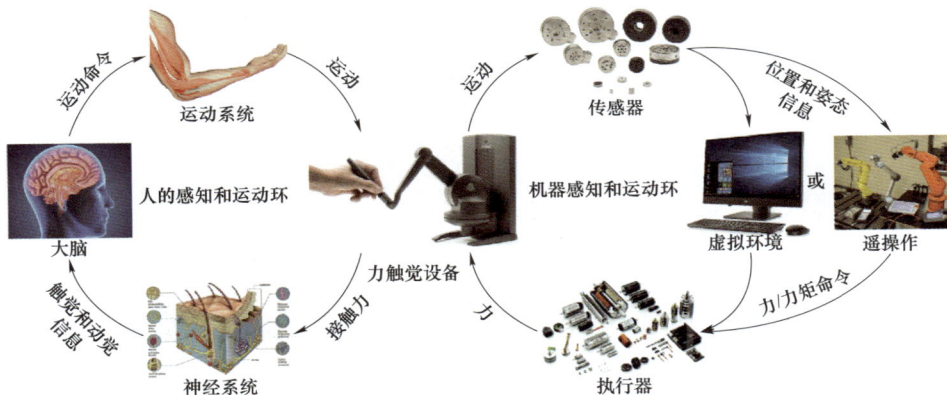

图 1-27　力触觉反馈

　　头盔显示器从 1966 年问世以来，首先在军事上发挥着重要作用，如美国 Honeywell 公司 IHADSS 头盔显示器。近几年，面向消费市场的民用头盔显示技术逐步发展起来，出现了很多商业化的产品，如 2013 年 OculusVR 公司推出的 Oculus Rift，具有高分辨率、大视场角、轻质量的特点；在透视显示方面，微软公司在 2015 年发布了 HoloLens，具有良好的显示性能，可以准确地实时跟踪用户的头部运动，提供即时的交互体验。变电站检修人员佩戴 HoloLens 2 眼镜现场工作如图 1-28 所示，HoloLens 2 眼镜效果图如图 1-29 所示。

图 1-28　变电站检修人员佩戴 HoloLens 2 眼镜现场工作

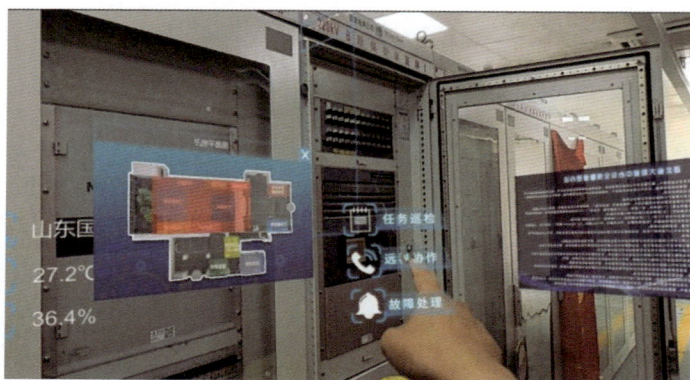

图 1-29　HoloLens 2 眼镜效果图

在自然语言识别方面，目前国际上也涌现出多个研究项目，如美国 IBM 公司长期经营的"Watson"计算机系统项目、日本的"Todai"机器人项目等。近年甚至引入了采集生理信号的生物计算，逐渐从传统传感器采集向纳米织物采集过渡，即通过设计新型纳米材料，在长期舒适的穿戴中智能化地采集心电、肌电等生理信号。

1.5.3　脑机接口

脑机接口，指在人或动物大脑与外部设备之间创建的直接连接，实现脑与设备的信息交换。在该定义中，"脑"一词意指有机生命形式的脑或神经系统，而并非仅仅是"意念"；"机"意指任何处理或计算的设备，其形式可以从简单

电路到硅芯片

1973 年美国加州大学洛杉矶分校教授雅克·维达尔提出了脑机接口这一概念，并证明人可以用意念引导光标穿过一个简单的虚拟迷宫。到目前为止，脑机接口的研究已持续了超过 40 年，人们从实验中获得的此类知识也获得了显著增长。在多年来动物实验的实践基础上，应用于人体的早期植入设备被设计及制造出来，用于恢复损伤的听觉、视觉和肢体运动能力。研究的主线是大脑不同寻常的皮层可塑性，它与脑机接口相适应，可以像自然肢体那样控制植入的假肢。在当前所取得的技术与知识的进展之下，脑机接口研究的先驱者们可令人信服地尝试制造出增强人体功能的脑机接口，而不仅仅止于恢复人体的功能。

2011 年，美国布朗大学成功帮助四肢瘫痪多年的凯茜·哈钦森用意念驱动机械臂握住一个瓶子，慢慢地送到嘴边，用吸管喝咖啡，然后把瓶子放回桌子上。2020 年，浙江大学求是高等研究院脑机接口研究所在"植入式脑机接口临床转化应用研究"上取得了重要的阶段性成果。该团队在国内首次通过对一位高位截瘫志愿者脑内植入阵列电极，从而意念控制机械手臂的三维运动完成进食、饮水和握手等一系列上肢重要功能运动。该研究的成功标志着我国脑机接口技术在临床转化应用研究中已跻身国际先进行列。特斯拉团队一直致力于脑机接口的研究，该装置用于人类身上，让无法行走或无法使用手臂的人再次恢复行动力。脑机接口植入"写我所想"如图 1-30 所示，脑内植入式 Utah 阵列电极如图 1-31 所示。

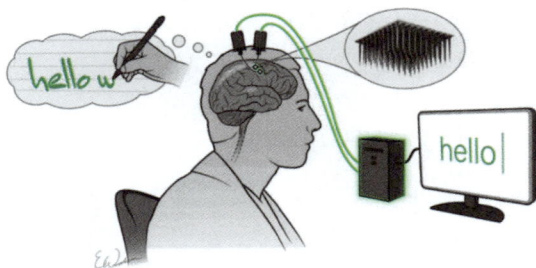

图 1-30　脑机接口植入"写我所想"图　　图 1-31　脑内植入式 Utah 阵列电极

≫ 1.6　人机交互未来发展趋势 ≪

随着计算机技术迅猛发展出现的可穿戴设备等新交互设备，使得人机交互空间发生了极大变化，这就产生了语音分析、手势识别、运动跟踪、凝视控制等新的交互方法，而使用心电图、声音、面部特征等独特个人特征的安全认证技术的发展，也在指引和扩展着人机交互技术的趋向和范围。这种由计算机技术发展带来的人机交互发展，将随着其他学科领域的综合应用，逐渐走向一个新的阶段。电影"头号玩家"展示的未来元宇宙背景下的人机交互场景如图1-32所示。

图1-32　电影"头号玩家"展示的未来元宇宙背景下的人机交互场景

1.6.1　人机交互的新定义

人机交互最早始于计算机学科与人机工程学的交叉，随着技术的不断发展，认知心理学、社会学及设计学逐渐被引入到人机交互中。如今，人机交互涉及了计算机科学、心理学、社会学、人机工程学等多个研究和应用领域，成为广受关注的交叉学科。

在智能时代背景下，人工智能和传感器技术迅猛发展。新技术的发展对人机交互提出了新的要求，人机交互研究内容从微观到宏观、从交互转向实践、从虚拟转向现实、从心理学层面转到社会学层面。传统的交互定义已经无法满足人机交互发展的需求。因此，从定义上对人机交互进行重新审视显得十分必要。

未来的人机交互，将会演变成"交互人"和"智能机"在物理空间、数字空间及社会空间等不同空间上的交互。这里的"交互人"指的是能和计算机自然交互的人类；"智能机"指的是具有人的意图表达和感知能力的智能计算机。如图1-33所示给出了基于"交互人"与"智能机"两个角色的人机交互的交互模型。未来人机交互技术的发展，除从各类不同角度上对人机交互的各类因素进行研究外，人作为人机交互的核心，也将随着技术的发展与交互设备融为一体。因此，未来的人机交互将趋同于"感知"，计算机的主要交互行为将变成感知行为、感知自然现象、感知人的现象、感知人类行为，从而实现为人类服务。

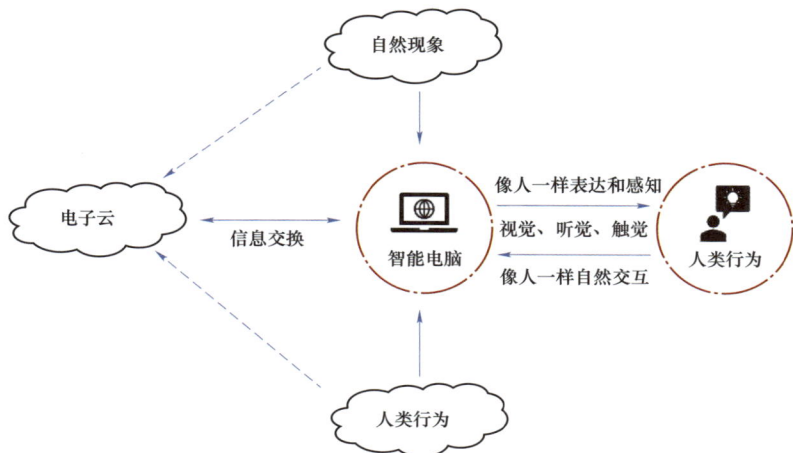

图 1-33　基于"交互人"与"智能机"的交互关系示意图

　　自然交互技术的发展，将使人机交互越来越接近真实世界中人与物、人与人的交互。所涉及的人在生理、认知、情感、社会、文化等方面的属性，在深度和广度上都将会不断超越目前人机交互涉及的水平，因此需要那些以人为主要研究对象的更多相关学科的更深度的支持和交叉融合。人类经过长期进化，形成了在物理世界和社会关系中高度发达的"直感"。比如，人可以很好地感觉到自己的任何举动在物理世界或社会关系中可能产生的作用，并基于这样一种认识来指导自己的所作所为。在人机交互的未来发展中，把这种"直感"在人机交互的设计和建造中加以再现，将是一个极具挑战性的趋势目标。

1.6.2　从人机交互到人机共生

　　如果说计算机改变了人们的工作方式，那么目前正以前所未有的方式快速发展的智能手机、可穿戴设备等正在改变人们的生活方式。由于对这些移动设备的依赖，某种程度上人与计算机已经在一定程度上形成了一种"共生"关系，如图 1-34 所示。

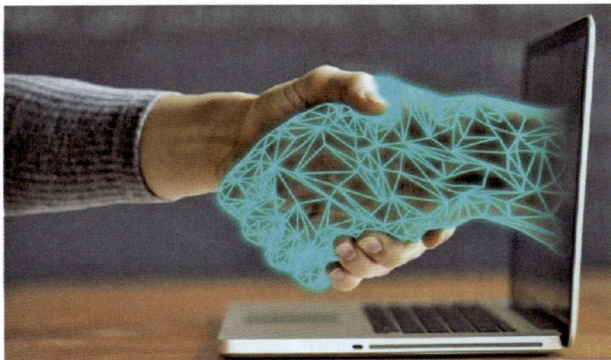

图 1-34　人机共生

人机交互发展的总体趋势是持续向着以用户为中心、交互方式更加直观的方向发展。在发展过程中，首先是侧重于交互的人机交互（HCI），然后到以人为中心的计算（human-centered computing，HCC），最终走向去中心化的人机共生系统（human-computer symbiosis，CHS）。早在 1960 年，麻省理工的约瑟夫·利克莱德教授就提出了"人机共生"的概念，该理论指出人类和计算机能够合作做出决策和控制复杂的情况，而不依赖于预先确定的程序。在预期的共生伙伴关系中，人类将设定目标，制定假设，确定标准，并进行评估。计算机将会做一些常规的工作，为人类在技术和科学思考方面的见解和决策做好准备。

在人工智能和便携设备逐渐走入个人生活和社会生活的今天，个人和社会的发展已经难以适应机器的智能。正如前面所提到的，未来人机交互的"人"将会随着技术的发展进化为与交互设备融为一体的"交互人"，也是人机共生系统里面的"人"。这对人机交互的设计、开发和评估活动的方法都提出了严峻挑战。这要求人机交互的设计、开发和评估活动从实验室更多地转向原生态真实世界。

实现这样的人机交互发展趋势需要以对交互现象系统深入的认识为良好基础。交互现象的研究，以往无论在学术界还是工业界，都主要采用基于实验室和研究人员与用户面对面为主要特征的研究方法，这将无法适应无处不在的交互现象。未来的交互现象研究将需要工具的支持，迅速发展的移动计算、普适计算、元宇宙技术，为相应工具的发展提供了广泛可能。可以预见，未来的用户研究实践发展趋势将是人工方法与智能交互技术的结合，从而为未来人机交互发展提供相适应的支持。

第2章

变电站设备监控系统概念

　　变电站在电力系统中担负着接受和分配电能的职责,随着电力系统的发展,供电系统也变得越来越复杂,这就要求变电站在运行中的可控性也要随着系统发展不断提高。为了监视与处理变电站内电气设备的运行状况,及时处理故障与隐患,长期以来各级电力部门在变电站采取了许多措施,包括装设各种保护装置和各种自动装置,制订各种操作规程和管理规程。但随着电力系统电压等级的不断提高、输电容量的不断扩大,电力设备的安全可靠运行问题也更加突出。一直以来,各研究单位、高等院校、设备制造厂家、电力部门为提高变电站的自动化水平、安全、稳定运行能力,不断采用各种新技术、新措施进行新产品的研发和应用。为保证变电站的安全与经济运行,在站内建有监视、测量、控制与保护系统,实现对站内的主要设备和辅助设备的运行管理。应用于变电站的监控系统主要跨越了三个发展阶段即传统的机械+人工式监控、监视与控制自动化的阶段以及今天智能化的监控系统。

　　变电站智能化监控系统以智能化一次设备、统一的信息平台以及网络化二次设备等为基础,采用电子、信息、传感器、控制、人工智能、通信等各种先进的技术,从而实现远程监控变电站设备、控制程序化的自动运行、智能分析决策、状态检修设备、自适应运行状态、发生网络故障后的自动重构、中心信息灵活交互的调度等功能,实现自动化的运行管理,实现一次、二次设备的智能化。

≫ 2.1　变电站设备监控构成 ≪

　　新一代变电站设备监控系统基于一体化基础平台,在安全Ⅰ区、Ⅱ区、Ⅳ区建设集控相关应用功能。根据安全防护要求,安全Ⅰ区、安全Ⅱ区间配置防火墙，安全Ⅰ、Ⅱ与Ⅳ区间配置正反向物理隔离；集控系统基于平台提供的服务总线、信息总线等公共服务实现应用功能与信息交互，基于平台人机界面实现Ⅰ区、Ⅱ区主辅设备信息一体化展示。

如图 2-1 所示，变电站监控系统按照安全分区划分，其功能主要分布于安全Ⅰ区和安全Ⅱ区，主辅设备信息在Ⅰ区、Ⅱ区分开采集，在Ⅰ区统一处理，实现一体应用及展示。在安全Ⅰ区中，监控主机采集站内主设备实时数据以及辅助设备重要量测和关键告警数据、下发设备控制指令，经过数据处理后，按需求在监控主机上进行显示，并将实时数据存入数据服务器。

在安全Ⅱ区中，综合应用服务器与输变电设备状态监测和辅助设备进行通信，采集电源、计量、消防、安防、环境监测等信息。安全Ⅱ区通过变电站服务网关机按需获取保信、录波、辅助设备及运维诊断等信息，下发辅助设备操作指令等信息。

安全Ⅳ区主要实现统计分析、运维管理等功能，通过在线智能巡视系统接入变电站在线智能巡视主机的视频和告警等数据，下发视频、巡检机器人的控制指令，实现设备的在线智能巡视。

从变电站数据传输结构中不难看出，监控系统在纵向和横向两个方向都起到了至关重要的作用，纵向方面，与变电站间通过实时网关机、服务网关机、在线智能巡视主机进行数据采集和指令交互；横向方面，与调度系统、业务中台通过标准化的模型数据进行信息交互，与统一视频平台通过标准接口进行交互。

2.1.1　硬件构架

监控系统硬件配置含数据库服务器、数据采集及应用服务器、监控/维护工作站、交换机，并按电力监控系统安全防护规定配置了防火墙、隔离装置、纵向加密装置等；Ⅳ区配置镜像服务器，作为Ⅰ、Ⅱ区数据的镜像，Ⅳ区配置应用服务器处理监控站运维管理等业务应用，同步服务器实现与业务中台的数据交互。运维班配置交换机、延伸工作站及纵向加密装置支撑运维班业务；核心设备冗余配置、主辅设备数据统一存储，硬件配置支持弹性伸缩，应用功能模块化组合。变电站监控系统硬件构架如图 2-2 所示。

变电站监控系统由站控层、间隔层、过程层设备，以及网络和安全防护设备组成。

（1）站控层。站控层设备包括自动化站级监视控制系统、站域控制、通信系统、对时系统等，实现面向全站设备的监视、控制、告警及信息交互功能，

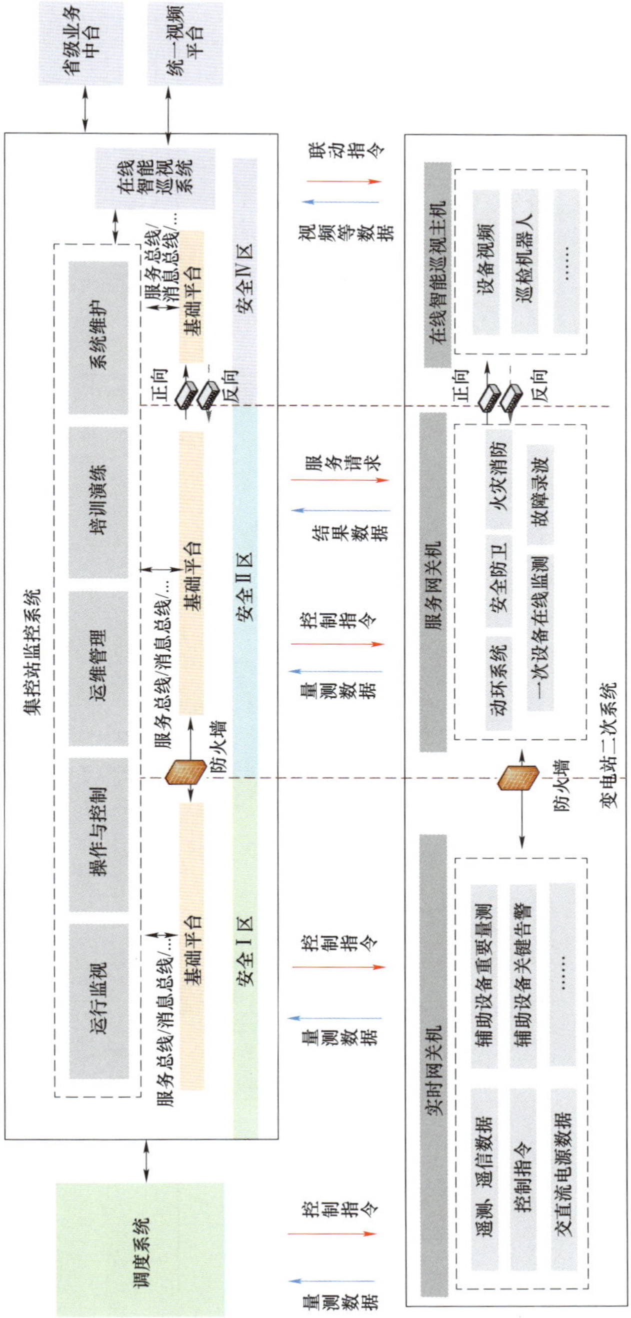

图 2-1　变电站监控系统构架

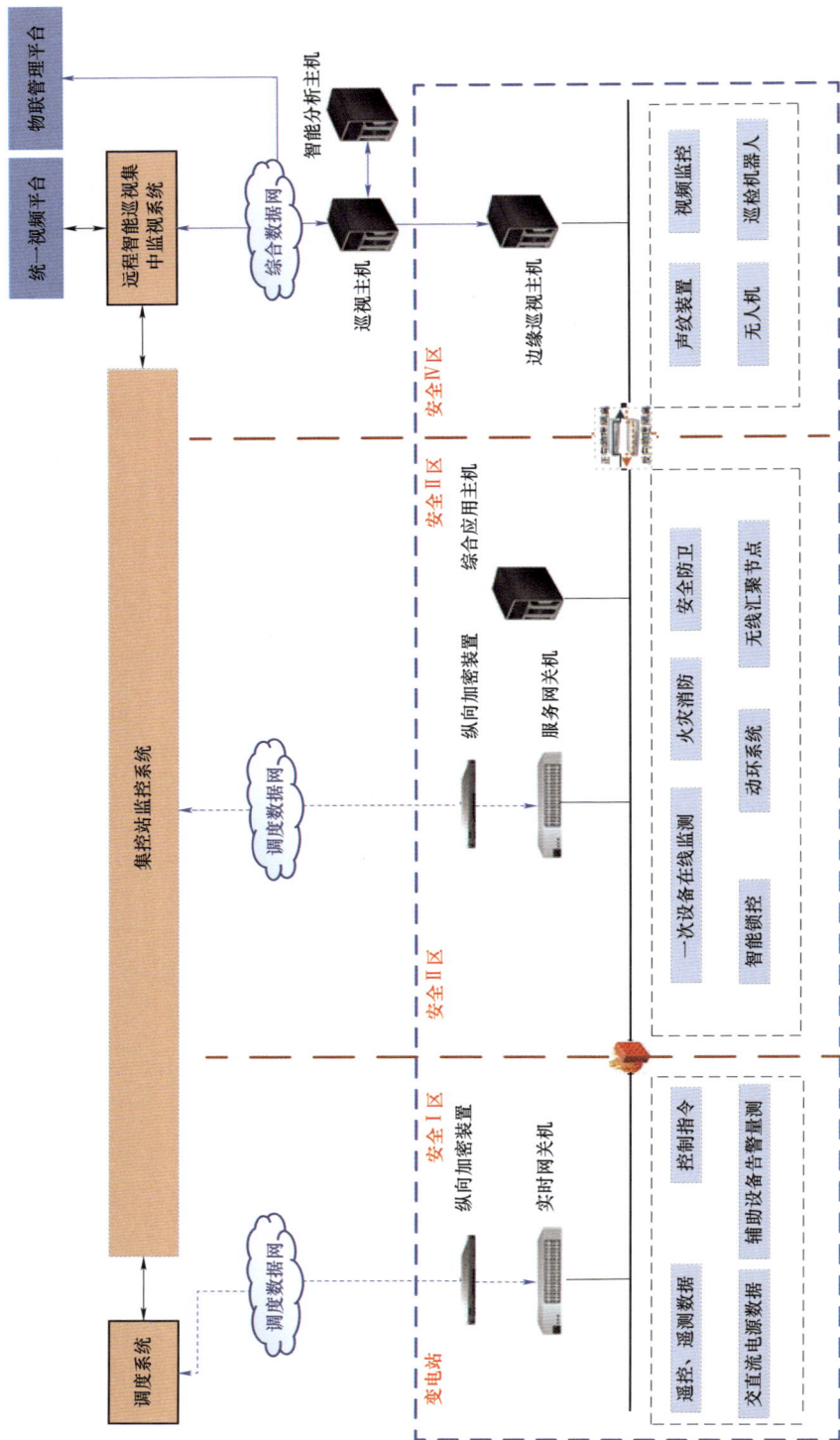

图 2-2 变电站监控系统硬件构架

完成数据采集和监视控制（SCADA）、操作闭锁以及同步相量采集、电能量采集、保护信息管理等相关功能。

1）监控主机。监控主机主要用于负责站内各类数据的采集、处理，实现站内设备的运行监视、操作与控制、信息综合分析及智能告警，集成防误闭锁操作工作站和保护信息子站等功能。

2）工作站。工作站主要用于站内运行监控的主要人机界面，实现对全站一次、二次设备的实时监视和操作控制，具有事件记录及报警状态显示和查询、设备状态和参数查询、操作控制等功能；工程师工作站主要用于实现智能变电站一体化监控系统的配置、维护和管理。

3）数据服务站。数据服务站主要用于变电站全景数据的集中存储，为站控层设备和应用提供数据访问服务。

4）网关机。网关机包括据通信网关机、实时网关机和服务网关机：与现场前置层智能测控保护单元通信的作用数据通信网关机采集并处理来自前置层智能测控保护单元的各种遥测、遥信信息，存放于实时数据库中；实时网关机负责管理电网实时运行信息、主辅设备运行状态和关键告警信息；服务网关机负责管理辅助设备运行和告警、一二次设备在线监测数据、全站系统配置文件（substation configuration description）等。

（2）间隔层。间隔层设备一般指继电保护装置、系统测控装置、监测功能组主 IED 等二次设备，实现使用一个间隔的数据并且作用于该间隔一次设备的功能，即与各种远方输入/输出、传感器和控制器通信。

1）继电保护装置。继电保护装置接受过程层设备上送的一次设备运行状态数据，并对过程层设备发送控制命令。继电保护装置用来对电网故障进行切除，保证电网运行安全。

2）测控装置。测控装置集保护、测量、控制、监测、通信、事件记录、故障录波、操作防误等多种功能于一体，接受过程层设备上送的一次设备运行状态数据，并对过程层设备发送控制和调节命令。用来监视、控制、调节一次设备。

3）故障录波装置。故障录波装置接受过程层设备上送的一次设备运行状态数据，能够记录电流、电压、有功、无功等各种波形，当电网中发生故障时，利用装设的故障录波装置，可以记录下该故障全过程中线路上的三相电流、零序电流的波形和有效值，母线上三相电压、零序电压的波形和有效值，并形成故障分析报告，给出此种故障的故障类型事故分析提供依据。

4）时间同步装置。时间同步装置通过 IEEE 1588 对时方式，通过网络与站控层设备通信完成站控层设备的对时功能，通过 B 码对时完成间隔层设备的对时，通过光 B 码对时完成与过程层设备的对时，从而使全站所有设备的时钟保持一致。

（3）过程层。过程层设备包括由一次设备和智能组件构成的智能设备、合并单元和智能终端。过程层设备能够直接完成变电站电能分配、变换、传输及其测量、控制、保护、计量、状态检测等相关任务。

1）合并单元。合并单元指对一次互感器传输过来的电气量进行合并和同步处理，并将处理后的数字信号按照特定格式转发给间隔层设备使用的装置。合并单元具有采集电压、电流瞬时数据；采样值有效性处理；采样值输出；时钟同步及守时；设备自检及指示；电压并列和切换等功能。

2）智能终端。智能终端是模拟信号与数字信号的互转装置，完成信息的上送和命令的执行。智能终端应具有接收跳合闸命令；输入各种一次设备的状态信息；跳合闸自保持功能；控制回路断线监视、跳合闸压力监视与闭锁功能等；具备对时功能、事件报文记录功能；具备跳/合闸命令输出的监测功能。

3）智能组件。智能组件与智能终端功能相近，主要用于改造非智能设备，使之达到智能变电站设备所需的各种要求。

2.1.2　软件构架

基于统一平台，设计了运行监视、操作控制、运维管理、培训演练、系统维护五大类应用，分布在安全Ⅰ、Ⅱ及Ⅳ区。

（1）Ⅰ区：主要实现主设备监视与控制、辅设备重要信息监视、系统维护等应用功能。

（2）Ⅱ区：主要实现辅助设备监视与控制、培训演练等应用功能。

（3）Ⅳ区：主要实现运维管理、在线智能巡视等应用功能。

变电站软件构架如图 2-3 所示。

（1）运行监视。运行监视功能实现变电站一次、二次设备和辅助设备的实时监视与告警，主要功能包括数据处理、一次设备监视、二次设备监视、辅助设备监视、在线监测、消防监视、智能事件化告警、穿透调阅等。主设备相关的实时监视功能部署在系统的安全Ⅰ区，辅助设备相关的实时监视功能部署在系统的安全Ⅱ区；实现设备运行状态和趋势的分析、面向设备的告警分析，强化设备状态的感知能力，主要功能包括在线巡视、设备异常信息巡视、设备运行数据统计分析，部署在系统的安全Ⅳ区。

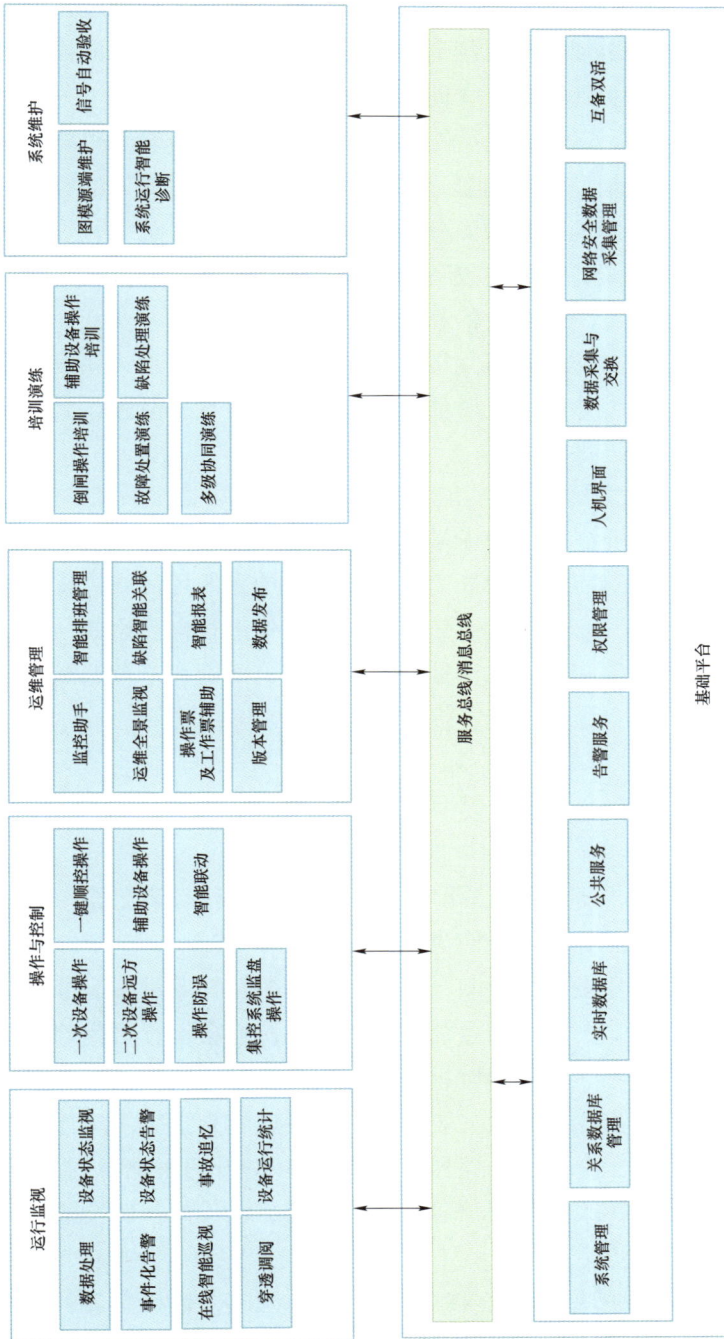

图 2-3　变电站软件构架

（2）操作与控制。操作与控制功能实现对变电站主、辅设备的常规、应急操作以及安全防误、设备故障异常等状态的应急策略智能推送，提升应急处置效率。操作与控制主要功能包括遥控、遥调操作、调用站端顺控操作、操作防误、智能联动、标志牌操作、辅助设备操作等。

（3）运维管理。运维管理功能通过对智能变电站各项运行数据（站内实时/非实时运行数据、辅助应用信息、各种报警及事故信号等）的综合分析处理，提供分类告警、故障简报及故障分析报告等结果信息。运维管理实现对正常设备统计、故障设备统计、异常设备统计、设备运行状态总览等信息展示功能，同时提供对设备运行统计历史信息查询功能。

（4）培训演练。培训演练功能对变电站内各项设备形成完整台账，便于人员开展设备知识技能学习，同时能够模拟变电站内设备故障，为站内人员培训提供事故应急演练方案。

（5）系统维护。系统维护功能实现新接入变电站监控系统的信号自动验收、判断系统运行是否正常、图模源端维护等，对变电站监控系统提供必要维护工具。系统维护功能运行智能诊断对监控系统中的系统资源、进程状态、通道状态、图模一致性、垃圾文件等系统日常运维工作进行自动诊断，排查系统运行过程中存在的安全隐患，排除可能存在的不规范问题、易被遗漏的隐藏问题；做到预防为主，为系统稳定运行提供安全保障。

≫ 2.2　变电站设备监控内容 ≪

按照监控数据内容，变电站设备监控可分为设备运行数据、设备动作信息、设备告警信息和设备控制命令四类。

设备运行数据主要包括反映一次、二次设备及辅助设备运行工况的量测数据和状态数据。其中一次设备量测数据包含一次设备运行采集的电压、电流、有功功率、无功功率、电能量数据等；二次设备量测数据包括装置温度、工作电压、过程层端口发送、接收光强和光纤纵联通道光强等；运行状态数据主要指设备运行状态量信息包含断路器，隔离开关和接地开关的位置信息、主变压器分接头位置等一次设备位置信息和压板状态、设备控制切换把手位置等二次设备状态信息。

设备动作信息主要包括变电站内断路器、继电保护和安全自动装置等设备或间隔的动作信号及相关故障录波（报告）信息，如继电保护及安全自动装置的动作出口总信号、断路器机构动作信号、间隔事故总信号等。

设备告警信息按设备类型分为一次、二次设备及辅助设备告警信息；按告警信息类型分为设备故障和设备异常两类信息。一次设备故障告警信息是指一次设备发生缺陷造成无法继续运行或正常操作的信息，例如 SF_6 气压低闭锁等；二次设备及辅助设备故障告警信息是指设备（系统）因自身、辅助装置、通信链路或回路原因发生重要缺陷、失电等引起设备（系统）闭锁或主要功能失去的信息，例如 TA 断线等。一次设备异常告警信息是指一次设备发生缺陷造成设备无法长期运行或性能降低的信息，例如油泵打压超时等；二次设备及辅助设备异常告警信息是指设备自身、辅助装置、通信链路或回路等发生缺陷，但是不影响设备的主要功能而发出的信息，例如 GOOSE 数据异常等。监控告警按对电网和设备影响的轻重缓急程度分为事故、异常、越限、变位和告知五类。

设备控制命令包括一次、二次设备单一遥控、遥调操作以及程序化操作命令，具体包含断路器、电动刀闸的分合、主变压器挡位的升降、电容器的投切，二次设备定值区切换、软压板投退以及一键顺控等。

2.2.1　变电站主设备监控内容

主设备一般由变压器、断路器、气体绝缘全封闭组合电器（GIS）、线路、母线、电容器、站用变压器、站用直流、隔离开关等一次设备和系统；继电保护及自动装置、电测仪表、直流设备、控制及电力监测回路、电流电压切换回路、控制电缆等二次设备和系统组成。

2.2.2　变电站辅助设备监控内容

变电站的辅助设备是保障一次设备能稳定运行的重要组成部分。辅助设备监控包括动环系统监控、安防系统监控、消防系统、一次设备在线监测、机器人巡检监控等。动环系统监控是对变电站的环境情况进行监测，包括电源柜、空调、UPS、温湿度等相关参数的监控；安防系统监控是对变电站提供照明、通风采暖、安防报警、门禁识别控制等安全环境。其中，智能锁控系统属于安防监控的一部分主要解决变电站门锁的种类较多、管理上较复杂的问题，使得锁控管理更合理，安全性较高；声纹监测通过变电站变压器等设备产生的声音及振动信号分析装置的运行状态；消防系统通过各种消防装置主要保护综合楼、配电装置楼、油浸变压器等；一次设备在线监测是对变电站一次设备进行实时监控，保证一次设备的运行安全，为一次设备的安全运行提供保障。变电站辅助系统设备列表见表 2－1。

表 2-1 变电站辅助系统设备列表

系统类别	设备类别
火灾消防	火灾自动报警系统、受控消防设备等
安全防卫	门禁识设备、电子围栏、智能锁控系统等
动环系统	温湿度监测设备、气体检测装置、水位检测装置等
一次设备在线监测系统	变压器油色谱装置、避雷器泄漏电流监测、容性设备监测装置等
远程在线智能巡检监控	工业视频、红外摄像头、变压器声纹检测、智能巡检机器人等

（1）动环系统。变电站站内设备众多、环境复杂，因此对变电站动环检测是一个庞大、繁琐的系统。据统计，变电站设备事故原因通常先出现发热现象，如一些主控室内开关柜、设备接头等部位；若及时发现上述设备的温度异常现象，就能够及时避免一些电力不安全事故的发生。动环系统监控的范围包括电源柜、UPS不间断电源、空调、蓄电池等设备，环境温湿度、烟雾情况等变电站环境参数。动环系统传感层包括水浸探测器监控、漏水探测器、风机控制箱、水泵控制箱、除湿机控制箱、微气象传感器、温度传感器、水位传感器、SF_6/含氧量传感器、空调控制器、照明控制器，因此动环系统正常运行是变电站监控必不可少的项目。

（2）安全防卫。变电站容易遭受外力破坏，不仅严重影响了正常的电力供应，还给人民生命安全带来严重威胁。安防系统监控传感层包括声光报警器、红外双鉴探测器、红外对射探测器、紧急报警按钮、门禁控制器、电子围栏、防盗报警控制器（接至 110 报警中心）。国内变电站安防监控平台主要分为物理阻挡类、入侵自恢复类和视频监控类，这三类均能在一定程度保护变电站免受侵害，但在实际应用中都有一定的缺陷。

（3）火灾消防。变电站在输电系统中起着承上启下的作用，变电站能否安全运行，消防系统在其中扮演着重要角色。火灾消防系统传感层包括火灾自动报警系统、固定式灭火系统、其他受控消防设备、消防水池液位变送器、消防管网压力变送器、消防电源压力变送器。从国内实际情况来看，变电站一般分布在远离城市、较偏远的地方，一旦发生火灾事故就需在短时间内扑灭明火，否则会造成更大范围事故。目前部分变电站采用消防泡沫远程监控，系统实时监控火灾警情的发生，可与变电站内辅助一体化平台结合，进行远程灭火操作，解决了变电站不能及时灭火的问题，降低了火灾对变电站的影响。随着图像处理人工智能技术的发展，越来越多的相关技术应用于变电站中，利用火灾在不同时期时火焰特征的差异来分析火灾处于的阶段，从而能更好地处理火灾事故。变电站电缆防火监控中，监控系统会实时控制火灾探测器与摄像机，摄像机会实时采集变电站监控区域的火点信号并发送至服务器与预警监控系统，实现变电站电缆防火监控及告警。

（4）视频监控。尽管人工巡检能够做到对油位、压力、冒烟、锈蚀、异常声音、渗漏油等问题的有效发掘，但是受限于心理素质、工作经验、责任态度、技术水平等因素的影响，极易导致人员在巡检期间出现漏检、检查不到位等问题。变电站视频监控能够有效对设备运行状态进行全面诊断检查，进一步提升巡检工作开展的效率性与准确性。视频监控传感器包括：变压器声纹检测、固定式红外测温摄像头和工业视频摄像头等。

（5）机器人巡检监控。变电站巡检机器人是辅助系统监控的重要手段，依靠多种传感器完成巡视变电站的巡检任务，辅助运维人员对隔离开关、绝缘瓷瓶、油位计等不易监控的设备进行巡检。巡检机器人集环境感知、动态决策规划、行为控制与执行为一体，通过远程控制来完成变电站的排险工作，可分为户外轮式机器人、户内吊轨式机器人和户内二维码定位机器人。最早的电力巡检机器人应用在高压输电线上，搭载了专用摄像机，减轻了巡线员的工作量；采用无人直升机作为巡检机器人，可实现对高压输电线及变电站其他设备的巡视。该系统可自动记录巡检机器人在巡检过程中的数据及运行数据，还可自动识别仪器读数，对异常数据进行报警。在线监测系统分为机器人管理、运动模式控制、图像处理、数据库管理、巡视日志，可节省一定的人力资源，同时提高异常设备的排查能力。随着变电站的建设，机器人巡检监控以其灵活控制、不受天气影响等优点将得以在更多变电站中推广应用。

（6）一次设备在线监测。一次设备是变电站正常运行的重要组成部分，一次设备运行在较复杂的环境中，易发生故障，要保障变电站的正常运行就需对变电站的一次设备的运行状态实施在线监测。一次设备在线监测的传感层包括油中溶解气体在线监测装置、铁芯/夹件接地电流在线监测装置、变压器特高频局部放电在线监测装置、变压器高频局部放电在线监测装置、SF_6 气体压力在线监测装置、金属氧化物避雷器绝缘检测、电容型设备绝缘监测、机械特性在线监测装置等。断路器在线监测包括 SF_6 和微水含量检测。变压器在线监测分为变压器油色谱监测、油温监测等。由色谱监测通过色谱仪分离特征气体，得出不同气体的峰顺序，转换成电压信号来分析变压器故障状态。变压器故障时会致使对应位置温度异常，温度的变化能反映变压器状态、负载能力使用寿命等关键指标，因此监测变压器油温变化，具有精度高、成本低的优势。氧化锌避雷器在线监测，可对变电站避雷器的运行数据进行收集且结构简单，能分析避雷器故障的原因，降低避雷器的损坏概率。变电站辅助设备智能监控系统整体架构图如图 2-4 所示。

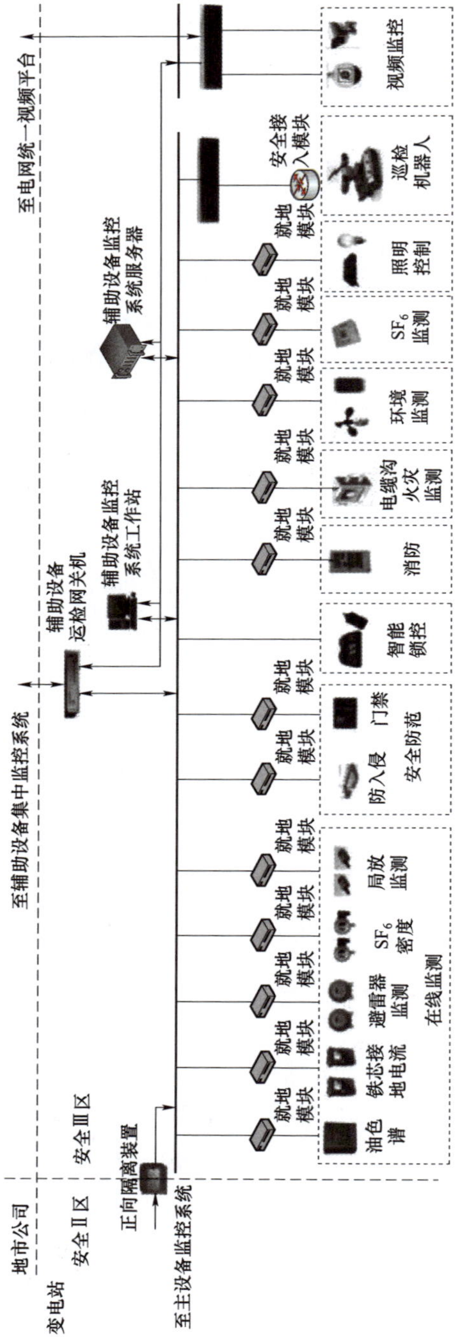

图 2-4 变电站辅助设备智能监控系统整体架构图

2.3　变电站监控系统需求

数据是提升生产力的核心要素，变电站监控系统所产生的海量数据包含着各种运行规律与特征，但目前变电站的监控系统难以充分释放数据资产的价值。究其原因，主要有两个方面：一是现有变电站数据来源不够全面充分。当前变电站的状态监测区域覆盖不够全面，监测颗粒度较粗，无法精准地感知变电站内每一点、每条线的状态。二是现有变电站内各子系统尚未实现数据融合共享和业务融合应用，也难以挖掘数据价值。变电站内保护、控制、计量、监测等子系统设备呈堆砌式发展，各子系统相对独立，没有统一的数据信息模型和接口规范，存在信息壁垒，使得数据难以实现纵向上下贯通、横向互动共享，对此应该一种全新的变电站监控人机交互系统，以此提高电网公司变电运维监控强度、设备管理细度和生产信息化程度，新一代变电站监控系统应能具备一体化日常运行监视、向导式故障及缺陷处置、远程设备倒闸操作、自动在线智能巡视、火灾消防应急操作、主辅联合培训演练、改扩建数据高效接入等功能，满足无人值班、设备集中监控的业务需求。

2.3.1　一体化日常运行监视

能够实现对变电站一次/二次设备、辅助设备、消防火警等设备的一体化监视，全局感知所辖变电站设备状态，逐级查看主辅设备详细信息，定位异常点；同时自动分析一次、二次设备告警和辅控动环监测告警信号，基于监视规则库，过滤干扰信息、无效信息、伴生信息，替代人工信息优化筛选，生成综合告警事件，按轻重缓急对信息进行分类推送，形成监视报告，优化告警上窗，改变周期性、重复性的监盘模式，减轻监控人员工作负荷、提升监控效率。一体化日常运行监视功能图如图 2-5 所示。

2.3.2　向导式缺陷及故障处置

故障发生后，结合处置预案及人工处置经验，根据事件不同类型，通过监控辅助决策，生成事件处置流程，结合向导式交互方式，辅助监控员完成任务处置。在发生变电站设备跳闸时，生成查看事件信息、生成事件简报、汇报调度、通知运维、记录日志等辅助处置流程，协助监控员一步步完成处置过程，处置过程可联合设备跳闸信息、变电站主辅信息、在线监测信息、变电站接线图以及视频等综合展示。向导式缺陷及故障处置功能图如图 2-6 所示。

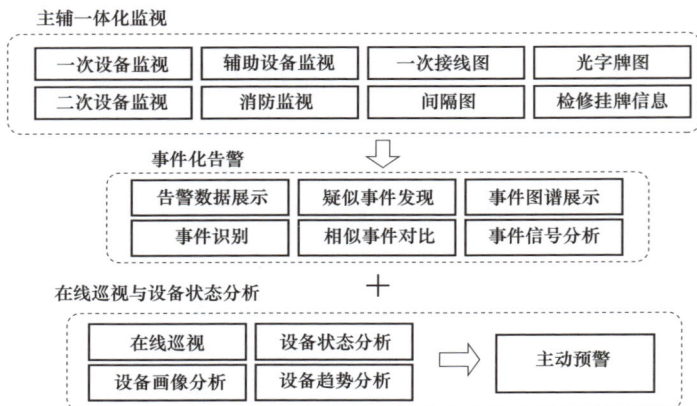

图 2-5　一体化日常运行监视功能图

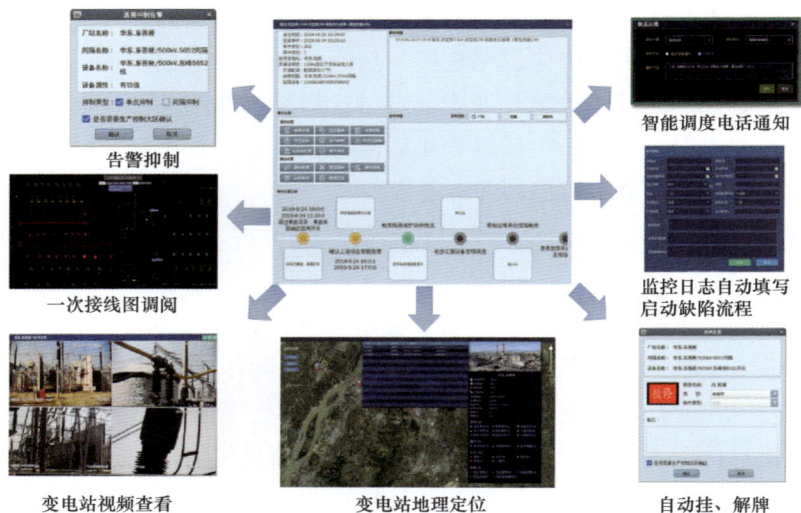

图 2-6　向导式缺陷及故障处置功能图

2.3.3　远程设备倒闸操作

　　监控人员在监控系统安全Ⅳ区接收调度操作令，进行智能分解后，自动生成一键顺控倒闸操作票。在Ⅳ区应用服务器上对倒闸操作票审核后，将其发送至监控系统安全Ⅰ区，经过综合防误安全校核，主站一键顺控模块调用变电站一键顺控服务完成操作，然后将操作结果反馈至业务中台。整个操作过程中，在线智能巡视系统实时推送设备位置状态图像信息、自动识别设备状态，完成设备状态"双确认"。远程设备倒闸操作系统如图 2-7 所示。

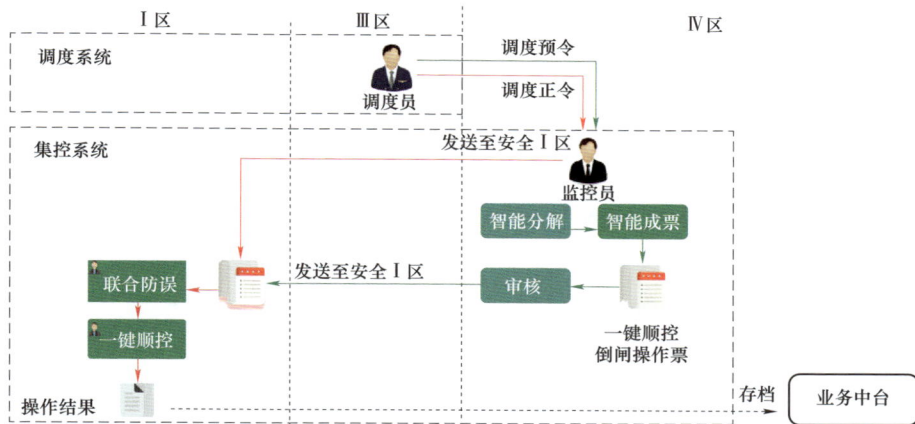

图 2-7　远程设备倒闸操作系统

2.3.4　自动在线智能巡视

变电站端应用机器人、高清视频、红外测温和图像识别等技术，自动开展变压器、断路器等主设备巡视，自动识别设备缺陷和告警信息推送。站端具备巡视任务展示、告警信息统计等功能，实时展示站端设备告警和设备巡视结果，调阅现场视频，统筹管理站端巡视任务，提高监控人员设备监视能力。自动在线巡视系统如图 2-8 所示。

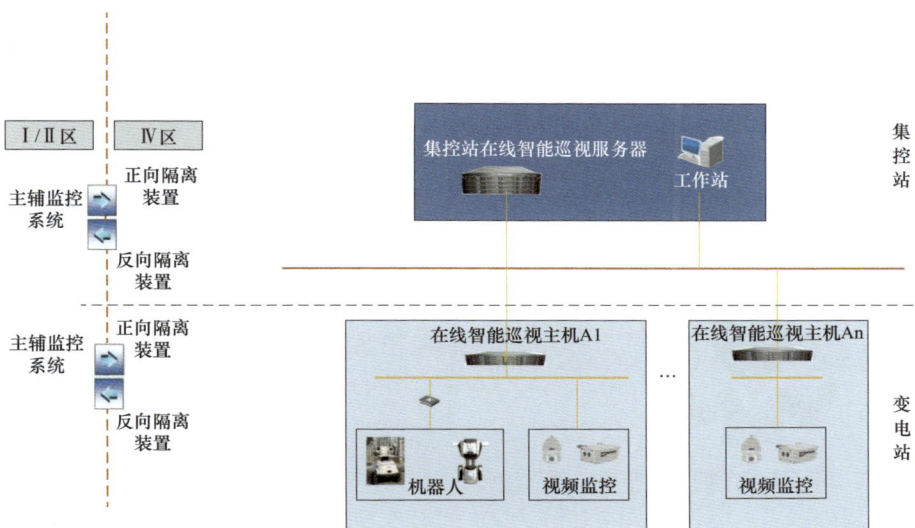

图 2-8　自动在线巡视系统

2.3.5　火灾消防应急操作系统

全面监视站端火灾自动报警系统、固定灭火系统及受控消防设备设施。自动联动相应防火分区的视频、门禁、照明和风机等辅助设备，综合火情位置、现场视频、灭火设备设施位置及状态，辅助运维人员确认火情态势，提供应急处置预案供参考。火灾消防应急操作系统如图 2-9 所示。

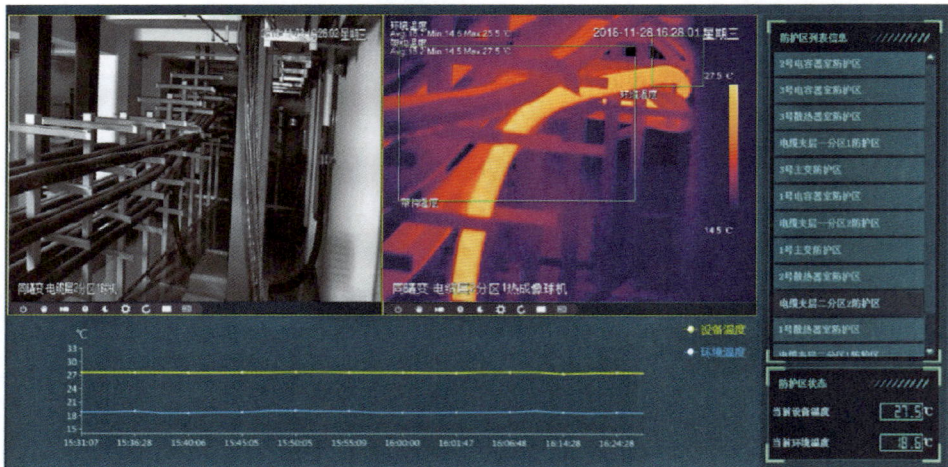

图 2-9　火灾消防应急操作系统

2.3.6　主辅联合培训演练系统

培训演练时教员台与学员台实时互动，教员台下发培训教案，并通过置入/撤销主辅设备缺陷及故障案例，主导、辅助学员完成操作演练；学员根据演练场景完成主辅设备告警信号检查、接线图/实景图检查、主辅设备缺陷故障消除、一次、二次设备运行方式调整等操作。培训演练可与相关监控系统、调度系统以及变电站培训仿真系统互联，实现多级协同联合反事故演习。主辅联合培训演练系统功能如图 2-10 所示。

图 2-10　主辅联合培训演练系统功能

2.3.7　改扩建数据高效接入

在图模维护阶段，从变电站源端维护主辅设备模型及点表信息，并上送监控系统，监控系统自动完成建模与点表录入，生成一次接线图；在信号核对阶段，监控系统与变电站端自动完成信号核对和多通道数据比对，提高了变电站改扩建自动化水平，提升监控系统的数据接入效率。改扩建数据高效接入功能如图 2-11 所示。

➤ 源端维护　　➤ 自动成图　　➤ 遥测自动验收
　　　　　　　　　　　　　　➤ 遥信自动验收

图 2-11　改扩建数据高效接入功能

第3章

集控站设备监控系统人机交互功能设计

> ## 3.1 设计原则与依据 <

　　集控站设备监控系统人机交互功能设计遵循"自主可控、安全可靠"的总体原则，以变电站主辅设备为模型源头，实现变电站、集控站、调度中心、业务中台全面共享，无缝转换，具备运行监视、操作与控制、监控业务管理、系统维护等应用功能，提供主辅设备的一体化监控和全景展示，设计原则与依据如图3-1所示。

　　集控站设备监控系统人机交互功能设计主要遵循以下原则：

　　（1）安全可靠，实时高效。安全可靠，实时高效原则遵循"安全分区、网络专用、横向隔离、纵向认证"的总体要求，从操作系统安全、数据库安全、安全监视、身份认证、安全授权、网络和安全设备、性能指标等方面建立系统纵深防御体系，提高系统安全防护水平；采用直采直送的数据传输方式，满足设备监控重要信息实时性要求；采用服务化按需传输方式，满足集控站模式下变电站远程运维、分析决策等业务触发获取数据需求。

　　（2）自主可控，灵活开放。自主可控，灵活开放原则包含三方面：① 遵循国产自主可控原则。在硬件方面，网络设备、工作站、服务器以及相关外部设备均采用国产化产品。② 在软件方面，采用国产的操作系统、数据库等商用软件，自研集控系统基础平台及应用软件；采用开放灵活的应用服务开发框架，支持界面、功能、流程的灵活配置，满足电网设备监控业务应用需求。③ 支

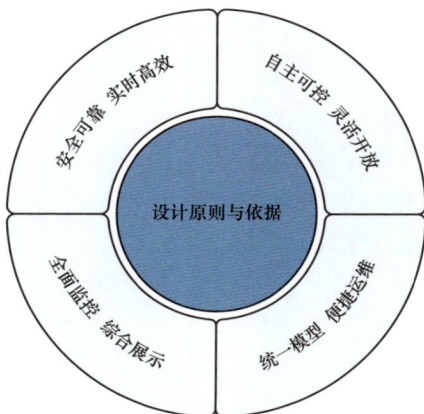

图3-1 设计原则与依据

持数据模型可扩展、应用服务可扩展、应用功能可扩展，满足主辅设备业务功能的扩展性开发与集成需求。

（3）全面监控，综合展示。全面监控，综合展示原则将主辅设备信息全部纳入集控站监控范围，实现变电站设备信息的全面监视，基于统一基础平台人机界面，将主辅设备应用展示功能组件化，按设备监控业务流程进行场景化集成，实现主辅设备跨区、跨应用的一体化综合联动展示。

（4）统一模型，便捷运维。统一模型，便捷运维原则以变电站设备模型为源头，完善模型配置流程和版本管理机制，建立纵向贯通、源端维护、无缝转换的统一模型体系，遵循标准化的系统接口，实现集控系统与调度系统、省级中台以及变电站之间模型、数据的协调设计，支撑业务应用安全、高效融合；在统一模型的基础上，实现变电站信接入、数据核对的自动化，并通过系统运行智能诊断等自动化手段，提高系统建设效率和系统运维的便捷性。

≫ 3.2　典型应用功能说明 ≪

3.2.1　基础平台

基础平台为各类应用的开发、运行和管理提供通用的技术支撑、统一的数据服务、模型管理、数据管理和图形管理，满足系统各项实时、非实时和生产管理业务的需求，基础平台功能示意图如图 3-2 所示。

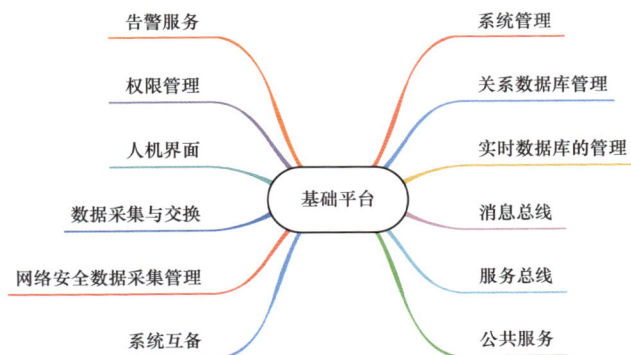

图 3-2　基础平台功能示意图

3.2.1.1　系统管理

（1）系统节点及应用管理。

1）系统应提供节点和应用配置管理工具，可以在线搜索和配置系统各节点及应用的部署和运行方式，包括应用功能的设置、应用的分布、节点名称及网址、节点的数量等。

2）系统任何单一故障，如单一节点、单一网络、单一应用故障，都不会导致系统主要功能的丧失或使系统性能低于要求的水平。

3）当应用主机出现故障时，系统能自动将主机切换到正常的备用服务器。若正常的备用服务器存在两台或两台以上，服务器之间实时同步，应用的备用服务器按照预设策略竞争主机。

4）系统的应用工作状态可查询，可通过可视化的界面工具和命令行工具监视节点及应用的状态，并可进行切换操作。

（2）进程管理。

1）应提供进程管理工具，可对服务器、工作站上运行的每个进程进行监视和管理，能详细列出进程信息。

2）当系统进程发生异常时，系统能够对其进行自恢复，并发出报警通知。

（3）系统资源监视。系统资源监视系统应提供图形化的资源监视界面工具，监视各个节点 CPU、内存、硬磁盘、网络等设备的关键性能参数及使用情况，具体包括：

1）监视和记录系统中各种资源，包括计算机的 CPU 负荷、内存使用情况、磁盘空间占用、数据库空间占用、网络负载情况等。

2）具备越限报警功能，对于资源占用超过规定门槛值（比如磁盘剩余空间不足）发出报警信息。

（4）时钟管理。

1）系统能够接收时钟同步装置的标准时间，时钟同步装置能够选择 GPS、北斗作为时钟源，系统的各个工作站通过 NTP 协议和标准时间自动同步，保持系统的各个硬件设备的时间一致。

2）对接收的时钟信号的正确性应具有安全保护措施，当系统时钟不一致时，可以人工设置时钟。

3.2.1.2　关系数据库管理

关系数据库是第三方的商用数据库，系统支持多种关系数据库产品。关系数据库主要用来保存变电站设备、参数、静态拓扑连接、系统配置、告警和事件记录、历史统计信息等一切需要永久保存的数据。关系数据库管理的历史数据包括但不限于：① 事件记录及各级各类告警信息；② 统计数据；③ 设备运行数据；④ SOE 数据；⑤ 带时标数据。

（1）历史数据管理。

1）提供对商用数据库访问各种接口函数和存储过程，满足不同应用的需要。

2）历史数据库应能够按照时间导入、导出。

3）系统应能自动根据存储空间发出历史数据整理提醒，保证系统的正常运行。

4）提供对存储数据的校正功能，可按类型或时间访问已存储的数据并展示。

5）提供基于时间范围的数据筛选功能。

6）能对历史数据进行进一步的统计、分析和累计等处理，可按照用户要求处理带质量标志的典型数据和各时段相应数据的最大/最小值及发生时间、平均值等。

（2）历史数据的存储。

1）支持 s 级和分钟级周期的采样。

2）根据基本采样数据可生成最大值、最小值、平均值、负荷率等数据。

3）统计类数据可按年、月、日等时段以及最大、最小等方式进行查询。

3.2.1.3　实时数据库的管理

（1）支持主辅设备模型表创建，保证主辅设备模型初始化与关系数据库一致。

（2）提供图形化的实时数据维护界面，对主辅设备模型和实时数据在线浏览、编辑。

（3）提供支持多应用的本地和网络访问接口进行实时库增删改查操作。

（4）提供主备机实时库间的数据同步功能，保证结构和数据一致性。

（5）支持按照应用部署情况和配置策略，自动下装某应用对应节点的实时库数据。

3.2.1.4　消息总线

（1）基本功能：消息总线提供进程间（计算机间和内部）的信息传输支持，用于支持遥测、遥信等各类实时数据和事件的快速传递。

1）具有注册/撤销、发送、接收、订阅、发布等功能，支持消息总线上一对一、一对多的消息传递。

2）支持快速传递遥测数据、开关变位、事故信号、控制指令等各类实时数据和事件。

3）消息由公共的消息头和各个应用的消息体组成，从消息头的信息可分析出该报文的类型，消息体由各个应用定义。

（2）消息总线监视与管理。

1）根据设定时间周期对收发消息数进行统计。

2）支持对消息总线数据阻塞等异常状态进行监视。

3）对已注册进程的正常运行、故障、退出等状态进行监视，并提供查询功能。

4）支持对事件集的订阅信息进行查询。

3.2.1.5 服务总线

服务总线是面向服务系统架构的基础，提供服务的接入、访问、查询等功能，实现了服务的灵活部署和即插即用。服务总线屏蔽网络传输、链路管理等细节，提供标准、开放的开发和集成环境，满足系统可扩展性、伸缩性的需求。

（1）基本功能。

1）定义面向服务的应用程序开发框架。

2）提供服务的注册、定位、查询等功能。

3）提供服务的发布、订阅、请求、响应等信息交互功能。

4）支持广域范围的服务访问。

5）支持接入服务安全认证功能。

（2）服务代理。

1）配置形成广域范围的区域信息。

2）对访问请求进行安全认证。

3）代理之间应能实现负载均衡。

4）实现本地和远程请求、应答信息的交互。

3.2.1.6 公共服务

公共服务是基础平台为应用开发和集成提供的一组通用的服务，公共服务至少包括文件服务、日志服务等。公共服务具有位置透明性，客户端不需要关心服务的位置就能够使用这些服务。

（1）文件服务。

1）文件的创建、修改、查询、删除。

2）文件版本功能：提供提交版本、按版本访问功能。

3）文件加锁，支持文件修改时的互斥操作。

4）支持一主多备的文件安全存储和透明访问。

5）应提供目录的创建、拷贝、查询、删除等目录管理功能。

（2）日志服务。日志服务应对各种应用产生的日志信息进行统一管理，具有日志写入、查询和备份等功能，可根据配置要求确定日志信息的处理方式。

1）生成的日志文件存储在统一目录，且文件名由日志服务自动生成，同时支持多个进程对日志文件的并发访问。

2）按时间滚动存储日志文件，且备份时间可配置。

3）记录的日志消息具有统一格式，并以优先级区分日志的紧要程度。

4）提供的函数接口支持打开或创建日志文件、关闭日志文件、读写日志、查询日志、删除日志文件、备份日志文件等功能。

3.2.1.7　告警服务

（1）告警方式。

1）通过监控告警窗口提示。

2）不同等级告警颜色区分。

3）音响、语音、短信提示。

4）自动推出相关主接线图。

5）支持与远程智能巡视系统联动。

（2）监控告警窗。监控告警窗实时展示主辅设备告警信息并支持对告警进行相关操作。监控告警窗以下功能：

1）告警信号展示遵循信号分类规范，分别显示"事故、异常、越限、变位、告知"等信号，显示内容可进行个性化配置。

2）告警窗支持将全部告警、未确认告警、未复归告警的分类显示。

3）支持基于责任区的信息分流,告警窗上只展示登录用户责任区范围内的告警。

4）支持通过告警记录直接查看告警所属变电站主接线图或间隔图。

5）支持色彩配置，根据告警级别、告警类型等分别配置色彩。

6）具备自定义事件展示窗口功能，窗口展示内容支持自定义，自定义展示窗口中的内容支持配置不在其他窗口中显示。

7）具备便捷查看事件详情功能。

8）具备按条件及关键字过滤检索功能。

9）支持视图保存功能，根据监视需求自定义布局视图并保存，支持视图一键切换。

10）告警窗信息具备信息压缩功能，同一信息频发时只显示最新一次动作记录及动作次数。

（3）告警查询功能。

1）具备多种历史记录过滤方式，包括但不限于责任区、关键字、时间段、变电站、模糊查询及其组合过滤。

2）具备将告警筛选条件组合保存成自定义告警模板的功能。

3）具备对告警记录进行多表综合查询和单表查询的功能。

3.2.1.8　权限管理

权限服务向应用提供包括用户名/密码、数字签名文件、生物识别（指纹识别、人脸认证）等多种手段在内的用户识别功能，密码满足强口令要求。

（1）将用户需要的对象授权给用户，实现基于对象的验证和控制。

（2）通过用户、用户组和物理位置的关联，实现基于物理位置的权限控制。

（3）通过角色继承的方法，实现基于角色的权限控制。

（4）支持从表域、表、数据库等多种数据粒度的权限验证。

3.2.1.9　人机界面

人机界面提供统一的显示框架和开放的图形画面结构标准，提供开放集成框架下的人机界面开发支持，提供对第三方应用的界面集成支持，实现主辅关键信息一体化展示、控制和管理。人机界面如图 3-3 所示。

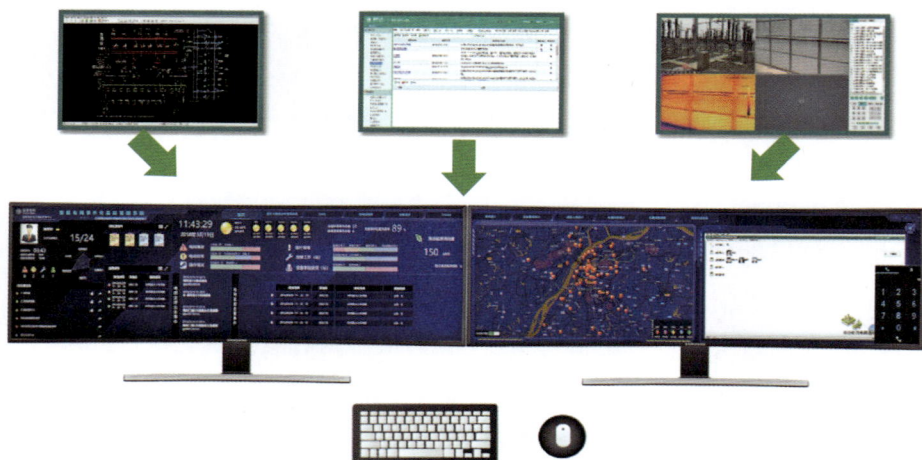

图 3-3　人机界面

3.2.1.10　数据采集与交换

（1）数据采集功能要求。

1）支持对变电站一次设备、二次设备以及辅助设备等数据的采集和处理。

2）支持下发对变电站的远方控制、调节和参数设置等命令,在正常数据召唤和传送时,如有控制命令需要传送,优先处理控制命令。

3）支持二进制或 BCD 码模拟量的采集,支持系数及偏移量的处理。

4）支持从 Ⅰ 区实时网关机接收数据、下发控制操作指令。

5）支持从 Ⅱ 区服务网关机订阅数据、召唤文件、下发控制操作指令。

6）支持 DL/T 634.5104—2009《远动设备及系统 第 5-104 部分:传输规约 采用标准传输规约集的 IEC 60870-5-101 网络访问》、DL/T 476—2012《电力系统实时数据通信应用层协议》通信报文协议,支持客户端/服务器的角色。

7）支持 DL/T 860—2009《变电站通信网络和系统》系列标准通信报文协议,支持客户端角色。

8）能通过多种/多个远动通道采集同一变电站的数据,支持进行优先级设置和数据处理。

9）支持与时钟同步装置的对时功能。

（2）数据交换功能要求:

1）数据交换功能满足以下要求:

a. 支持备用系统之间,以及集控系统与其他系统之间的横向与纵向数据交互。

b. 数据交换功能支持跨平台、跨安全区。

c. 自动记录与数据交换有关的运行信息。

d. 具备主备冗余机制。

2）数据交换内容包括:

a. 横向数据交换:横向数据交换指集控系统内应用之间、集控系统与其他信息系统之间的数据交互,主要包含实物 ID、操作票、操作信息、调度指令、控制策略、告警信号等。

b. 纵向数据交换:纵向数据交换指集控系统与变电站之间的数据交互,主要包含主辅设备监控数据、集控系统所需的模型、图形、参数数据等。

（3）数据采集管理

1）提供数据采集通道及通信链路的监视功能:

a. 监视通信链路的运行情况,包括主/备通道的运行状态、误码率、停运时间、收发数据字节统计等。

b. 可自动统计各通信链路的运行情况,包括通信链路运行时间、运行率等信息。

c. 当数据通信异常时发出告警,包括通信链路中断、数据传输中断、数据质量异常等情况。

d. 当告警产生后，根据应用要求、通信规约特点和用户配置，可采取复位链路重新连接、切换本侧主备机、切换对侧节点等措施。

e. 可自动保存及人工定义条件保存通信链路收发报文，对于控制类重要报文可单独自动保存。

f. 可在线监视报文，提供友好的界面工具。

g. 保存的报文带接收报文时的时标。

h. 保存的报文可实现滚动存储且周期可调。

2）提供数据采集通道及链路的维护功能。

a. 提供通信链路管理操作界面，可在界面上对通信链路实施启动、停止、主备通道切换操作。

b. 可维护通信链路的各项配置参数，根据不同的通信规约提供详细、完整、友好的配置界面。

3.2.1.11　网络安全数据采集管理

（1）变电站网络安全事件数据采集。支持接收变电站端传输的紧急、重要告警级别的安全事件、安全监测总信号并展示。

（2）集控系统网络安全监测。集控系统网络安全监测功能模块采集服务器/工作站、网络设备、安防设备及自身相关的安全事件并上送网安平台，接受网安平台下发的控制操作指令实现基线核查、版本管控、参数设置、历史调阅等功能；网络安全监测功能模块采用软件模式部署，通过沙箱、容器等方式保证安全隔离。

1）具备网络安全数据采集功能。

2）具备网络安全数据存储与访问功能。

3）具备网络安全数据分析处理功能。

4）具备控制操作代理功能。

5）具备集控系统设备本地监控管理功能。

6）具备网络安全监测应用参数配置功能。

7）其他：

a. 支持采集信息的本地存储，保存至少 6 个月。

b. 支持上传事件信息的本地存储，保存至少 12 个月。

c. 支持日志数据的本地存储，本地日志审计记录条数至少 10000 条。

d. 支持以下历史数据查询方式：按开始时间、结束时间进行查询；按设备类型进行查询；按事件等级、事件条数进行查询。

3.2.1.12　系统互备

系统互备基于两套同构集控系统实现，两套系统分别独立采集两个集控站管辖的所有变电站数据。

（1）两套系统能通过平台责任区及权限分离技术实现独立无干扰运行。

（2）两套系统的主辅设备监视、控制、分析等应用功能同时进行工作。

（3）数据同步管理能在互备系统间完成数据的同步，并具备同步状态监视和数据一致性监视：

1）能按需同步设备模型等数据。

2）能同步挂牌、封锁等人工操作记录。

3）能同步图形文件。

4）具备同步监视功能，对从互备系统一侧向另一侧同步过程中的失败环节，能够进行记录、告警。

5）具备一致性监视功能，对互备系统数据的一致性能够进行监视，在不一致情况下给出告警或通知。

（4）人机终端支持互备系统的人工切换。

3.2.2　运行监视

3.2.2.1　数据处理

数据处理具备模拟量处理、状态量处理、非实测数据处理、数据质量码、旁路代替、对端代替、事件顺序记录、动态拓扑分析和着色、计算、光字牌、责任区与信息分流功能。数据处理功能如图 3-4 所示。

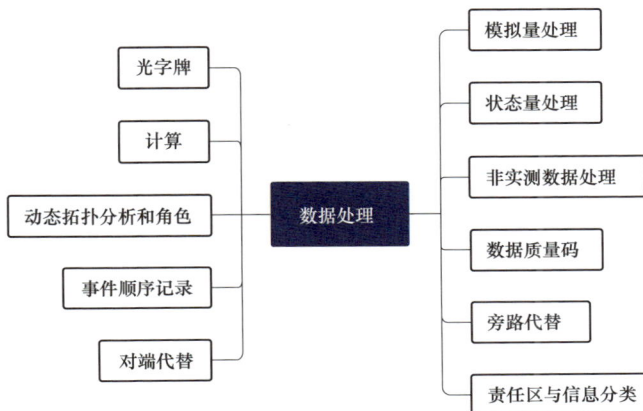

图 3-4　数据处理功能

（1）模拟量处理。

1）提供数据合理性检查和数据过滤。

2）能进行零点漂移处理，且模拟量的零点漂移参数可以设置。

3）能进行限值检查。每个测量值可具有多组限值对，用户可以自行定义限值对的等级，不同的限值对可以根据不同的时段进行定义，可以定义限值死区。

4）能进行数据不变化、数据跳变的检查并给出告警。

5）支持人工输入数据，丢失的或不正确的数据可以用人工输入值来替代并写入数据库。

6）所有人工设置的模拟量能自动列表显示，并能根据该模拟量所属变电站调出相应接线图。

7）设置数据质量标识。

8）能进行历史采样，所有写入实时数据库的遥测可记录在历史数据记录中。

（2）状态量处理

1）单点状态量用 1 位二进制数表示，1 表示合闸（动作/投入），0 表示分闸（复归/退出）。

2）一次设备状态量支持双位遥信处理，主、辅遥信变位的时延在一定范围（可定义）之内时状态正常；指定时延范围内只有一个变位则判定状态量可疑并告警，当另一个遥信上送之后可判定状态量由错误状态恢复正常。

3）在设备检修时，打上检修标记但不报警，并可在指定的调试窗口中显示。

4）状态量异常时，状态量能由人工设定并写入数据库，采集状态量与人工设置的状态一致时，给出告知信息。

5）所有人工设置的状态量能自动列表显示，并能根据该状态量所属变电站调出相应接线图。

6）具备告警过滤功能，当信号动作后在指定时间内复归，可配置不上告警窗，仅把信息保存至历史库，该时间值可设定。

7）支持三相遥信处理，自动识别三相不一致状态。

8）支持信号的动作计时处理，当信号动作后一段时间内未复归，则报超时告警。

9）支持信号的动作计次处理，当一段时间内信号动作次数超过限值，则报超次告警。

（3）非实测数据处理。非实测数据可由人工输入也可由计算得到，以质量码标注，并与实测数据具备相同的数据处理功能。

（4）数据质量码。对所有模拟量和状态量配置数据质量码，以反映数据的质量状况。图形界面能根据数据质量码以相应的颜色显示数据。数据质量码至少包括以下类别：

1）未初始化数据：前置未上送过实时数据。

2）计算数据：公式或其他计算结果数据。

3）非实测数据：量测在前置未定义点号或通道号定义不完整。

4）采集中断数据：前置与站端通信中断。

5）人工封锁数据：量测值被封锁，收到前置实时数据后不会更新。

6）可疑数据：量测数据出现此状态表示遥测遥信不匹配，计算数据出现此状态表示公式计算中有分量的状态异常。

7）控制闭锁数据：量测不允许控制操作。

8）旁路代数据：量测数据被旁路替代。

9）对端代数据：量测数据被对端替代。

10）不刷新数据：在定义的时间周期内前置未收到量测报文的数据。

11）越限数据：量测超过定义的限值。

（5）旁路代替。

1）旁路代替能根据网络拓扑以旁路支路的量测值代替被代支路的量测值，作为该点的最终值进行显示，并以数据质量码标示旁路代替状态。

2）提供自动和手动两种旁路代替方式。

3）提供旁路代替结果一览表，可按区域、变电站、量测类型等条件分类显示。

（6）对端代替。

1）具备对端代替功能，当线路一端量测值无效时能以线路另一端的量测值代替，作为该点最终值进行显示，并以数据质量码标示对端代替状态。

2）具备多端线路量测值汇总计算替代功能。

3）提供自动和手动两种对端代替方式。

4）提供对端代替结果一览表，可按区域、变电站、量测类型等条件分类显示。

（7）事件顺序记录。

1）以毫秒级精度记录一次设备状态、二次设备状态、辅助设备状态的动作顺序及动作时间，并形成事件顺序表。

2）事件顺序记录包括记录时间、动作时间、变电站名、事件内容和设备名。

3）能根据类型、变电站、设备、动作时间和接收时间等条件对事件顺序记录分类检索和显示。

（8）动态拓扑分析和角色。

1）网络拓扑着色功能能根据实时拓扑，确定系统中各种电气设备的带电、停电、接地等状态，并能够将结果在人机界面上用不同的颜色表示出来，包括：

a. 不带电的元件统一用一种颜色表示。

b. 接地元件统一用一种颜色表示。

c. 正常带电的元件可根据其不同的电压等级分别用不同的颜色表示。

d. 当元件部分带电时，能正确进行拓扑着色。

2）动态拓扑着色能由事件启动。动态拓扑着色能由事件启动指当设备的运行状态发生改变，导致一部分电气元件和电气设备不带电或恢复带电时，可实时分析各设备的带电状态。

3）能根据各类规则校验实时数据的正确性，辨识可疑量测。

（9）计算。公式计算包括以下功能：

1）支持可自定义计算公式，并可从画面上以拖拽方式定义计算操作数。

2）支持加、减、乘、除、三角、对数、逻辑和条件判断等计算，支持的数据类型、运算符、标准函数和语句如下：

a. 支持整型、实型、字符等数据类型的公式计算。

b. 支持算术运算、逻辑运算、关系运算、选择运算等其他运算。

c. 支持指数、对数、三角、反三角运算、绝对值等标准函数运算。

d. 公式运算支持的表达式语句包括循环语句、条件判断语句等复合语句。

3）可周期启动或触发启动公式计算，启动周期可调，缺省为5s。

4）支持不少于50个操作数。

5）公式相互引用时能自动调整各个公式的计算次序，确保计算结果的正确性。

6）能检测公式中存在的语法错误及直接或间接循环引用，并给出提示。

7）公式计算支持历史重算功能，并支持单个分量修改后相关公式结果自动计算功能。

8）提供常用的计算库，支持以下常用计算：

a. 负载率计算。

b. 变压器挡位计算。

c. 切换把手位置计算。

d. 功率因数计算。

e. 电流有效值计算。

f. 电流百分比计算。

g. 母线、变压器受入、送出功率平衡度计算。

h. 变电站总有功功率、总无功功率计算，受入、送出功率平衡度计算。

i. 其他自定义的公式计算。

（10）光字牌。能以光字牌的形式显示变电站一次、二次设备（包括硬接点和软报文信息）及辅助设备发生的事故或故障信号，包括以下内容：

1）变电站一次、二次设备光字牌按逐层查询、各层联动的原则设置，至少包括四层：

a. 责任区总光字牌：该责任区所管辖的所有变电站总光字牌集合，只要该责任区内有一个光字牌未确认或未复归，责任区总光字牌都能反映。

b. 变电站总光字牌：责任区总光字牌的下一层，是该变电站下所有间隔总光字牌的集合，只要该变电站内有一个光字牌未确认或未复归，变电站总光字牌都能反映。

c. 间隔总光字牌：变电站总光字牌的下一层，是该间隔下所有光字牌的集合，只要该间隔内有一个光字牌未确认或未复归，间隔总光字牌都能反映。

d. 间隔内光字牌：最底层的光字牌，对应某个具体的信号，只要该信号未确认或未复归，该光字牌都能反映。

2）辅助设备光字牌可按辅助设备种类、部署区域设置，支持责任区总光字牌、变电站总光字牌的联动计算与查询。

3）支持责任区重要光子牌单独设置，如厂站与主站双通道状态。

4）支持以下光字牌处理功能：

a. 光字牌运行状态分为确认和未确认状态，上级光字牌状态是下级光字牌的综合结果。

b. 光字牌确认后，相关告警自动确认。

5）间隔、变电站光字牌合成计算支持滤除常亮光字牌或挂牌光字牌，支持自定义光字牌合成计算功能。

6）支持对常亮光字牌、未复归光字牌的集中展示，并按变电站、按间隔、按信息类型分栏展示。

7）支持以下光字牌显示功能。

8）其他：

a. 提供可定制的光字牌显示界面，包括形状、颜色、是否闪烁等。

b. 提供光字牌的确认和复归操作功能，下级光字牌全部确认或复归后，上级光字牌可自动转为确认或复归。

（11）责任区与信息分类。

1）支持将变电设备划分为不同的责任区域,责任区中的对象划分支持下列几种情况：

a. 以信息类型划分。

b. 以设备粒度划分。

c. 以变电站粒度划分。

d. 以变电站和不同电压等级的各种组合关系划分。

e. 以变电站和设备粒度的各种组合关系划分。

2）支持责任区管理功能。

3）每台工作站能分配一个或多个已定义的责任区，该工作站只负责处理所辖责任区内的信息，功能包括：

a. 实时告警信息窗只显示本责任区范围内的告警信息，无关的告警信息不出现在该工作站。

b. 只能查询到本责任区范围内的历史告警。

c. 遥控、封锁、挂牌等人工操作只对本责任区范围内的对象有效，禁止操作无关对象。

d. 限值修改等数据维护只能对本责任区范围内的对象有效。

e. 主备系统切换时，支持责任区的切换。

f. 支持对每个运维班划分不同的责任区。

4）其他：

a. 新定义设备所属责任区。

b. 修改设备所属责任区。

c. 删除设备所属责任区。

d. 具有根据变电站和电压等级批量定义责任区功能。

3.2.2.2　设备状态监视

（1）一次设备监视。一次设备状态监视具备如下功能：

1）能对一次设备运行状态进行监视，监视对象主要包括：变压器、断路器、隔离开关、电流互感器、电压互感器、母线、站用变压器（接地变）、高压并联电抗器、电容器、中性点设备。

2）监视范围包括：设备重（过）载，电压、频率越限，温度、压力、油位异常，断路器机构打压频繁等。

3）能提供一次设备监视信息列表，可按责任区、变电站、设备类型、电压等级等条件分类显示监视结果，并可查询历史数据。

4）运行状态发生变化时可根据重要程度提供提示、告警等手段。

5）能结合潮流变化情况，对一次设备停电状态进行记录并生成相应停电事件，停电或运行设备电压、电流异常提供、告警等手段。

6）一次设备在线监测的重要信息由站端主动上送,集控系统可通过定期调阅方式获得完整的监测数据和站端分析报告。

（2）二次设备监视。二次设备状态监视具备如下功能:

1）能对二次设备运行状态进行监视,监视对象主要包括:保护装置、测控装置、合并单元、智能终端、安稳控制装置、监控主机、综合应用主机、故障录波器、网络交换机、站用交直流设备等。

2）监视范围包括:事故总信息、保护动作出口总信号、故障信息、告警信息、设备自检信息、运行状态信息、回路状态、通信状态信息、对时状态信息、装置定值、软压板信息、装置版本及参数信息等。

3）提供保护装置定值、当前定值区号的在线查询与召唤功能。

4）提供变电站数据链路、网络状态监视功能。

（3）辅助设备监视。

1）提供辅助设备实时告警界面。辅助设备实时告警界面包括告警信息、越线信息、设备异常等内容,可实现分类过滤查看。

2）能对辅助设备故障、告警等信息按变电站、区域合并处理,可合并成安防总报警、消防总报警等信号。

3）可查看辅助设备网络结构图,对辅助设备通信状态等信息进行监视。

4）可在一次、二次设备监视画面中快速查看变电站辅助设备各子系统分图,包括辅助设备状态、运行信息、自检信息、光字牌等内容,可采用图表、曲线、谱图等展示方式。

5）可查看辅助设备区域二维平面部署图。

辅助设备监视如图 3-5 所示。

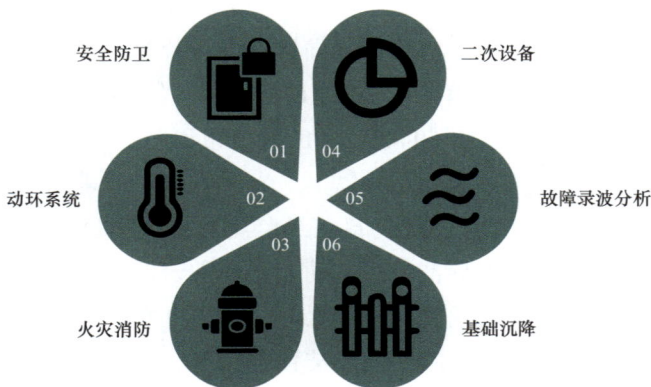

图 3-5　辅助设备监视

a. 安全防卫：

（a）安全防卫监视对象包括：电子围栏、红外对射、红外双鉴、门禁、智能锁控通信控制器、电子钥匙等。

（b）安全防卫监视范围包括：电子围栏、红外对射、红外双鉴的布防状态、防区告警、故障告警等信息；门禁控制器开/闭状态、故障告警、运行工况等信息；智能锁控控制器的通信、故障、任务等状态信息，主要包括设备名称、编码、分组，锁具类型、属性，人员名称、编号、权限，电子钥匙开锁反馈信息（操作人、开锁时间、锁具名称等）。

b. 动环系统。

（a）动环系统监视的主要对象包括：室内外温湿度传感器、水浸、风机、空调、除湿机、排水泵、开关室 SF_6 传感器、照明控制器等。

（b）动环系统监视范围包括：温度、湿度、雨量、风速、风向等微气象采样数据；室内温湿度采样数据、电缆沟浸水状态、集水井水位信息；空调工作状态（开启/关闭）信息及工作模式（自动、制冷、制热、除湿、送风）；风机控制设备的状态信息（远方/就地）、故障告警信息、运行工况等；排水泵控制设备的状态信息（远方/就地）、运行工况（启动/停止状态、电源回路故障、控制回路故障）等；排风机控制设备的状态信息（远方/就地）、故障告警信息、运行工况等；除湿机的启停信息；照明回路通断状态、照明控制器的运行状态、故障告警等信息；开关室 SF_6、氧气等气体浓度信息。

c. 火灾消防。

（a）火灾消防监视主要对象包括：火灾报警控制器、固定式灭火系统、气体灭火系统、消防给水消火栓系统、干粉灭火系统、防烟排烟系统、供暖通风和空气调节系统、防火门及卷帘系统、消防应急照明和疏散指示系统、消防电源、消防信息传输控制单元、主变压器固定灭火系统等。

（b）火灾消防监视范围满足 DL/T 2140—2020《无人值班变电站消防远程集中监控系统技术规范》、GB 50440—2007《城市消防远程监控系统技术规范》要求。

d. 二次设备在线监测。二次设备在线监测数据采用远程调阅方式实现监视，变电站端发现监测数据异常时，主动上送异常事件通知。

（a）二次设备在线监测主要对象包括：主机、网关机、保护、测控、安控、智能故障录波装置、交换机、时钟同步装置等设备。

（b）二次设备在线监测范围主要包括：

a）主机类在线监测数据：CPU 负载率、内存使用率、内存容量、磁盘使用率、磁盘存储空间、对时信号状态、对时服务状态、时间跳变侦测状态等。

b）网关机类在线监测数据：CPU 负载率、内存使用率、内存容量、磁盘使用率、磁盘存储空间、网口及串口通信状态、主备机状态、对时信号状态、对时服务状态、时间跳变侦测状态等。

c）保护类在线监测数据：工作电压、装置内部温度、装置运行时钟、保护版本、对时方式、接收和发光功率等。

d）安控在线监测数据：工作电压、装置内部温度、保护版本，对时方式、接收和发送光功率等。

e）测控类在线监测数据：对时信号状态、对时服务状态、时间跳变侦测状态、装置内部温度、内部电压、接收和发光功率等。

f）智能故障录波装置在线监测数据：CPU 负载率、内存使用率、内存容量、磁盘使用率、磁盘存储空间、对时信号状态、对时服务状态、时间跳变侦测状态等。

g）交换机在线监测数据：通信端口状态、端口流量、装置内部温度、主板工作电压、CPU 负载率、对时信号状态、对时服务状态、时间跳变侦测状态等。

h）时钟同步装置在线监测数据：外部时源信号状态、天线状态、接收模块状态、时间跳变侦测状态、时间源选择、晶振驯服状态、初始化状态、电源模块状态等。

e. 故障录波分析具备对故障录波器、保护装置的故障录波报告进行分析，具体要求如下：

（a）具备波形分析功能：

a）能对录波数据进行故障分析，包括曲线图绘制、向量图绘制、阻抗轨迹绘制、序分量计算、功率计算和谐波分析等。

b）能从录波数据中提取故障起始时间、故障持续时间、故障相别、故障类型、故障前后相量等故障简况。

c）支持波形的放大和缩小、波形显示值的切换等，并可导入、导出录波数据。

d）能从故障录波文件中智能提取 SOE、故障前后指定周期波形等，并生成简化录波文件。

e）具有信号合并功能，可生成自产零序波形、3/2 接线电流波形。

（b）具备故障测距功能：

a）双端故障测距能对两端的故障录波数据进行自动或手工对时，消除两端数据时间不同步的影响。

b）在无双端数据时，能采用单端测距算法计算故障距离。

c）能计算故障点的接地阻抗。

d）线路设备模型具备故障测距计算所需的线路长度、电容、电抗等参数属性，支持人工维护线路参数和系统等效参数，满足测距需要。

（c）具备通过故障波形分析一次、二次设备异常功能，能够对保护动作时间、重合闸动作时间、断路器分合闸时间、断路器灭弧后重燃等进行分析报警。

f. 基础沉降具备对变电站建筑物基础、主设备基础的沉降情况监视，并能对历史数据进行对比分析，主动上送异常事件通知。

（4）设备状态告警。设备状态告警主要用于变压器设备状态的预警、评估和展示，可延申至断路器、容性设备（避雷器等设备）状态告警分析功能。

1）具备设备在线监测数据趋势预测功能：对主设备温度、油色谱、历史负荷等状态监测信息及其增长率进行分析，对同一设备在相似运行工况下不同时间的监测数据进行比较，从而对监测数据变化趋势进行预测及预警。

2）可结合主设备负载、本体局部放电、冷却运行等特征信息，设备量测信息、辅控数据、在线监测数据等多源数据，进行主设备多维运行状态综合分析，对设备健康状态进行快速诊断。

3）当诊断发现异常时，可自动进行设备异常或故障分析，对异常或故障状况进行快速定位与告警。

4）可融合监测设备的横向数据进行负载、局部放电、设备冷却运行等状态的评估。

5）具备采用曲线、图表等方式展现设备分析结果的功能。

6）具备断路器、容性设备/避雷器等设备状态告警分析功能。

（5）设备运行统计。设备运行统计功能包括：

1）支持按区域、设备类型等进行分类统计及展示。

2）设备运行数值统计：包括最大值、最小值、极大值、极小值、平均值、总加值、三相不平衡率，统计时段包括年、月、日、时等。

3）次数统计：包括故障告警次数、异常告警次数、越限告警次数、开关变位次数、保护动作次数、遥控次数等。

4）负载率统计：支持按时段的设备负载率统计。

5）支持其他遥信、遥测值的统计。

3.2.2.3 远程智能巡视集中监控

（1）声纹识别。基于声纹识别变压器缺陷检测技术方案如图 3-6 所示。

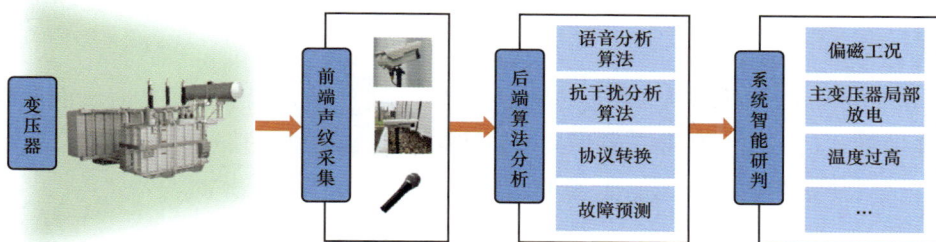

图 3-6　基于声纹识别变压器缺陷检测技术方案

采集变压器、断路器、电抗器、电压互感器、电流互感器等重要一次设备的声音数据，进行语音分析，提取音频信号特征参量，采用创新的声纹识别算法库进行语料训练、迭代、优化，实现潜伏性异常的精准识别，实现变压器、断路器、电抗器、电压互感器、电流互感器等运行状态的不停电在线监测及主动预警。

（2）图像识别。图像识别指对大量变电站场景中的各类数据进行影像分析，提取设备、部件和环境的特征提取，采用神经网络技术对图像数据进行训练、迭代、优化，可实现硅胶变色、绝缘子破裂、外壳破损、挂空悬浮物等缺陷的精准识别，实现变电站内设备状态、缺陷隐患和人员作业风险的智能研判，大幅提升现场作业替代率，为一线班组切实减负。基于图像识别缺陷检测技术方案如图 3-7 所示。

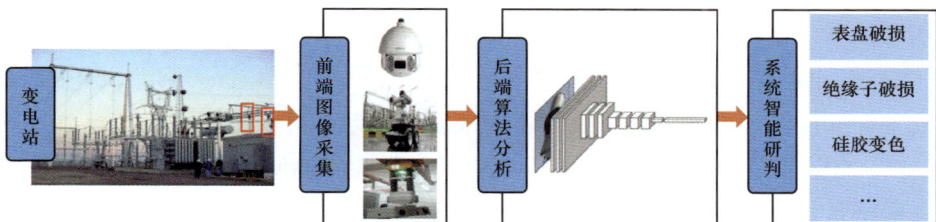

图 3-7　基于图像识别缺陷检测技术方案

（3）全景视频监控。

1）以 3D-GIS 地图为基地，对全站以及主变压器等重点区域进行多路摄像头图像拼接，实现"全站一张图"全景监视，能够对现场全局画面进行实时掌控，可以快速调节时间，对融合视频进行查阅、回放。

2）将可见光及红外视频监控设施进行统一管理，"以设备为中心"进行视频资源的分类查询、定位调阅、图像回放和摄像头控制。

3）对重点区域预置点位，依据运维要求预设巡视方案，实现表计读数、开关刀闸变位、测温、设备外观自动识别，自动推送巡检异常结果、生成巡检报告。

4）具备实时在线沟通功能，异常处置时，实现多方基于现场实时画面同时标注关键点位、大型作业车辆调度等，可以实现实景画面快速沟通。

全景视频监控部分功能如图 3-8 所示。

"全站一张图"全景监视　　　　　　"以设备为中心"点选视频资源

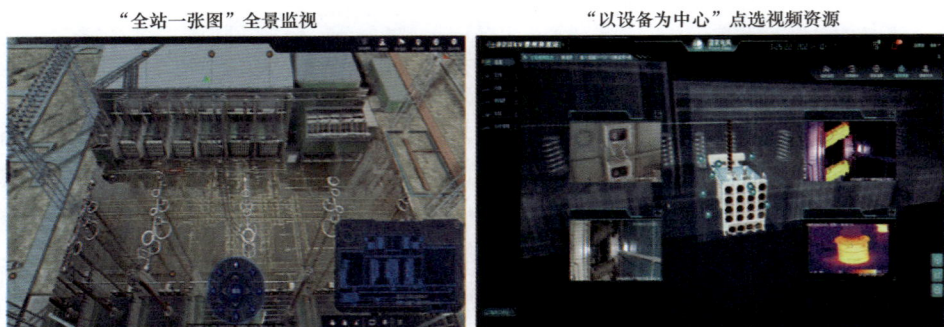

图 3-8　全景视频监控部分功能

（4）变电站巡检机器人。变电站巡检机器人能够全自主、本地或远方遥控模式代替或辅助人工进行巡检，巡检内容包括设备温度、仪表等，具有检测方式多样化、智能化、巡检工作标准化、客观性强等特点：

1）变电站巡检机器人能与本地监控后台进行双向信息交互，本地监控后台能与远程集控后台进行双向信息交互，信息交互内容包括检测数据和机器人本体状态数据。

2）变电站巡检机器人具备自检功能，自检内容包括电源、驱动、通信和检测设备等部件的工作状态，发生异常时能就地指示，并能上传故障信息。

3）变电站巡检机器人的巡检方式包括例行和特巡两种方式。例行方式下，系统根据预先设定的巡检内容、时间、周期、路线等参数信息，自主启动并完成巡视任务；特巡方式由操作人员选定巡视内容并手动启动巡视，机器人可自主完成巡检任务。变电站巡检机器人的巡检内容包括但不限于下列内容：

a. 全站一次设备的外观。

b. 一次设备的本体和接头的温度。

c. 断路器、隔离开关的分合状态。

d. 变压器、TA 等充油设备的油位计指示。

e. SF_6 气体压力等表计指示。

f. 避雷器泄漏电流指示。

g. 变压器、电抗器等噪声。

4）变电站巡检机器人配备可见光摄像机、红外热成像仪和声音采集等检测设备，并能将所采集的视频和声音上传至监控后台。

5）变电站巡检机器人能够对站内设备进行温度检测，能按照 DL/T 664—2016《带电设备红外诊断应用规范》的要求对电流致热型和电压致热型缺陷或故障进行自动分析判断，并发预警。

6）变电站巡检机器人能够对有读数的表盘及油位标记进行数据读取，自动记录和判断，并发报警。

7）变电站巡检机器人能够对设备运行噪声进行采集、远传、分析。

8）变电站巡检机器人具备对时、音视频远传、报警功能、微气象数据采集、防碰撞、巡检报告、自主充电等其他功能。

（5）变电站巡检无人机。变电站巡检无人机实现全面巡视、定制巡视、红外测温、安防、消防和现场管控等功能，变电站巡检无人机功能如图 3-9 所示。

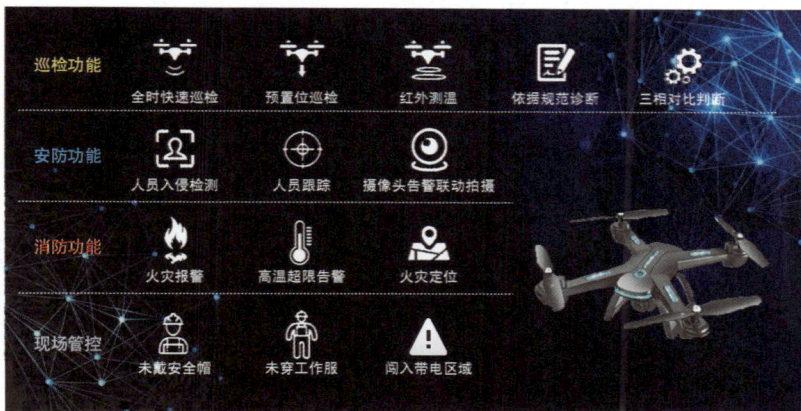

图 3-9　变电站巡检无人机功能

变电站巡检无人机功能具体包括：

1）可进行全面巡视，巡视分为快速扫描与逐位检查两种方式。

2）可根据工作实际任务定制无人机巡视预置航线,快速扫描或前往重点关注的区域或设备，直观展示巡检仪当前巡检设备的实时图像、红外图像及温度，提供相关异常告警信息，以地图方式显示无人机当前状态、位置和巡检路线，并在地图中显示被巡检设备的状态监测数据信息。

3）装配红外测温负载云台，支持红外点、线、面的区域测温功能，支持设备前端多区域测温、多区域参数告警设置及多区域高低温光标自动追踪；系统能够可以绘制环境温度、三相温度等数据随时间变化的曲线，并根据曲线数值进行三相对比诊断。

4）能够对设防区域的非法入侵进行实时、可靠的复核和报警。

5）可以对变电站内发生的火灾进行报警和定位，根据摄像头的光轴指向定位火灾。

6）人员入侵的位置。

7）可定位变电站内作业区域，可以识别未戴安全帽、未穿工作服和闯入带电区域的人员并进行告警。

3.2.2.4　事件化告警

事件化告警指以监控大数据为基础，建立专家知识库，分析离散信号之间发生时间、空间以及拓扑等逻辑关系，将发生的孤立告警信号转化为综合性事件结果，提升设备运行监视的实时感知度。

（1）数据范围。参与事件化推理分析的数据范围包括但不限于以下类型：

1）一次设备监视告警：包括断路器、隔离开关、变压器、站用变压器等设备产生的告警。

2）二次设备监视告警：包括保护装置、测控装置、合并单元、智能终端等对象产生的告警。

3）辅助设备监视告警：包括安全防卫、环境监测、在线监测、消防监测等应用产生的告警。

4）系统运行告警：包括进程启停、应用故障、应用切换、节点投退等信息。

5）网络安全告警：变电站上送的网络安全告警信息、集控系统的网络安全告警信息。

（2）告警事件。事件化推理分析识别的事件包括以下类型：

1）单一信号事件，主要包括：

a. 信号动作异常事件，信号在预定义时间内发生动作且未复归。

b. 信号瞬动事件，信号在预定义时间内发生动作且复归。

c. 信号频发事件，信号在预定义时间内动作复归超过限定次数。

2）综合事件，主要包括：

a. 设备故障事件：包括线路故障、主变压器故障、母线故障以及断路器故障等。

b. 设备异常事件：包括一次设备故障异常、二次设备故障异常、辅助设备故障异常以及监控系统异常等。

c. 设备运行异常事件，包括母线电压越限、线路重过载、主变压器重过载、主变压器超温以及母线接地等。

d. 网络安全告警事件。

3）组合事件由两个及以上综合事件组合而成的事件，包括：线路跳闸事件和备自投事件组合、线路两端跳闸事件组合、变压器三侧跳闸事件组合等。

4）业务事件主要包括：

a. 设备操作事件，包括远方操作等。

b. 工作检修事件，依据集控系统挂牌信息进行事件分析，包括设备停电检修、设备带电检修等。

c. 调试验收事件，变电站设备调试、改扩建等调试验收事件。

（3）推理规则库。提供工具对事件规则库进行维护，推理规则灵活可配置，支持用户自定义扩展和修改，主要包括：

1）支持模拟量、状态量定义。

2）支持逻辑与、或、非、比较运算及其组合运算。

3）支持冗余条件关系运算，在 N 个组成元素中至少满足 n（$n \leq N$）个条件。

4）支持推理规则组成元素之间关联、拓扑以及时间关系定义。

5）支持基于历史真实发生、预想模拟的告警信号验证推理规则。

6）支持对规则的导入、导出功能。

（4）事件化推理。基于规则库进行分析推理，识别生成事件化结果，主要包括：

1）对发生的一次设备、二次设备、辅助设备等告警信息进行推理分析，生成单一信号事件、综合事件、组合事件以及业务事件等。

2）支持对已发生事件与事件进行推理分析生成组合事件。

3）支持将参与事件推理以及事件相关的伴随信号合并到事件中。

4）事件结果包括事件等级、告警方式、事件包含信号数量等信息。

5）支持对事件结果进行分析，排查事件中可能存在的信息差异、描述错误等情况。

（5）故障简报。

1）在故障情况下对事件顺序记录、保护事件、相量测量数据及故障波形等信息进行数据挖掘和综合分析，生成分析结果，结合故障录波、设备台账等信息，生成故障分析报告。

2）支持故障分析报告的编辑、查询和统计功能。

（6）站端上送研判结果分析。站端上送研判结果分析支持处理站端主动上送的事件分析研判结果并进行展示，支持调阅事件详情报告。

3.2.2.5 穿透调阅

（1）数据调阅。数据调阅支持变电站数据的服务化按需调阅与保存，具备以下功能：

1）具备历史数据调阅功能：

a. 集控系统通过服务网关机实现主辅一体化监控主机、综合应用主机的历史数据调阅。

b. 调阅的历史数据包括变电站一次设备、二次设备和辅助设备的模拟量、状态量、SOE 等数据。

c. 支持调阅变电站的日志信息，包括用户登录信息、操作日志、异常告警等。

2）具备设备运行状态调阅功能：

a. 集控系统通过服务网关机实现设备运行状态远程调阅。

b. 支持变电站智能设备运行状态的调阅，包括监控测控设备、保护设备、辅控设备、智能录波器等智能设备的通信及自检状态。

3）具备一次、二次设备在线监测数据调阅功能。

4）具备故障录波器、保护装置的故障录波报告调阅功能。

5）具备故障分析报告调阅功能：

a. 集控系统通过服务网关机实现变电站故障分析报告的远程调阅。

b. 可按照时间、间隔等过滤条件对变电站故障分析报告进行调阅。

6）具备调阅数据的保存、查询、导出功能。

7）具备画面数据调阅功能：

a. 集控系统通过服务网关机实现主接线图实时数据远程调阅。

b. 集控系统通过服务网关机实现间隔分图实时数据远程调阅，显示变电站端完整的信号。

（2）画面调阅。画面调阅支持直接浏览变电站内完整的主辅设备画面和实时数据，具备以下功能：

1）对调阅到的变电站图形进行正确绘制和显示。

2）根据变电站转发的数据信息实时刷新对应画面,并根据数据质量码着色显示。

3）支持通过背景水印等标志区分本地画面与远程画面。

4）支持从告警信息窗、光字牌图等快捷跳转远程调阅变电站主画面。

5）支持变电站画面、图元、图片等资源在集控系统预先存储和增量更新。

6）能够同时远程浏览多个变电站图形。

3.2.2.6　临时接地线智能监视

临时接地线智能监视支持查看责任区变电站临时接地线的使用状态，临时接地线智能监视如图 3−10 所示，具备以下功能：

（1）能正确显示调阅到的变电站临时接地线使用状态，使用状态共分为挂上、放回、取走、故障、备用、解锁六种。

（2）根据变电站转发的数据信息实时刷新对应画面，并能查询到临时接地线使用位置，并能实现与视频联动。

（3）能够同时远程浏览多个变电站临时接地线状态。

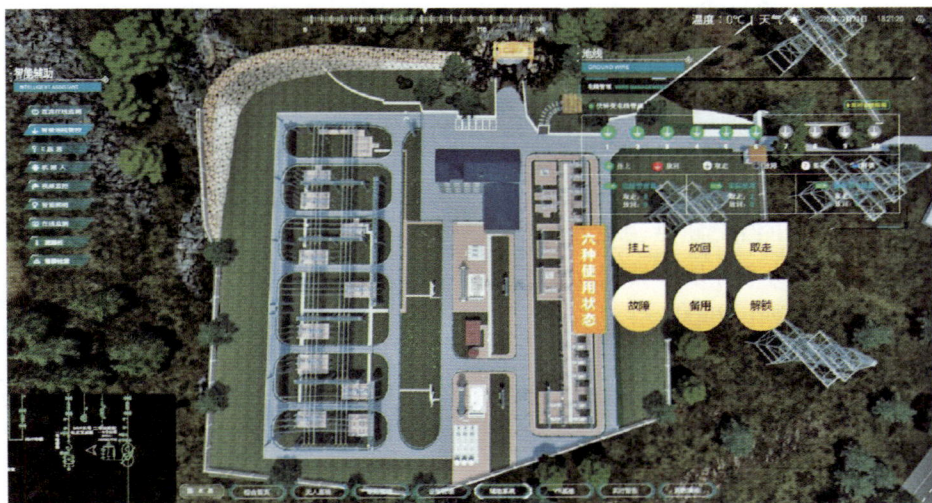

图 3−10　临时接地线智能监视

3.2.3　操作控制

操作与控制主要功能包括一次设备操作、顺控操作调用、二次设备远方操作、辅助设备操作、电气操作防误、智能联动、集控系统监盘操作等。

远方操作满足以下要求：

（1）提供基于数字证书、用户和密码、指纹卡、人脸识别等鉴别技术的两种或两种以上组合方式对用户身份进行鉴定。

（2）实行双人、双机监护制度（允许单人遥控操作的除外），显示操作对象相关信息，操作人和监护人需有相应的操作权限。

（3）设备操作在操作票执行界面上进行，对单一断路器、隔离开关的操作允许在间隔图形界面进行。

（4）设置间隔设备核对、确认，防止误入间隔进行操作的功能。根据操作步骤自动核对设备状态、设备名称和编号，核对正确后方可进行遥控、遥调操作。

（5）具备电气操作防误闭锁机制，防误校核失败自动闭锁相关设备操作。

（6）具备全过程监视功能，可对控制操作中的交互环节进行监视。

（7）具备联动远程智能巡视集中监控系统功能，通过视频确认设备是否操作到位。

（8）具备操作记录的保存及查询功能，包括操作人员姓名、操作对象、操作内容、操作时间、操作节点、操作结果等，可供调阅和打印。

3.2.3.1　一次设备操作

一次设备操作指遥控、遥调操作通过集控系统下发操作指令，经过变电站实时网关机、间隔层、过程层等设备实现操作指令的执行与信息反馈。

（1）遥控操作项目。

1）断路器、隔离开关分合。

2）主变压器中性点接地开关分合。

3）无功功率补偿装置投切。

4）一体化电源空气开关分合。

（2）遥调操作项目。

1）变压器有载调压开关升降挡位操作。

2）无功功率补偿装置调节。

（3）顺控操作调用项目。

1）单一开关间隔"运行、热备用、冷备用"三种状态间的转换操作调用。

2）主变压器及母线"运行、热备用、冷备用"三种状态间的转换操作调用。

3）倒母线操作调用。

4）具备电动手车的开关柜"运行、热备用、冷备用"三种状态间的转换操作调用。

（4）遥控操作方式。遥控操作的预演、执行过程中，因防误校验闭锁的实现方式不同，可有三种操作模式，包括逻辑规则集控站校核模式、逻辑规则变电站校核模式以及紧急控制模式。

3.2.3.2　二次设备远方操作

二次设备远方操作具体功能如下：

（1）支持以遥控方式进行变电站继电保护及安全自动装置、测控装置功能软压板的投/退。

（2）远方投退软压板操作按照限定的"选择—返校—执行"步骤或者"选择—返校—取消"步骤进行，并判断相应双确认信号状态指示，支持在遥控执行前人为终止遥控流程。

（3）遥控返校结果显示在遥控操作界面上，仅当返校正确时才允许执行操作，遥控选择在设定时间内未收到相应返校信息的自动撤销遥控选择操作，遥控执行在设定时间内未收到遥控执行确认信息的自动结束遥控流程。

（4）具备定时总召变电站端继电保护及安全自动装置功能软压板状态和保护装置定值区号功能。

（5）具备远方召唤并自动比对保护装置定值的功能：

1）支持召唤保护装置定值的组标题、名称、量纲、精度、量程。

2）支持召唤保护装置当前定值区和指定定值区的定值。

3）界面显示的定值项名称及排列顺序与保护装置打印定值清单一致。

4）支持将召唤定值存储至基准定值库中，作为该保护装置相应定值区的基准定值。

5）支持将召唤定值与该保护装置相应定值区基准定值进行自动比对，给出比对结果，并在界面中将比对不一致的定值项进行明显区分。

（6）支持以遥调的方式进行变电站继电保护及安全自动装置的定值区切换操作。

（7）具备远方修改定值功能：

1）支持定值编辑并进行校验，对校验异常提示错误。

2）具备判断相关保护装置是否异常功能，如异常，则提示是否继续操作，选择否则操作中止。

3）能发送修改定值的写确认命令（预修改命令），变电站根据实际情况回复写确认的肯定应答（预修改成功）或者否定应答（预修改失败）。

4）能发送修改定值的写执行命令，如果变电站上送的是写确认的否定应答，则表明装置（或子站）拒绝修改操作，定值修改操作中止。

5）远方修改定值后，支持重新召唤当前定值，与定值单核对查看修改是否成功。

6）能启动延时判断相应保护设备的状态，如果发现装置异常，可恢复定值。

（8）具备进行远方保护高频闭锁通道试验功能。

（9）具备对保护、测控等二次设备的远方复归操作功能。

（10）支持其他允许开展的二次设备远方操作。

3.2.3.3　辅助设备操作

辅助设备操作主要包括一次设备在线监测、安全防卫（电子围栏、红外对射、门禁、智能锁控）、动环系统（空调、风机、除湿机、水泵、照明、SF_6）、火灾消防应急控制。辅助设备控制原则上以站端自动模式下自动策略控制为主，若自动模式控制失效或在手动模式时支持远程控制，排水泵、安防系统电子围栏控制器重启、固定式灭火器手动启动、电缆沟水喷雾灭火手动启动支持选控模式，其余辅助设备采用直控模式，设备故障时禁止控制。

（1）一次设备在线监视。一次设备在线监测支持以下操作控制功能：

1）在线监测装置监测数据主动召唤。

2）远方修改在线监测装置参数。

3）在线监测装置的信号复归。

（2）安全防卫。安全防卫包括以下操作控制功能：

1）支持电子围栏、红外对射、红外双鉴等防入侵设备布防/撤防远方操作，可按全站、防范区域分别设置布防/撤防控点。

2）支持电子围栏检修挂牌。

3）支持门禁控制器设备配置修改、权限设置等远程操作。

4）支持重点区域门禁远程应急开门/关门控制，包括变电站大门、主控室门远程控制。

5）智能锁控支持以下操作控制功能：

a. 支持用户、角色与锁具权限的配置与远程授权。

b. 支持电子钥匙任务下发，下发任务包括变电站名称、任务名称、操作人员名称、工作起止时间和设备列表等信息。

（3）动环系统。动环系统支持以下操作控制功能：

1）空调运行状态（开启/关闭）、工作模式（自动、制冷、制热、除湿、送风）远方控制，以及温度设定等远方调节。

2）风机、除湿机、排水泵的远程启动/停止控制。

3）照明控制。

4）开关室 SF_6、氧气浓度阈值参数的远程设置。

（4）火灾消防。火灾消防支持远程应急操作固定灭火装置，并满足下列要求：

1）系统自动弹出消防信息报警界面及对应部位或设备的火灾应急处置预

案内容。

2）可由视频等其他监控系统配合显示当前报警源相关图像，提供可视化操作。

3）火灾消防远程应急操作前对火灾报警信号、火灾区域设备断电信号、火灾区域视频信息等进行逐项确认，核实火情。

4）消防操作权限单独设置，可通过人员的生物特征验证或密码认证，进行远程应急启动操作。

5）远程应急启动具备防误逻辑闭锁功能，逻辑闭锁/解锁功能至少包括：

a. 针对变压器、高压电抗器等设备，必须满足相应断路器分位后，同时有两路独立回路或两种类型火灾报警信号发生时，方可允许下发灭火设备远程控制命令。

b. 针对电缆沟、电缆夹层等的防火分区，必须满足防火区域内产生两路独立回路或两种类型火灾报警信号，方可允许下发灭火设备远程控制命令。

c. 当发现明火但现场灭火系统未动作时，可在火警信号不满足的情况下，人工解除火灾消防逻辑闭锁。

（5）电气防误操作。电气设备操作防误由变电站防误和集控站防误两部分组成，其中集控站防误技术手段包括操作互斥、挂牌闭锁、操作票闭锁、信号闭锁、拓扑防误、逻辑规则防误等。

（6）集控系统监盘操作。

1）人工封锁。人工封锁提供以下功能：

a. 人工输入的数据包括状态量、模拟量及计算量。

b. 对人工输入数据进行有效性检查。

2）闭锁和解锁操作。闭锁和解锁提供以下功能：

a. 闭锁功能用于禁止对所选对象进行特定的处理，包括数据更新、告警处理和远方操作等。

b. 闭锁功能和解锁功能成对提供。

c. 告警闭锁/解锁能支持间隔、站级操作。

d. 对所有的闭锁和解锁操作进行存档记录。

3）标识牌操作。

4）提供以下标识牌操作功能：

a. 支持常用的标识牌，包括：

（a）检修：对具有该标识牌的设备可进行试验操作，操作信息不向监控工作站告警。

（b）禁止分闸/禁止合闸：禁止对具有该标识牌的设备进行分闸/合闸操作。

（c）警告：对具有该标识牌的设备执行操作时提供相关提示。

（d）接地：对于不具备接地开关的点挂接地线时，设置该标识牌，并在操作时检查该标识牌。

（e）闭锁遥控：禁止对具有该标识牌的设备进行远方操作。

（f）故障：禁止对故障隔离设备进行合闸操作。

（g）常亮：对长期点亮的光字牌可挂此牌，将不纳入光字牌合并计算。

（h）保电：实时监测挂保电牌设备的量测值，出现异常进行提醒，并能显示保电时间段、保电任务等相关信息。

（i）注释：对变电站、设备可以直接输入注释文字，以此标示当前变电站、设备的描述信息。

（j）传动：支持对在改造传动的设备、间隔、变电站设置该标识牌，转移相关告警信号至传动责任区。

b. 提供自定义标识牌功能。

c. 能通过人机界面对一个对象设置标识牌或清除标识牌。

d. 支持在远方控制操作时自动检查提示操作对象的标识牌功能。

e. 单个对象能设置多个不同类型标识牌。

f. 支持对多个设备批量挂牌功能。

g. 标识牌操作保存到标识牌一览表中，包括时间、变电站、设备名、标识牌类型、操作员身份和注释等内容，并存档记录。

h. 支持计划性的定时自动挂牌、摘牌功能。

3.2.3.4　一键顺控操作

（1）基本要求。

1）集控系统调用变电站顺控服务实现顺控操作。

2）顺控的预演及操作由变电站端实现防误闭锁功能。

3）顺控过程应对设备、间隔状态校验，对未满足顺序控制条件的设备、间隔状态做出提示。

4）顺控执行过程，遇到闭锁或影响继续操作的信号、事件发生时，具备自动判别功能，并暂停操作，发出提示信息，经监控员分析判断后选择终止或继续操作。

5）顺控过程具备全程人工干预以及操作取消、操作暂停、操作继续、操作终止等功能，支持对操作失败的步骤进行再次操作并继续顺控操作的功能。

6）所有操作过程均需有详细记录，并可按时间、变电站、操作任务、操作员、间隔、设备等条件检索查询。

7）有严格的过程管控，当前流程未结束或未通过时，能自动闭锁下一操作流程。

8）在顺控执行过程中，实时展示站端执行情况，能够正确解析变电站上送的错误原因功能码，并主动提示。

9）具备顺序控制操作票的查验功能，集控系统可按间隔调阅变电站端操作票目录文件并逐个查验操作票是否存在；操作票目录文件内容包含操作票生成时间、版本号、校验码等信息。

（2）顺控操作调用。顺控操作调用指集控系统获取操作任务后，下发操作票调阅指令给变电站，变电站接收并匹配对应的操作票，成功后上送操作票，如果匹配操作票不成功，上送失败原因至集控系统；集控系统启动预演，变电站进行防误校验，反馈每步的预演结果；预演成功后，集控系统启动执行，变电站根据操作票逐步自动执行，反馈每步的执行结果，执行过程的每一步进行变电站端的防误校验，失败需给出原因。

（3）操作票调阅。

1）具备调阅变电站端顺序控制操作票功能，顺控操作票能够临时存储，供后续操作处理。

2）支持操作票内容查看，能够正确显示变电站端上送的操作票，内容包括操作对象、操作步骤等。

3）调阅变电站端操作票不成功时，能够正确解析上送的错误原因，并主动提示。

（4）模拟预演。

1）支持显示变电站端上送的各步骤预演结果以及操作票预演总结果。

2）模拟预演操作失败时，自动闭锁执行操作流程。

3）能够正确解析变电站端预演失败的错误原因，并主动提示。

4）支持人工终止预演过程，并向变电站端发送预演取消指令。

5）所有操作步骤预演成功，且收到操作票预演总结果成功信息后，方可判断为操作票模拟预演成功。

（5）操作执行。

1）具备严格的操作步骤管控功能，当前步骤未完成或未成功时，闭锁下一步操作。

2）可单步或连续操作，可根据需要选择应用。

3）操作执行过程中，支持暂停功能，并可设置操作暂停时限；在暂停时限内，可继续执行，否则自动终止操作流程，并下发指令通知变电站端终止操作。

4）操作执行过程中，具备人工终止操作功能，并可自动通知变电站端终止操作。

5）当遇到变电站端返回超时、通道短时间中断恢复等情况时，具备操作指令的重发机制，重发次数阈值可设置。重发次数超出阈值且仍未收到变电站返回信息时，终止操作流程并主动提示。

6）操作执行过程中，支持二次信号闭锁暂停机制，达到闭锁条件时，主动提示闭锁信息，并下发暂停指令，待人工确认后，可选择继续或终止操作流程。

7）操作执行过程中，支持对操作失败的步骤进行再次操作并继续顺控操作的功能。

8）具备执行过程超时闭锁机制，设定时间内没有收到变电站端反馈信息，自动终止操作并主动提示。

9）能够正确解析变电站端操作执行失败的错误原因，并主动提示。

（6）数据传输。

1）支持 DL/T 634.5104—2009《远动设备及系统　第 5-104 部分：传输规约　采用标准传输规约集的 IEC 60870-5-101 网络访问》通信协议扩展规约，利用规约中的扩展报文类型，对顺控流程明确约定及描述。

2）采用 CIM/E 格式文件传输顺控操作票内容。

3）采用 CIM/E 格式文件传输顺控操作票列表文件。

3.2.3.5　智能联动

（1）视频联动。与远程智能巡视集中监控系统视频联动满足如下要求：

1）主设备遥控支持触发视频联动功能，远程智能巡视集中监控系统具备自动判别设备是否操作到位功能。

2）支持主设备变位信号联动视频功能，包括断路器、隔离开关、接地开关等一次设备变位信号。

3）支持系统告警触发视频联动功能。

4）触发联动的主辅设备或信号支持可配置。

5）发起视频联动请求的工作节点需与响应请求的远程智能巡视集中监控系统客户端一一对应，非响应客户端不受影响。

（2）主辅设备联动。主辅设备联动策略配置优先在变电站实现，也可在集控系统按站配置。主设备有操作、故障、缺陷及异常时，支持与辅助设备联动。

主辅设备间联动配置策略满足如下要求：

1）主设备遥控操作按需联动照明开启。

2）事故、异常类主设备告警信号按需联动照明开启、风机启动以及门禁系统启动。

（3）辅助设备间联动。联动策略配置优先在变电站实现，也可在集控系统按站配置。辅助设备间联动配置策略满足如下要求：

1）安全防范系统入侵报警联动。

2）打开报警防区对应回路灯光照明。

3）联动防区视频预置位，弹出现场视频监控预览窗口，开启录像。

4）消防系统火灾报警联动。

5）支持门禁紧急开门联动提示和确认、操作，方便火灾区域的人员逃生。

6）联动开启现场灯光照明，启动现场声光报警。

7）联动报警区域视频预置位，弹出现场视频监控预览窗口。

8）支持现场空调、风机的开启/关闭联动提示和确认、操作。

9）环境监测越限告警联动：室外微气象（台风、暴雨等）数据越限告警，联动现场视频监控预览窗口。

10）SF_6 监测浓度越限联动：SF_6 浓度越限告警，支持联动报警区域视频预置位，弹出现场视频监控预览窗口。

（4）业务管理。

1）气象监视。气象监视支持展示公共气象服务、微型气象站等采集的变电站天气信息，具备天气预测、历史查询功能，并能进行恶劣天气预警提醒服务，变电站气象监视如图 3–11 所示。

图 3–11　变电站气象监视

2）运维全景监视。运维全景监视是通过可视化展现方式，以示意图、图表、文字标注等方式向运维人员展示变电站所有监控设备的状态及量测值，实现自动全景设备监视或根据运维计划安排、特殊巡视、节假日、重要保电任务提供动态监控、历史查询等实用功能，以全面掌握变电站整体的运维全景状态。运维全景监视可具备以下功能：

a. 具备设备状态监视功能：

（a）变电站运行监测：通过曲线图/柱状图/饼图等形式展示变电站内电气设备的运行状态，包括设备有功功率、无功功率、电流、电压、负载率、频率、在线监测等数据的变化趋势；对于数据跃变、数据连续多日上升、数据连续多日下降等情况进行及时告警提示。

（b）环境监测：通过实时曲线图等形式展示变电站、设备环境的温湿度等数据变化。

（c）气体监测：通过实时曲线、告警提示等形式展示变电站各类气体的数据变化及告警数据。

（d）消防安全：通过告警提示等形式展示变电站各类消防、安防监控状态，对于告警数据进行及时提示。

（e）照明监测：通过位置图、告警提示等形式展示变电站各照明设施的运行状态，对于运行异常的数据进行及时定位和提示。

（f）整体状态评估：对变电站整体运行状态进行综合评估，显示变电站整体运行健康度、整体运行风险评估、整体运维效率评估、整体缺陷等级评估等信息。

b. 具备缺陷状态监视功能，包括缺陷总数、缺陷分布、缺陷处理情况等信息，对变电站的各类缺陷数量变化趋势进行图形化展示。

c. 具备运维状态监视功能：

（a）运维工作监视：通过图表等形式对变电站运维工作计划、运维工作执行效率进行展示，动态反应运维工作执行质量及运维人员工作效率。

（b）重点工作监视：突出显示重大节假日、重要保电工作、特殊巡视等节点的运维工作计划。

（c）检修工作监视：对变电站的月度检修计划、日前检修计划进行综合展示，突出检修计划涉及的变电站范围。

3）监控助手。监控助手为运维人员提供信号巡视、值班向导、缺陷管理等方面的辅助功能，提升集控站运维工作效率，监控助手功能如图 3-12 所示。

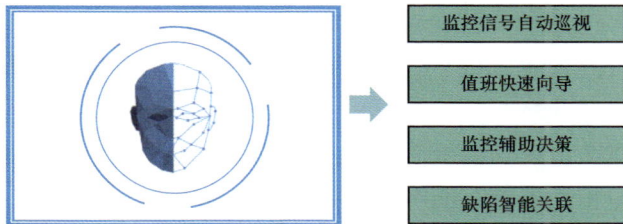

图 3-12　监控助手功能

监控助手可具备如下功能：

a. 监控信号自动巡视。

b. 通过人工触发或预设周期，按巡视项目、巡视范围自动执行监控画面的巡视功能，并生成巡视报告。可具备如下功能：

（a）自动巡视类型包括：全部监控画面巡视、指定画面巡视。

（b）支持人工预定义巡视任务，任务信息包括巡视范围、巡视内容等。

（c）支持人工定义巡视周期。

（d）支持人工触发执行巡视任务。

（e）自动巡视内容包括：光字牌状态、遥测越限、数据不刷新、挂牌信息、抑制信息、封锁信息、替代信息、遥信遥测不匹配、在线监测异常、GPS 时钟运行情况等，并核对未复归、未确认监控信号。

（f）支持不同时间巡视结果的比对分析，能够生成巡视报告并支持查询、统计与导出功能。

c. 值班快速向导。值班快速向导主要用于辅助监控员针对当班运行事件进行处置，可实现以下功能：

（a）支持展示公共气象服务、微型气象站等采集的变电站天气信息。

（b）支持操作信息的快速入口，列表式查看正在执行和即将执行的操作票信息，并提供查询和快速定位。

（c）支持监控信号自动巡视结果的集中展示。

（d）支持集中展示监控待办事件任务信息，能够查询事件详情。

（e）基于事件化的辅助决策结果，能提供处置向导，辅助监控员完成任务处置，支持与缺陷系统、日志系统等系统间交互，便捷完成缺陷填报、日志填写。

（f）支持查看事件任务处置进度以及历史处置过程。

（g）支持事件任务分类统计展示，包括已完成和未完成数量等。

d. 监控辅助决策。监控辅助决策可对系统发现的事件进行分析，结合处置预案及日常处置经验，形成标准化的处理流程，辅助监控员完成对故障及异常的处置。

（a）基于处置预案、日常处置经验，能够构建故障及异常事件处置专家知识库。

（b）能根据故障及异常事件类型、设备等信息，关联处置知识库。

（c）能够根据知识库分析事件结果生成监控代办任务。

（d）支持事件化结果分析获取处置规则，并形成处置建议，包含规程规定的处置建议、历史相同事件处置步骤。

（e）支持调取设备状态告警结果及相关设备的实时健康状况，辅助监控员处置。

e. 缺陷智能关联。

（a）可根据遥信数据异常变化自动智能提取遥信缺陷信息，如"××通道异常""××开关 SF_6 气体压力降低"等关键信息。

（b）可根据遥测数据异常变化自动智能提取遥测缺陷信息，如"直流回路接地""直流母线电压低"等关键信息。

（c）可根据遥控操作发生返校失败、遥控超时等信息自动提取"遥控操作失败"等关键信息。

（d）可根据遥调操作发生遥调失败等现象自动提取"遥调操作失败"等关键信息。

（e）可根据站端遥视智能分析或测温（带测温功能）上送信息自动提取"××设备过热、温度××度""××设备渗油""××设备裂纹"等关键字段信息。

（f）支持将提取后的缺陷自动推送至运维记录系统缺陷录入环节。

4）操作票。

a. 操作票网络化。

（a）系统可将操作指令分解为若干操作任务，每个操作任务对应一张操作票。操作票由若干检查项和操作项组成，操作项可以是遥控操作、遥调操作、顺控操作调用、二次远方操作、现场操作及其组合。

（b）支持操作任务对象化解析功能。能够解析出操作任务的设备名称、初始态、目标态等信息。

（c）系统支持由操作任务自动生成操作票，并支持人工填票、编辑。

（d）具备以下开票方式：

a）具备图形开票功能：将一次、二次设备状态图形化，单击设备图形自动生成对象化的操作项。

b）具备智能开票功能：根据操作任务自动分解生成操作项，智能开票规则能够关联设备库，包含对象化信息。

c）支持人工开票功能：对人工录入的操作票开展语义解析，并提示不能识别的操作项，具备操作项、检查项等类型的对象化。

d）开票前能够选择遥控操作或顺控操作两种模式，并生成符合相应模式的操作票。

e）支持操作票模拟预演功能。

f）系统具备典型操作票库，开票完成后自动开展操作票与典型票的智能比对与研判，同时对操作设备开展拓扑运算与分析，判别操作顺序是否正确、操作步骤是否完整、操作顺序是否符合要求、操作项目与操作目的是否一致、系统合解环顺序与线路两侧分合接地开关操作顺序是否正确。智能研判错误的操作票，系统能及时对错误进行提示，并标注错误类型与具体的操作项目。

g）操作票新建时生成临时票号，临时票号连续，每张临时操作票的票号唯一；新建票被删除或生成正式操作票票号时，临时票号同步删除。

h）具备操作票输出至集控工作站或运维工作站打印功能。

i）操作票票面格式满足安规要求，对于操作项目超过一页的操作票，具备自动生成承上页、接下页格式功能。

j）具备备注功能，支持操作项和操作票的备注。

k）操作票执行具备回填功能。在操作任务执行前可填入操作人、监护人、值班负责人、发令人、接令人、发令时间；执行完毕后可填入操作开始时间与操作结束时间（顺控操作票在执行开始同时填入操作开始时间），所有可自动记录或关联获取的回填信息均自动填入相应位置。

l）具备票面作废功能，支持对未执行的操作票签署作废意见并盖作废章。

m）具备回退功能，并能够保留回退和修改意见。

n）实现新建票、待审核、已审核、待执行（待打印）、执行（打印）回填、归档流程节点中操作票所有信息的保存、查询与统计功能。

o）操作终结后集控系统将操作票信息文件归档。

b. 操作票交互。

（a）接收并分解操作任务。

（b）对操作任务自动生成操作票或人工开票，并可由拟票人编辑、确认。

（c）对于顺控操作，可调阅变电站顺控操作票。

（d）开票完成后送审核。

（e）操作前开展操作票模拟预演，顺控操作在变电站端完成预演。

（f）生成正式操作票后，现场操作任务的操作票部分可推送至系统的运维工作站打印输出或通过网页发布。

（g）执行操作票。操作执行同时自动填入发令人、接令人、操作人、监护人、值班负责人、操作开始时间、发令时间。

（h）遥控操作执行结束，将操作完的操作票信息自动传输至运维记录系统保存。

操作票交互流程图如图 3-13 所示。

5）智能报表。

a. 具备报表模板管理功能，包括模板的创建、内容样式编辑、数据内容编辑、数据筛选条件编辑等。

b. 支持报表数据展示功能。

c. 支持按模板配置的权限范围，展示当前登录用户可读的数据。

d. 支持按模板定义的样式进行数据读取和展示。

e. 支持按配置的查询筛选条件进行数据筛选展示。

f. 能够将报表内容直接导出为电子表格或文本文件，支持打印。

g. 具备数据智能搜索功能，具体包括：

（a）支持按变电站设备模型、设备量测等对象搜索。

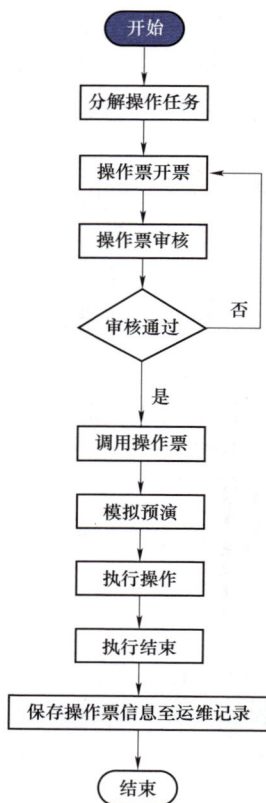

图 3-13　操作票交互流程图

（b）支持对搜索记录进行管理分析，按照搜索频次、时间等条件对搜索记录进行查询。

h. 基本报表类型如：每值信号汇总表、每日信号分析表、储能信号动作分析表、主变压器负载-油温-油位对照表、气温-压力对照表等。

6）数据发布。

a. 支持网页形式发布集控系统的主、辅设备监视画面、设备的实时和历史运行数据。

b. 支持网页形式发布现场操作票。

c. 可对专业检修班组发布定制的监视画面。

d. 支持短信形式发布故障信息。

7）数字孪生体。数字孪生体指以责任区的电网模型、变电站模型、主辅设备模型、场景模型、人员模型为基础，使用各种传感器、视频、机器人、无人机、数据中台等全方位获取实时、历史数据，在虚拟空间中完成映射，反映相对应的实体的各种真实工况，实现责任区电网、变电站、设备、业务、人员的监控、诊断、预警和控制等。

a. 支持责任区电网模型展示、潮流显示、坐标显示、位置显示、变电站选择等功能。

b. 支持变电站模型展示、气象监视、视频监视、实时和历史运行数据监视，具有集中监控、全景巡视、缺陷预警、智能处置等功能。

c. 支持重要主辅设备模型展示、历史数据查询、实时运行数据监视、缺陷查询、缺陷预警、智能评价、操作控制等。

d. 支持场景和人员实时监控，实现业务移动化，并能对作业人员不安全行为进行反违章识别告警。

变电站数字孪生体示意图如图 3-14 所示。

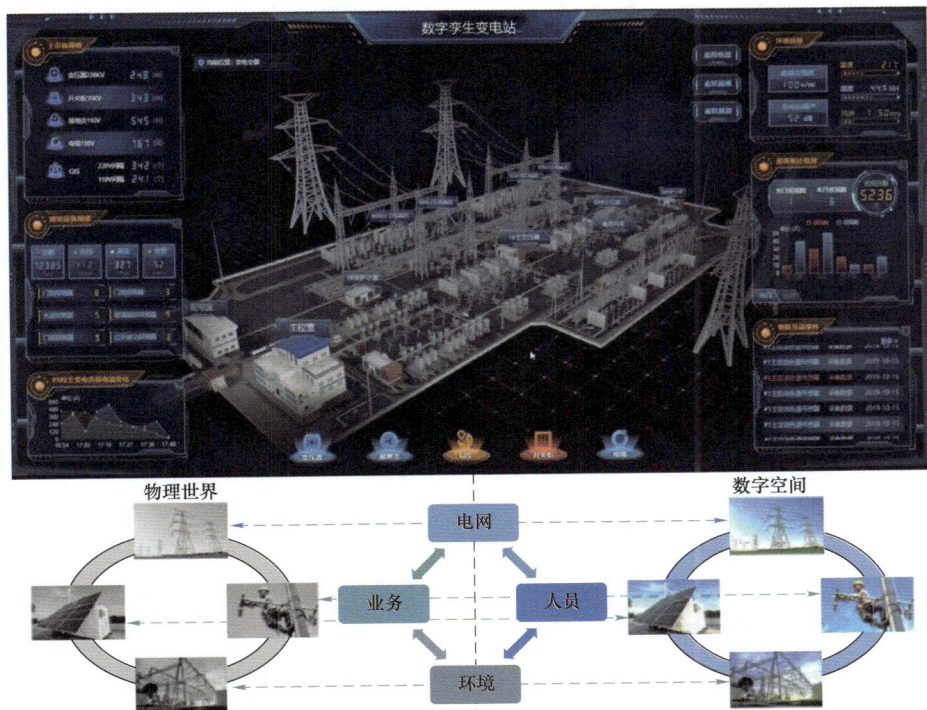

图 3-14　变电站数字孪生体示意图

（5）系统维护。

1）图模源端维护。图模源端维护指具备从服务网关机获取变电站 SCD/RCD 文件的功能，支持传输至安全区Ⅳ管理系统；提供 CIM/E 模型导入、

SCD/RCD 模型导入、信息点表管理、自动成图等功能。

a. SCD/RCD 模型导入。SCD/RCD 模型管理功能要求如下：

（a）具备解析 SCD 模型功能，并能够提取一次设备、二次设备、辅助设备模型以及测点信息。

（b）具备一次、二次设备以及拓扑关系导入功能，测点信息能与一次\二次设备、辅助设备正确关联，并且能与远动配置描述（remote configuration description，RCD）文件建立映射关系。

（c）具备对 SCD/RCD 文件的版本管理功能。

（d）具备对 SCD/RCD 文件查询、删除功能。

（e）能提供其他应用获取模型文件的接口。

b. 信息点表管理。

（a）具备调阅接入变电站的 RCD 文件功能，信息点名称与变电站站端 SCD 文件中的装置模型测点名称保持一致。

（b）集控系统可根据变电站的 RCD 文件挑选生成集控系统信息点表。

（c）集控系统支持信息点的告警等级、告警方式、信号延时、取反等信号属性配置功能，并支持将信息点表及信息属性按需将全表或指定列的导入、导出功能。

（d）挑点后形成的 RCD 文件可下发给通信网关机，经由网关机现场确认后激活生效。

（e）提供集控系统与调度系统、变电站信息点表的校核功能，通过与变电站 RCD 文件进行比对，实现信息点表的相互校核，并展示比对结果。

c. 测试态模型管理。测试态模型管理具备测试态模型管理功能，变电站新建、改扩建时设备模型可在测试态下提前进行建模及调试，在设备投运前由人工启用转为实时态模型。

d. 自动成图。自动成图满足如下功能要求：

（a）根据变电站一次设备模型及主接线模板自动生成主接线图：

a）保持自动生成的接线图风格一致。

b）根据设备模型和拓扑关系自动构建变电站内部设备连接关系，并识别出间隔组成。

c）能提供配置化方式设置变电站主接线图内间隔布局距离。

d）能根据变电站内部设备连接关系自动绘制变电站主接线图。

e）自动生成的变电站主接线图能自动绑定设备模型。

f）自动生成的变电站主接线图支持人工编辑。

（b）根据主接线图生成间隔分图：

a）能根据变电站间隔典型接线方式，按需定制通用展示模板。

b）　能根据一次接线方式拓扑生成间隔实体图。

c）自动生成的间隔分图支持人工编辑。

d）能根据模板中预定义的保护信息展示规则，实时获取、动态生成光字牌、压板图。

（c）具备根据模板图生成辅助设备监控分图，支持人工编辑调整。

2）　系统运行智能诊断。系统运行智能诊断具备自动系统资源诊断、数据库状态诊断、进程状态诊断、数据一致性诊断功能，并能对诊断结果形成诊断报告：

a. 系统资源诊断支持以下功能：

（a）能对集控系统 CPU 负载率进行监视。

（b）能对集控系统内存使用率进行监视。

（c）能对集控系统网卡中断及速率进行监视。

（d）能对集控系统磁盘空间使用率进行监视。

b. 数据库状态诊断能监视集控系统数据库连接状态。

c. 进程状态诊断能监视集控系统关键进程频繁投退情况、CPU 占用率状态。

d. 数据一致性诊断支持以下功能：

（a）支持通道数据一致性诊断，能对通道数据偏差百分比进行设置，并按照设置条件进行数据一致性对比。

（b）支持集控系统、备用系统间的数据一致性对比功能。

3）　信号自动验收。

a. 提供遥信、遥测验收信息点表导入及校核功能。

b. 提供可视化的遥信、遥测信息自动验收工具，具备遥信、遥测信息选择功能，支持选择部分或全部信息进行自动验收。

c. 具备根据自动验证策略对遥信、遥测进行自动验证功能，并记录验证结果，校验结果不一致时给出提示。

d. 具备将遥信、遥测自动验收过程记录并导出的功能。

》 3.3　典型监控界面说明 《

3.3.1　界面要素

为使集控系统监控界面的布局风格统一，对监控界面的窗口组成、画面比例、画面颜色、画面图元等基本界面要素进行说明。

3.3.1.1　窗口组成

窗口主要元素包括：标题栏、菜单栏、显示区、状态栏、滚动条、工具栏、光标、边框等。窗口布置示意图如图3-15所示。

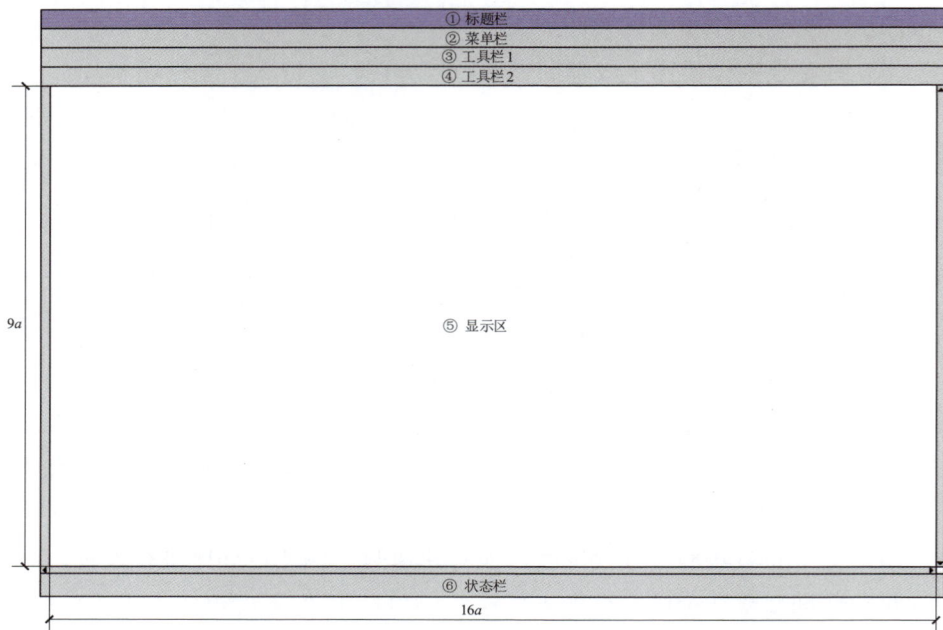

图3-15　窗口布置示意图

（1）专题栏。标题栏如图3-15区域①所示，用于描述窗口名称、用户登录信息等，包括窗口最小化、最大化及关闭按钮，按钮布置在标题栏右方。

（2）菜单栏。菜单栏如图3-15区域②所示，窗口菜单布局合理，文字简洁明确，菜单选项可多级嵌套。

（3）工具栏。工具栏如图3-15区域③和④所示，支持下拉式菜单，能快速启动应用功能或调出画面；具栏图标含义清晰，显示简洁美观，具备tip提示功能；支持工具栏的灵活拖动和自由定位。

（4）现实区域。显示区域是窗口主体部分，如图3-15区域⑤，用于各类应用场景界面显示和交互；显示区域可灵活设置背景颜色、图案，支持导入主流格式图形文件作为背景。

（5）状态栏。状态栏如图3-15区域⑥所示，用于展示坐标、快速切图按钮和当前时间等信息。

3.3.1.2　窗口管理功能

人机界面的窗口管理功能满足如下功能：

（1）支持复合窗体的显示管理。

（2）窗口各组成元素的外观、内容能灵活定制。

（3）能同时显示并管理多个窗口，支持窗口层叠、平铺，窗口大小可任意缩放。

（4）窗口显示区域可扩展到多个显示器，支持窗口跨显示器的拖动。

（5）支持窗口在多个桌面同时显示；在多显示器环境中，窗口可打开于指定的任一显示器上。

3.3.1.3　画面比例

（1）系统图形界面画布采用 16:9（宽高比）比例作为基准进行设计布置，画面比例示意图如图 3－16 所示。

（2）图形画面按照 1920×1080 的显示分辨率为基准进行绘制，关联紧密的图形对象布置在同一幅画面内，画面打开时默认全屏显示。

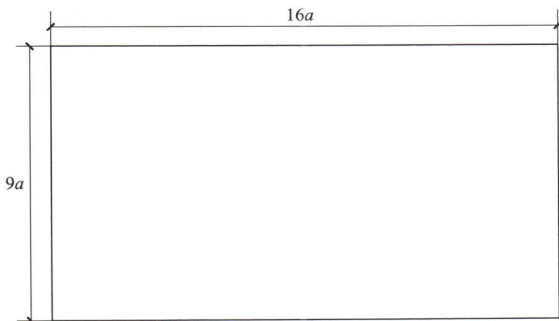

3.3.1.4　画面颜色

人机界面的画面颜色满足如下要求：

图 3－16　画面比例示意图

（1）画面颜色定义采用红绿蓝色彩模式（RGB 模式）表示。红、绿、蓝三个颜色各为 255 阶亮度，其中"0"最弱，"255"最亮。

（2）画面背景颜色选用黑色或蓝色，在纸质类打印输出时背景色改用白色。

（3）按照电压等级统一定义电力设备颜色，着色遵循 DL/T 1230—2016《电力系统图形描述规范》要求。

（4）光字牌、告警指示灯、标注、工况、网络通信链路的着色规范。

3.3.1.5　画面图元

图元是图形设计的基础，规范统一、简洁美观。画面图元包含一次设备、二次设备、二次元件和辅助设备等图元，图元可在画面中直接使用，也可通过等比例缩放、旋转或组合后使用。

（1）一次设备图元包括断路器、隔离开关、接地开关、手车开关、母线、连接线、主变压器、站用变压器、接地变压器、避雷器、电容器、电抗器、电流互感器、电压互感器和消弧线圈等。

（2）二次设备图元包括保护装置、测控装置、服务器、工作站、时间同步装置、网络交换机、网络安防设备、调度数据网设备、电能量表计、交直流电源设备等。

（3）二次元件图元包括压板、遥测量、光字牌、网口通信、切换把手和操作按钮等。

（4）辅助设备图元包括消防、油色谱、SF_6气体监测、烟感、门禁、照明等。

（5）一次设备图元、二次设备图元和二次元件图元遵循设计规范。

3.3.2 集控站层监控界面

集控站层监控界面是对变电站一次/二次设备、辅助设备等信息进行全景监视，提供平面布置图、主接线图等日常实时监视、操作等画面；界面设计为运维人员提供丰富、友好的人机交互界面，方便直观和快速的信息调阅与查询方式，实现主、辅设备实时监控界面与详细辅助信息界面的一体化展示，从而满足运维人员对监控系统的业务需求。

3.3.2.1 监控工位

集控站设备监控系统各项功能高度集成，使用单个监控屏幕即可满足集控系统的使用，也可根据实际需求设置相应数量的监控屏幕，各显示屏幕信息可按需求进行自由调整，均可满足"功能分布、联动推送"的要求。

3.3.2.2 集控首页

（1）基本要求。集控首页展示集控站管辖变电站及设备整体情况。集控首页布局示意图如图 3-17 所示。各区域尺寸如图标注，集控首页效果示意图如图 3-18 所示，功能说明如下：

1）系统名称。系统名称如图 3-17 区域①，名称描述格式样例"××公司集控站设备监控系统"。

2）标题热键。标题热键如图 3-17 区域②，为集控首页、运行监视、操作控制、事件列表、监控业务管理、系统维护等热键，用户若有需要，可自定义增加；系统默认界面为集控首页，单击集控首页、运行监视、操作控制、事件列表、监控业务管理、系统维护热键，跳转至相应画面。

3）变电站规模。变电站规模如图 3-17 区域③，显示集控站管辖各电压等级变电站数量，存在严重及以上等级缺陷的变电站数量。

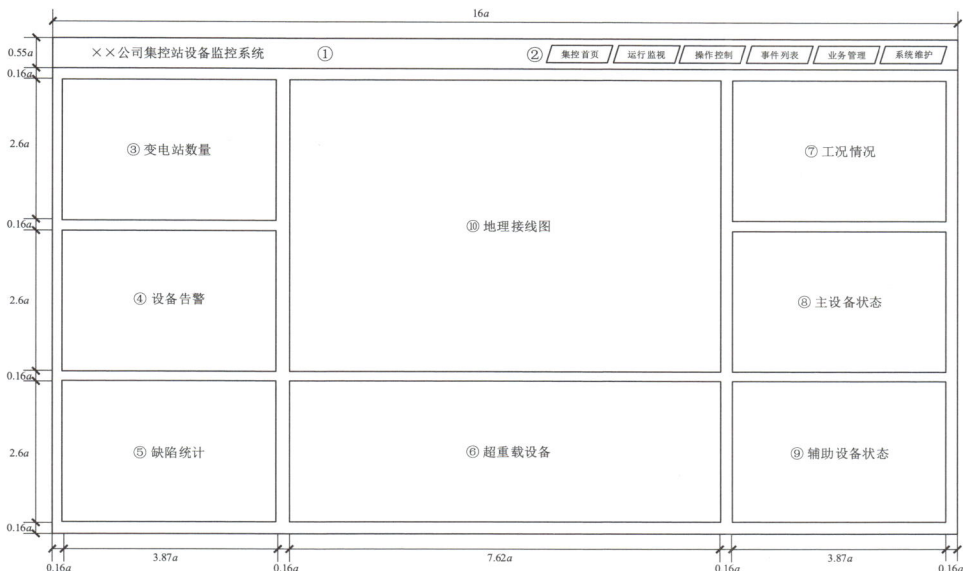

图 3-17　集控首页布局示意图

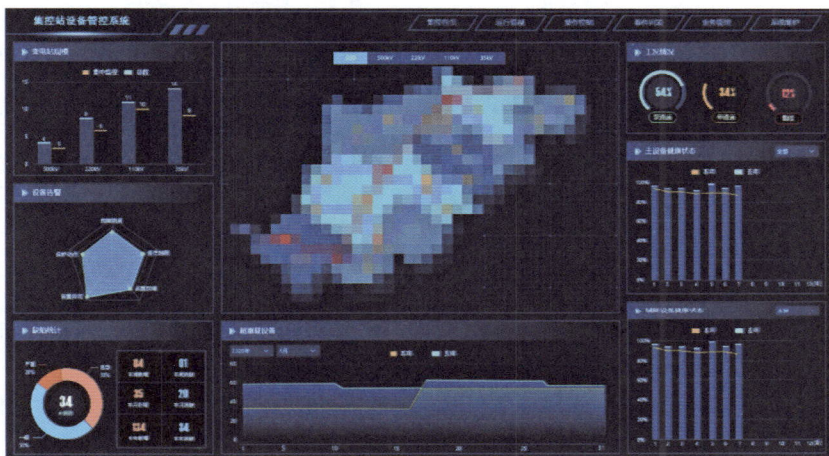

图 3-18　集控首页效果示意图

4）设备告警。告警情况如图 3-17 区域④，显示故障跳闸、保护动作、遥测越限、装置故障、装置异常的告警数量。

5）缺陷统计。设备缺陷统计情况如图 3-17 区域⑤，显示危急、严重、一般缺陷的数量，包含遗留缺陷数量和新增缺陷数量。

6）超重载设备。超重载设备如图 3-17 区域⑥，显示集控站管辖变压器及线路超重载数量，具备按时间对比功能。

7）工况情况。工况情况如图 3-17 区域⑦，显示变电站监控信息传输通道工况，包括双通道运行、单通道运行及离线情况。

8）主设备状态。主设备状态如图 3-17 区域⑧，显示集控站所辖变电站主设备健康数量占比，具备与历史数据比对功能。主设备一般包括主变压器、断路器、电压互感器、电流互感器等。

9）辅助设备状态。辅助设备状态如图 3-17 区域⑨，显示集控站辅助设备健康数量占比，具备与历史数据比对功能。辅助设备统计范围一般包括在线监测、消防、安防、动环、照明等。

10）地理接线图。地理接线图如图 3-17 区域⑩，显示集控站所辖变电站之间线路连接情况，不同电压等级区别显示。单击变电站，可以跳转至相应变电站监控界面。

（2）运行监视界面。运行监视界面布局示意图如图 3-19 所示，各区域尺寸如图标注。效果示意图如图 3-20 所示，功能说明如下：

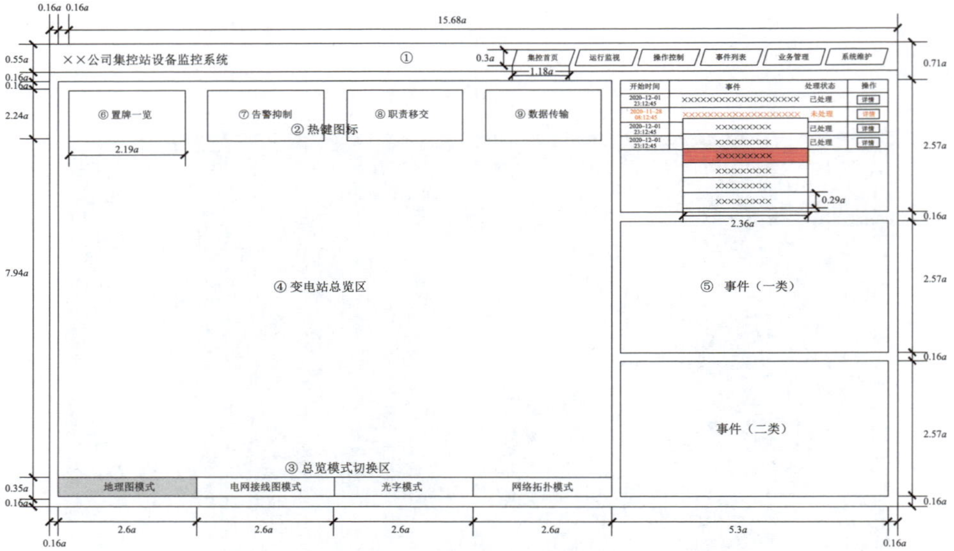

图 3-19　运行监视界面布局示意图

1）热键图标如图 3-19 区域①，包括：集控首页、运行监视、操作控制、事件列表、系统维护等。

2）热键图标如图 3-19 区域②，包括：

a. 图 3-19 区域⑥ 置牌一览。

b. 图 3-19 区域⑦告警抑制。

c. 图 3-19 区域⑧监控移交。

d. 图 3-19 区域⑨数据传输。

（注：上述区域支持鼠标左键单击显示关联的应用列表）

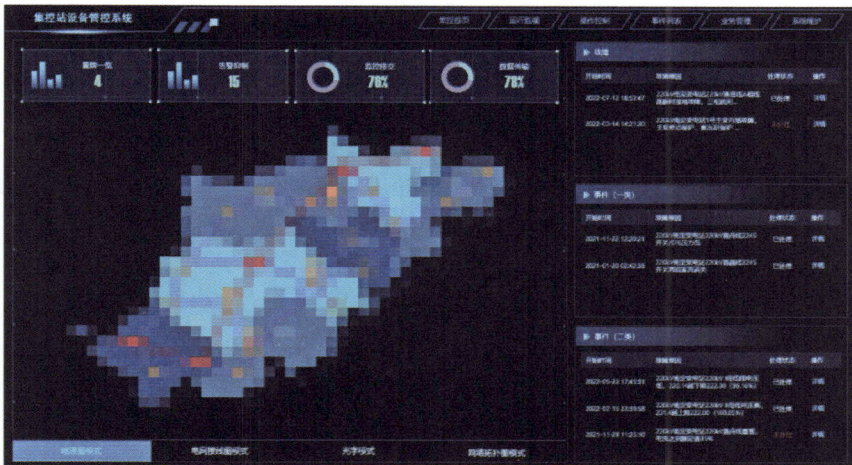

图 3-20　运行监视界面效果示意图

3）总览模式切换如图 3-19 区域③，包括地理图模式、电网接线图模式、光字模式、网络拓扑模式。

4）变电站总览区如图 3-19 区域④，根据总览模式显示相应的内容。

5）事件告警窗如图 3-19 区域⑤，按照开始时间、事件、处理状态、操作分列展示。

1. 变电站总览区

变电站总览区根据地理图模式、电网接线图模式、光字模式、网络拓扑模式显示相应内容，具体说明如下：

（1）地理图模式。

1）以地图为背景显示各变电站位置，单击变电站指示灯，画面跳转至相应变电站监控主界面。

2）变电站出现异常时，指示灯颜色变化，鼠标移至指示灯位置，可显示详细信息，包括变电站主设备、消防设备、辅助设备运行状态。

（2）电网接线图模式：

1）集控站所辖变电站之间的线路连接图，显示各站之间的潮流分布及联络情况。

2）其他功能与地图模式一致。

（3）网络拓扑模式。网络拓扑模式展示集控站及所辖变电站的网络拓扑图，显示各站的二次设备、网络设备运行情况。

（4）光字模式。光字模式主要显示所辖变电站告警汇总信息，布局示意图如图 3-21 所示，功能说明如下：

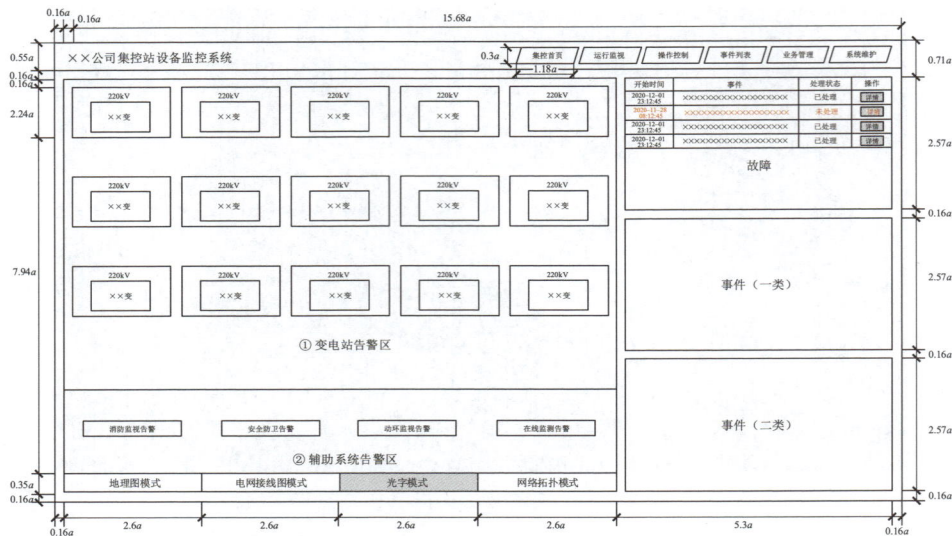

图 3-21　光字模式布局示意图

光字模式效果示意图如图 3-22 所示。

图 3-22　光字模式效果示意图

1）变电站告警如图 3-21 区域①所示，以变电站为单位显示主设备告警状态，包括事故告警与异常告警，用不同颜色显示告警种类。单击变电站，画面跳转至相应变电站监控主界面。

2）辅控系统告警如图 3-21 区域②所示，以辅控子系统为单位显示所辖变电站辅助设备告警状态，包括消防监视、安防防卫、动环监控、在线监测、照明控制等。

3）单击辅控子系统名称，弹窗显示集控站所辖变电站该系统总览如图 3-23 所示。图 3-23 区域①显示辅控子系统名称，图 3-23 区域②显示所辖各变电站该辅控子系统告警状态；单击变电站，画面跳转至变电站辅控子系统监控画面。

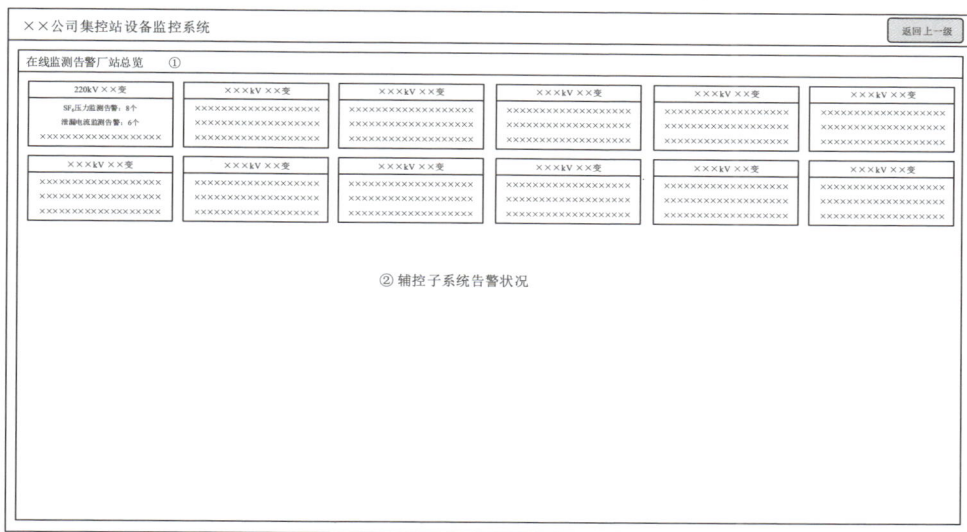

图 3-23　辅控子系统告警布局示意图

辅控子系统告警效果示意图如图 3-24 所示。

图 3-24　辅控子系统告警效果示意图

2. 置牌一览

在图 3-21 中单击区域⑥置牌一览,弹窗显示置牌一览界面,置牌一览布局示意图如图 3-25 所示,效果示意图如图 3-26 所示,各区域尺寸如图标注。弹窗内容包含集控站所辖各变电站置牌情况。

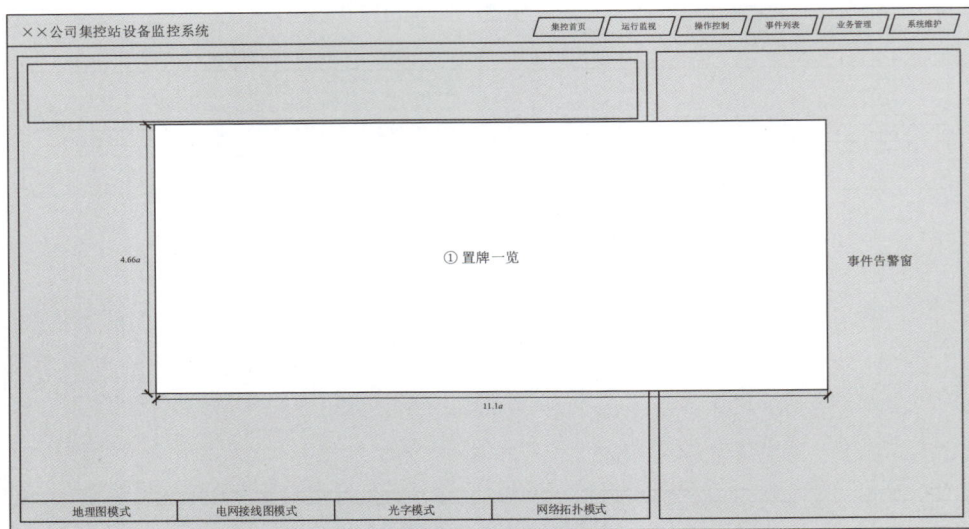

图 3-25　置牌一览布局示意图

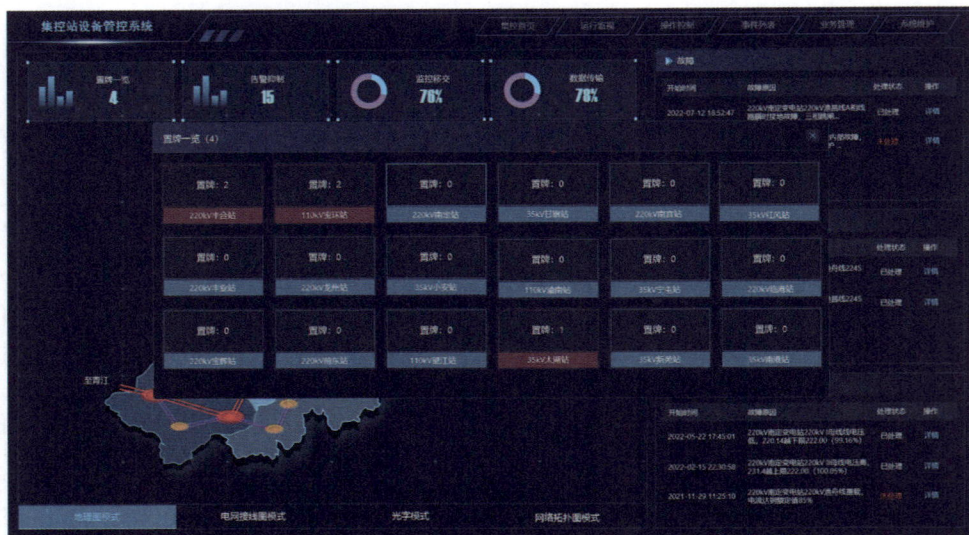

图 3-26　置牌一览效果示意图

3. 告警抑制

在图 3-21 中单击区域⑦告警抑制按钮，弹窗显示告警抑制界面，告警抑制布局示意图如图 3-27 所示；效果示意图如图 3-28 所示，各区域尺寸如图标注，功能说明如下。弹窗内容包含集控站所辖各变电站告警抑制情况。

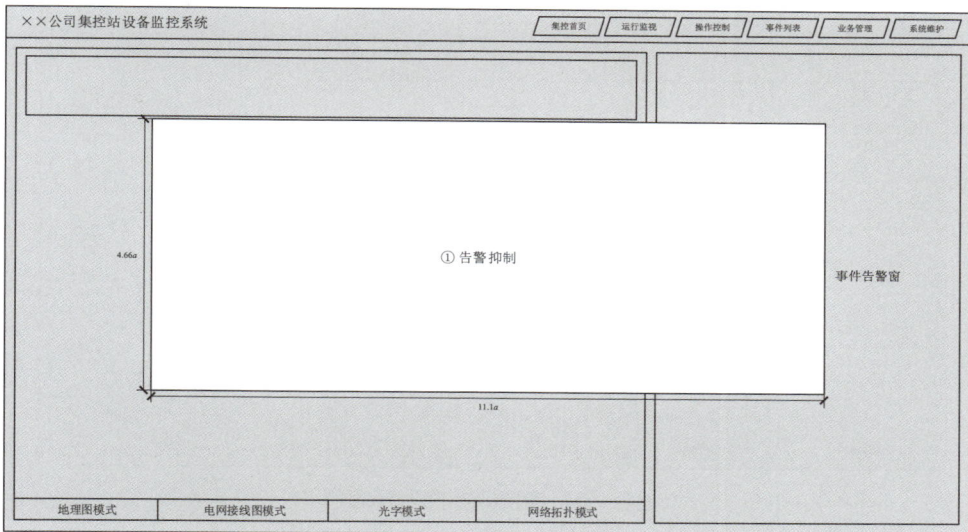

图 3-27　告警抑制布局示意图

图 3-28　告警抑制效果示意图

4. 职责移交

在图 3-21 中单击区域⑧职责移交按钮，弹窗监控职责移交情况，职责移交布局示意图如图 3-29 所示，各区域尺寸如图标注；效果示意图如图 3-30 所示，功能说明如下。弹窗内容包含集控站所辖各变电站职责移交情况。

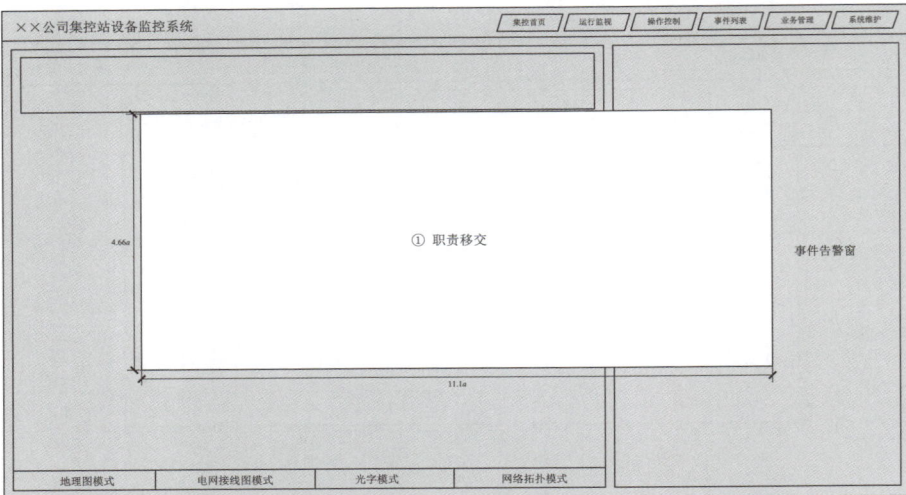

图 3-29　职责移交布局示意图

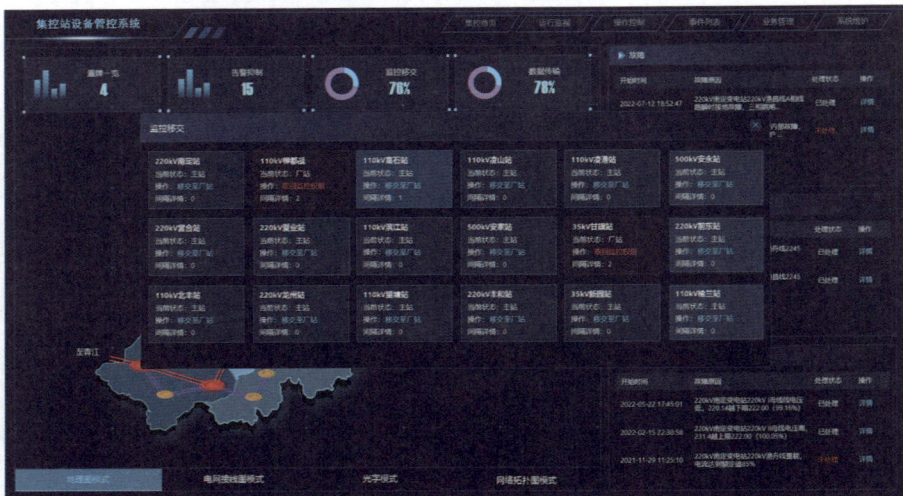

图 3-30　职责移交效果示意图

5. 数据传输

在图 3-21 中单击区域⑨数据传输按钮，弹窗显示数据传输情况，数据传输布局示意图如图 3-31 所示，各区域尺寸如图标注；效果示意图如图 3-32 所示，功能说明如下。弹窗内容包含所辖各变电站通道运行工况及数据传输质量。

图 3-31　数据传输布局示意图

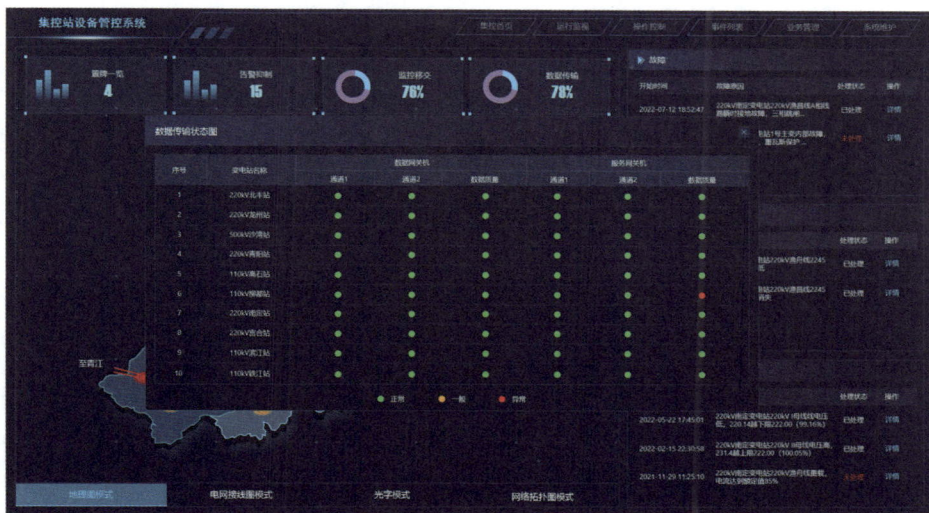

图 3-32　数据传输效果示意图

3.3.2.3　告警窗

监控告警窗实时展示主辅设备告警信息并支持对告警进行相关操作，便于运维人员调阅查询。

（1）工具栏。在图 3-33 区域①显示界面名称"告警窗"；图 3-33 区域②布置窗口工具按钮，包括颜色配置、字体配置、语音告警播放/暂停、告警窗口锁定、历史告警查询、实时告警快速查找、告警批量确认等。

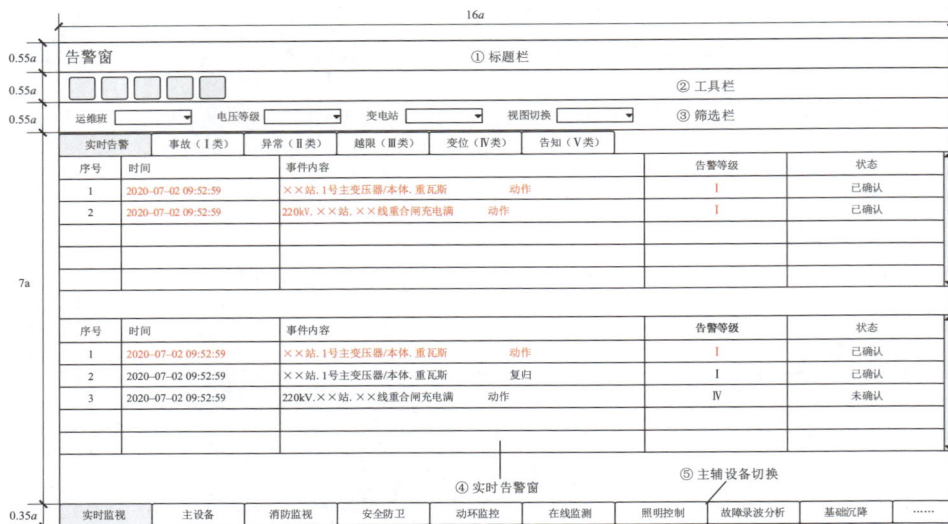

图 3-33　告警窗布局示意图

（2）告警窗界面。

1）上下窗视图。告警窗随系统自动启动，界面分上、下窗平铺在显示屏上，可以被覆盖，不可被关闭。告警窗布局示意图如图 3-33 所示，效果示意图如图 3-34 所示，各区域尺寸如图标注。在图 3-33 区域④显示告警上下窗，上窗显示动作未复归信息，下窗显示告警实时流水信息。

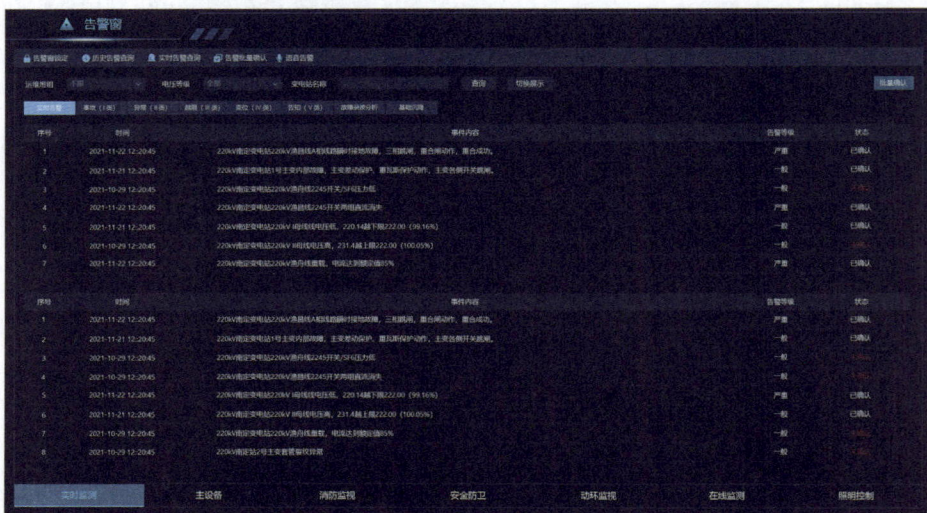

图 3-34　告警窗效果示意图

2）多主题视图。多主题告警窗布局如图 3-35 所示，效果示意图如图 3-36 所示，各区域尺寸如图标注。每个主题窗口显示相应主题下的告警流水信息，告警列表显示包括序号、发生时间、告警内容等分列展示，分列展示内容可配置。

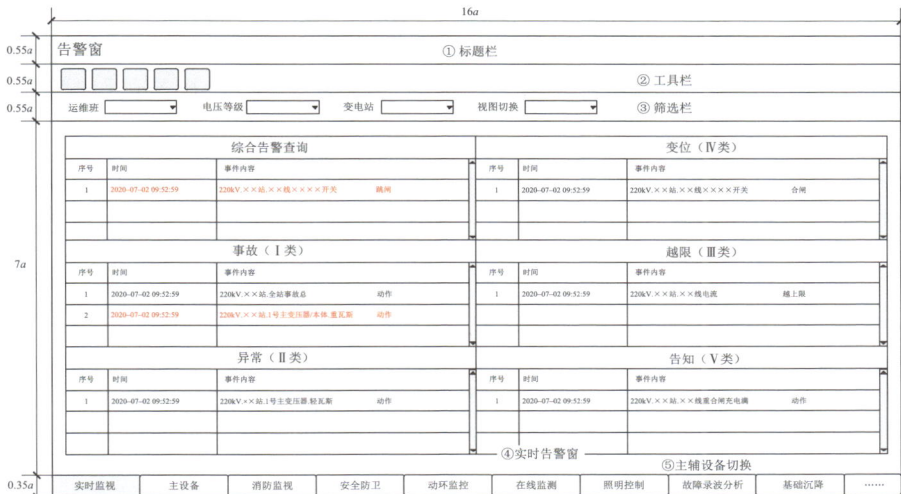

图 3-35　告警窗多主题布局示意图

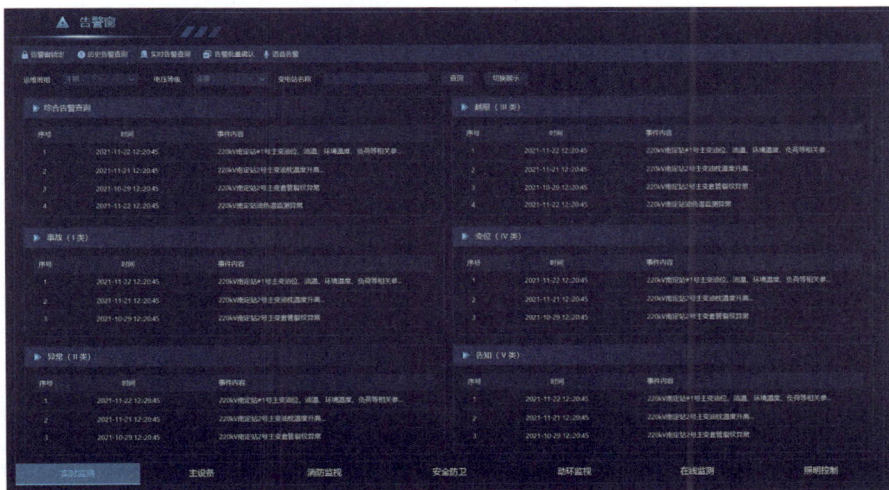

图 3-36　告警窗多主题效果示意图

3）筛选操作。

a. 多维度筛选条件及操作按钮如图 3-35 区域③所示，包括运维班、电压等级、变电站等条件选择框，支持多选；上下窗视图可切换为多主题窗口，分类显示告警信息。

b. 告警信息可按设备类型进行过滤显示，切换按钮如图3−35区域⑤所示，设备类型包括实时监视、主设备、消防系统、安全防卫、在线监测、动环监控、照明控制等；"实时监视"是全告警信息显示。

4）告警信息。

a. 告警标签页：告警窗按照标签页分类显示，包括实时告警、事故（Ⅰ类）、异常（Ⅱ类）、越限（Ⅲ类）、变位（Ⅳ类）、告知（Ⅴ类），标签页可配置、扩展；"实时告警"是全告警信息显示，以不同颜色区别不同告警类型。

b. 告警列表显示：包括序号、发生时间、告警内容、告警等级、确认状态等分列展示，分列展示内容可配置；告警信息默认按照"发生时间"降序排列显示，已确认、未确认告警报文分栏显示。

c. 右键菜单：告警报文可通过右键菜单进行告警确认、调阅间隔分图或跨区联动视频系统。

5）告警查询。告警可按条件进行查询，查询关键字一般包括变电站、间隔、设备、告警类型、时间等；查询结果按检索条件分类显示。

3.3.2.4　操作控制界面

操作控制界面的设计主要满足一次设备操作、顺控操作调用、二次设备远方操作、辅助设备操作等需求，实现对变电站主辅设备的常规、应急操作。

（1）基本要求。操作控制布局示意图如图3−37所示，效果示意图如图3−38所示，主要分操作列表区和操作信息展示区，各区域尺寸如图标注。

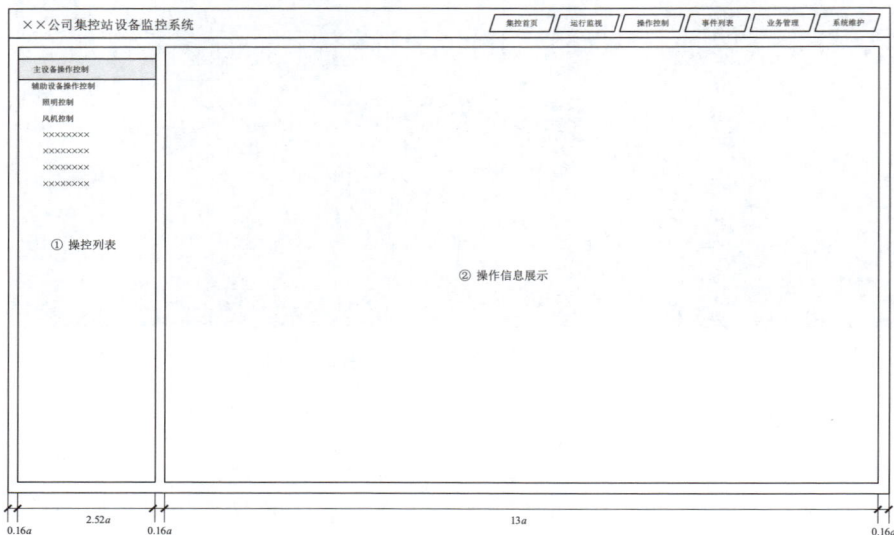

图3−37　操作控制布局示意图

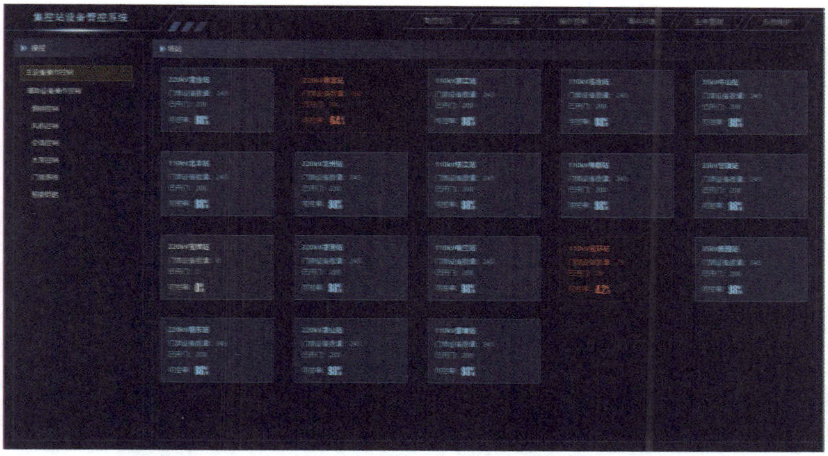

图 3-38　操作控制效果示意图

1）操作控制列表如图 3-37 区域①所示，包括主设备、辅助设备操作控制项目，操作项按树形列表显示。主设备操作控制目录下显示调度令；辅助设备操作控制目录下显示各辅控操作对象，例如照明、风机等操作控制。

2）操作信息展示如图 3-37 区域②所示，显示待执行的调度令或者待操作的辅控系统操作对象，图 3-37 区域②显示内容根据操控列表选项变化。

（2）主设备操作控制。

1）单击图 3-37 区域①中的主设备操作控制，图 3-37 区域②显示如图 3-39 所示，效果示意图如图 3-40 所示，展示集控站所有经拟票并审核完成

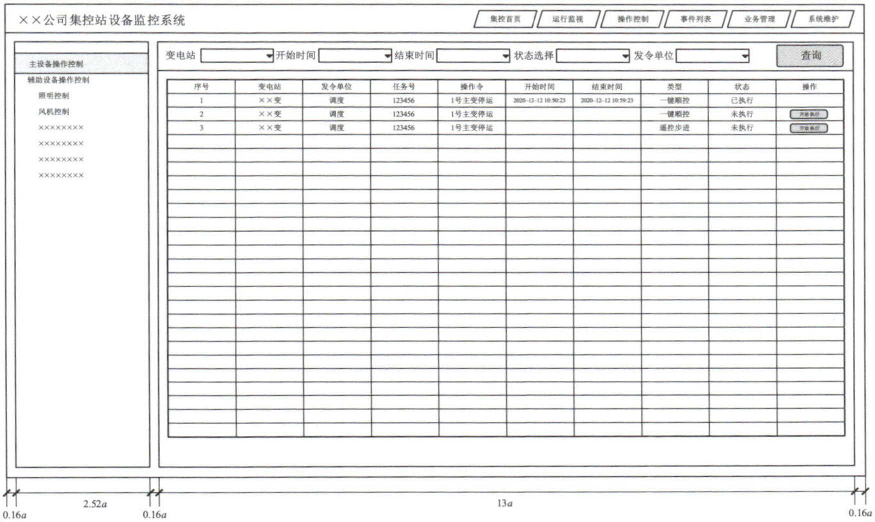

图 3-39　主设备操作控制布局示意图

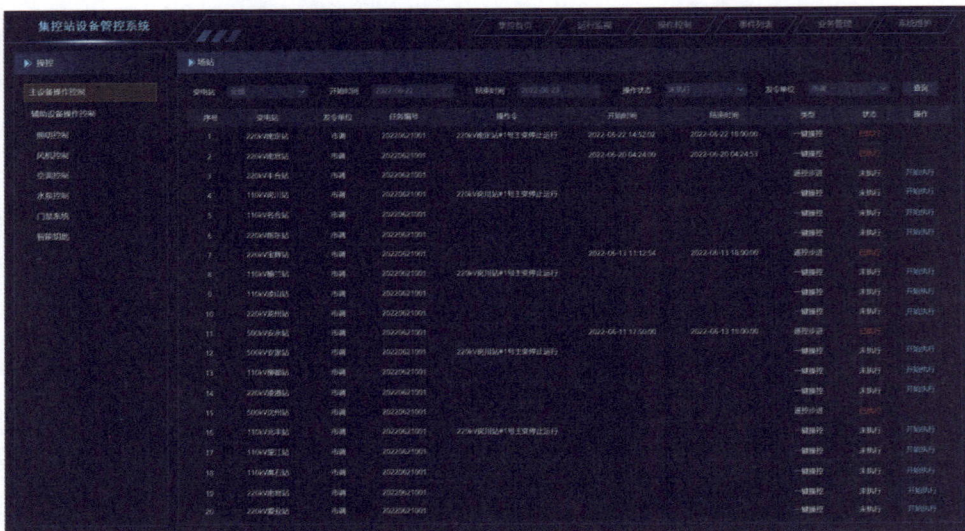

图 3-40　操作控制效果示意图

的操作预令，包括变电站、发令单位、发令号、操作类型等，其中操作类型分为顺控操作调用与遥控步进操作。

2）单击某条操作令的"开始执行"按钮，副屏弹窗显示如图 3-41 所示，效果示意图如图 3-42 所示，图 3-41 区域①显示操作令内容，图 3-41 区域②显示该条操作令分解操作任务。

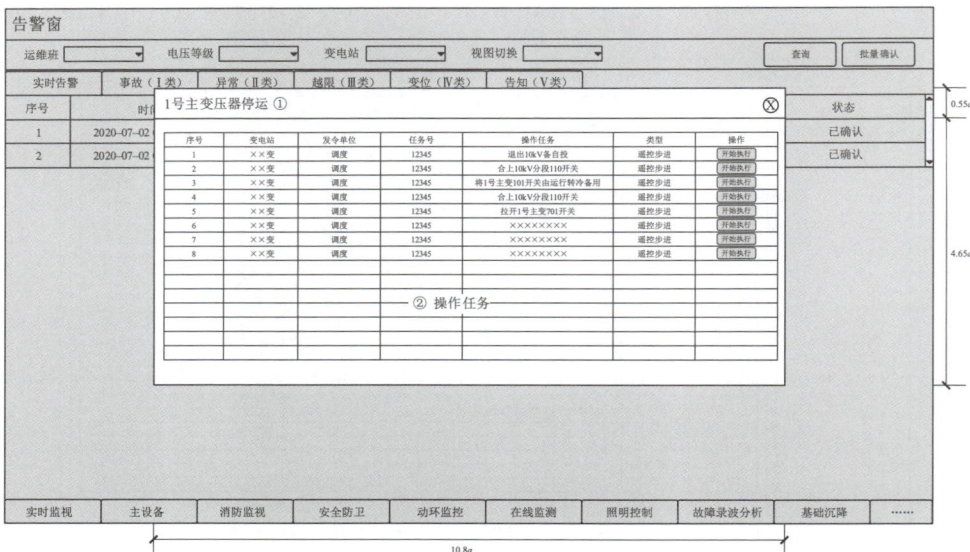

图 3-41　调度令弹窗示意图

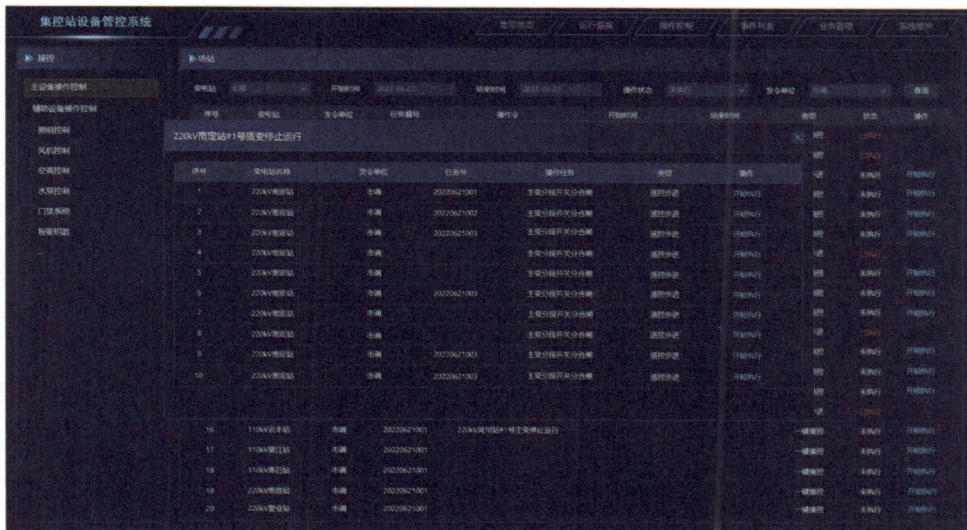

图 3-42　调度令弹窗效果示意图

3）单击图 3-41 区域②"开始执行"按钮，主屏切换至待操作的变电站，副屏显示该操作票具体内容。布置示意图如图 3-43 所示，各区域尺寸如图标注，效果示意图如图 3-44 所示，功能说明如下。

a. 与调度完成正令核对后，在模拟预演界面完成操作预演，正确后开始正式操作。

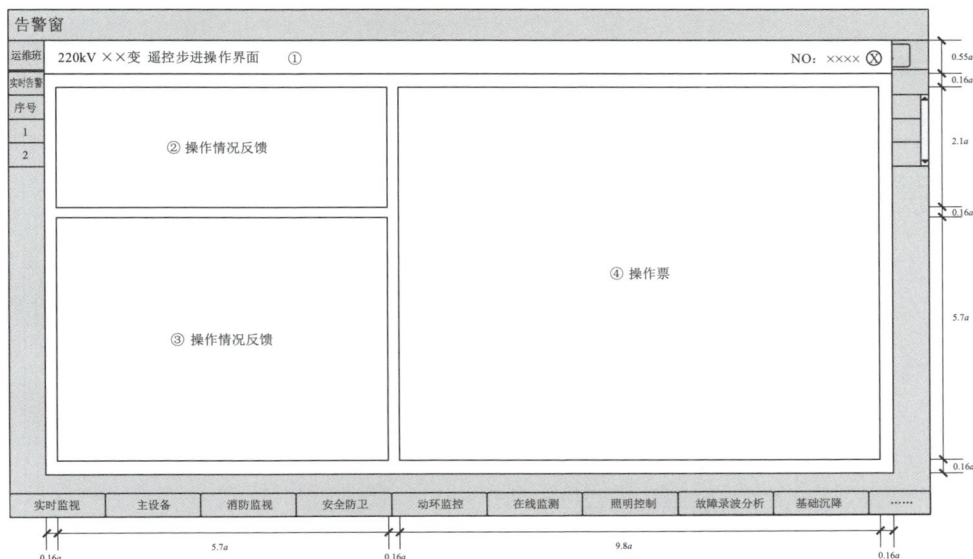

图 3-43　遥控步进布局示意图

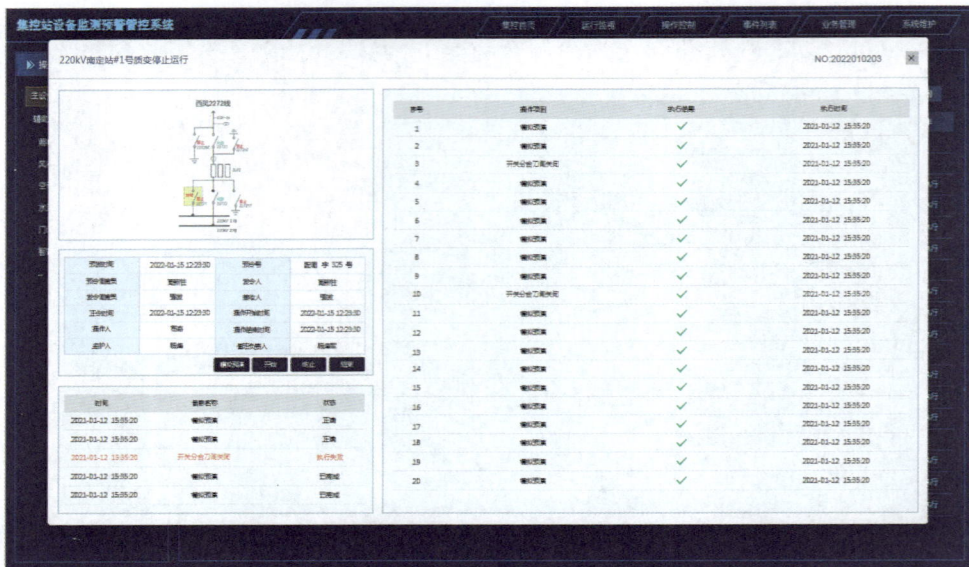

图 3-44　遥控步进效果示意图

b. 在主屏完成主设备遥控步进，副屏自动记录操作过程及操作信息。

4）辅助设备操作控制。

a. 单击图 3-45 区域①照明控制（以照明控制为例），图 3-45 区域②显示单变电站照明控制系统状态，并显示该系统简要信息，布局示意图如图 3-45 所示，效果示意图如图 3-46 所示。

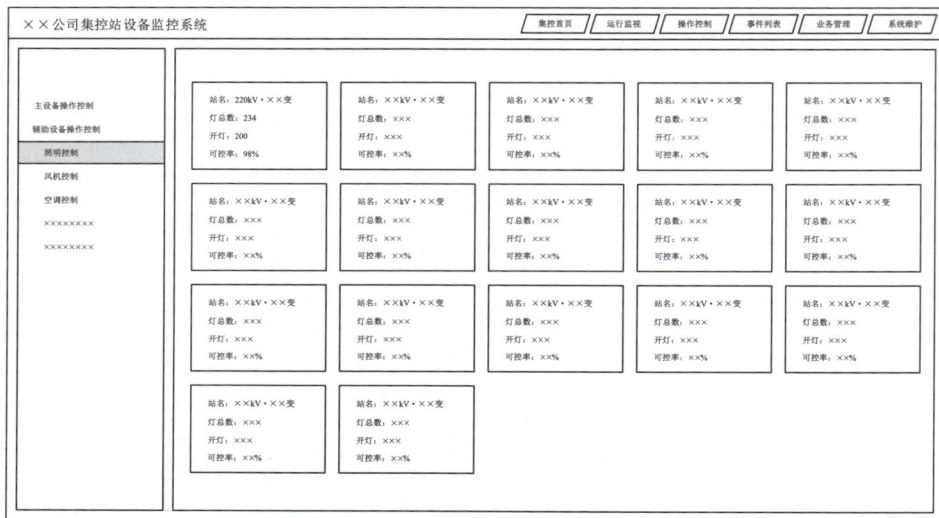

图 3-45　辅助设备操作控制布局示意图

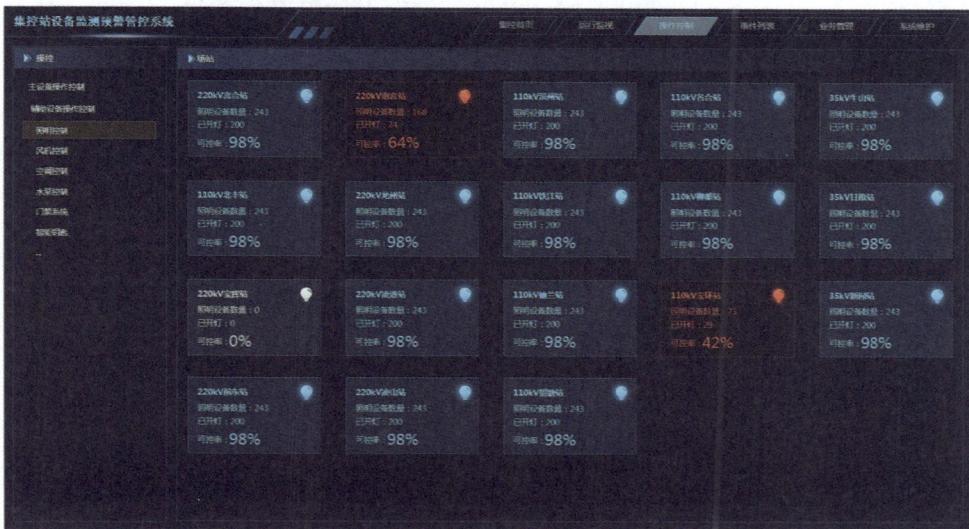

图 3-46　辅助设备操作控制效果示意图

　　b. 单击变电站，跳转至该变电站照明控制系统，照明控制布局示意图如图 3-47 所示，各区域尺寸如图标注，效果示意图如图 3-48 所示，功能说明如下：

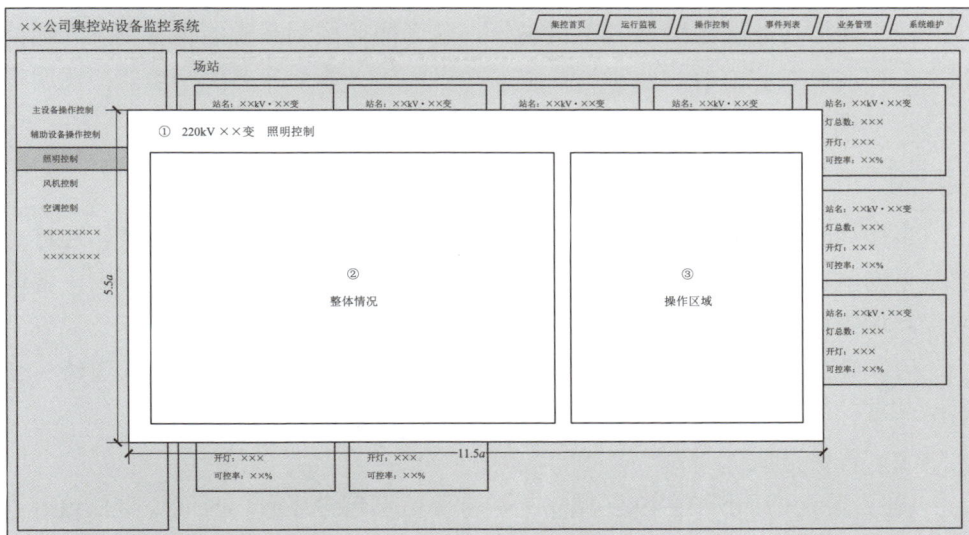

图 3-47　照明控制布局示意图

图 3-48 照明控制效果示意图

（a）待操作辅助系统名称如图 3-45 区域①所示，名称描述格式样例"杭州 220kV 西湖变电站－照明控制"。

（b）需要操作的照明系统如图 3-45 区域②所示，含变电站房间布置、照明设备位置、照明设备种类等信息；照明设备可通过右键菜单功能进行开启/关闭操作。

（c）操作功能区如图 3-45 区域③，包含照明控制系统的设备工况、通信状态、照明开关状态等，照明具备全部开启关闭、单个开启关闭功能；照明设备操作与视频联动。

3.3.2.5 事件列表

事件列表展示经综合处理的事件，事件等级分为故障、异常两类。通过右键菜单功能可调阅事件相关界面。事件列表布局示意图如图 3-49 所示，各区域尺寸如图标注，效果示意图如图 3-50 所示。

（1）筛选菜单。筛选菜单如图 3-49 区域②，可通过班组、电压等级、变电站、事件类型、状态进行筛选，右侧查询可自定义筛选条件。

（2）告警详情。

1）告警详情如图 3-49 区域③④，告警信息包含序号、时间、事件内容、事件类型、状态五个字段；未确认与已确认告警信息应用不同颜色予以区分。

2）告警事件具备穿透功能：即鼠标右键单击事件内容，弹出菜单列表，可单击选择穿透到指定位置。

图 3-49　事件列表布局示意图

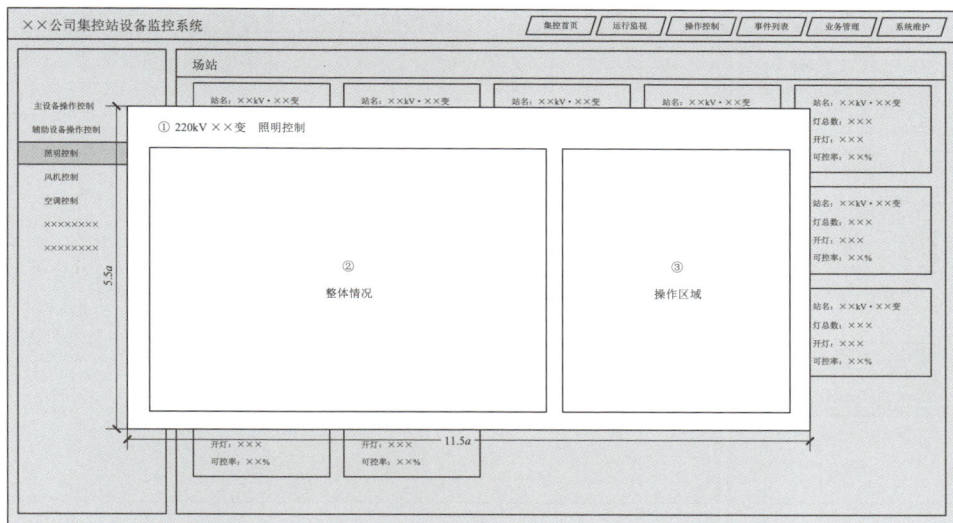

图 3-50　事件列表效果示意图

3.3.2.6　系统维护界面

　　系统维护界面实现系统建设和系统运行维护的智能化，提高系统生成效率和系统运行的安全性。系统维护包括图模源端维护、信号自动验收、系统运行智能诊断 3 个子模块。系统维护布局示意图如图 3-51 所示，各区域尺寸如图标注，效果示意图如图 3-52 所示。

图 3-51　系统维护布局示意图

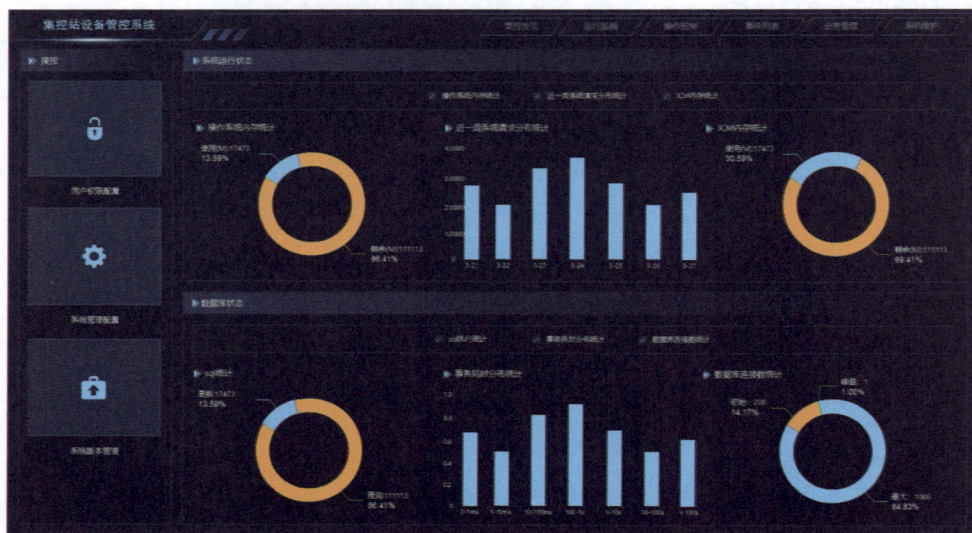

图 3-52　系统维护效果示意图

（1）维护模块：维护模块如图 3-51 区域②所示，展示维护模块各类热键图标。

（2）信息展示：信息展示如图 3-51 区域③所示，展示系统 CPU 占用率、内存使用率、磁盘使用率、数据库状态等信息（根据用户要求可自定义选项），展示方式使用饼状图、柱状图等形式。

1. 图、源端维护

图、源端维护指从服务网关机获取变电站 SCD/RCD 文件的功能，支持传输至安全区Ⅳ管理系统；提供 CIM/E 模型导入、SCD/RCD 模型导入、信息点表管理、自动成图等功能。

2. 信号自动验收

信号自动验收提供遥信、遥测验收信息点表导入及校核等功能，可根据自动验证策略对遥信、遥测进行自动验证功能，并记录验证结果。信号自动验收界面包含信息点表导入及校核、自动验收工具、自动验收记录导出功能模块及信息展示区。

3. 系统运行智能诊断

系统运行智能诊断具备系统资源诊断、数据库状态诊断、进程状态诊断、数据一致性诊断功能，并能对诊断结果形成诊断报告。系统运行智能诊断界面包含系统资源诊断、数据库状态诊断、进程状态诊断、数据一致性诊断、历史诊断报告查询选项及信息显示区。

3.3.3　监控业务管理界面

3.3.3.1　基本要求

监控业务管理人机界面随主系统启动，监控业务管理从设备运维、设备缺陷、远程巡视等多角度为运维人员提供丰富的管理手段。监控业务管理人机界面主要包括运维首页、监控管理、远程巡视、报表管理、系统维护。

3.3.3.2　运维首页

运维首页为集控站管辖变电站、设备、人员、车辆等情况整体展示，运维首页布局示意图如图 3-53 所示，各区域尺寸如图标注，运维首页效果示意图如图 3-54 所示，功能说明如下：

（1）系统名称。系统名称如图 3-53 区域①所示，名称描述格式样例"国网××供电公司集控站设备监控系统"。

（2）标题热键。标题热键如图 3-53 区域②所示，应为首页、监控管理、远程巡视、系统维护等热键。

（3）变电站规模。变电站规模如图 3-53 区域③所示，显示集控站管辖变电站整体规模。

（4）风险预警。风险预警如图 3-53 区域④所示，显示电网风险预警，包括三级风险预警、四级风险预警、五级风险预警等数量。

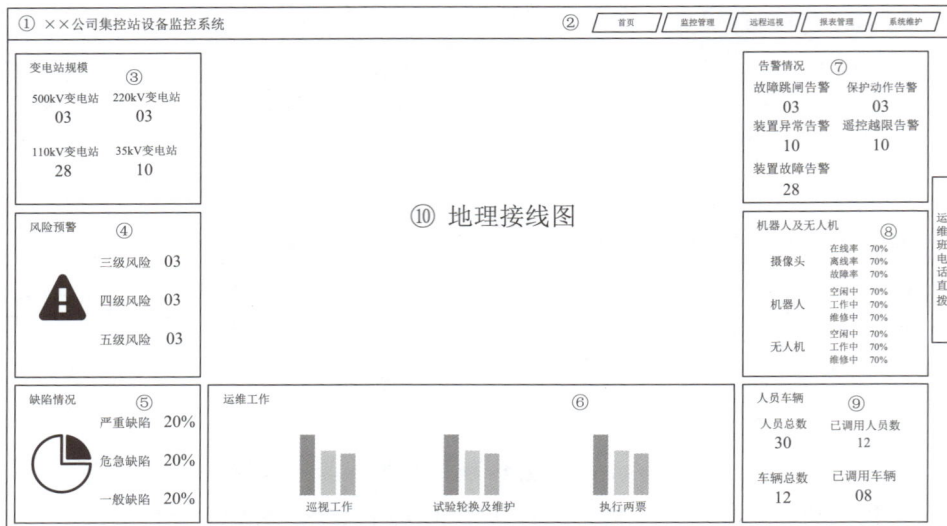

图 3-53　运维首页布局示意图

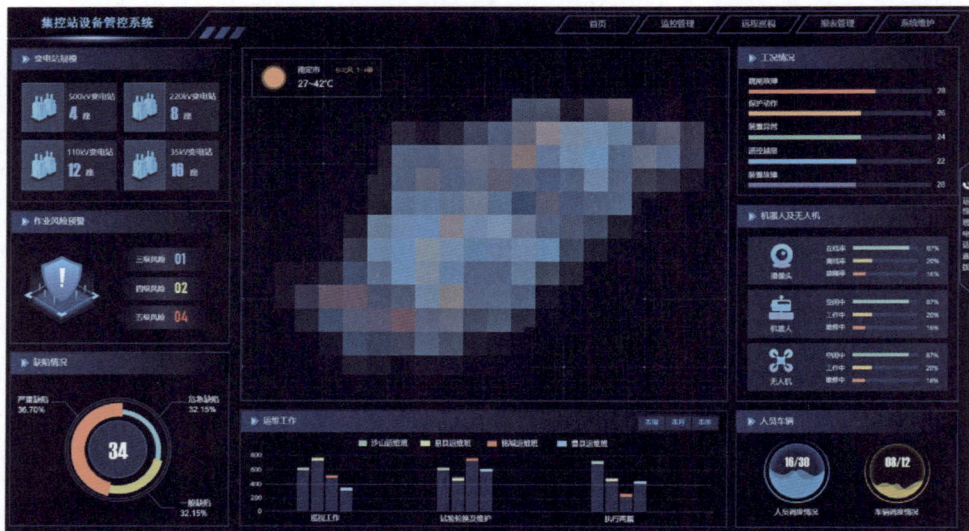

图 3-54　运维首页效果示意图

（5）缺陷情况。设备缺陷情况如图 3-53 区域⑤所示，显示缺陷数量，包含遗留缺陷数量和新增缺陷数量等。

（6）运维工作。运维工作间如图 3-53 区域⑥所示，显示巡视工作、两票执行、试验及定期维护开展情况。具备多个运维班数据比对功能。

（7）告警情况。设备告警情况如图 3-53 区域⑦所示，显示故障跳闸、保护动作、遥测越限、装置故障、装置异常等告警数量。

（8）远程巡视。远程巡视如图 3-53 区域⑧所示，显示集控站管辖变电站无人机、机器人、摄像头设备工况。

（9）人员车辆。人员车辆如图 3-53 区域⑨所示，显示集控站人员及车辆数量，综合判断班组人员及车辆承载力。

（10）地理接线图。地理接线图如图 3-53 区域⑩所示，显示集控站所辖变电站之间线路连接情况，不同电压等级区别显示。

3.3.3.3　监控管理

监控管理包括气象监视、监控助手、运维全景监视、操作票等功能。监控管理布局示意图如图 3-55 所示，各区域尺寸如图标注，效果示意图如图 3-56 所示。

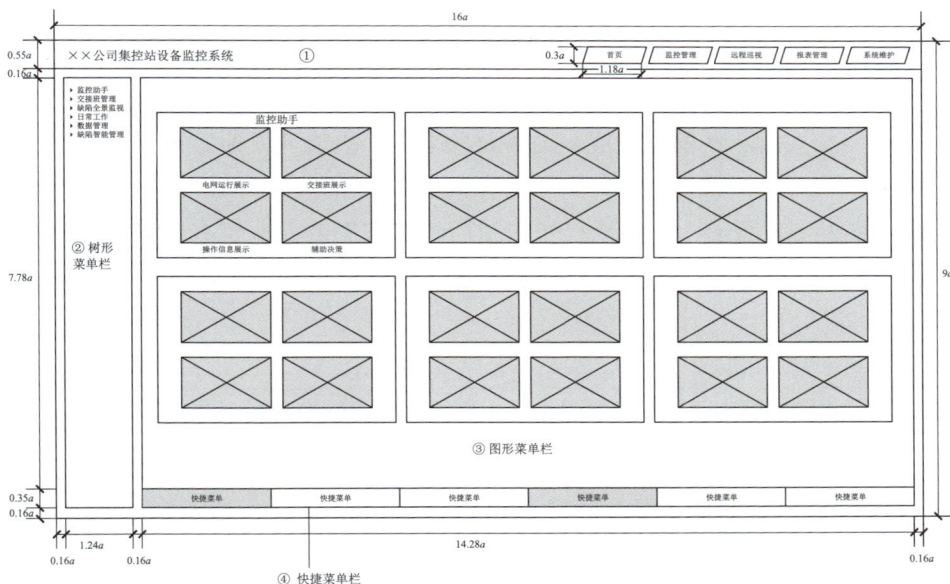

图 3-55　监控管理布局示意图

（1）标题栏。标题栏如图 3-55 区域①所示，格式保持与主窗口形式一致。

（2）树形菜单栏。树形菜单栏如图 3-55 区域②所示，以树形图的形式展示各子模块，单击按钮后下拉显示。

（3）图形菜单栏。图形菜单栏如图 3-55 区域③所示，具体功能介绍：

1）各子模块可分类放入指定文件夹，并以图标形式展示。

2）用户可自定义相应的文件夹名称。

（4）快捷菜单栏。快捷菜单栏如图 3-55 区域④所示，用户可设置快捷菜

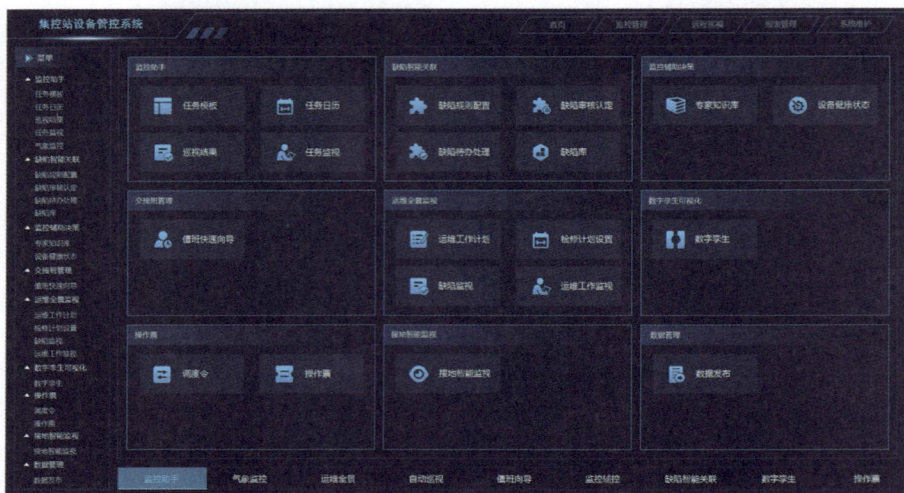

图 3-56 监控管理效果示意图

单；系统具有记忆功能，按用户使用频率自动保存至快捷菜单栏。

1）气象监视。气象监视展示公共气象服务、微型气象站等采集的变电站天气信息。单击图 3-55 中气象监视模块，进入气象监视界面，气象监视布局示意图如图 3-57 所示，各区域尺寸如图标注。气象监视界面内包含集控站所辖变电站各站的实时天气情况，单击变电站可在弹窗内查看该站过去及未来的天气情况。

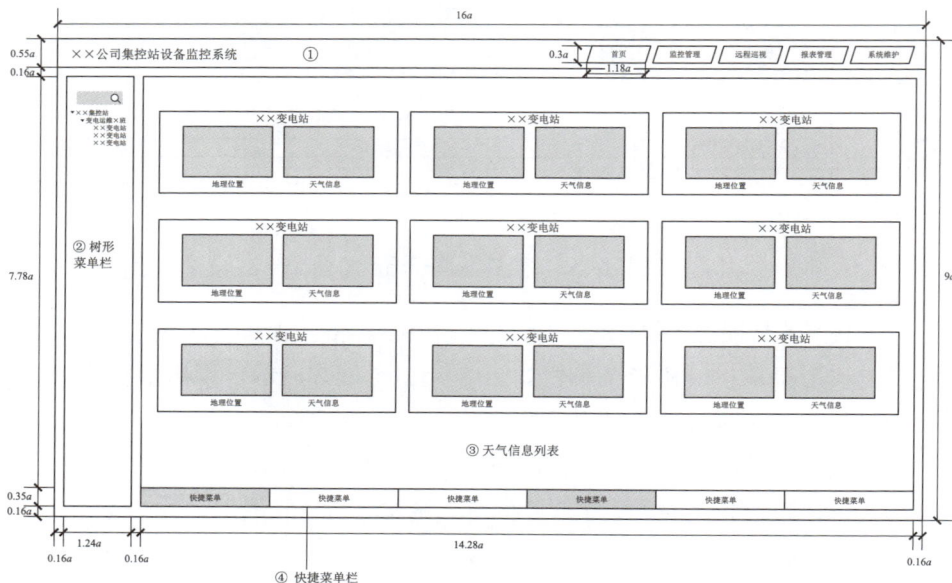

图 3-57 气象监视布局示意图

a. 树形菜单栏如图 3-57 区域②所示，以树形图的形式逐级展示集控站、运维班、变电站。

b. 气信息列表如图 3-57 区域③所示，展示集控站所辖变电站地理位置与天气信息。

气象监视效果示意图如图 3-58 所示。

图 3-58　气象监视效果示意图

2）运维全景监视。如图 3-59 所示中运维全景监视内包含变电站运行监测、

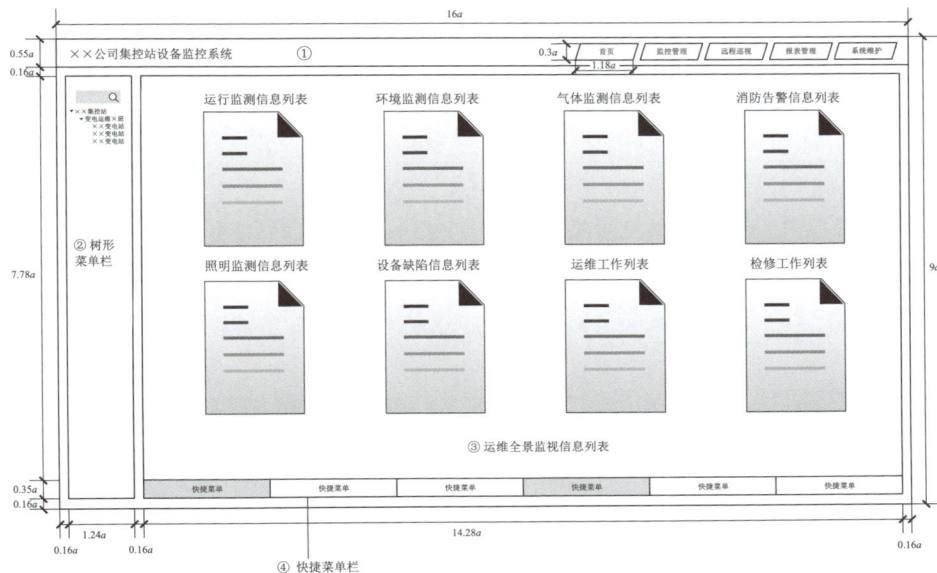

图 3-59　运维全景监视布局示意图

环境监测、气体监测、消防告警、照明监测整体状态评估、缺陷状态监视、运维工作监视、检修工作监视等功能选项，各区域尺寸如图标注，运维全景监视效果示意图如图3-60所示。

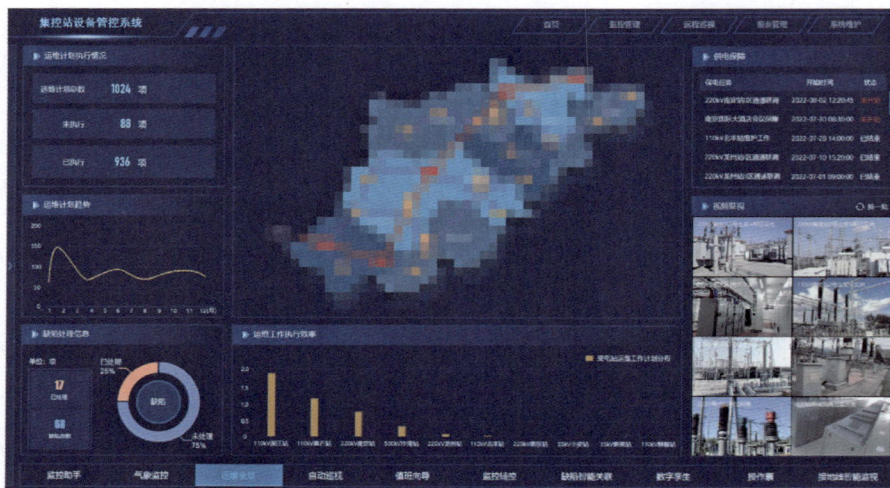

图3-60　运维全景监视效果示意图

3）监控信号自动巡视。单击图3-55中监控信号自动巡视模块，进入监控信号自动巡视界面，按巡视项目、巡视范围自动执行监控画面的巡视功能，并生成巡视报告。监控信号自动巡视布局示意图如图3-61所示，各区域尺寸如

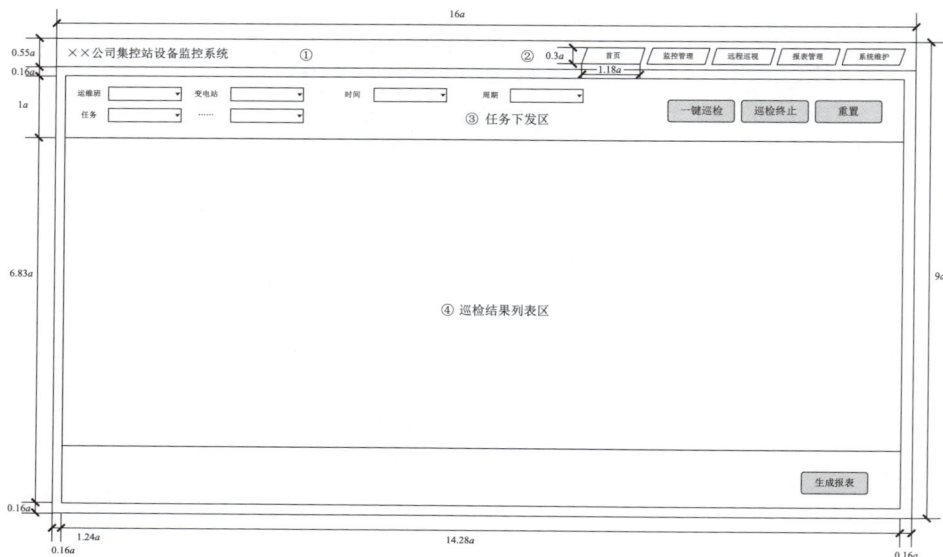

图3-61　监控信号自动巡视布局示意图

图标注，监控信号自动巡视效果示意图如图 3－62 所示。监控信号自动巡视界面内包含控信号自动巡视启动设置选项，可通过人工启动或预设周期。

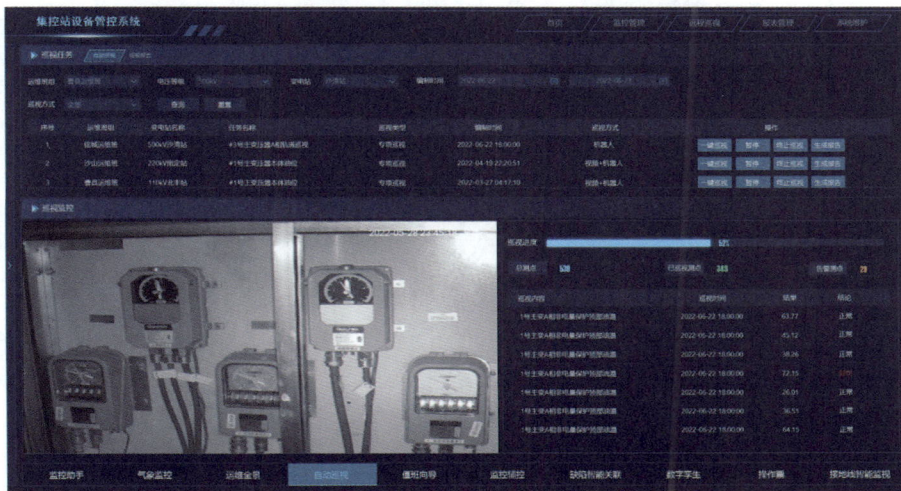

图 3－62　监控信号自动巡视效果示意图

4）值班快速向导。单击图 3－55 中值班快速向导模块，进入对应界面，展示当班运行事件列表由值班人员进行处置。值班快速向导布局示意图如图 3－63所示，各区域尺寸如图标注，值班快速向导效果示意图如图 3－64 所示。值班

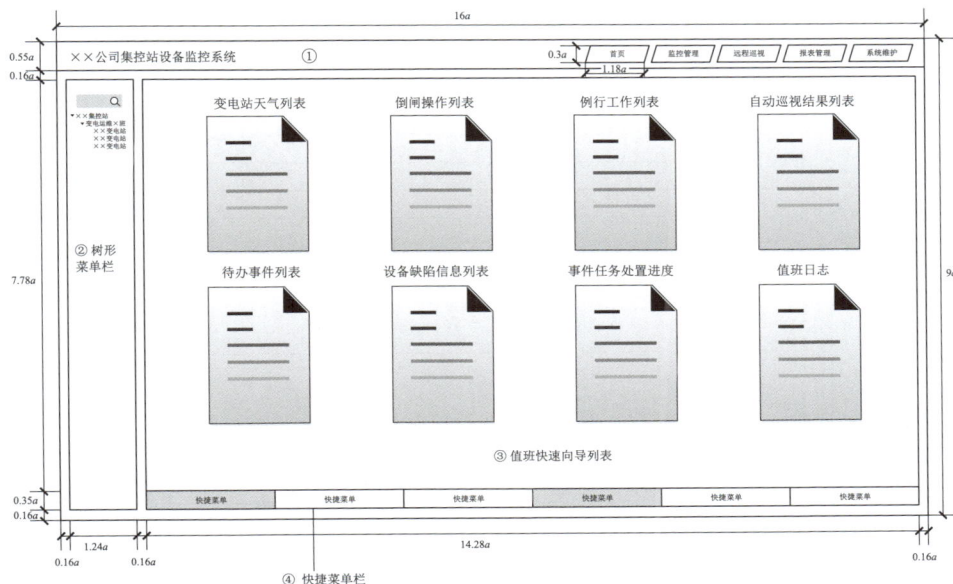

图 3－63　值班快速向导布局示意图

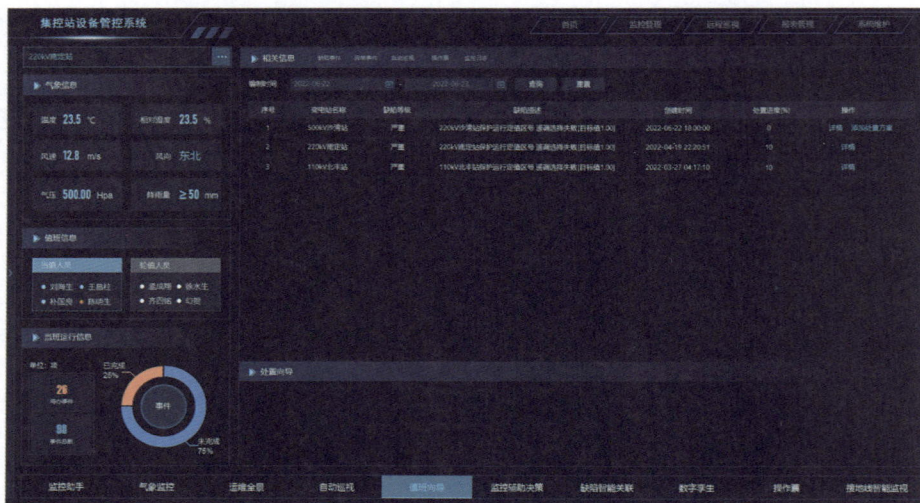

图 3-64　值班快速向导效果示意图

快速向导界面包含变电站天气信息、操作信息、监控信号自动巡视结果、监控待办事件任务信息等选项及信息展示区域。

5）监控辅助决策。单击图 3-55 中监控辅助决策模块，进入监控辅助决策界面。该界面展示系统发现的异常事件进行分析，形成标准化的处理流程及处置建议，辅助监控员完成对故障及异常的处置。监控辅助决策布局示意图如图 3-65 所示，各区域尺寸如图标注，监控辅助决策效果示意图如图 3-66 所示。

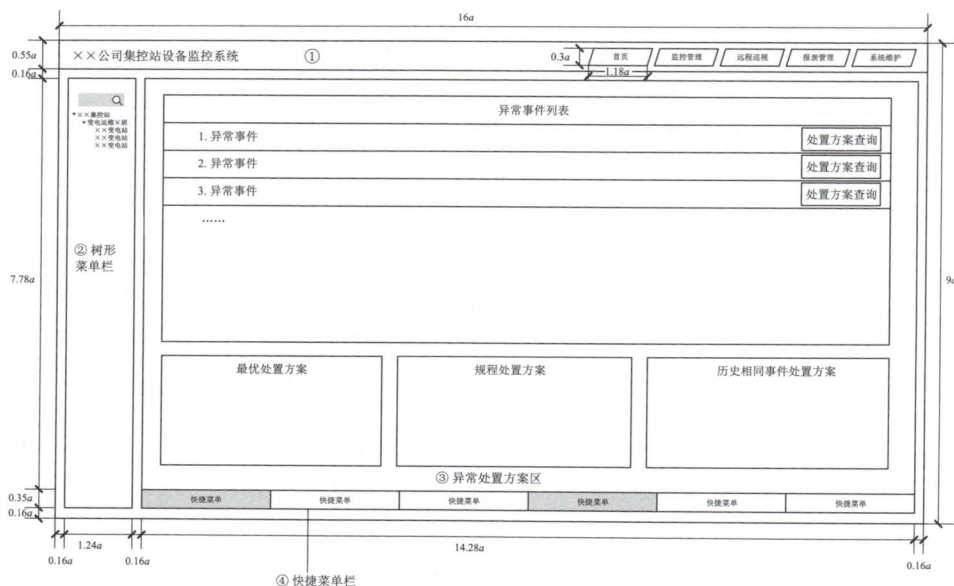

图 3-65　监控辅助决策布局示意图

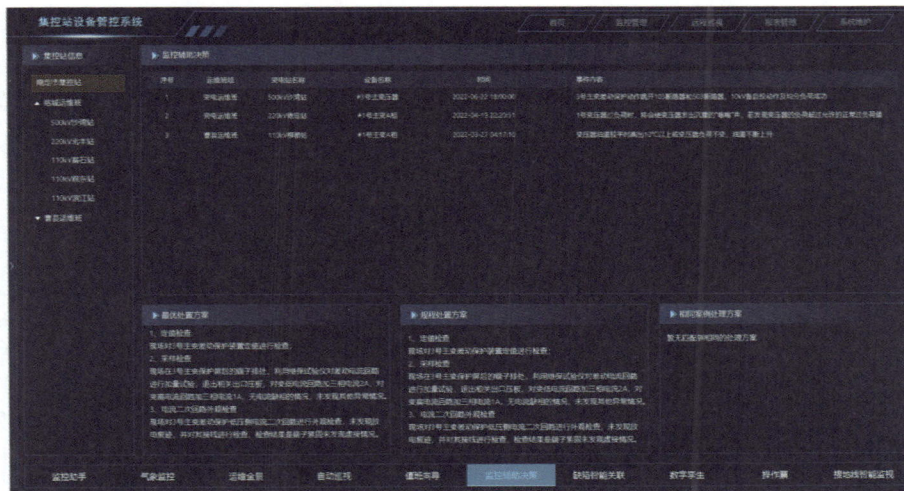

图 3-66　监控辅助决策效果示意图

监控辅助决策界面包含系统异常事件展示区域及辅助信息展示区域。

6）缺陷智能关联。单击图 3-55 中缺陷智能关联模块，进入缺陷智能关联界面。该界面显示缺陷智能关联模块根据各类监测数据异常变化自动智能提取的缺陷信息，缺陷信息按遥信数据、遥测数据、遥控操作、遥调操作、遥视数据进行分类，具有自动推送选项。缺陷智能关联布局示意图如图 3-67 所示，各区域尺寸如图标注，缺陷智能关联效果示意图如图 3-68 所示。

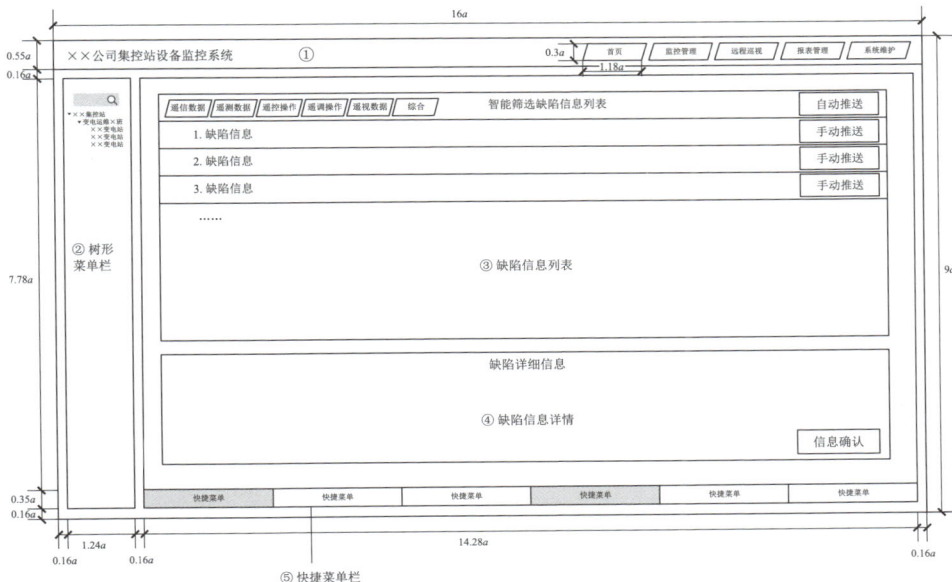

图 3-67　缺陷智能关联布局示意图

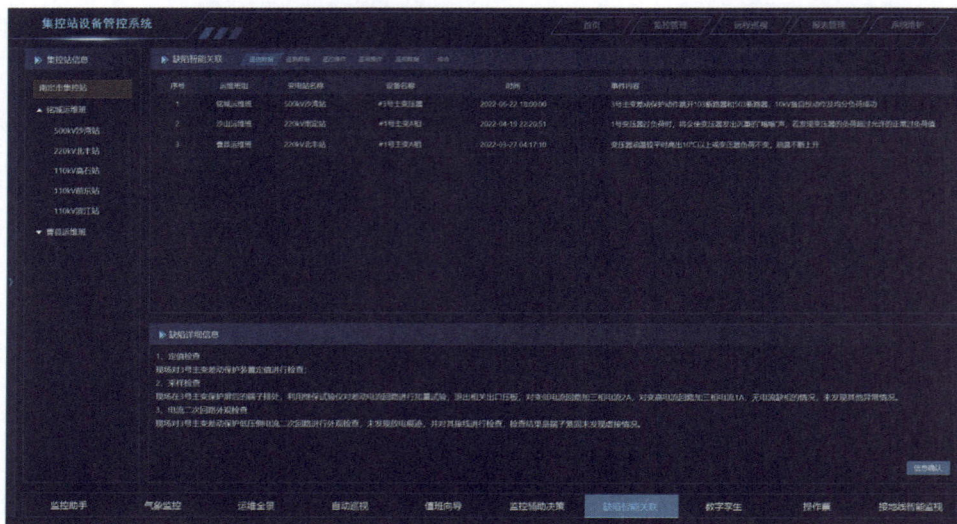

图 3-68　缺陷智能关联效果示意图

7）数字孪生体。单击图 3-55 中数字孪生体模块，进入数字孪生体界面；选择对应变电站选项，进入该变电站界面，显示变电站三维实景模型、变电站名称和坐标、变电站主设备规模、变电站感知设备规模、变电站负荷变化、环境气象信息、告警信息列表、巡检信息列表等功能。数字孪生体布局示意图如图 3-69 所示，各区域尺寸如图标注，数字孪生体效果示意图如图 3-70 所示。

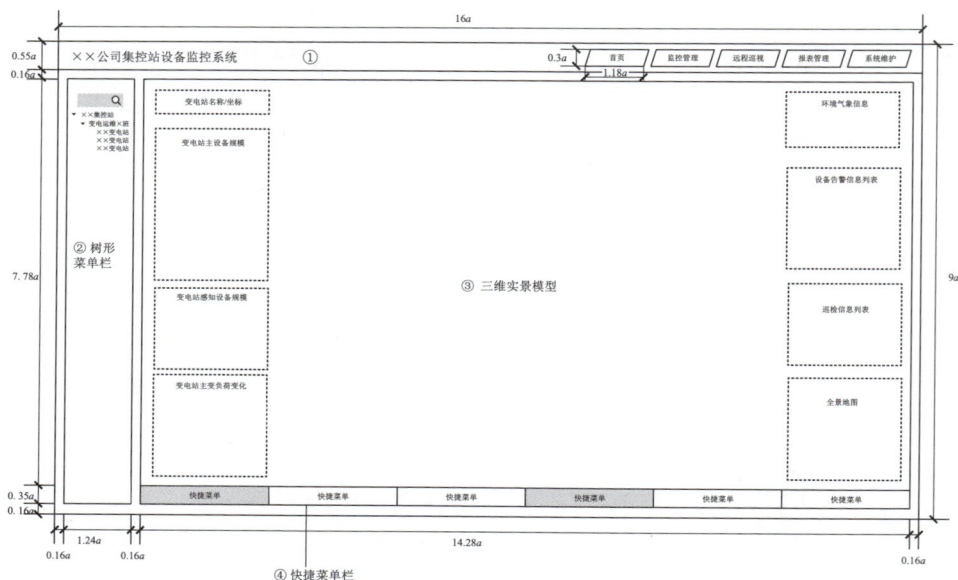

图 3-69　数字孪生体布局示意图

图 3-70　数字孪生体效果示意图

在变电站三维实景模型中单击相应设备，界面展示设备级数字孪生模型，以主变压器为例，包括主变压器三维实景可拆解模型、微气象信息、负荷信息、温度信息、油位信息、基本参数、在线监测信息、实时告警信息、巡检信息、作业计划详情、视频等功能。数字孪生体设备布局示意图如图 3-71 所示，各区域尺寸如图标注，数字孪生体设备效果示意图如图 3-72 所示。

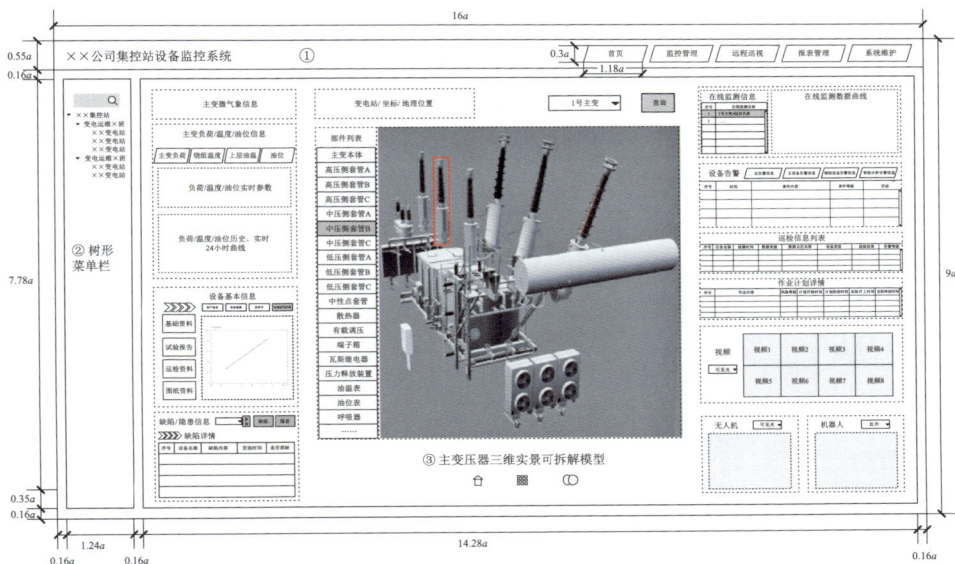

图 3-71　数字孪生体设备布局示意图

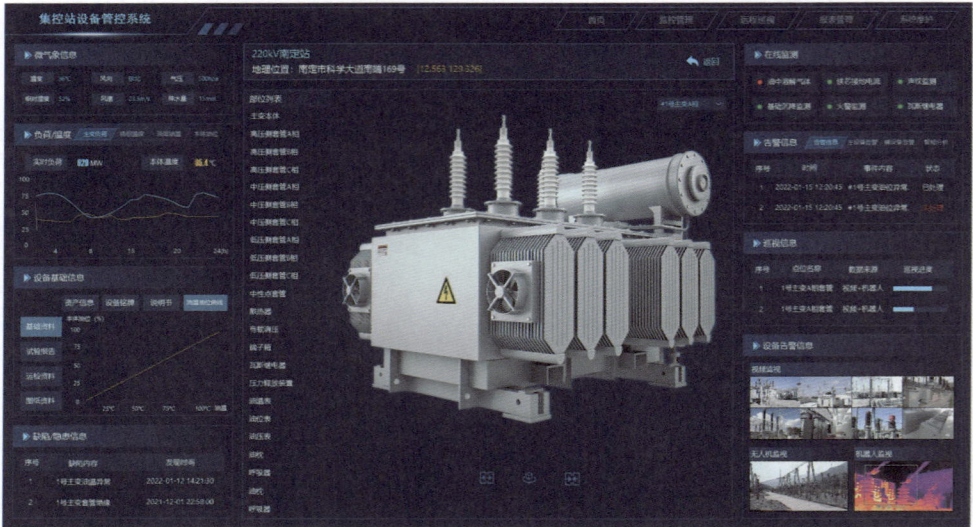

图 3-72　数字孪生体设备效果示意图

8）操作票。单击图 3-55 中操作票模块，模块界面包含操作票编写、审核、批准、待执行、已完成、典型操作票、查询及信息展示区。操作票布局示意图如图 3-73 所示，各区域尺寸如图标注，操作票效果示意图如图 3-74 所示。

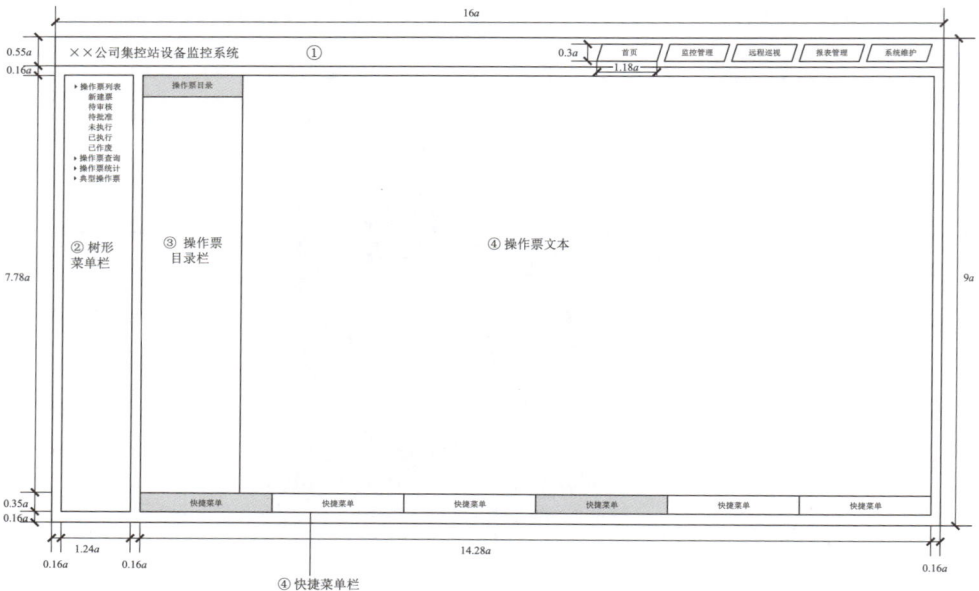

图 3-73　操作票布局示意图

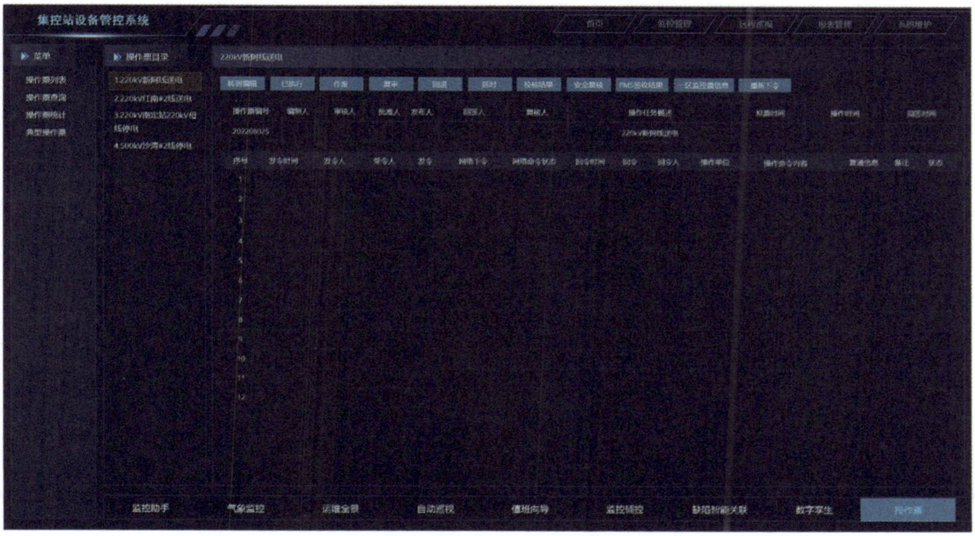

图 3-74　操作票效果示意图

9）临时接地线智能监视。单击图 3-55 中临时接地线智能监视模块，启动模块界面，界面包含变电站选择、临时接地线状态统计、临时接地线安装位置等查询选项及信息展示区。临时接地线智能监视布局示意图如图 3-75 所示，各区域尺寸如图标注，临时接地线智能监视效果示意图如图 3-76 所示。

图 3-75　临时接地线智能监视布局示意图

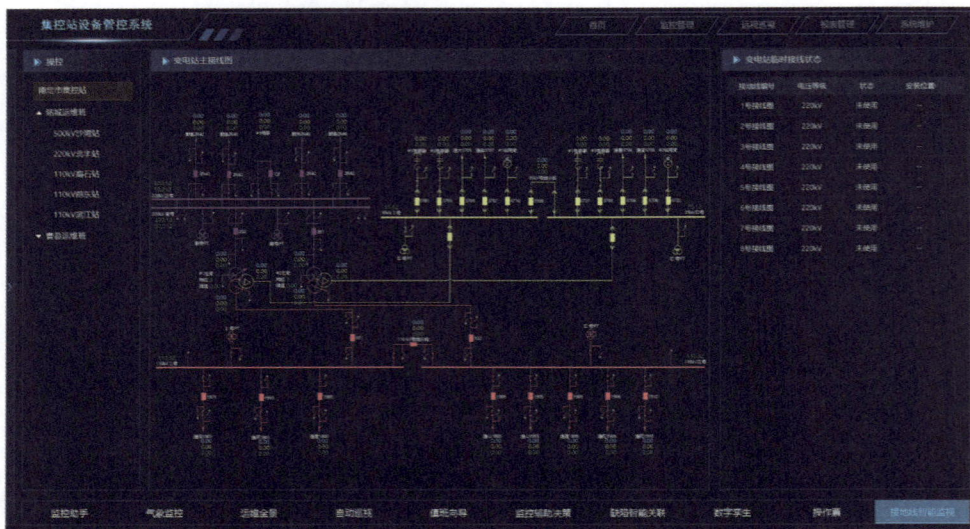

图 3-76　临时接地线智能监视效果示意图

3.3.3.4　远程巡视

远程巡视界面包含集控站所辖变电站的巡视任务情况、机器人应用情况、视频设备应用情况、巡视告警、缺陷数据等，并采用图形、图表等多种展现方式，从不同维度对统计数据进行可视化展示，有助于运维人员对智能巡检设备的应用。

（1）巡视信息总览。巡视信息总览包括机器人、无人机、视频等设备工况信息，巡视任务执行情况以及巡视告警、缺陷等级等统计信息；变电站巡视可通过站点导航快速链接。巡视信息总览布局示意图如图 3-77 所示，各区域尺寸如图标注，巡视信息总览效果示意图如图 3-78 所示。

1）机器人工况如图 3-77 区域③所示，按运维班为单位统计机器人工况；单击数字或图标可展示详情。

2）视频设备工况如图 3-77 区域④所示，按运维班为单位统计视频设备工况；单击数字或图标可展示详情。

3）无人机工况如图 3-77 区域⑤所示，按运维班为单位统计无人机工况；单击数字或图标可展示详情。

4）巡视任务如图 3-77 区域⑥所示，描述指定时间范围内巡视任务执行情况，可按巡视类型、任务执行状态统计；单击数字或图标可展示详情。

5）缺陷等级统计如图 3-77 区域⑦所示，按缺陷等级统计巡视过程中发现的各类设备缺陷数量；单击数字或图标可展示详情。

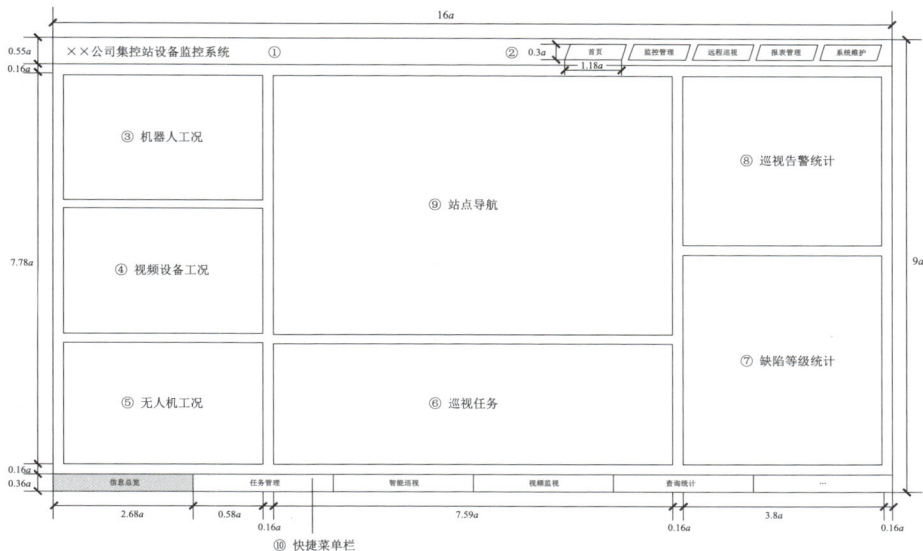

图 3-77　巡视信息总览布局示意图

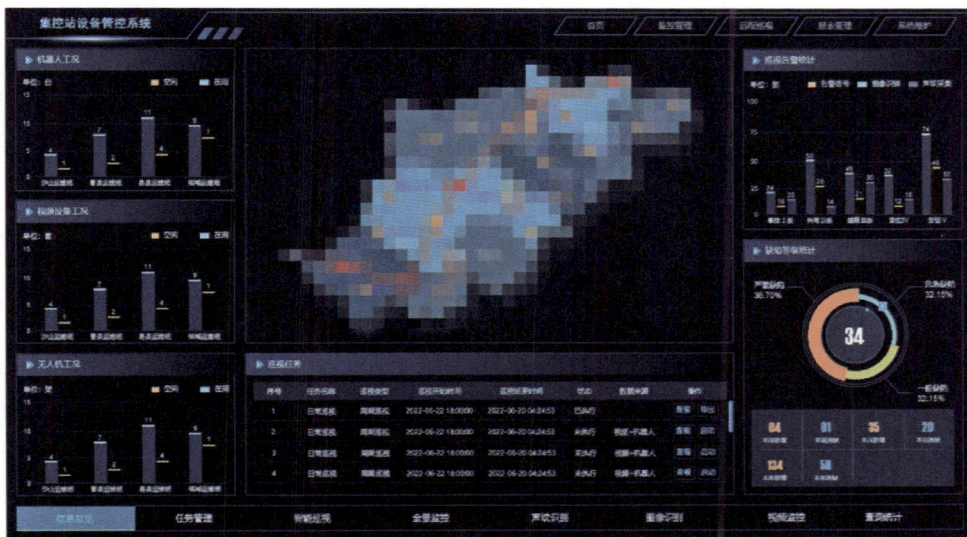

图 3-78　信息总览效果示意图

6）巡视告警统计如图 3-77 区域⑧所示，描述巡视过程中发现的告警信号和基于图像识别的异常信息，按告警等级进行统计；单击数字或图标可展示详情。

7）站点导航如图 3-77 区域⑨所示，描述集控站所辖变电站地理位置，显示各站巡视设备的接入数量、巡视任务执行情况等信息；单击图标可快速链接相应变电站巡视画面。

（2）任务管理。任务管理根据变电站、巡视类型、设备区域、设备类型和识别类型等条件进行设备查询、任务编制和任务下发。任务管理布局示意图如图 3-79 所示，各区域尺寸如图标注，任务管理效果示意图如图 3-80 所示。

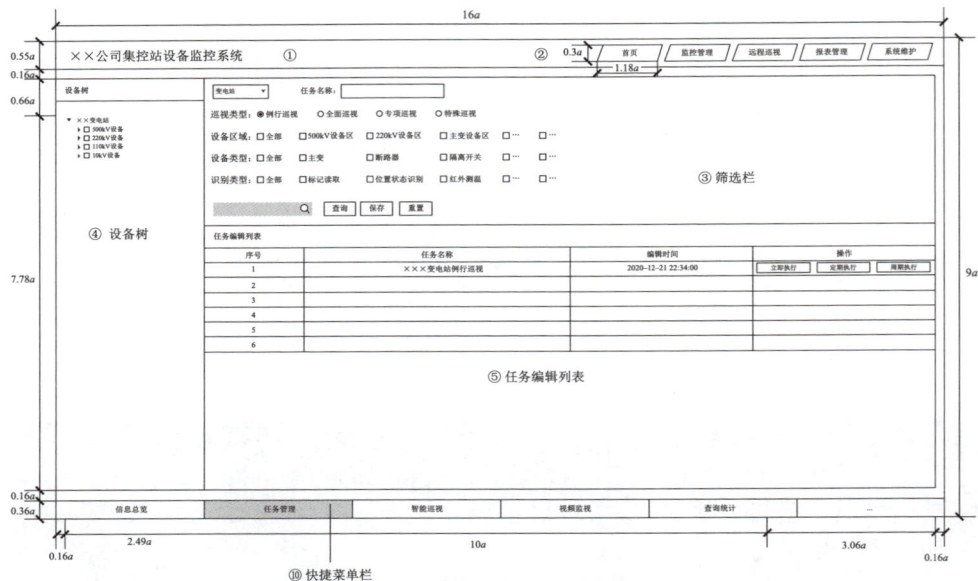

图 3-79　任务管理布局示意图

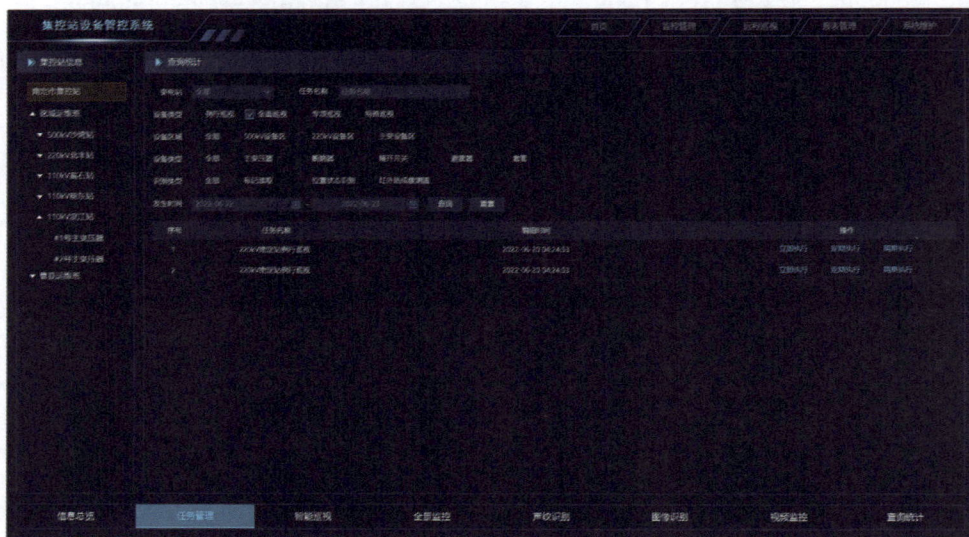

图 3-80　任务管理效果示意图

1）筛选栏如图 3-79 区域③所示，包括变电站、巡视类型、设备区域、设备类型和识别类型等条件，提供搜索、保存和重置功能。

2）设备树如图 3-79 区域④所示，提供待巡设备范围选择功能。

3）任务编辑列表如图 3-79 区域⑤所示，以列表形式展示编制任务信息，包括任务名称、编辑时间、操作方式（立即执行、定期执行和周期执行）。

（3）智能巡视。智能巡视包括巡视地图、实时告警、视频巡视、机器人可见光展示、机器人红外图谱展示。智能巡视布局示意图如图 3-81 所示，各区域尺寸如图标注，智能巡视效果示意图如图 3-82 所示。

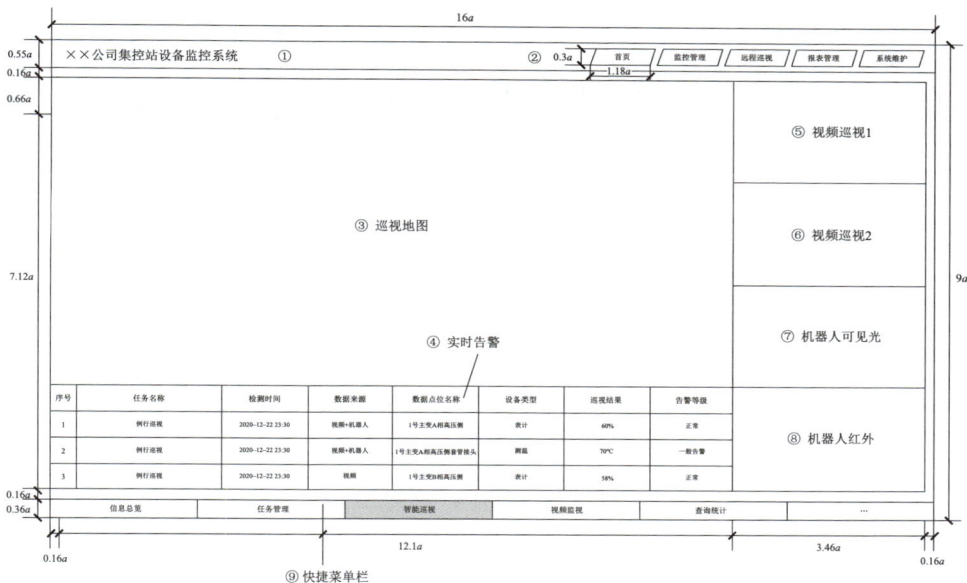

图 3-81　智能巡视布局示意图

1）巡视地图如图 3-81 区域③所示，包括机器人巡视点位图、视频巡视点位图，通过点位指示灯展示变电站内机器人、视频摄像头实时巡视状况。

2）实时告警如图 3-81 区域④所示，通过列表形式展示巡视任务执行情况，包括任务名称、数据来源、设备点位名称、巡视结果及告警等级等信息。

3）视频巡视如图 3-81 区域⑤和⑥所示，显示该巡视任务下的实时视频画面。

4）机器人可见光如图 3-81 区域⑦所示，显示该巡视任务下的机器人可见光画面。

5）机器人红外如图 3-81 区域⑧所示，显示该巡视任务下的机器人红外图谱。

图 3-82　智能巡视效果示意图

（4）视频监视。视频监视实时显示变电站实际场景，按照设备、防区划分监视对象。视频监控布局示意图如图 3-83 所示，各区域尺寸如图标注，视频监控效果示意图如图 3-84 所示。

1）监视对象树如图 3-83 区域③所示，可在设备、防区、轮巡方案间切换。

2）实时视频如图 3-83 区域④所示，展示视频画面，支持 1/4/9/16/全屏显示。

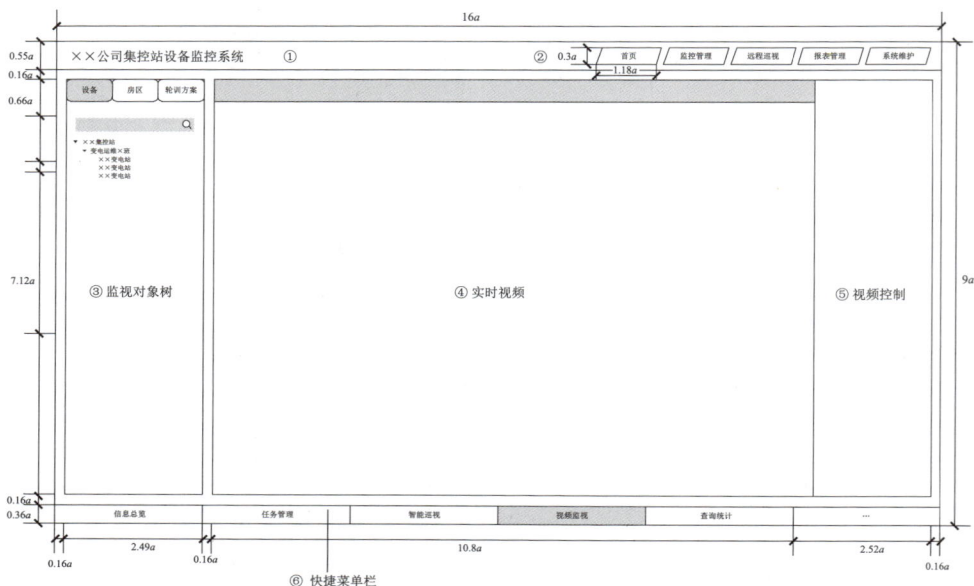

图 3-83　视频监控布局示意图

图 3-84　视频监控效果示意图

3）视频控制如图 3-83 区域⑤所示，提供视频图像调节工具。

（5）声纹识别。声纹识别可对变压器、断路器等设备运行声纹数据进行语音查询分析，按照变电站、设备类型划分，界面包含监视设备树、异常声纹告警、历史数据查询等区域。声纹识别布局示意图如图 3-85 所示，各区域尺寸如图标注；声纹识别效果示意图如图 3-86 所示。

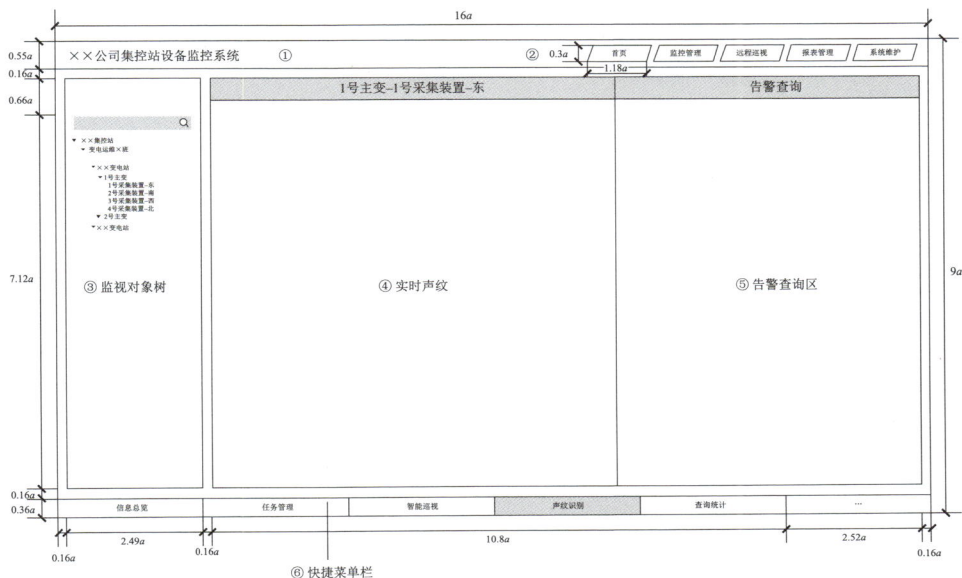

图 3-85　声纹识别布局示意图

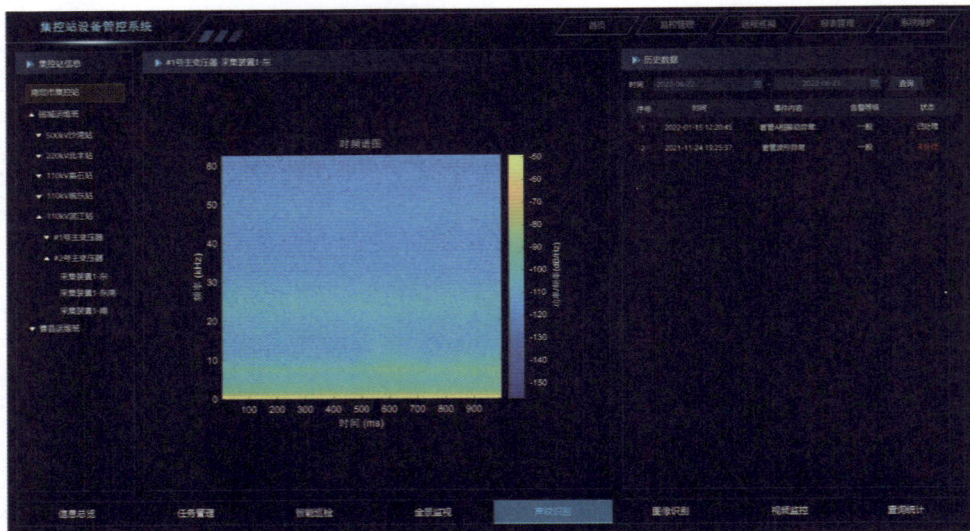

图 3-86　声纹识别效果示意图

（6）图像识别。图像识别可对各类设备运行图片进行查询对比分析，按照变电站、设备间隔、设备类型划分，界面包含监视设备树、异常图像告警区、图像展示区、历史数据查询等区域。图像识别布局示意图如图 3-87 所示，各区域尺寸如图标注，图像识别效果示意图如图 3-88 所示。

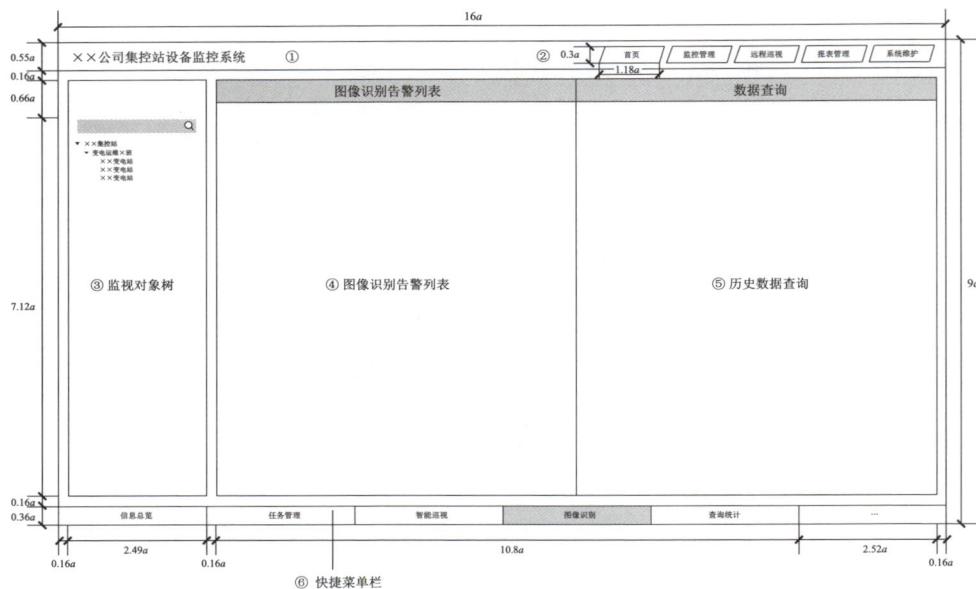

图 3-87　图像识别布局示意图

图 3-88　图像识别效果示意图

（7）全景视频监控。全景视频监控对全站以及主变压器等重点区域进行多路摄像头图像拼接，实现"全站一张图"全景监视。界面包含监视设备树、定位图像查询、图像展示区等。全景视频监控布局示意图如图 3-89 所示，各区域尺寸如图标注，全景视频监控效果示意图如图 3-90 所示。

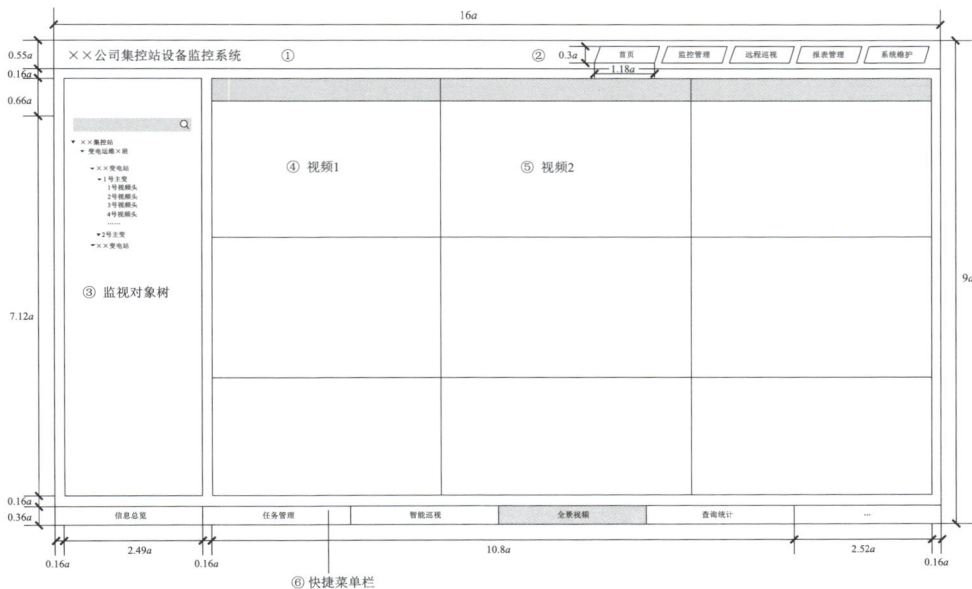

图 3-89　全景视频监控布局示意图

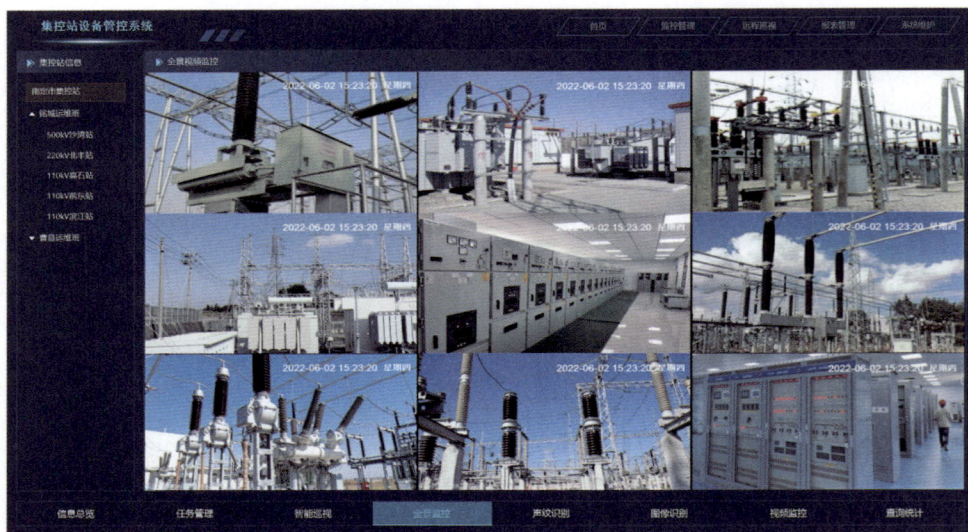

图 3-90 全景视频监控效果示意图

（8）查询统计。查询统计可按运维班、所属变电站、巡视类型、状态、巡视结果和时间等条件进行查询，通过列表形式展示指定条件范围内的所有巡视任务执行情况，查询统计布局示意图如图 3-91 所示，查询统计效果示意图如图 3-92 所示。

图 3-91 查询统计布局示意图

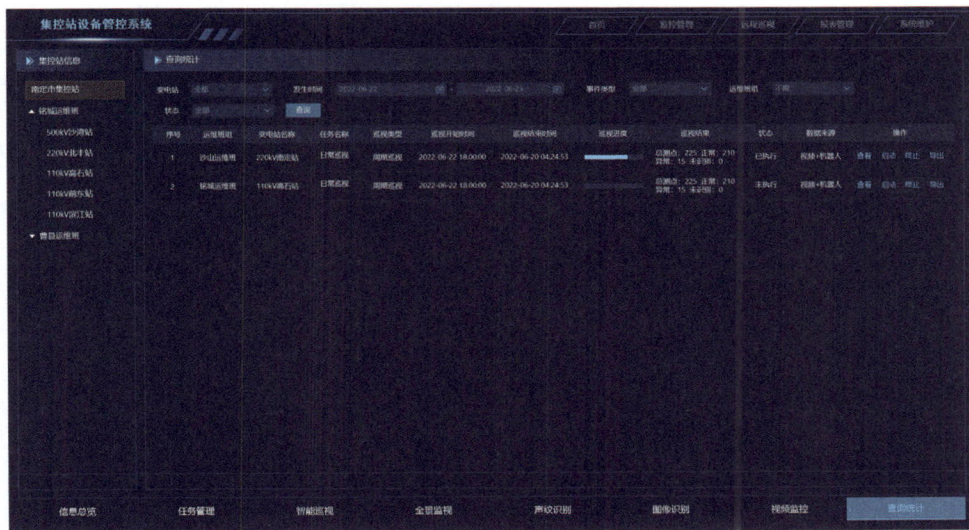

图 3-92　查询统计效果示意图

1）变电站导航如图 3-91 区域③所示，按照树形结构展示集控站管辖的运维班、变电站，提供选择及搜索功能。

2）筛选栏如图 3-91 区域④所示，提供按巡视类型、状态、巡视结果和时间等条件查询功能。巡视类型包括例行巡视、特巡任务、专项巡视和自定义巡视等；状态包括执行中、暂停、待执行、已完成、终止和超期等；巡视结果包括识别正常、识别异常等。

3）查询结果执行情况如图 3-91 区域⑤所示，按筛选条件展示巡视任务的执行情况列表，每条任务包括运维班、变电站名称、任务名称、巡视类型、时间、进度等信息。

3.3.3.5　报表查询

报表管理包括报表查询、报表模板自定义和报表数据展示等功能。报表管理布局示意图如图 3-93 所示，各区域尺寸如图标注，效果示意图如图 3-94 所示，各区域功能说明如下：

（1）标题栏。标题栏如图 3-93 区域①，格式保持与主窗口形式一致。

（2）树形菜单栏。树形菜单栏如图 3-93 区域②，以树形图的形式展示各子模块，单击按钮后下拉显示。

（3）条件查询区。条件查询区如图 3-93 区域③，根据时间、班组、变电站、电压等级等形式进行查询，用户可自定义查询条件。

（4）查询展示区。查询展示区如图 3-93 区域④，根据查询条件展示相应内容。

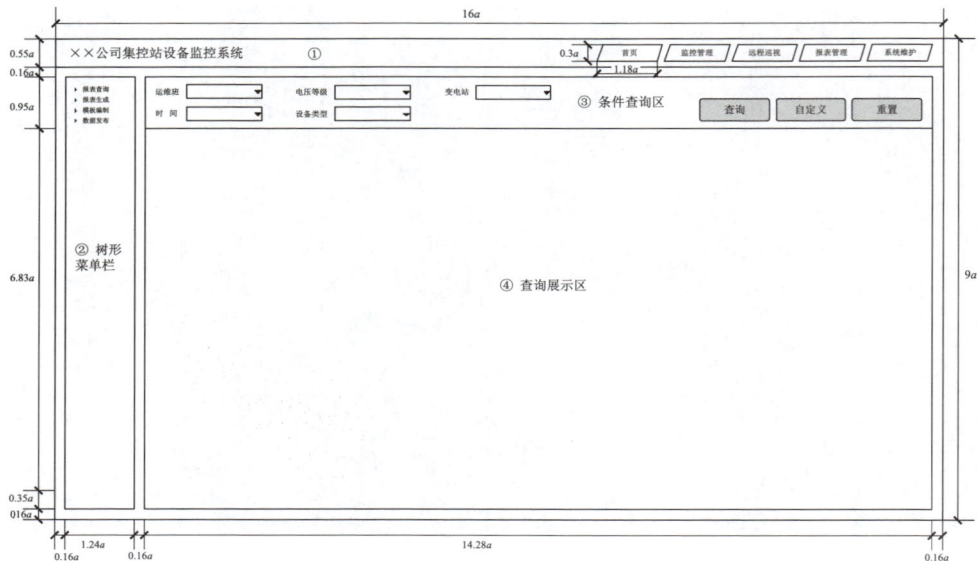

图 3-93　报表管理布局示意图

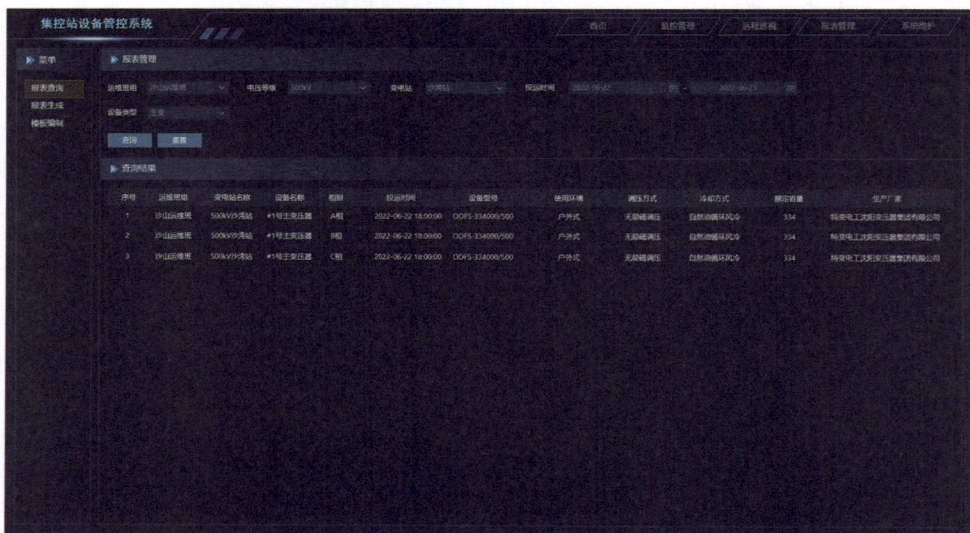

图 3-94　报表管理效果示意图

（5）数据发布。数据发布包括以网页、短信形式发布集控系统的主辅设备监视画面、设备的实时和历史运行数据、现场操作票等。数据发布界面包含发布类型选择、发布内容选择、发布内容预览、发布历史查询等。在图 3-93 的②树形菜单栏中选择数据发布选项，进入数据发布页面。数据发布布局示意图如图 3-95 所示，各区域尺寸如图标注，效果示意图如图 3-96 所示。

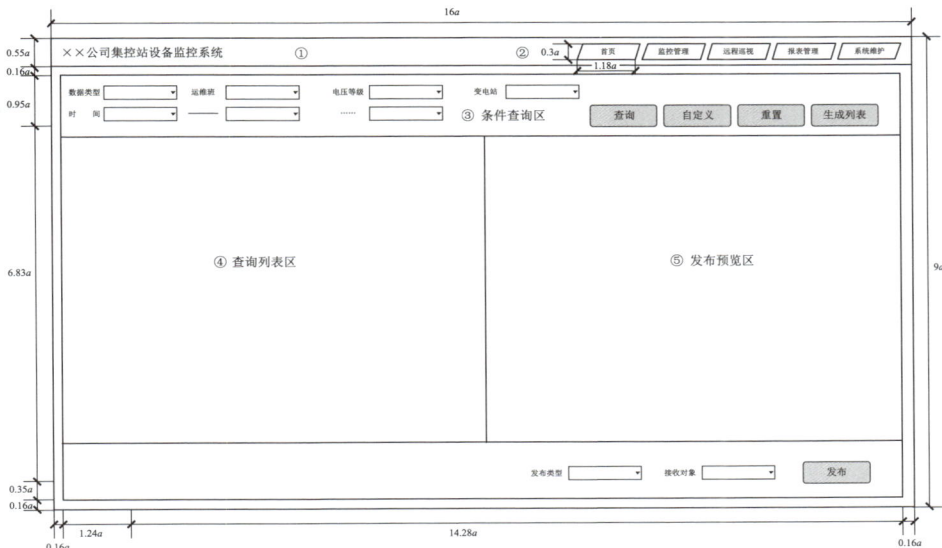

图 3-95 数据发布布局示意图

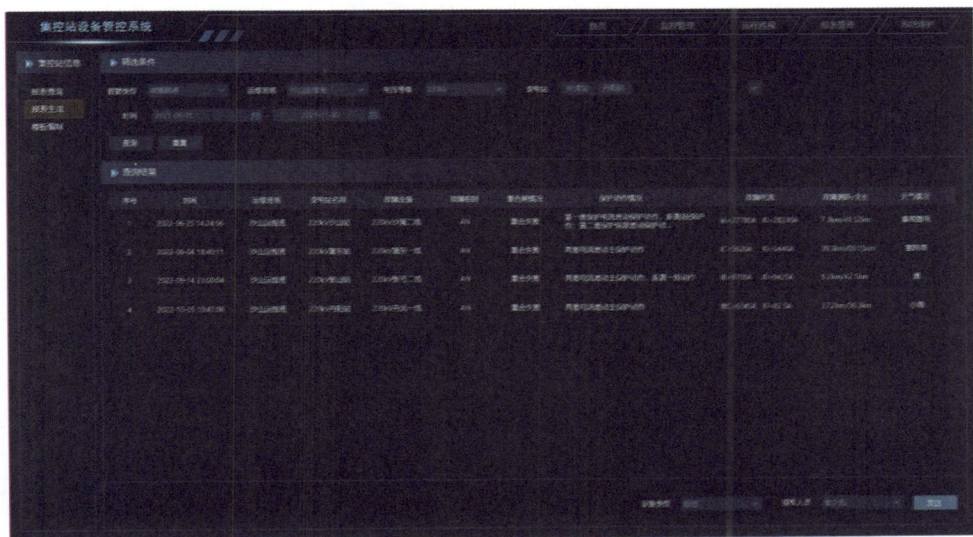

图 3-96 数据发布效果示意图

3.3.3.6 系统维护

（1）基本要求。系统维护包括用户权限配置、系统功能配置和系统版本管理等功能，实现系统建设和系统运行维护的智能化，提高系统生成效率和系统运行的安全性。系统维护布局示意图如图 3-97 所示，各区域尺寸如图标注，系统维护效果示意图如图 3-98 所示。

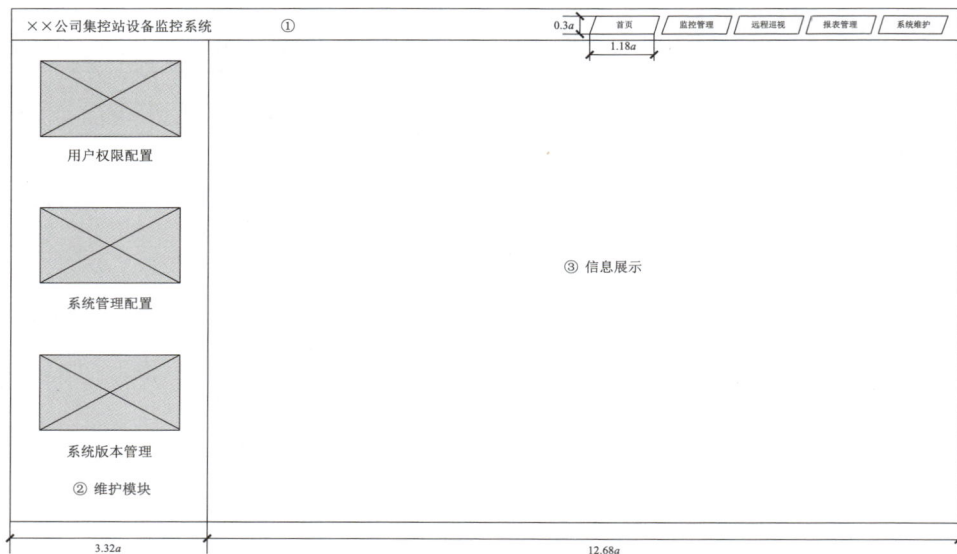

图 3-97　系统维护布局示意图

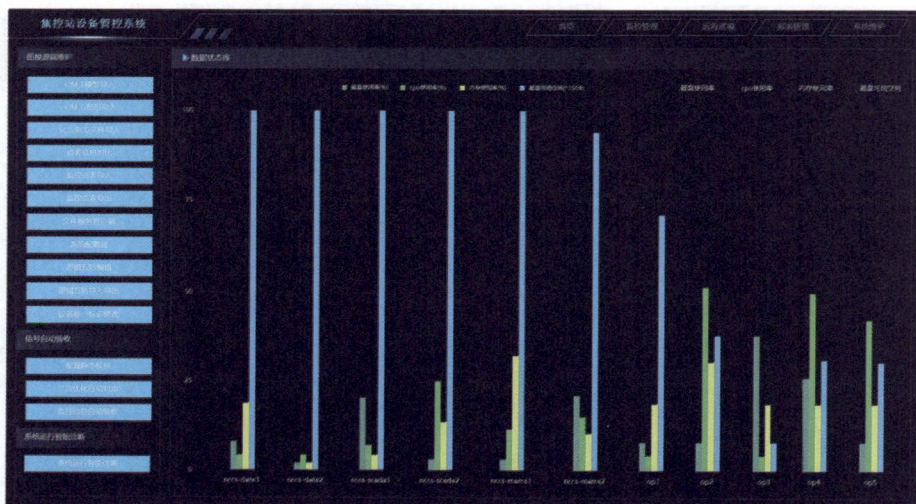

图 3-98　系统维护效果示意图

（2）标题栏。标题栏如图 3-97 区域①所示，格式保持与主窗口形式一致。

（3）维护模块。维护模块如图 3-97 区域②所示，展示各维护模块图标，并设置热键。

（4）信息展示。信息展示如图 3-97 区域③所示，展示系统运行状态、数据库状态等信息（根据用户要求可自定义选项），展示方式使用饼状图、柱状图等形式。

3.4　接口一致性要求

集控系统与外部交互包括纵向与横向两个方面，集控系统数据流架构如图 3-99 所示。

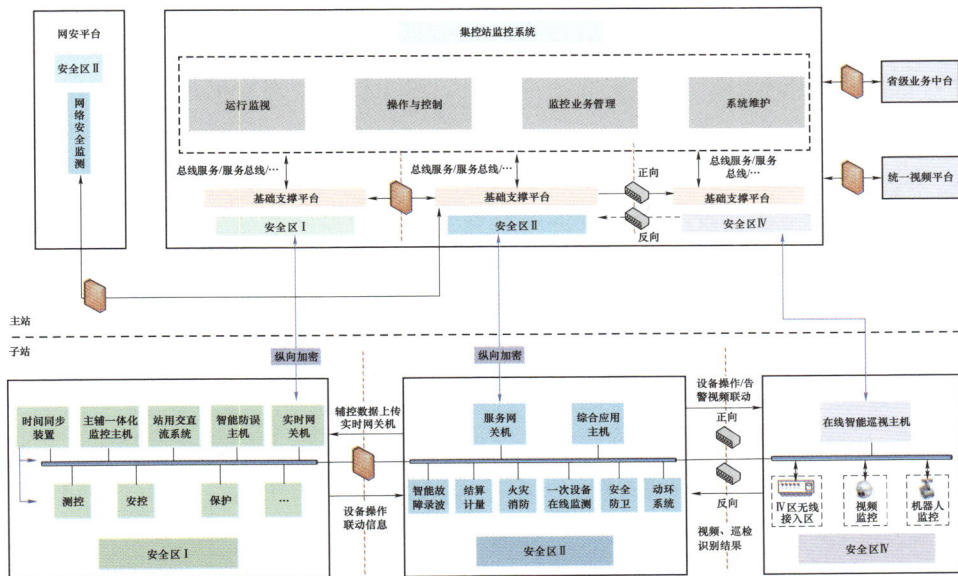

图 3-99　集控系统数据流架构图

3.4.1　集控系统纵向数据交互

集控系统支持与变电站进行交互，主要包括与实时网关机、服务网关机以及远程智能巡视主机的交互。

（1）Ⅰ区与变电站实时网关机的交互。与实时网关机通信采用 DL/T 634.5104—2009《远动设备及系统　第 5-104 部分：传输规约　采用标准传输规约集的 IEC 60870-5-101 网络访问》及扩展协议，交互内容包括：

1）一次设备实时数据信息、全站保护、测控等二次设备的实时数据信息。

2）辅助设备重要量测及关键告警数据。

3）单设备遥控/遥调、顺控操作调用、保护定值区切换、定值修改等。

（2）Ⅱ区与变电站服务网关机的交互。与变电站服务网关机通信采用 DL/T 860《变电站通信网络和系统》系列标准通信报文协议，交互的内容包括：

1）辅助设备量测及告警数据、辅助设备控制操作指令。

2）变电站图形信息，图形格式满足 DL/T 1230—2016《电力系统图形描述规范》。

3）一次、二次设备在线监测数据。

4）按需调阅历史数据报告、故障分析报告、设备状态分析报告、版本管理文件。

（3）Ⅳ区与变电站远程智能巡视主机的交互。部署于安全Ⅳ区的远程智能巡视集中监控系统支持与变电站远程智能巡视主机进行交互，按需下发控制指令、巡视任务等信息，并能获取站内视频、巡检机器人巡检信息。

3.4.2　集控系统横向数据交互

（1）与业务中台交互。与业务中台交互指集控系统设备资源模型、文件数据采用 CIM/E 格式，实时数据采用消息队列方式传输，包括电网主、辅设备及各类型量测数据。

（2）网络安全监测平台。网络安全监测平台应满足电力监控系统网络安全监测装置技术规范与管理平台通信相关要求。

（3）与统一视频平台交互。与统一视频平台交互指远程智能巡视集中监控系统通过统一视频平台 B 接口进行交互，接收视频控制指令，传输视频信息。

（4）与集控备用系统间交互。与集控备用系统间交互指与集控备用系统之间以消息、服务等方式进行交互，消息符合 DL/T 1660—2016《电力系统消息总线接口规范》、DL/T 1872—2018《电力系统即时消息传输规范》、GB/T 33605—2017《电力系统消息邮件传输规范》的要求；服务符合 GB/T 33604—2017《电力系统简单服务接口规范》的要求，数据格式符合 GB/T 30149—2019《电网通用模型描述规范》、DL/T 890.552—2014《能量管理系统应用程序接口　第 552 部分：CIMXML 模型交换格式》的要求。

3.5　安全防护要求

集控系统信息安全防护遵循 GB/T 36572—2018《电力监控系统网络安全防护导则》规定，分Ⅰ、Ⅱ、Ⅳ区建设，集控系统与备用系统、调度系统、业务中台、统一视频平台之间硬件采用防火墙隔离；软件信息交互前通过权限验证、服务认证、数据加密保证用户可信、信息安全。

（1）Ⅰ、Ⅱ区横向采用防火墙，Ⅰ、Ⅳ区采用正反向隔离装置进行分区。

（2）纵向采用加密装置与变电站、运维班远程通信。

（3）集控系统的网络安全信息，上送至调度网络安全监测平台统一管理。

（4）在数字证书的基础上扩展应用级安全标签，实现远程服务代理的认证。

（5）实现基于证书的身份认证，并在此基础上实现系统间的角色访问控制。

（6）采用安全操作系统，提升系统自身抵抗外部攻击或病毒的防御能力。

（7）建立安全审计手段，加强对基础平台安全性的监视和统计分析。

第4章

变电站层监控界面设计

▶ 4.1 总 体 架 构 ◀

4.1.1 系统结构

4.1.1.1 总体系统架构

变电站监控系统具备数据采集、实时监视、智能联动、任务监控等应用功能，变电站监控系统架构如图4-1所示。根据安全防护要求，安全Ⅰ区、安全Ⅱ区间配置防火墙，安全Ⅰ、Ⅱ与Ⅳ区间配置正反向物理隔离。

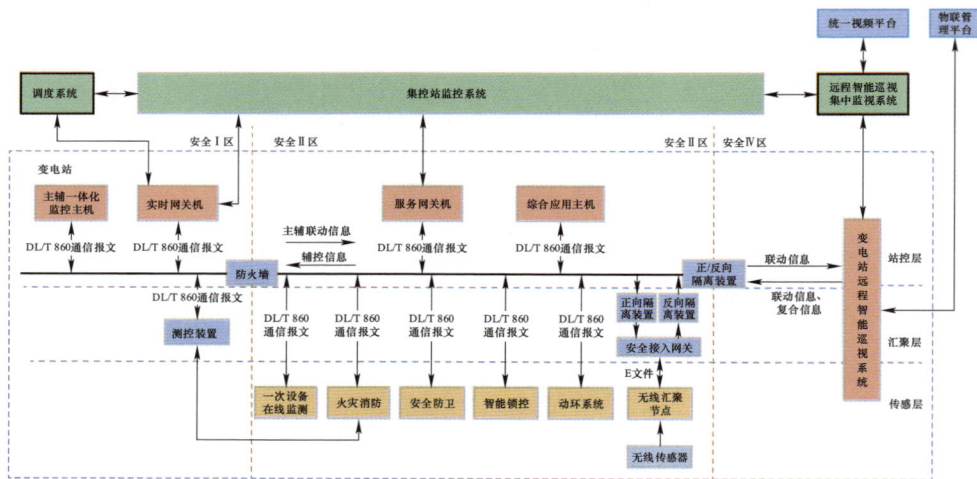

图4-1 系统架构

安全Ⅰ区通过变电站实时网关机接入主设备实时数据以及辅助设备重要量测和关键告警数据、接收设备控制指令；安全Ⅱ区通过变电站服务网关机按需获取辅助设备及运维诊断等信息，接收辅助设备操作指令等信息；安全Ⅳ区主要实现统计分析、监控业务管理等功能，通过将变电站远程智能巡视主机的视频、告警、巡检报告等数据上传至远程智能巡视集中监控系统，通过远程智能巡视集中监控系统下发视频、巡检机器人和无人机的控制指令，实现设备的远程智能巡视。

变电站远程智能巡视系统主要分为 500（330）kV 变电站远程智能巡视系统和 220kV 及以下区域型远程智能巡视系统。

4.1.1.2　500（330）kV 变电站远程智能巡视系统架构

机器人、摄像机、无人机及声纹装置等组成。巡视主机下发控制、巡视任务等指令，由机器人、摄像机和无人机开展室内外设备联合巡视作业，并将巡视数据、采集文件等上送到巡视主机；巡视主机与智能分析主机对采集的数据进行智能分析，形成巡视结果和巡视报告。巡视系统应具备实时监控主辅设备状态监测数据与动力环境数据、与主辅设备监控系统智能联动等功能。巡视主机应具备双网口和设置独立网段，信息安全应符合 GB/T 36572 的要求。500（330）kV 变电站远程智能巡视系统架构图如图 4-2 所示。

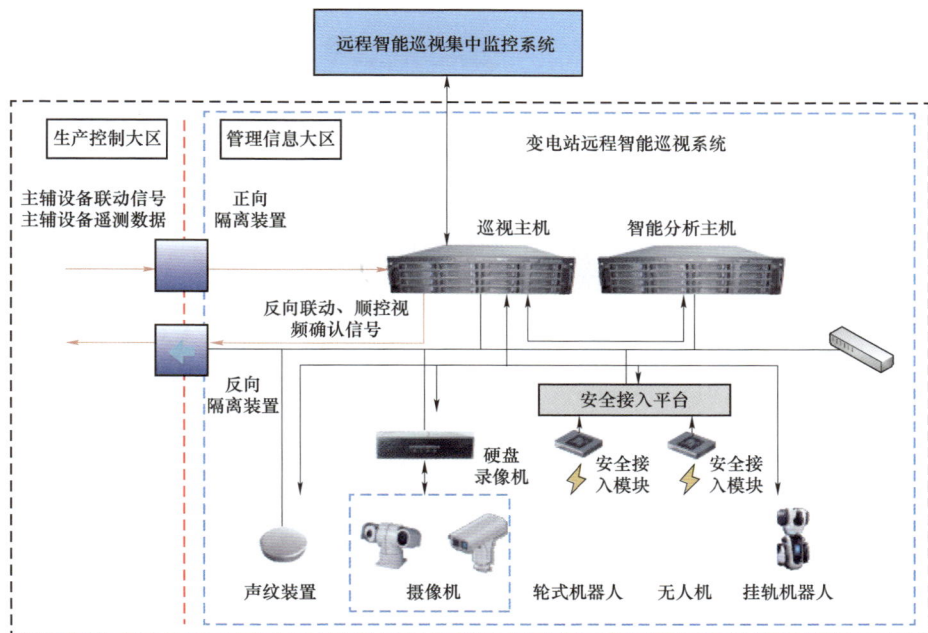

图 4-2　500（330）kV 变电站远程智能巡视系统架构

4.1.1.3　220kV 及以下区域型远程智能巡视系统架构

区域巡视系统由区域巡视主机、智能分析主机、区域巡视系统由区域巡视主机、智能分析主机、摄像机、机器人、无人机等组成，按照变电站端是否部署边缘节点分为边缘节点型和直接接入型两种接入方式，具备数据采集、自动巡视、智能分析、实时监视、智能联动等功能，可实现多个变电站的远程智能巡视。区域巡视主机负责下发控制、巡视任务等指令，并接收上送的巡视数据、采集文件等，同时调用智能分析主机对采集的数据进行智能分析，形成巡视结果和巡视报告。区域型远程智能巡视系统架构如图 4-3 所示。

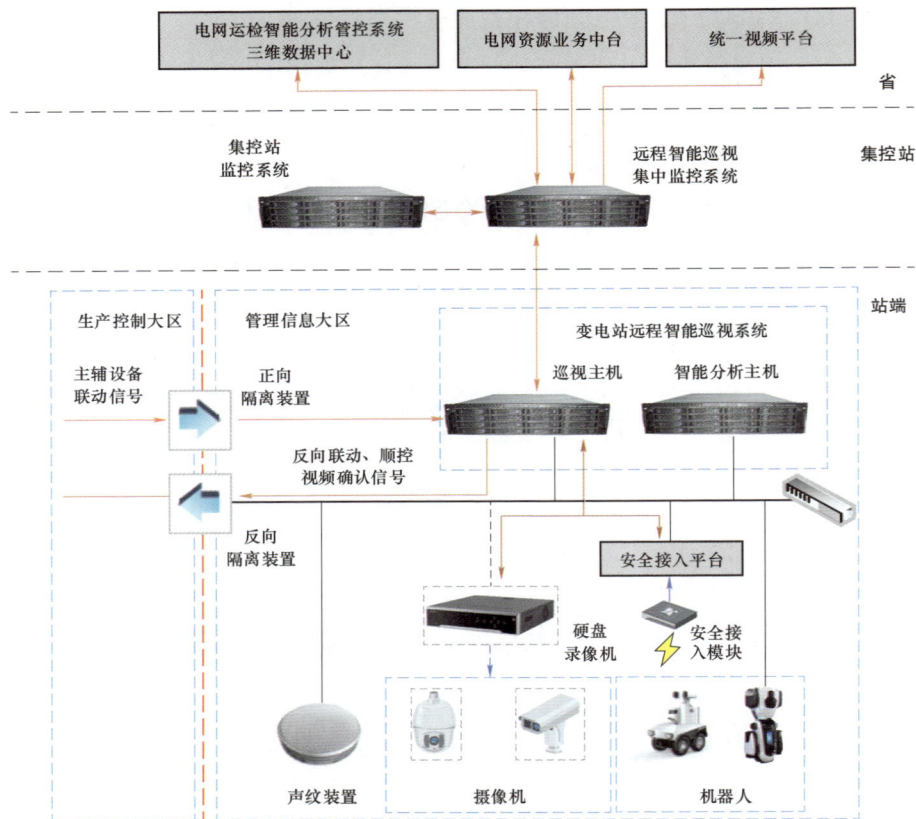

图 4-3　区域型远程智能巡视系统架构

4.1.1.4　机器人巡视系统接入内网方式

机器人巡视系统接入内网架构如图 4-4 所示。

安全代理模块和微型安全装置通过在 Wi-Fi 局域网侧建立安全隧道，机器人发出的数据通过加密隧道传输给微型安全装置，由微型装置进行解密之后，再通过内置代理程序转发给内网侧机器人后台、NVR、巡视主机等相关业务服务器；辅控平台通过相应的端口、协议、IP 调取 NVR 中存储的机器人拍摄视频和通过巡视主机下发巡检任务。硬件防火墙端同样锁定访问设备的 IP 和 MAC 地址，与此同时启动硬件防火墙多项防护功能，例如：对下联单位用户访问进行控制；对用户访问的数据包进行过滤；对移动用户的身份进行鉴别；对用户 MAC 地址进行验证，防止 MAC 地址欺骗。通过开启上述无线网络端和硬件防火墙端的双重防护之后，能够充分保障巡检设备无线网络的安全，从而保障网络安全。

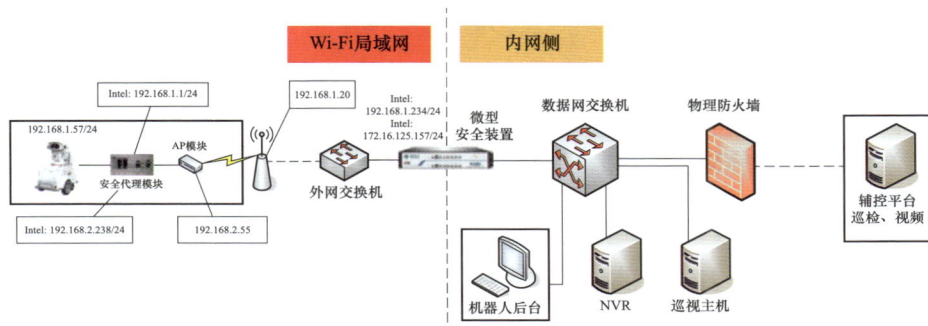

图 4-4　机器人巡视系统接入内网架构

4.1.2　硬件架构

4.1.2.1　500（330）kV 变电站远程智能巡视系统硬件架构

　　500（330）kV 变电站系统硬件配置分为主辅一体化监控主机、综合应用主机、巡视主机、智能分析主机、交换机、防火墙、安全隔离装置等设备。在 I 区部署纵向加密装置和实时网关机，主要完成调度系统、变电站间的信息交互，实现信息加密；在 Ⅱ 区部署综合应用主机、纵向加密装置和服务网关机，主要采集变电站感知层的数据信息，完成集控站系统和变电站间的信息交互；在 Ⅳ 区部署在边缘巡视主机和智能分析主机，主要采集变电站视频装置、机器人和无人机的视频信息，实现远程智能巡视集中监控系统与变电站间的信息交互，同时进行确信识别分析和故障预警等。

　　500（330）kV 变电站远程智能巡视系统硬件架构如图 4-5 所示。

4.1.2.2　220kV 及以下区域型远程智能巡视系统硬件架构

　　220kV 及以下区域型系统硬件配置分为主辅一体化监控主机、综合应用主机、巡视主机、智能分析主机、边缘巡视主机、交换机、防火墙、安全隔离装置等设备。在 I 区部署纵向加密装置和实时网关机，主要完成调度系统、变电

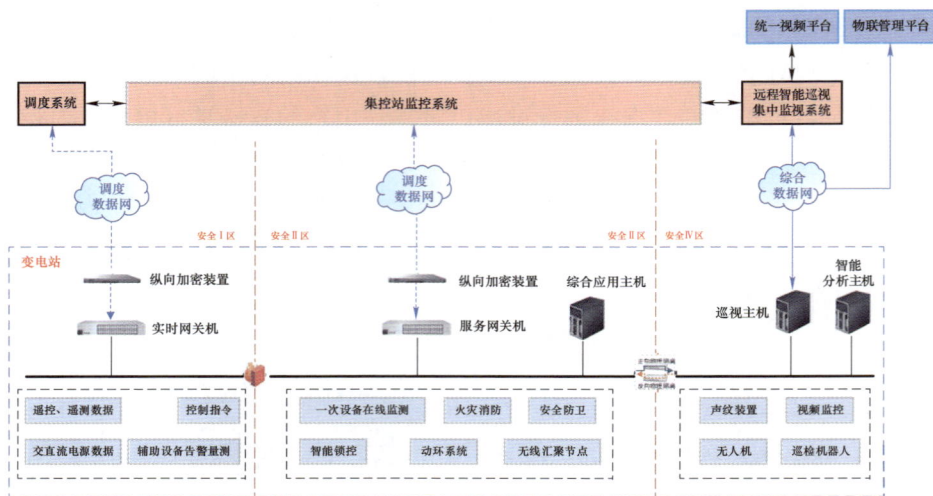

图 4-5　500（330）kV 变电站远程智能巡视系统硬件架构

站间的信息交互，实现信息加密；在Ⅱ区部署综合应用主机、纵向加密装置和服务网关机，主要采集变电站感知层的数据信息，完成集控站系统和变电站间的信息交互；在Ⅳ区区域层部署巡视主机和智能分析主机，实现远程智能巡视集中监控系统与变电站间的信息交互，进行智能分析。在Ⅳ区变电站层部署边缘巡视主机，主要采集变电站视频装置、机器人和无人机的视频信息，与区域层巡视主机进行信息交互。220kV 及以下区域型远程智能巡视系统硬件架构如图 4-6 所示。

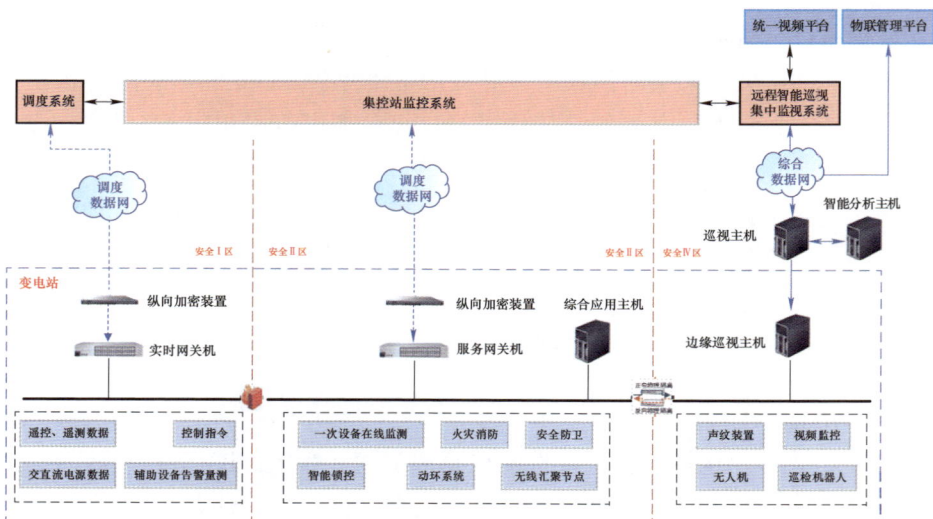

图 4-6　220kV 及以下区域型远程智能巡视系统硬件架构

140

4.1.3 软件功能架构

变电站监控系统功能包含服务和应用两部分，其中服务包含三维可视化服务、数据融合服务，是实现数字孪生和智能运检管控的核心；应用部分主要包括全景监控、设备管理、作业管理、应急管理、培训考核管理、消防管理、作业风险管理、环保监测等。功能应用架构如图 4-7 所示。

模式切换
- 实景模式
- 水晶体模式
- 快速参观模式

鹰眼地图
- 全地图模式
- 小地图模式
- 巡视线路设置模式

视频监控
- 监控范围分析
- 视频拼接
- 视频融合
- 场景互动

全景监视
- 实时环境监视 / 变电站事迹简介
- 设备带电状态查看 / 设备快速定位
- 变电站漫游巡视 / 实时天气情况联动
- 设备历史状态回溯 / 装置管理

实时告警
- 实时告警推送 / 告警信息查看
- 装置告警快速定位 / 设备告警快速定位

培训考核管理
- 设备拆解培训及考核
- 消防培训及考核
- 倒闸操作培训及考核

设备管理
- 设备台账信息查询 / 设备部件信息查看
- 设备告警信息确认 / 设备缺陷信息查看
- 设备运行数据分析 / 全寿命周期管理

设备状态评估
- 变压器负荷状态评估
- 局部放电
- 油纸绝缘

应急管理
- 应急管理教学模拟 / 消防设施布局查看
- 烟感装置布局查看 / 门禁监测数据查看
- 烟感实时数据查看

巡视作业
- 三维巡视任务制定 / 机器人轨迹查看
- 三维虚拟巡视 / 机器人报告查看
- 远程巡视报告查看

检修作业
- 检修全景教程 / 设备拆装培训
- 检修现场管控 / 工作票信息管理
- 工器具摆放模拟 / 操作票信息管理

作业管控
- 作业模拟：设备带电状态模拟、电子围栏设置模拟
- 作业人员管控：人员作业规范建模、人员行为安全监控、人员作业信息归档

管控管理
- 安防管理 / 照明管理
- 水浸告警 / 小动物告警
- 消防管理 / 烟感告警
- 防汛管理

重量监督
- 设备状态评分
- 监督过程问题管理
- 过程资料查阅
- 质量监督三维可视

测量工具
- 距离测量 / 面积测量 / 角度测量

漫游模式
- 第一人称视角 / 第三人称视角

图 4-7 功能应用架构

4.2 设计原则与依据

遵循"自主可控、安全可靠"的总体原则，以变电站主辅设备和远程巡视设备为模型源头，实现运行监视、操作与控制、监控业务管理、系统维护等应用功能，提供主辅设备的一体化监控和全景展示，主要遵循以下原则：

（1）安全可靠，实时高效：遵循"安全分区、网络专用、横向隔离、纵向认证"的总体要求，从操作系统安全、数据库安全、安全监视、身份认证、安全授权、网络和安全设备、性能指标等方面建立系统纵深防御体系，提高系统安全防护水平；采用直采直送的数据传输方式，满足设备监控重要信息实时性要求；采用服务化按需传输方式，满足变电站远程运维等业务触发获取数据需求。

（2）自主可控，灵活开放：遵循国产自主可控原则。在硬件方面，网络设备、工作站、服务器以及相关外部设备均采用国产化产品；在软件方面，采用国产的操作系统、数据库等商用软件，自研集控系统基础平台及应用软件；采用开放灵活的应用服务开发框架，支持界面、功能、流程的灵活配置，满足电网设备监控业务应用需求。支持数据模型可扩展、应用服务可扩展、应用功能可扩展，满足主辅设备业务功能的扩展性开发与集成需求。

（3）全面监控，综合展示：通过将主辅设备信息、视频监控信息，统一纳入变电站监控范围，实现变电站设备信息的全面监视，基于统一基础平台人机界面，将主辅设备应用展示功能组件化，按设备监控业务流程进行场景化集成，实现主辅设备的一体化综合联动展示。

（4）统一模型，便捷运维：以变电站设备模型为源头，完善模型配置流程和版本管理机制，建立纵向贯通、源端维护、无缝转换的统一模型体系，遵循标准化的系统接口，支撑业务应用安全、高效融合；在统一模型的基础上，实现变电站信息接入、数据核对的自动化，并通过系统运行智能联动、智能诊断等自动化手段，提高系统建设效率和系统运维的便捷性。

4.3　典型应用功能说明

4.3.1　基础平台

（1）远程巡视系统：基于孪生场景，通过摄像机、感知装置等物联设备，获取场站在运设备的各个状态，让运维人员不去现场也能完成巡视工作，帮助一线人员减轻负担；由区域巡视主机、智能分析主机、边缘巡视主机、巡检机器人、摄像机等组成，具备变电站的数据采集、自动巡视、智能分析、实时监视、智能联动、远程操作等功能。

（2）主辅助设备监控系统：主辅助设备监控系统与巡视系统通过正反向隔离装置通信，实现与主辅设备监控系统智能联动等功能。

（3）智能分析主机：巡视主机向智能分析主机发送识别分析任务指令，接收识别分析结果数据。

（4）边缘巡视主机：下发任务、远程控制等指令，获取可见光照片、红外图谱等数据。

（5）视频系统：获取摄像机的视频和红外图谱，并实现对摄像机的控制。

4.3.1.1　采集接入

采集接入信息包含以下内容：

（1）火警类信息：包括各防火区域烟感、温感、感温电缆等探测器当前火灾报警信号；消防设备（设施）当前火警、故障等信息。

（2）状态类信息：包括各消防设备（设施）当前运行、故障、位置、通信等信息。

（3）动作、反馈类信息：包括固定式灭火装置、消防水泵、排烟风机动作及反馈信号等。

（4）监管类信息：指关联设备状态的响应，包括防火门关闭信号等。

（5）屏蔽类信息：指火灾报警控制器具有对探测器等设备进行单独屏蔽的操作功能，如有屏蔽应上送对应的屏蔽信息。

（6）疏散类信息：指应急疏散指示系统上报的信息，包括应急疏散智能管控平台、管理终端、疏散指示标志灯、疏散照明灯、疏散网关、风速风向传感器等。

（7）模拟量信息：包括液位、压力、电压等模拟量数据信息。

（8）主设备信息：包括变压器重瓦斯保护动作信号、主变压器各侧断路器分位信号等信息。

4.3.1.2　运行监视

运行监视信息包含以下内容：

（1）系统应以图形化的方式对全站消防设备（设施）的布置及运行参数进行统一展示：

1）火灾报警控制器探测器当前火警、启动、反馈、监管、屏蔽、故障等信息。

2）消防水系统泵组运行、故障等信息，水位、压力等信息，并具备高位、低位阈值报警设置（由站端确认阈值）。

3）应急疏散指示系统应清晰展示疏散平面图、疏散路线、疏散标志灯、疏散照明灯、现场实时风速风向等信息。

（2）系统界面应包含且不仅限于以下提示信息：

1）消防设备（设施）的故障状态信息。

2）消防设备（设施）的火灾报警信息。

3）固定式灭火设备动作、反馈以及状态信息。

4.3.1.3　事件监视

系统具备火警、消防设备故障等报警信号的独立监视界面，通过该界面，可以直观地看到变电站的消防设备运行事件；系统将火警、消防设备故障等报警信号进行分站、分区、分类处理，合并为火灾报警总信号、故障报警总信号、屏蔽总信号、监管总信号、动作总信号、反馈总信号等总信号，并能监视到每个总信号和分信号。

4.3.1.4　告警展示

告警处理功能应满足以下要求：

（1）告警级别宜按一般、严重、危急三个级别设定，用户可自定义。

（2）所有告警信息均实时显示，其内容包括时间、地区、厂站名、所属设备以及告警内容等。

（3）不同级别的告警信息分色显示，其色可设置，可分层分区分类选择显示。

（4）应提供灵活的告警信息过滤和分类手段，对不同区域、用户设置相应的过滤条件和分类方法。

（5）具备告警信息的管理员、监控员确认功能。

（6）应按权限和区域确认，不同区域的事件及告警确认和处理相对独立。

（7）告警发生时，应急疏散智能管控平台能够及时切换合适的疏散预案、点亮选定疏散路线的疏散指示标志灯和疏散照明灯；并根据事故类型不同，发出安全的现场人员疏散路线，控制在疏散线上已设置的应急疏散指示标志灯，使其显示正确的疏散方向并且闪烁，同时点亮该疏散路线的照明系统。

（8）所有告警信息及确认信息（包括确认时间、确认节点、确认用户等）应自动保存，可打印输出。

（9）宜具备声音提示功能。

（10）按照时间、地点、告警类型组合方式综合查询历史告警信息。

根据显示内容和显示方式组合，可以显示出当前变电站的所有消防设备，也可以单独显示火灾报警控制器、固定式灭火系统等设备；各个光字牌代表该变电站内具体某一个消防设备，当设备出现运行事件时，光字牌按照事件类型进行闪烁提示。

告警确认如图4-8所示。

图 4-8　告警确认

4.3.1.5　历史数据查询

应支持以下历史数据查询方式：

（1）以时间、设备等组合查询条件对历史记录数据进行综合查询及展示。

（2）查询的模拟量数据支持曲线方式展示。

巡视任务如图 4-9 所示。

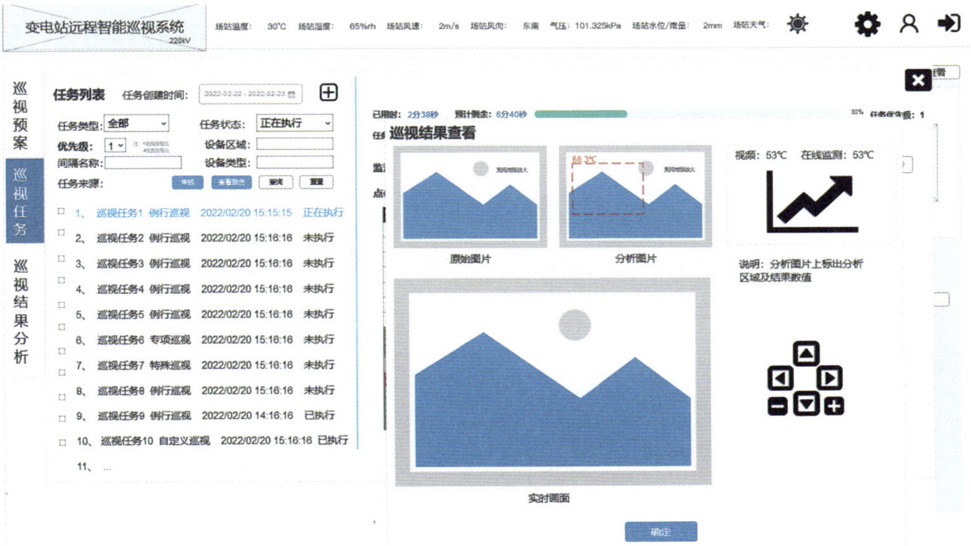

图 4-9　巡视任务

4.3.1.6　报表统计

系统报表管理应满足如下要求：

（1）报表类型：支持日报、周报、月报、季报、年报以及自定义的报表。

（2）支持对所定义报表的调用、显示、输出及打印等功能。

（3）支持按区域、类型、时间进行统计分析。

报表统计如图4-10所示。

图4-10　报表统计

4.3.1.7　日志管理

日志管理记录平台的系统日志和业务日志，并能通过用户、操作类型、日期等组合条件进行查询。日志管理如图4-11所示。

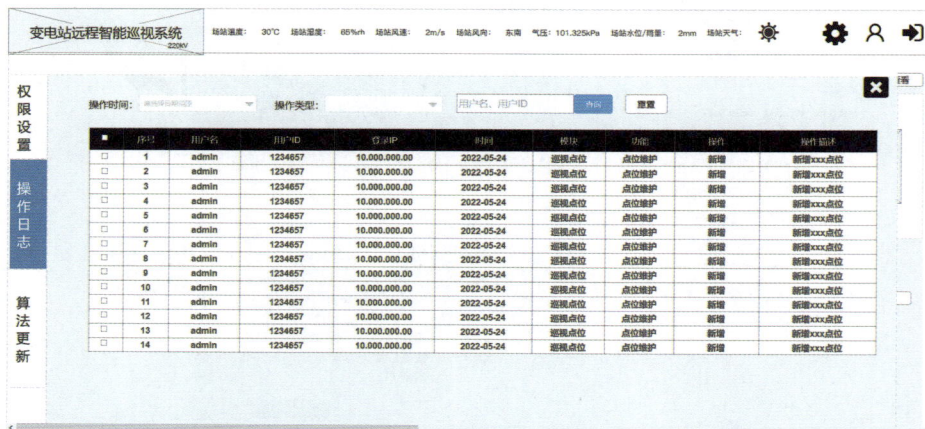

图4-11　日志管理

4.3.1.8　用户管理

用户管理应满足如下要求：

（1）用户权限管理由角色、用户组和权限定义组成。

（2）角色宜按工作性质分为管理员、监控员、维护员、普通用户四类。

（3）管理员具备用户组和用户权限的在线授权、转移和收回功能。

权限设置如图 4-12 所示。

图 4-12　权限设置

4.3.1.9　权限管理

权限管理应满足如下要求：

（1）实行操作权限管理，按用户角色授予不同权限，各级权限的用户同时对设备进行操作时，可按照权限等级优先高权限用户使用。

（2）权限可在线授权、转移和收回。

权限管理如图 4-13 所示。

4.3.1.10　安全管理

安全管理应满足如下要求：

（1）对用户登录、操作应进行权限查验。

（2）系统所有操作如登录、控制、退出、告警确认、系统设置等操作，均应有详细操作记录；操作记录以人机界面方式展示，可进行查询、统计、备份。

图 4-13　权限管理

4.3.1.11　配置管理

配置管理应满足如下要求：

（1）支持节点、应用及进程等统一配置功能。

（2）支持系统运行方式的配置管理，如应用集群的配置和管理。

（3）支持系统各应用参数设置及管理。

（4）支持系统各平台预先设置各种应急预案。

4.3.1.12　版本管理

版本管理应满足如下要求：

（1）应具备完善的版本管理工具，可对数据库和程序的版本进行统一管理和控制，保证两者之间的匹配。

（2）任意节点数据库及程序的备份还原功能。

（3）具备数据库指定版本的恢复功能。

4.3.2　运行监视

运行监视基于全要素场景服务，采集分析变电站微气象、烟雾、温湿度、SF_6 气体等传感器数据，模拟现场天气状态（晴，雪，雨等），实现变电站运行环境状态感知，并及时推送站内安全运行风险预警。

为适应运维人员不同应用场景，全景监视具备建筑体实体模式和透视建筑体模式两种监视模式，可自由进行切换。

（1）建筑体实体模式：通过漫游获取设备实时系信息。漫游分为两种模式，手动漫游模式与自动漫游模式。手动漫游模式是通过键盘与鼠标相结合进行移动操作巡视；自动漫游模式是按照设定好的路线进行巡视。在漫游过程中，左侧鹰眼地图展示当前所在位置。

（2）透视建筑体模式：采用上帝视角对全站进行监视，当变电站设备和环境出现异常情况时，系统将自动推送出告警等通知，并进行语音播报，三维场景中通过冒泡、灯柱等形式进行突出提醒。透视建筑体模式可快速掌握全站实时异常动态。

原型图参考如图 4-14 所示。

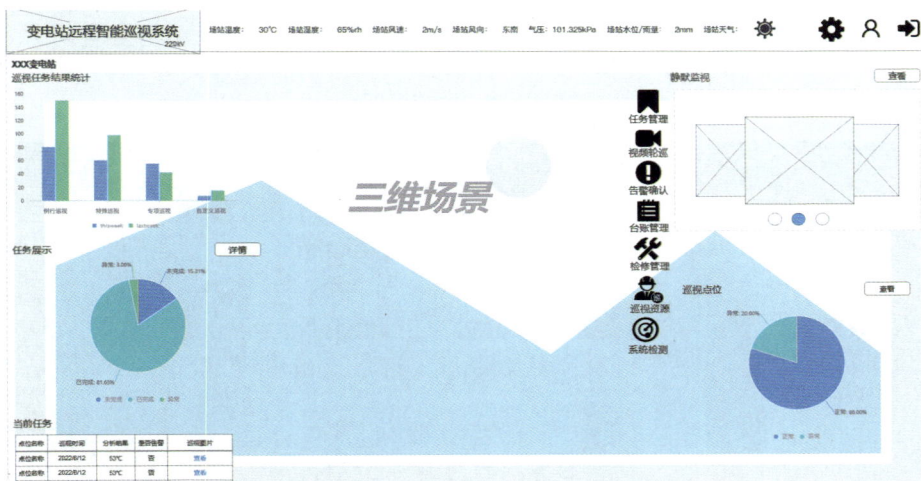

图 4-14　原型图参考

4.3.2.1　安防监控

通过集成站端消防系统、站端门禁系统以及物联感知平台，对站内消防设施、烟感、门禁数据进行统计，对这些数据进行三维化的呈现，并将达到告警的数值进行动态的三维渲染，让监视人员更直观地注意到这些紧急情况指标，提高应急情况下的处理效率。消防设施、烟感装置和门禁分别如图 4-15～图 4-17 所示。

4.3.2.2　动环监控

动环监控指针对室内、室外变电站进行微气象监控、区域类温湿度监测、水位监测、有毒有害气体监测等进行传感器实时监测场站数据，并对数据进行分析，以季节、天气、气候为机器学习依据，实现动态动环监控决策。

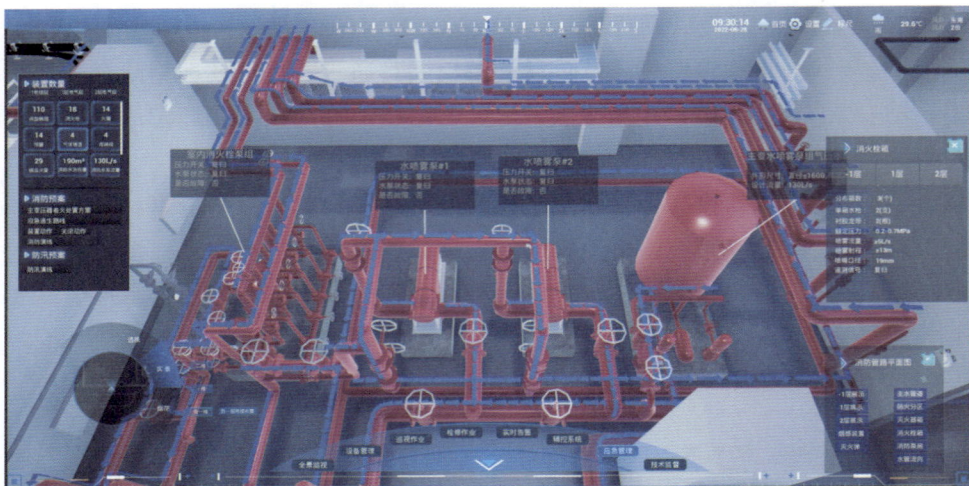

图 4-15 消防设施

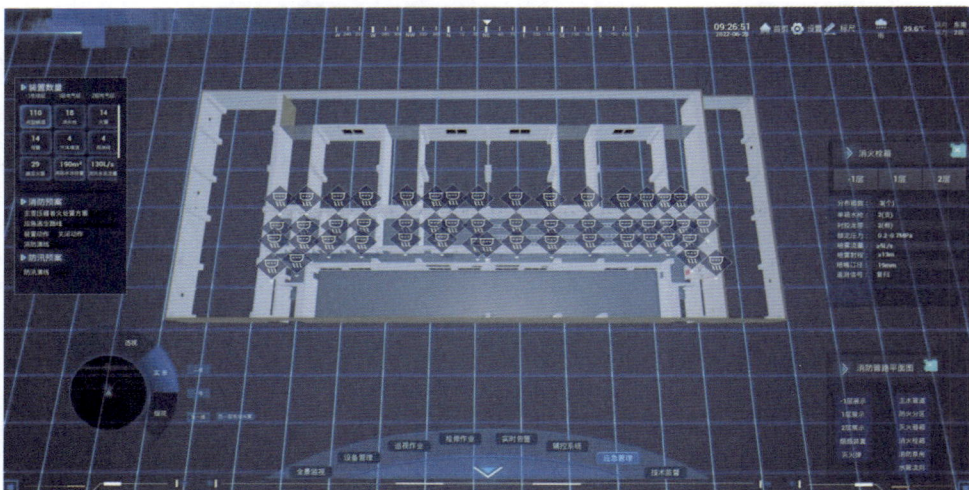

图 4-16 烟感装置

4.3.2.3 防汛监控

防汛监控指通过集控站数字孪生系统可查看管辖变电站的水泵、集水井、排水管、雨水应景窖井雨水泵站等防汛设施的布置及排水流向，结合变电站的视频监控、水位感知装置传递的数据信息，可准确掌握现场水位状况。

同时，当监测到变电站集水井水位超过警戒线时，集控站数字孪生系统会主动推送报警信息，帮助运检人员快速定位高水位集水井，实时监视排水情况。

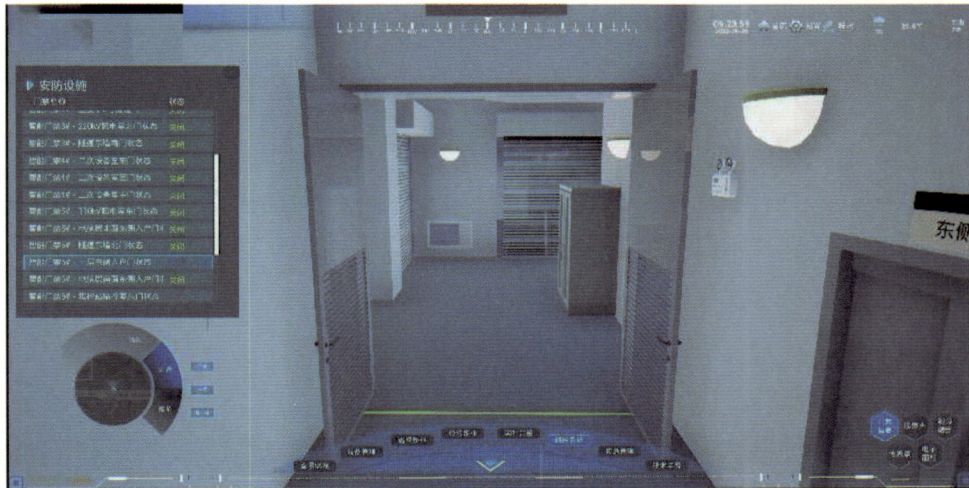

图 4-17　门禁

4.3.2.4　供电监控

当监测到变电站集水井水位超过警戒线时，集控站数字孪生系统会主动推送报警信息，帮助运检人员快速定位高水位集水井，实时监视排水情况。

4.3.3　操作控制

4.3.3.1　一次设备操作

一次设备操作指遥控、遥调操作通过集控系统下发操作指令，经过变电站实时网关机、间隔层、过程层等设备实现操作指令的执行与信息反馈。

（1）遥控操作项目。

1）断路器、隔离开关分合。

2）主变压器中性点接地开关分合。

3）无功功率补偿装置投切。

4）一体化电源空气开关分合。

（2）遥调操作项目。

1）变压器有载调压开关升降挡位操作。

2）无功功率补偿装置调节。

（3）顺控操作调用项目。

1）单一开关间隔"运行、热备用、冷备用"三种状态间的转换操作调用。

2）主变压器及母线"运行、热备用、冷备用"三种状态间的转换操作调用。

3）倒母线操作调用。

4）具备电动手车的开关柜"运行、热备用、冷备用"三种状态间的转换操作调用。

（4）遥控操作模式。遥控操作的预演、执行过程中，因防误校验闭锁的实现方式不同，可有三种操作模式，包括逻辑规则集控站校核模式、逻辑规则变电站校核模式以及紧急控制模式。

4.3.3.2　二次设备远方操作

（1）支持以遥控方式进行变电站继电保护及安全自动装置、测控装置功能软压板的投入/退出。

（2）远方投退软压板操作按照限定的"选择—返校—执行"步骤或者"选择—返校—取消"步骤进行，并判断相应双确认信号状态指示，支持在遥控执行前人为终止遥控流程。

（3）遥控返校结果显示在遥控操作界面上，仅当返校正确时才允许执行操作，遥控选择在设定时间内未收到相应返校信息的应自动撤销遥控选择操作，遥控执行在设定时间内未收到遥控执行确认信息的应自动结束遥控流程。

（4）具备定时总召变电站端继电保护及安全自动装置功能软压板状态和保护装置定值区号功能。

（5）具备远方召唤并自动比对保护装置定值的功能：

1）支持召唤保护装置定值的组标题、名称、量纲、精度、量程。

2）支持召唤保护装置当前定值区和指定定值区的定值。

3）界面显示的定值项名称及排列顺序应与保护装置打印定值清单一致。

4）支持将召唤定值存储至基准定值库中，作为该保护装置相应定值区的基准定值。

5）支持将召唤定值与该保护装置相应定值区基准定值进行自动比对，给出比对结果，并在界面中将比对不一致的定值项进行明显区分。

（6）支持以遥调的方式进行变电站继电保护及安全自动装置的定值区切换操作。

（7）具备远方修改定值功能：

1）支持定值编辑并进行校验，对校验异常提示错误。

2）具备判断相关保护装置是否异常功能，如异常，则提示是否继续操作，选择否则操作中止。

3）能发送修改定值的写确认命令（预修改命令），变电站根据实际情况回复写确认的肯定应答（预修改成功）或者否定应答（预修改失败）。

4）能发送修改定值的写执行命令，如果变电站上送的是写确认的否定应答，则表明装置（或子站）拒绝修改操作，定值修改操作中止。

5）远方修改定值后，支持重新召唤当前定值，与定值单核对查看修改是否成功。

6）能启动延时判断相应保护设备的状态，如果发现装置异常，可恢复定值。

（8）具备进行远方保护高频闭锁通道试验功能。

（9）具备对保护、测控等二次设备的远方复归操作功能。

（10）支持其他允许开展的二次设备远方操作。

4.3.3.3　辅助设备操作

辅助设备操作主要包括一次设备在线监测、安全防卫（电子围栏、红外对射、门禁、智能锁控）、动环系统（空调、风机、除湿机、水泵、照明、SF_6）、火灾消防应急控制。辅助设备控制原则上以站端自动模式下自动策略控制为主，若自动模式控制失效或在手动模式时应支持远程控制；排水泵、安防系统电子围栏控制器重启、固定式灭火器手动启动、电缆沟水喷雾灭火手动启动宜支持选控模式，其余辅助设备采用直控模式，设备故障时应禁止控制。

（1）一次设备在线监测。

1）在线监测装置监测数据主动召唤。

2）远方修改在线监测装置参数。

3）在线监测装置的信号复归。

（2）安全防卫。安全防卫包括以下操作控制功能：

1）支持电子围栏、红外对射、红外双鉴等防入侵设备布防/撤防远方操作，可按全站、防范区域分别设置布防/撤防控点。

2）支持电子围栏检修挂牌。

3）支持门禁控制器设备配置修改、权限设置等远程操作。

4）支持重点区域门禁远程应急开门/关门控制，包括变电站大门、主控室门远程控制。

5）智能锁控应支持以下操作控制功能：

a. 支持用户、角色与锁具权限的配置与远程授权。

b. 支持电子钥匙任务下发，下发任务应包括变电站名称、任务名称、操作人员名称、工作起止时间和设备列表等信息。

（3）动环系统。动环系统应支持以下操作控制功能：

1）空调运行状态（开启/关闭）、工作模式（自动、制冷、制热、除湿、送风）远方控制，以及温度设定等远方调节。

2）风机、除湿机、排水泵的远程启动/停止控制。

3）照明控制。

4）开关室 SF_6、氧气浓度阈值参数的远程设置。

（4）火灾消防。系统应支持远程应急操作固定灭火装置，并满足下列要求：

1）系统应自动弹出消防信息报警界面及对应部位或设备的火灾应急处置预案内容。

2）可由视频等其他监控系统配合显示当前报警源相关图像，提供可视化操作。

3）火灾消防远程应急操作前应对火灾报警信号、火灾区域设备断电信号、火灾区域视频信息等进行逐项确认，核实火情。

4）消防操作权限应单独设置，可通过人员的生物特征验证或密码认证，进行远程应急启动操作。

5）远程应急启动应具备防误逻辑闭锁功能，逻辑闭锁/解锁功能应至少包括：

a. 针对变压器、高压并联电抗器等设备，必须满足相应断路器分位后，同时有两路独立回路或两种类型火灾报警信号发生时，方可允许下发灭火设备远程控制命令。

b. 针对电缆沟、电缆夹层等的防火分区，必须满足防火区域内产生两路独立回路或两种类型火灾报警信号，方可允许下发灭火设备远程控制命令。

c. 当发现明火但现场灭火系统未动作时，可在火警信号不满足的情况下，人工解除火灾消防逻辑闭锁。

（5）电气防误操作。电气设备操作防误由变电站防误和集控站防误两部分组成，其中集控站防误技术手段包括操作互斥、挂牌闭锁、操作票闭锁、信号闭锁、拓扑防误、逻辑规则防误等。

（6）集控系统监盘操作。

1）人工封锁：提供以下人工封锁功能：

a. 人工输入的数据包括状态量、模拟量及计算量。

b. 对人工输入数据进行有效性检查。

2）闭锁和解锁操作：提供以下闭锁和解锁功能：

a. 闭锁功能用于禁止对所选对象进行特定的处理，包括数据更新、告警处理和远方操作等。

b. 闭锁功能和解锁功能成对提供。

c. 告警闭锁/解锁能支持间隔、站级操作。

d. 对所有的闭锁和解锁操作进行存档记录。

3）标识牌操作：提供以下标识牌操作功能：

a. 支持常用的标识牌，包括：

（a）检修：对具有该标识牌的设备可进行试验操作，操作信息不向监控工作站告警。

（b）禁止分闸/禁止合闸：禁止对具有该标识牌的设备进行分闸/合闸操作。

（c）警告：对具有该标识牌的设备执行操作时提供相关提示。

（d）接地：对于不具备接地开关的点挂接地线时，应设置该标识牌，并在操作时检查该标识牌。

（e）闭锁遥控：禁止对具有该标识牌的设备进行远方操作。

（f）故障：禁止对故障隔离设备进行合闸操作。

（g）常亮：对长期点亮的光字牌可挂此牌，将不纳入光字牌合并计算。

（h）保电：实时监测挂保电牌设备的量测值，出现异常进行提醒，并能显示保电时间段、保电任务等相关信息。

（i）注释：对变电站、设备可以直接输入注释文字，以此标示当前变电站、设备的描述信息。

（j）传动：支持对在改造传动的设备、间隔、变电站设置该标识牌，转移相关告警信号至传动责任区。

b. 提供自定义标识牌功能：

（a）能通过人机界面对一个对象设置标识牌或清除标识牌。

（b）支持在远方控制操作时自动检查提示操作对象的标识牌功能。

（c）单个对象能设置多个不同类型标识牌。

（d）支持对多个设备批量挂牌功能。

（e）标识牌操作保存到标识牌一览表中，包括时间、变电站、设备名、标识牌类型、操作员身份和注释等内容，并存档记录。

（f）支持计划性的定时自动挂牌、摘牌功能。

4.3.3.4　一键顺控操作

（1）基本操作。

1）集控系统调用变电站顺控服务实现顺控操作。

2）顺控的预演及操作应由变电站端实现防误闭锁功能。

3）顺控过程应对设备、间隔状态校验，对未满足顺序控制条件的设备、间隔状态作出提示。

4）顺控执行过程，遇到闭锁或影响继续操作的信号、事件发生时，应具备自动判别功能，并暂停操作，发出提示信息，经监控员分析判断后选择终止或继续操作。

5）顺控过程具备全程人工干预以及操作取消、操作暂停、操作继续、操作终止等功能，宜支持对操作失败的步骤进行再次操作并继续顺控操作的功能。

6）所有操作过程均需有详细记录，并可按时间、变电站、操作任务、操作员、间隔、设备等条件检索查询。

7）应有严格的过程管控，当前流程未结束或未通过时，应能自动闭锁下一操作流程。

8）在顺控执行过程中，应实时展示站端执行情况，应能够正确解析变电站上送的错误原因功能码，并主动提示。

9）具备顺序控制操作票的查验功能，集控系统可按间隔调阅变电站端操作票目录文件并逐个查验操作票是否存在；操作票目录文件内容应包含操作票生成时间、版本号、校验码等信息。

（2）顺控操作调用流程：集控系统获取操作任务后，下发操作票调阅指令给变电站，变电站接收并匹配对应的操作票，成功后上送操作票，如果匹配操作票不成功，上送失败原因至集控系统。集控系统启动预演，变电站进行防误校验，反馈每步的预演结果。预演成功后，集控系统启动执行，变电站根据操作票逐步自动执行，反馈每步的执行结果，执行过程的每一步应进行变电站端的防误校验，失败需给出原因。操作调用流程如图4-18所示。

（3）操作票调阅。

1）具备调阅变电站端顺序控制操作票功能，顺控操作票能够临时存储，供后续操作处理。

2）支持操作票内容查看，能够正确显示变电站端上送的操作票，内容包括操作对象、操作步骤等。

3）调阅变电站端操作票不成功时，能够正确解析上送的错误原因，并主动提示。

4）冷备用的情况下，建立操作票库，倒母线。给机器人提供巡视策略。

（4）模拟预演。

1）支持显示变电站端上送的各步骤预演结果以及操作票预演总结果。

2）模拟预演操作失败时，应自动闭锁执行操作流程。

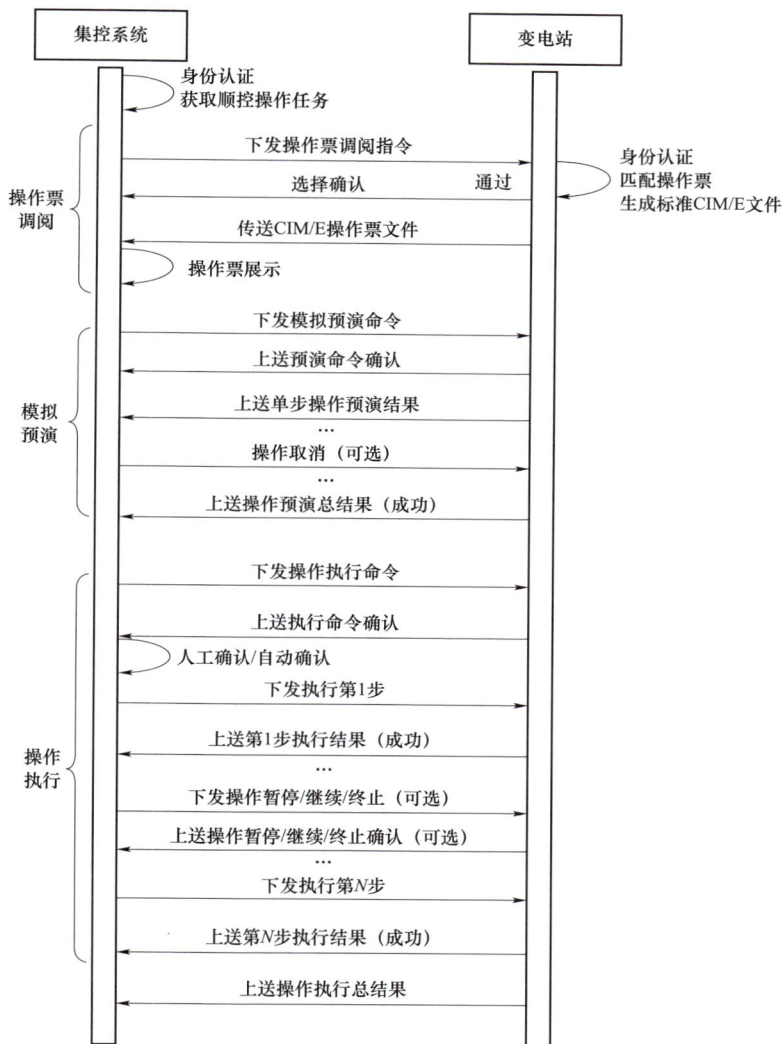

图 4−18　操作调用流程图

3）模拟预演操作失败时，应自动闭锁执行操作流程。

4）支持人工终止预演过程，并向变电站端发送预演取消指令。

5）所有操作步骤预演成功，且收到操作票预演总结果成功信息后，方可判断为操作票模拟预演成功。

（5）操作执行。

1）应具备严格的操作步骤管控功能，当前步骤未完成或未成功时，应闭锁下一步操作。

2）应可单步或连续操作，可根据需要选择应用。

3）操作执行过程中，应支持暂停功能，并可设置操作暂停时限；在暂停时限内，可继续执行，否则应自动终止操作流程，并下发指令通知变电站端终止操作。

4）操作执行过程中，应具备人工终止操作功能，并可自动通知变电站端终止操作。

5）当遇到变电站端返回超时、通道短时间中断恢复等情况时，应具备操作指令的重发机制，重发次数阈值可设置；重发次数超出阈值且仍未收到变电站返回信息时，应终止操作流程并主动提示。

6）操作执行过程中，应支持二次信号闭锁暂停机制，达到闭锁条件时，主动提示闭锁信息，并下发暂停指令，待人工确认后，可选择继续或终止操作流程。

7）操作执行过程中，支持对操作失败的步骤进行再次操作并继续顺控操作的功能。

8）应具备执行过程超时闭锁机制，如果设定时间内没有收到变电站端反馈信息，应自动终止操作并主动提示。

9）应能够正确解析变电站端操作执行失败的错误原因，并主动提示。

（6）数据传输。

1）支持 DL/T 634.5104—2009 通信协议扩展规约，利用规约中的扩展报文类型，对顺控流程明确约定及描述。

2）宜采用 CIM/E 格式文件传输顺控操作票内容。

3）宜采用 CIM/E 格式文件传输顺控操作票列表文件。

4.3.3.5　智能联动

（1）视频联动。与远程智能巡视集中监控系统视频联动应满足如下要求：

1）主设备遥控支持触发视频联动功能，远程智能巡视集中监控系统宜具备自动判别设备是否操作到位功能。

2）支持主设备变位信号联动视频功能，包括断路器、隔离开关、接地开关等一次设备变位信号。

3）支持系统告警触发视频联动功能。

4）触发联动的主辅设备或信号应支持可配置。

5）发起视频联动请求的工作节点需应与响应请求的远程智能巡视集中监控系统客户端一一对应，非响应客户端不受影响。

（2）主辅设备联动。联动策略配置优先在变电站实现，也可在集控系统按站配置。主设备有操作、故障、缺陷及异常时，支持与辅助设备联动。主辅设备间联动配置策略应满足如下要求：

1）主设备遥控操作应按需联动照明开启。

2）事故、异常类主设备告警信号应按需联动照明开启、风机启动以及门禁系统启动。

（3）辅助设备间联动。联动策略配置优先在变电站实现，也可在集控系统按站配置。辅助设备间联动配置策略应满足如下要求：

1）安全防范系统入侵报警联动：

a. 打开报警防区对应回路灯光照明。

b. 联动防区视频预置位，弹出现场视频监控预览窗口，开启录像。

2）消防系统火灾报警联动：

a. 支持门禁紧急开门联动提示和确认、操作，方便火灾区域的人员逃生。

b. 联动开启现场灯光照明，启动现场声光报警。

c. 联动报警区域视频预置位，弹出现场视频监控预览窗口。

d. 支持现场空调、风机的开启/关闭联动提示和确认、操作。

3）环境监测越限告警联动：室外微气象（台风、暴雨等）数据越限告警，联动现场视频监控预览窗口。

4）SF_6 监测浓度越限联动：SF_6 浓度越限告警，支持联动报警区域视频预置位，弹出现场视频监控预览窗口。

（4）智能锁控。智能锁控支持以下操作控制功能：

1）支持用户、角色与锁具权限的配置与远程授权。

2）支持电子钥匙任务下发，下发任务包括变电站名称、任务名称、操作人员名称、工作起止时间和设备列表等信息。

4.3.4　业务管理

4.3.4.1　监控助手

站内轮停后，巡视区域联动更新，利用操作票信息获取一次设备的动态。恶劣天气如大风后、雷雨后、雾霾中、冰雪及冰雹后，新设备投入运行后，设备经过检修、改造或长期停运后重新投入系统运行后，设备缺陷有发展时，设备发生过负载或负载剧增、超温、发热、系统冲击、跳闸等异常情况，法定节假日、上级通知有重要保供电任务时，电网供电可靠性下降或存在发生较大电网事故（事件）风险时段等异常情况的时候，触发一次临时巡视。

4.3.4.2　值班助手

（1）站内人员。通过单击“站内人数”按钮，打开界面，站内人员列表界面原型如图 4–19 所示。

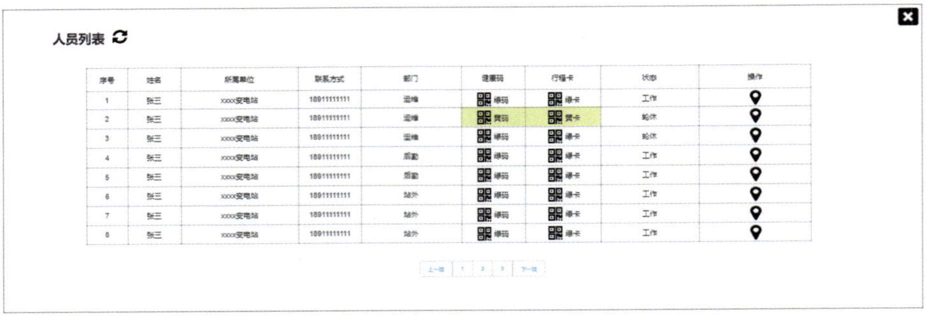

人员列表

序号	姓名	所属单位	联系方式	部门	健康码	行程卡	状态	操作
1	张三	xxxx变电站	18911111111	运维	绿码	绿卡	工作	
2	张三	xxxx变电站	18911111111	运维	黄码	黄卡	轮休	
3	张三	xxxx变电站	18911111111	运维	绿码	绿卡	轮休	
4	张三	xxxx变电站	18911111111	后勤	绿码	绿卡	工作	
5	张三	xxxx变电站	18911111111	后勤	绿码	绿卡	工作	
6	张三	xxxx变电站	18911111111	站外	绿码	绿卡	工作	
7	张三	xxxx变电站	18911111111	站外	绿码	绿卡	工作	
8	张三	xxxx变电站	18911111111	站外	绿码	绿卡	工作	

图 4–19　站内人员列表

1）健康码状态及图片。

a. 状态：当健康码出现黄码或红码时，该单元格变为黄色或红色。

b. 健康码图片：单击该单元格，弹出该人员的健康码图片。

2）行程卡状态及图片。

a. 状态：当行程卡出现黄码或红码时，该单元格变为黄色或红色。

b. 行程卡图片：单击该单元格，弹出该人员的行程卡图片。

3）定位。

a. 单击定位图标后，隐藏人员列表界面，在场景中定位该人员所在位置，并显示该人员的人物模型，具体见后文安防模块的【人员车辆】模块。

b. 数据来源：需要从各场站的人员管理系统接入相关数据。

（2）今日预约。通过单击“今日预约”按钮，打开界面，界面原型如图 4–20 所示。

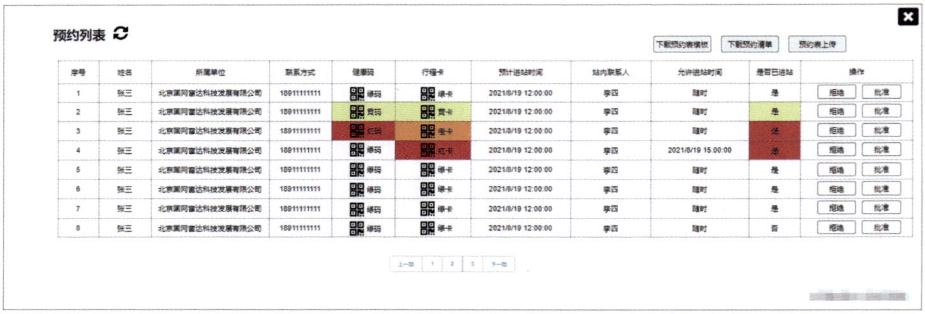

预约列表

下载预约表模板　下载预约清单　预约表上传

序号	姓名	所属单位	联系方式	健康码	行程卡	预计进站时间	站内联系人	允许进站时间	是否已进站	操作
1	张三	北京国网富达科技发展有限公司	18911111111	绿码	绿卡	2021/8/19 12:00:00	李四	随时	是	拒绝 批准
2	张三	北京国网富达科技发展有限公司	18911111111	黄码	黄卡	2021/8/19 12:00:00	李四	随时	是	拒绝 批准
3	张三	北京国网富达科技发展有限公司	18911111111	红码	橙卡	2021/8/19 12:00:00	李四	随时	是	拒绝 批准
4	张三	北京国网富达科技发展有限公司	18911111111	绿码	红卡	2021/8/19 12:00:00	李四	2021/8/19 15:00:00	是	拒绝 批准
5	张三	北京国网富达科技发展有限公司	18911111111	绿码	绿卡	2021/8/19 12:00:00	李四	随时	是	拒绝 批准
6	张三	北京国网富达科技发展有限公司	18911111111	绿码	绿卡	2021/8/19 12:00:00	李四	随时	是	拒绝 批准
7	张三	北京国网富达科技发展有限公司	18911111111	绿码	绿卡	2021/8/19 12:00:00	李四	随时	是	拒绝 批准
8	张三	北京国网富达科技发展有限公司	18911111111	绿码	绿卡	2021/8/19 12:00:00	李四	随时	否	拒绝 批准

图 4–20　今日预约列表

1）允许进站时间：可选择随时，或单击弹出时间列表，选择指定时间。

2）是否已进站：当该人员健康码、行程卡、进站时间有问题时，单元格颜色做相应变化：红码/红卡为红色；提前进入/黄码/黄卡为黄色。

3）操作：可单击允许/拒绝，单击时需要判断该人员是否有权限进行操作。

4）下载预约列表模板：单击下载预约列表模板文件（给预约人员填写信息的）。

5）下载预约清单：将站内预约列表内容下载下来。

6）预约表上传：将站外人员提交过来的预约文件录入系统中（该预约文件必须按照模板进行填写）。

7）数据来源：需要从各场站的人员管理系统接入相关数据。

（3）值班站长。显示值班站长姓名，单击显示该站长的电话号码。

4.3.4.3　操作票

开始检修模拟后，用户可在系统中通过全场景视频融合功能观看检修过程，视频融合检修过程界面参考如图 4-21 所示。

图 4-21　视频融合检修过程

（1）显示模拟告警信息内容。

（2）显示检修的工作票和操作票内容。

（3）可以将检修过程进行录制。

（4）通过现场人员携带的设备，可以与现场人员进行通话，也可以进行唱票、核对操作。

（5）完成作业后，可形成检修报告。用户可下载该报告，同时也可以生成检修方案；生成检修方案时，会将检修录像一并上传至数据库中保存。

4.3.4.4　报表管理

报表管理可查看、编辑、导出历史报表。报表包含分类：运维、验收、状态评价、检修、检测报表。

（1）运维报表：包含运维计划表、专用工器具及备品备件移交清单、变电站现场运行规程编制审批表以及变电站全面巡视作业卡。

1）运维年计划报表（见附录1）。

2）运维月计划报表（见附录2）。

3）运维周计划报表（见附录3）。

（2）验收报表：

1）项目可行性研究（以下简称"可研"）初步设计（以下简称"初设"）评审记录（见附录4）。

2）关键点见证记录（见附录5）。

3）中间验收记录（见附录6）。

4）竣工（预）验收及整改记录（见附录7）。

5）工程遗留问题记录（见附录8）。

6）工程遗留问题跟踪复验记录（见附录9）。

7）重大问题反馈联系单（见附录10）。

（3）状态评价：

1）精益化评价问题明细表（见附录11）。

2）精益化评价自查汇总表（见附录12）。

3）变电站精益化参评申报表（见附录13）。

4）变电站精益化评价整改情况统计表（见附录14）。

5）检修报表：

a. 年度检修计划模板（见附录15）。

b. 月度检修计划模板（见附录16）。

c. 周工作计划模板（见附录17）。

d. 检修计划管控表模板（见附录18）。

e. 检修总结报表（见附录19）。

（4）检测报表：

1）带电检测计划表模板（见附录20）。

2）带电检测异常分析报告（见附录21）。

3）试验报告模板（见附录22）。

4）标准作业卡模板（见附录23）。

5）变电检测仪器校验周期（见附录24）。

4.3.4.5 事故推演

事故推演指根据劣化趋势，与过去告警数据进行对比，按照历史数据趋势继续生成曲线，进行事故状态推演并发出预告警。

蓝色日期为预演日期，相关数据为推演数据。事故推演如图 4－22 所示。

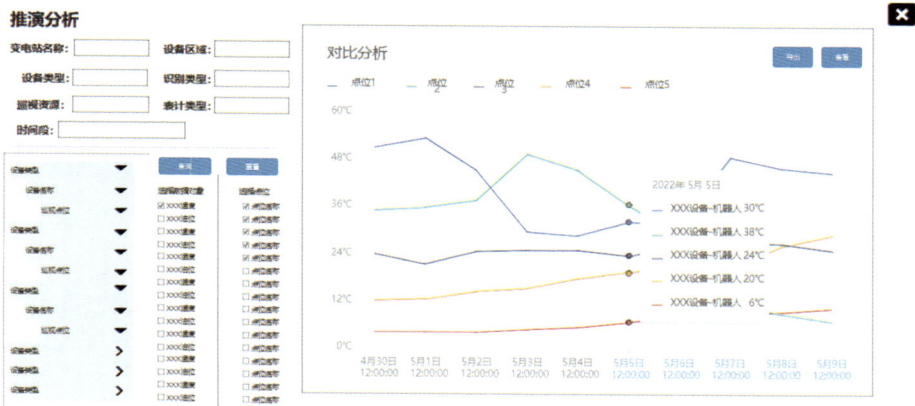

图 4－22　事故推演

4.3.4.6　一键顺控

（1）一键顺控操作。

1）顺控过程对设备、间隔状态校验，对未满足顺序控制条件的设备、间隔状态作出提示。

2）顺控执行过程，遇到闭锁或影响继续操作的信号、事件发生时，具备自动判别功能，并暂停操作，发出提示信息，经监控员分析判断后选择终止或继续操作。

3）顺控过程具备全程人工干预以及操作取消、操作暂停、操作继续、操作终止等功能，支持对操作失败的步骤进行再次操作并继续顺控操作的功能。

4）所有操作过程均需有详细记录，并可按时间、变电站、操作任务、操作员、间隔、设备等条件检索查询。

5）有严格的过程管控，当前流程未结束或未通过时，能自动闭锁下一操作流程。

（2）一键顺控视频确认。

1）边缘巡视主机支持将采集的数据上送至区域巡视主机，由区域巡视主机调用智能分析主机进行分析。

2）智能分析主机应具有隔离开关分合闸状态自动判别能力，判别结论应包含分闸正常、合闸正常、分合闸异常及分析失败等状态信号，并将判别结果经区域巡视主机下发至边缘巡视主机，边缘巡视主机将判别结果传输给主辅设备监控系统。

3）区域巡视主机接收边缘巡视主机上报的一键顺控操作联动信号，支持对相应设备（隔离开关、断路器、主变压器等）的监控场景在同一页面上进行关联性显示，在同一页面上显示对该设备的智能分析结果。

4）对于敞开式隔离开关，巡视系统以采集到的隔离开关导电臂夹角数据为依据判断隔离开关状态；针对组合电器隔离开关，巡视系统可通过传动机构的角度变化或分合闸指示牌状态来判断隔离开关分合闸状态。

5）主辅设备监控系统通过正向隔离装置，将一键顺控操作信息发送给边缘巡视主机，消息采用的 UDP 协议。

6）边缘巡视主机通过反向隔离装置，将视频确认判别结果发送给主辅设备监控系统，文件采用 CIM/E 语言格式。

4.3.5　系统维护

4.3.5.1　边缘代理 App 维护

边缘代理 App 维护功能通过边缘代理 App 进行站端用户统计，可对用户进行相关数据查看包括在线状态，近期登录情况，账户开启状态等，以及对账号进行开启、关闭、删除等操作。边缘代理 App 站端用户统计如图 4-23 所示。

	用户名称	用户账号	用户密码	在线状态	是否开启	最后登录时间	操作
☐	admin	31231	21312434	在线	开启	2022年12月12日	编辑 关闭 重置密码 删除
☐	admin	31231	21312434	在线	停用	2022年12月12日	编辑 关闭 重置密码 删除
☐	admin	31231	21312434	在线	开启	2022年12月12日	编辑 关闭 重置密码 删除
☐	admin	31231	21312434	在线	开启	2022年12月12日	编辑 关闭 重置密码 删除
☐	admin	31231	21312434	在线	停用	2022年12月12日	编辑 关闭 重置密码 删除
☐	admin	31231	21312434	在线	开启	2022年12月12日	编辑 关闭 重置密码 删除
☐	admin	31231	21312434	在线	停用	2022年12月12日	编辑 关闭 重置密码 删除
☐	admin	31231	21312434	在线	开启	2022年12月12日	编辑 关闭 重置密码 删除
☐	admin	31231	21312434	在线	开启	2022年12月12日	编辑 关闭 重置密码 删除
☐	admin	31231	21312434	在线	停用	2022年12月12日	编辑 关闭 重置密码 删除

图 4-23　边缘代理 App 站端用户统计

4.3.5.2　样本库维护

样本库维护功能指巡视系统向算法管理平台推送缺陷、告警图像文件及其对应原始文件和描述数据，实现缺陷、结构化数据上送；通过上述数据的推送，算法管理平台实现告警图像自动上传、缺陷样本自动标注，进一步实现样本库的更新。

4.3.5.3　案例库维护

案例库维护功能指将典型案例数据收集到案例库，按照筛选条件查看告警数据、任务数据。案例库维护功能可对数据进行批量管理，移动、分组、删除的操作。

4.3.5.4　模型库维护

模型库维护功能指巡视系统向算法管理平台发送请求，并接收算法管理平台下发的算法镜像、模型、程序和配置文件等更新信息，实现巡视系统中算法的增量式更新。

4.3.5.5　人工智能

变电站端的人工智能算法模型训练，图像识别算法模型性能要求如下：

（1）算法模型检出率不应低于 80%。

（2）算法模型误检率不应高于 30%。

（3）算法模型平均运行时间应小于 500ms。

（4）图像判别性能要求，图像判别算法模型性能要求如下：

1）算法模型检出率不应低于 80%。

2）算法模型误检率不应高于 30%。

3）算法模型平均运行时间应小于 500ms。

图像识别典型缺陷见表 4-1。

表 4-1　　　　　　图 像 识 别 典 型 缺 陷

序号	缺陷类型	缺陷名称	缺陷描述
1	缺陷识别	设备外部损坏	呼吸器油封破损
2			导线断股
3		设备变形	电容器本体鼓肚
4			膨胀器冲顶
5			绝缘子变形
6		凝露	汇控柜观察窗凝露
7		表计破损	表盘模糊
8			表盘破损
9			外壳破损

序号	缺陷类型	缺陷名称	缺陷描述
10	缺陷识别	绝缘子破损	绝缘子破裂
11		渗漏油	地面油污
12			部件表面油污
13		呼吸器破损	硅胶筒破损
14		箱门闭合异常	箱门闭合异常
15		异物	挂空悬浮物
16			鸟巢
17		盖板破损或缺失	盖板破损
18	人员行为	未戴安全帽	未戴安全帽
19		未穿工装	未穿工装
20		吸烟	吸烟
21	状态识别	表计读数异常	表计读数异常
22		油位状态	呼吸器油封油位异常
23		硅胶变色	硅胶变色
24		压板状态	压板合
25			压板分

4.3.5.6　知识图谱库维护

自动生成父子级关系。可手动对图谱进行分组、移动、删除等操作。具备通过树形结构模糊查询的方式搜索图谱。

4.3.5.7　声纹库维护

声纹识别可对变压器、断路器等设备运行声纹数据进行语音查询分析，按照变电站、设备类型划分，界面包含监视设备树、异常声纹告警、历史数据查询等区域。声纹图谱收集管理可进行异常图谱筛选，分组、移动、删除等操作。

4.3.6　变电站层典型监控界面说明

4.3.6.1　界面要素

为使系统监控界面的布局风格统一，对监控界面的窗口组成、画面比例、画面颜色、画面图元等基本界面要素进行说明。

（1）窗口组成。窗口主要元素包括：标签栏、显示区、滚动条、工具栏、光标、边框等。窗口布置示意图如图 4－24 所示。

图 4－24　窗口布置示意图

1）工具栏。工具栏如图 4－24 示，支持下拉式菜单，能快速启动应用功能或调出画面。工具栏图标含义清晰，显示简洁美观，具备 tip 提示功能。支持工具栏的灵活拖动和自由定位。

2）标签栏。标签栏如图 4－24 区域②所示，用于描述窗口名称，从首页导航进入窗口。

3）显示栏。显示区是窗口主体部分，如图 4－24 区域③所示，用于各类应用场景界面显示和交互。显示区域可灵活设置背景颜色、图案，支持导入主流格式图形文件作为背景。

（2）窗口管理功能。人机界面的窗口管理功能满足如下功能：

1）支持复合窗体的显示管理。

2）窗口各组成元素的外观、内容能灵活定制。

3）能同时显示并管理多个窗口，支持窗口层叠、平铺，窗口大小可任意缩放。

4）窗口显示区域可扩展到多个显示器，支持窗口跨显示器的拖动。

5）支持窗口在多个桌面同时显示；在多显示器环境中，窗口可打开于指定的任一显示器上。

（3）画面比例。

1）系统图形界面画布采用 16:9（宽高比）比例作为基准进行设计布置，画面比例示意图如图 4－25 所示。

2）图形画面按照 1920×1080 的显示分辨率为基准进行绘制，关联紧密的图形对象布置在同一幅画面内，画面打开时默认全屏显示。

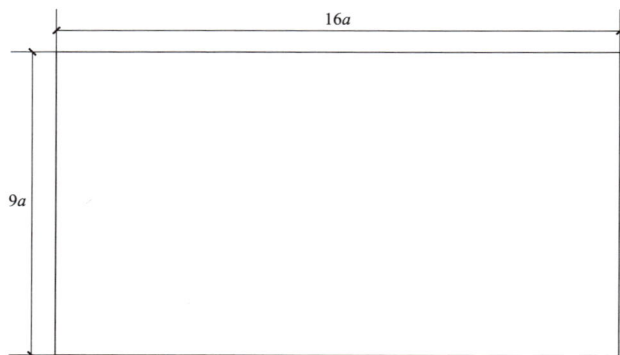

图 4-25 画面比例示意图

（4）画面颜色。人机界面的画面颜色满足如下要求：

1）画面颜色定义采用红绿蓝色彩模式（RGB 模式）表示。红、绿、蓝三个颜色各为 255 阶亮度，其中"0"最弱，"255"最亮。

2）画面背景颜色选用黑色或蓝色，在纸质类打印输出时背景色改用白色。

3）按照电压等级统一定义电力设备颜色，着色遵循 DL/T 1230—2016《电力系统图形描述规范》要求。

4）光字牌、告警指示灯、标注、工况、网络通信链路的着色规范。

（5）画面图元。图元是图形设计的基础，规范统一、简洁美观。画面图元包含一次设备、二次设备、二次元件和辅助设备等图元，图元可在画面中直接使用，也可通过等比例缩放、旋转或组合后使用。

1）一次设备图元包括变压器、电抗器、电压互感器、电流互感器、开关柜、断路器、隔离开关、接地开关（开关）等。

2）二次设备图元包括切换把手、压板、指示灯、空气开关等。

3）辅助设备图元包括消防、油色谱、SF_6气体监测、烟感、门禁、照明等。

4）一次设备图元、二次设备图元和二次元件图元遵循设计规范。

4.3.6.2 首页

首页布局示意图如图 4-26 区域如图标注。

（1）标题栏。标题栏如图 4-26 区域①所示，标题为"220kV ××变电站设备监控系统"，显示为气象信息，账号信息以及退出登录。

（2）巡视任务结果统计。巡视任务结果统计如图 4-26 区域②所示，从边缘物联代理一体化平台或者数据中台获取过去 7 天（含今日）完成的巡视任务数量以及未来 7 日（从明日起算）计划完成的巡视任务数量，按照巡视类别以柱状图的方式进行对比显示。

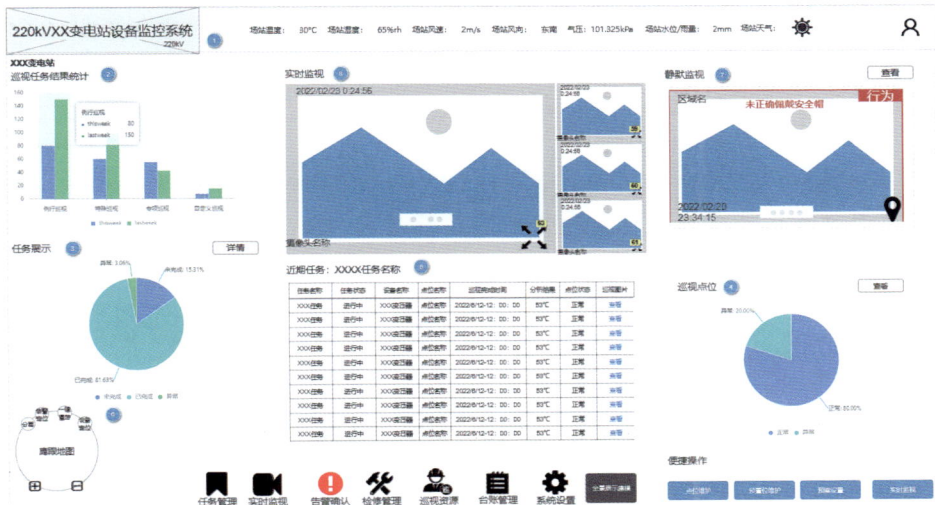

图 4-26　首页界面

（3）任务展示。任务展示如图 4-26 区域③所示，系统具备年历、月历与日历相结合的展示功能；在主界面上，展示当日巡视任务的执行情况的饼图：已完成、未完成、异常。

（4）巡视点位（首页）。巡视点位（首页）如图 4-26 区域④所示，从边缘物联代理一体化平台或者数据中台，以及巡视结果数据，统计出巡视点位的状态信息，以饼图的形式展示在界面左下角；点位状态分为：正常、异常两种状态。

（5）通过巡视点位饼图旁的"查看"按钮可查看异常点位、巡视点位的分布、预置位维护、点位维护的详情信息，内容详情查看【3.6.3 巡视点位（详情）】小节。

（6）近期任务。近期任务如图 4-26 区域⑤所示，从任务管理调取，根据时间选取最近一次正在执行或执行完成的任务。含有字段：任务名称、任务状态、设备名称、点位名称、巡视完成时间、分析结果、点位状态、巡视图片。巡视图片可单击查看原图与异常图片。

（7）鹰眼地图。鹰眼地图如图 4-26 区域⑥所示，显示变电站整体地图，可以进行缩放操作、分层、告警定位、一键漫游、设备定位。

（8）静默监视（首页）。静默监视（首页）如图 4-26 区域⑦所示，以轮播图的形式对重点设备及出入口视频图片进行轮播，同时可以通过"查看"按钮，查看静默监视的具体内容，内容详情查看【3.6.4 静默监视（详情）】小节。

（9）实时监视。实时监视（首页）如图 4-26 区域⑧所示，以轮播图的形式对重点设备及出入口视频图片进行轮播，同时可以通过"查看"按钮，查看静默监视的具体内容，内容详情查看【3.6.5 实时监视（详情）】小节。

4.3.6.3 巡视点位

（1）异常点位。异常点位是将巡视过程中发现的异常数据进行统计，运维人员可对异常点位信息进行检索查询，并查看详细情况，界面效果如图 4-27 所示。

图 4-27 异常点位

1）检索：可通过时间、设备名称、点位名称进行查询。

2）支持将异常点位信息列表通过 Excel 的形式导出出来，单击导出按钮后选择导出方式及导出内容。异常点位导出列表弹窗如图 4-28 所示。

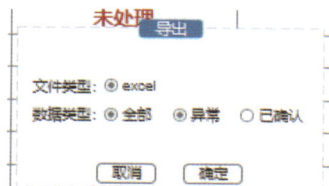

图 4-28 异常点位导出列表弹窗

3）异常点位信息列表显示内容有：序号、点位名称、所属设备、识别状态、识别时间、处理状态、处理人、操作、翻页条（底部）。

a. 识别状态：正常、异常。

b. 识别结果：检测异常、检测正常。

c. 处理状态：未处理、已确认。

d. 处理人：确认处理后，显示所登录账户的名称。

e. 操作：查看、确认。

4）查看：单击"查看"按钮后，弹出该点位所属摄像头的信息界面，查看摄像机信息界面效果如图 4-29 所示。

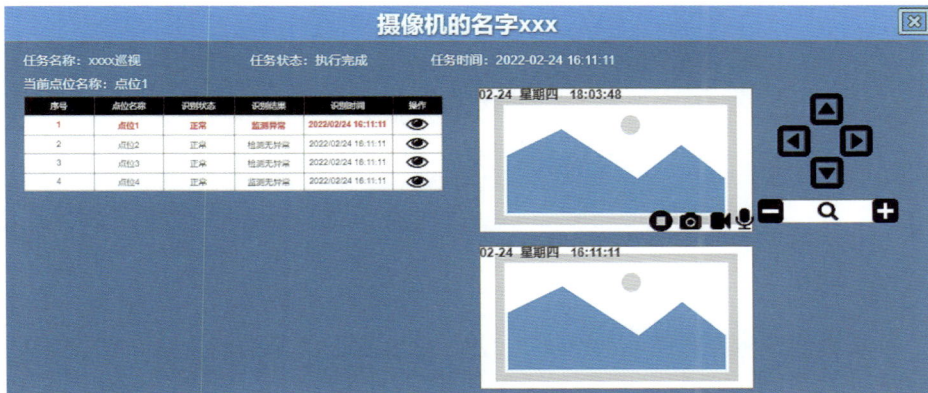

图 4-29　查看摄像机信息

a. 显示该摄像头最近一次巡视任务的名称、状态及执行时间。

b. 显示该摄像头的所有巡视点位，右侧默认显示点位 1 的实时视频画面，并提供云台控制按钮。

c. 对异常点位需要使用红字进行标识。

d. 单击点位列表后方的查看按钮，可查看该点位在最近一次巡视时的巡视图表及图片。

5）确认：单击"确认"按钮后，弹出确认界面，确认处理异常弹窗界面效果如图 4-30 所示。

确认后，异常点位列表内的该条异常信息变成已确认状态，并显示处理人的名字，同时字体颜色变为绿色。

（2）点位分布：结合可见光、视频红外

图 4-30　确认处理异常弹窗

摄像机在站内的位置分布信息，绘制设备平面图，在平面图上标出摄像机的位置，点位分参考效果如图 4-31 所示。

图 4-31　点位分布

单击界面左侧菜单"点位分布"，并显示设备 1 的平面图，标好设备 1 的摄像机，如图 4-31 所示。

1）设备列表：以树形图的方式显示设备列表（仅针对有巡视点位的设备），单击设备名称，可展开显示该设备下相关的所有摄像机名称；单击摄像机名称，可直接打开该摄像机的画面。

2）设备平面图上，显示摄像机图标，以颜色区分：红色为红外摄像机，绿色为可见光摄像机，灰色为离线摄像机。

3）显示该设备的摄像机总数、在线数与离线数。

4）界面交互：鼠标移动至摄像机上的时候，会显示摄像机的名称。

5）单击摄像机图标，可大概该摄像机的画面，摄像机关联点位信息界面如图 4-32 所示。

a. 显示该摄像机最近一次巡视任务的名称、任务状态、任务开始时间，以及视频当前显示画面对应的点位名称。

b. 显示当前摄像机下的所有点位（即预置位）：序号、点位名称、识别状态、识别结果、识别时间、操作：

（a）点位名称：即该摄像机的所有预置位名称。

（b）识别状态：正常、异常。

（c）识别结果：监测无异常、异常。

（d）识别时间：最近一次识别的时间。

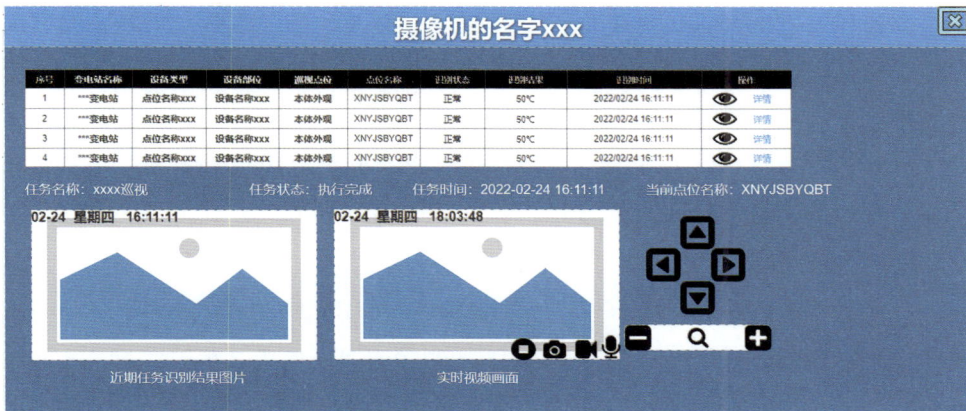

图 4-32　摄像机关联点位信息

（e）操作：单击"眼睛"按钮的时候，可将视频画面切换至该预置位对应的角度。

c. 显示视频画面，进入界面时默认为第一个点位的实时视频画面，并在画面左上角显示时间；同时显示该预置位当前或上一个任务时的识别结果图片，在图片左上角显示识别该图片时的时间。

d. 可通过云台操控摄像机镜头角度。

e. 可通过"停止""截图""录频""麦克风"按钮实现对应功能，系统需要设置路径将截图与录制的视频进行保存。

（3）预置位维护：单击界面左侧菜单"预置位维护"显示内容该模块内容，预置位维护如图 4-33 所示。

图 4-33　预置位维护

筛选栏含有字段：设备类型、设备名称、设备部位、摄像机名称、预置位名称、巡视点位、预置位状态、查询、重置；操作栏有新增预置位、删除、无人机预置位、机器人预置位。

列表字段包含选择、序号、设备类型、设备名称、摄像机名称、预置位名称、查看、修改、静默配置。

4.3.6.4　静默监视（详情）

系统具备静默监视任务功能，对站内重点设备及主要人员出入口，在非巡视任务执行期间，系统按照不大于1min/次的频率对上述设备的运行状态、变电站运行环境及出入口人员行为进行监视，对异常情况进行告警。

（1）查询页：可以通过"查看"按钮，查看静默监视的具体内容，其中静默监视具体内容界面效果如图4-34所示。

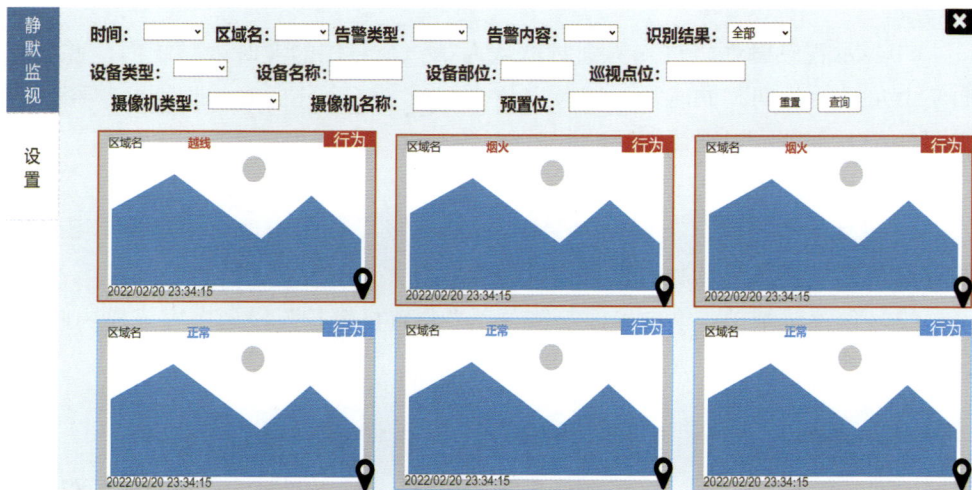

图4-34　静默监视内容界面效果

（2）设置页：通过设备类型、设备名称、设备部位、巡视点位、摄像机类型、摄像机名称、预置位名称、区域名综合筛选，用户可以根据需求选择需要开启或关闭的静默监视画面。

列表内容字段有选择、序号、区域、设备类型、设备部位、点位名称、摄像机类型、摄像机名称、预置位名称、修改、查看、开启或关闭画面。

静默监视设置如图4-35所示。

修改静默监视设置：可对静默监视画面进行预置位与区域进行修改；可开启或关闭该静默监视画面。静默监视内容如图4-36所示。

静默监视

设置

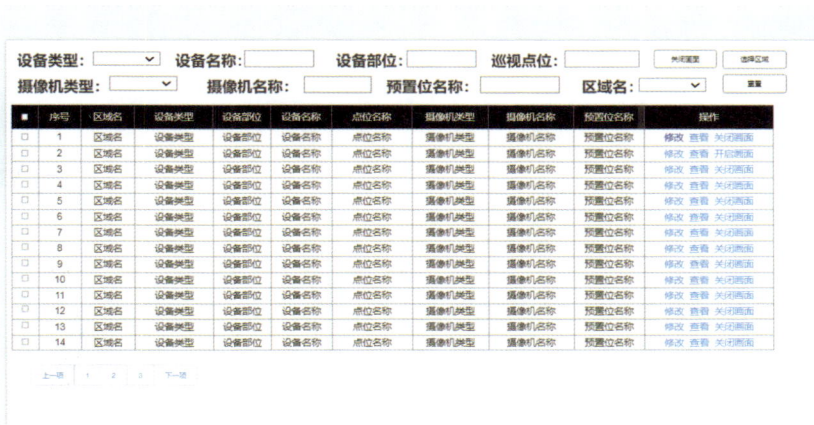

图 4-35　静默监视设置

图 4-36　静默监视内容

4.3.6.5　实时监视

（1）查询页。如图 4-37 所示。

1）以树形列表方式显示设备资源信息，不同用户根据权限不同显示不同资源信息，以不同的图标显示不同设备类型。

2）支持按照在线、离线等过滤视频监控设备。

3）支持通过树形导航调阅摄像机和机器人画面。

4）支持 1/4/9/16 全屏等多种方式显示视频画面，并提供关闭单个画面和关闭所有画面的功能。

5）支持可在任何分屏模式下对某个画面全屏显示或退出全屏显示。

实时监视如图 4-37 所示。

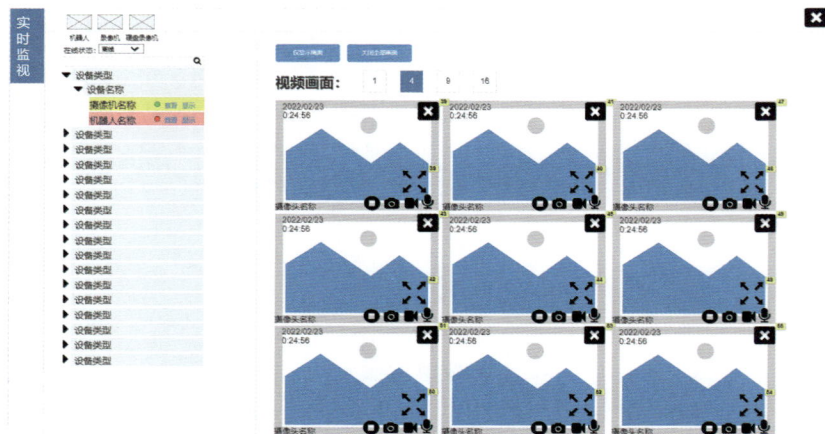

图 4-37　实时监视

（2）实时画面页：可对视频进行截图、录像、控制镜头、缩放的操作。单击历史录像文件进入历史录像页面。实时画面如图 4-38 所示。

图 4-38　实时画面

（3）历史录像：具备通过录像文件列表调阅录像；录像支持播放、暂停、快进；对硬盘录像机的存储状态监视，包括录像时长、录像完整性。历史录像如图 4-39 所示。

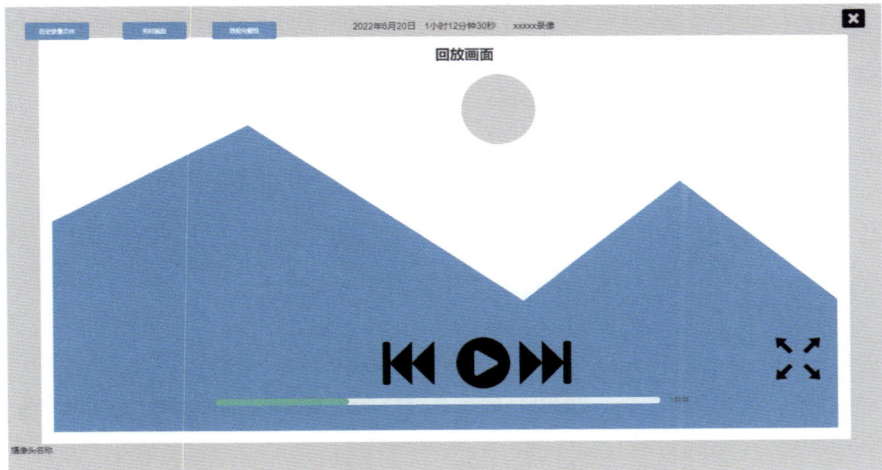

图 4-39 历史录像

4.3.6.6 巡视任务管理

（1）巡视预案。任务管理界面默认切页为"巡视预案"，例行/专项/特殊巡视预案界面效果如图 4-40 所示，自定义巡视预案如图 4-41 所示。

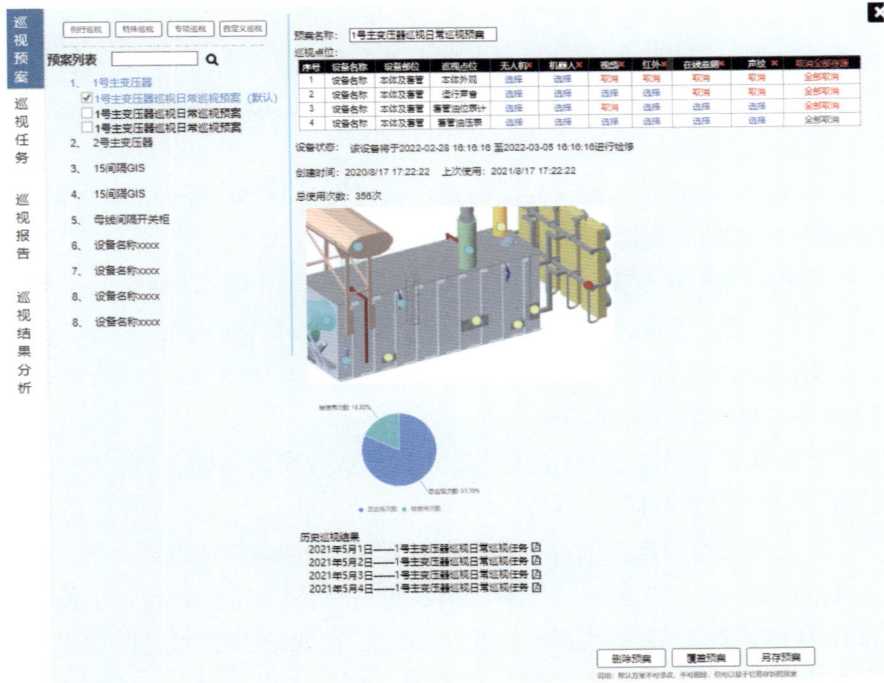

图 4-40 例行/专项/特殊巡视预案

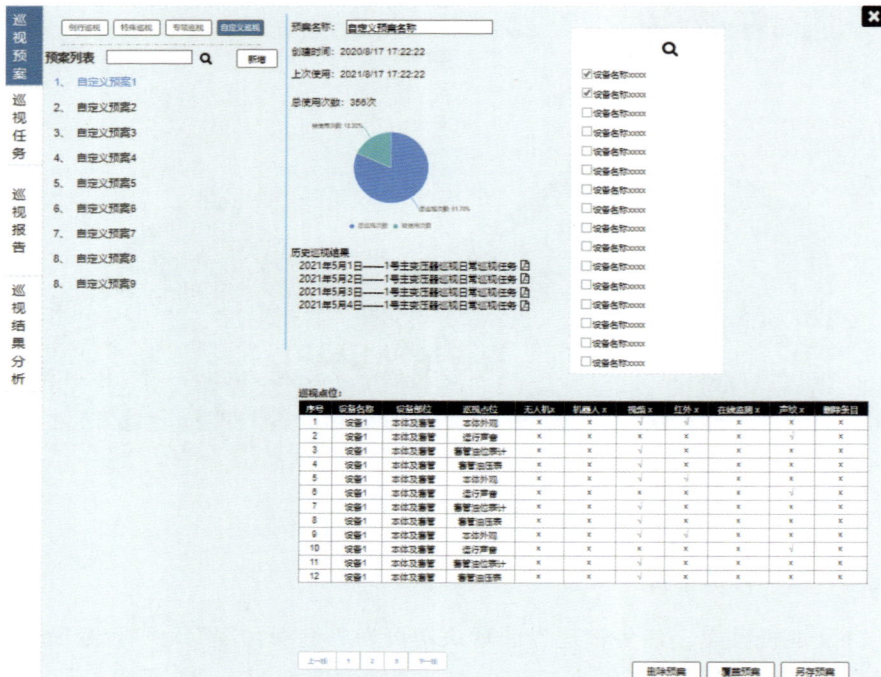

图 4-41　自定义巡视预案

1）显示例行巡视、特殊巡视、专项巡视、自定义巡视这四个按钮，单击后可在下方显示对应巡视类型的预案列表，并在界面右侧默认显示第一条第一个预案的内容，若没有内容，则为空。

2）其中例行、特殊、专项巡视的列表按照设备名称进行分类，自定义巡视的巡视预案列表按照预案名称进行显示。

3）预案分为默认预案、自定义预案（基于默认预案修改而来）。

4）可通过输入设备名称或自定义预案名称进行检索查询。

5）单击选择一个预案后，界面右侧显示预案的具体内容，可以修改该预案，并将修改后的预案进行保存。

6）默认方案无法修改、无法删除，可在默认方案的基础上进行修改并存为新的方案保存在设备名称下（自定义方案除外）。

7）巡视预案功能包含例行巡视、专项巡视、特殊巡视预案内容。这三种巡视类型的预案的内容包括：预案名称、设备状态、创建时间、上次使用时间、截至目前该预案被使用的次数及其饼图、包含该预案的近四次巡视的巡视任务报告、该预案针对设备的三维模型，摄像机点位展示，巡视点位信息列表。

a. 巡视点位信息列表：包含序号、设备名称、设备部位、巡视点位、数据来源类型（机器人、视频、红外、在线监测、声纹）、删除条目。

b. 数据来源类型：可单击变换选中状态，其中"×"表示该预案中该巡视点位不需要该数据，反之"√"表示需要。

c. 删除条目：单击"×"后，在列表中删除该巡视点位，即表示该预案不对该点位进行巡视。

d. 针对点位没有的数据来源类型，如本体外观的机器人数据（默认为×），用户如果单击改为"√"，则提示"无此数据类型，无法修改"字样。

e. 设备三维模型可以旋转，鼠标放置在这些摄像头图标上，显示摄像头的名称；鼠标单击摄像头可弹出摄像头控制界面。

8）自定义巡视预案内容包括：预案名称、创建时间、上次使用时间、总使用次数及饼图、历史巡视结果、设备列表（预案中涉及的设备自动勾选）、巡视点位信息列表、新增按钮。

a. 新增：单击后，进入新增自定义预案界面。

b. 选择一个设备后，将其默认的例行巡视、专项巡视和特殊巡视的点位全部加载出来，供用户自行筛选。

9）设备的三维模型：单击三维模型上的摄像头图标，弹出摄像头的控制界面，摄像头控制弹窗界面参考如图 4-42 所示。

图 4-42　摄像头控制弹窗

a. 任务名称：包含该摄像头最近一次执行的任务名称、任务状态、当前时间。

b. 点位信息：

（a）列表展示该摄像头的巡视预置位信息：序号、点位名称、识别状态、识别结果、识别时间、操作。

（b）当前点位：显示该摄像头当前镜头所在的点位名称。

（c）操作：单击图中所示的"眼睛"图标后，可查看该点位最近一次的巡视数据，如图 4−43 所示。

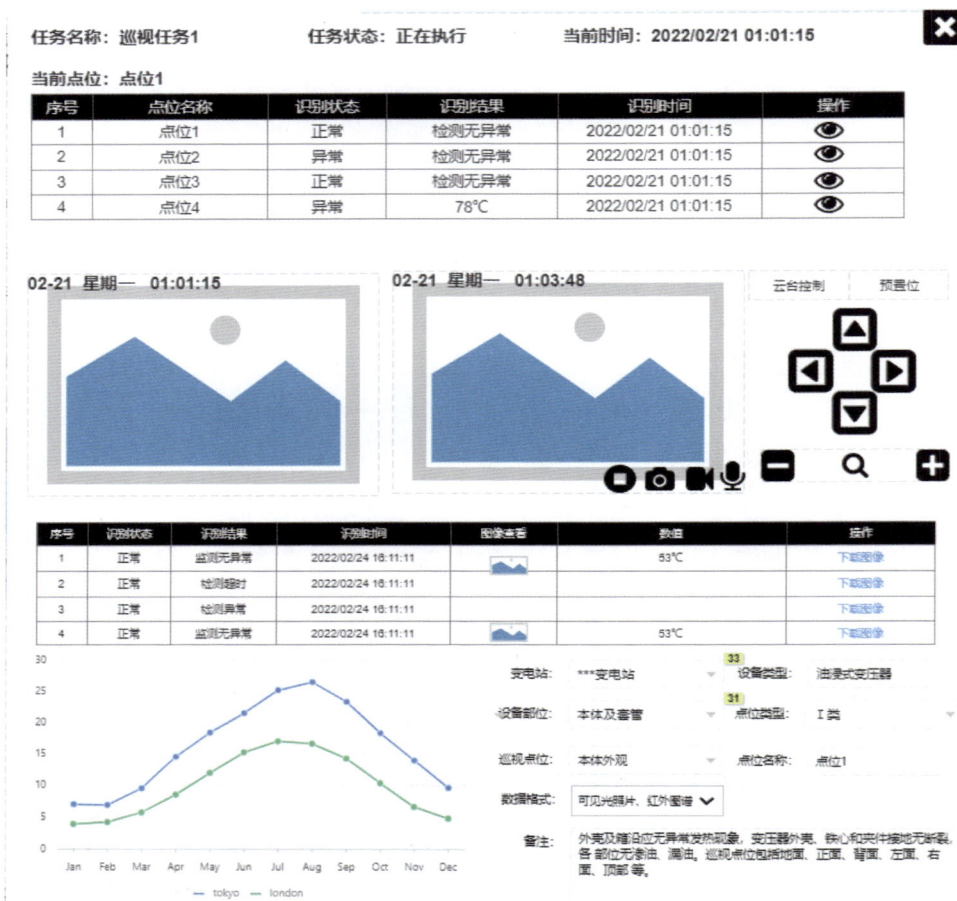

序号	点位名称	识别状态	识别结果	识别时间	操作
1	点位1	正常	检测无异常	2022/02/21 01:01:15	👁
2	点位2	异常	检测无异常	2022/02/21 01:01:15	👁
3	点位3	正常	检测无异常	2022/02/21 01:01:15	👁
4	点位4	异常	78℃	2022/02/21 01:01:15	👁

图 4−43　巡视预案点位信息

（d）数值类型的数据，要显示近期数据变化的折线图，鼠标移动到上面的时候会显示具体数值。

（e）视频、红外等，要显示将抓取的图片。

（f）声纹：支持对抓取的声纹进行播放。

c. 摄像头云台控制。

（a）可通过云台控制按钮，对摄像头进行远距离控制。

（b）借助视频画面上的停止、截图、录像、麦克风可分别关闭摄像头、截取当前画面并保存，开始录像、麦克风对讲。

（c）单击预置位后，可查看该摄像头的所有预置位，如图 4-44 所示。

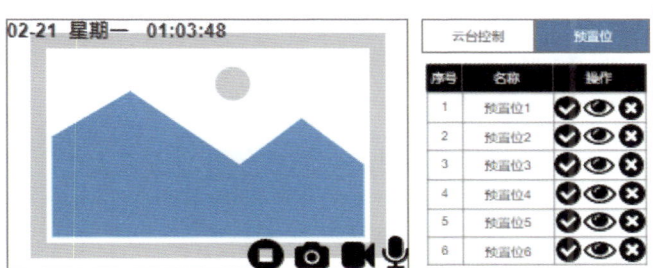

图 4-44　预置位操控

a）重设预置位：单击图 4-44 中"√"按钮，可将当前镜头位置覆盖至该预置位（需判断该账号是否有相应权限，并弹出而此确认框，以防误操作）。

b）查看预置位：单击图 4-44 中"眼睛"按钮，可将镜头移动至该预置位上，查看视频画面。

c）删除预置位：单击图 4-44 中"×"按钮，可清空该预置位信息（需判断该账号是否有相应权限，并弹出确认框，以防误操作）。

d）编辑预置位名称：鼠标单击名称栏，可对预置位名称进行编辑，名称太长时，显示"...."，鼠标放置名称上，可显示全名称。

10）新增自定义预案，如图 4-45 所示。

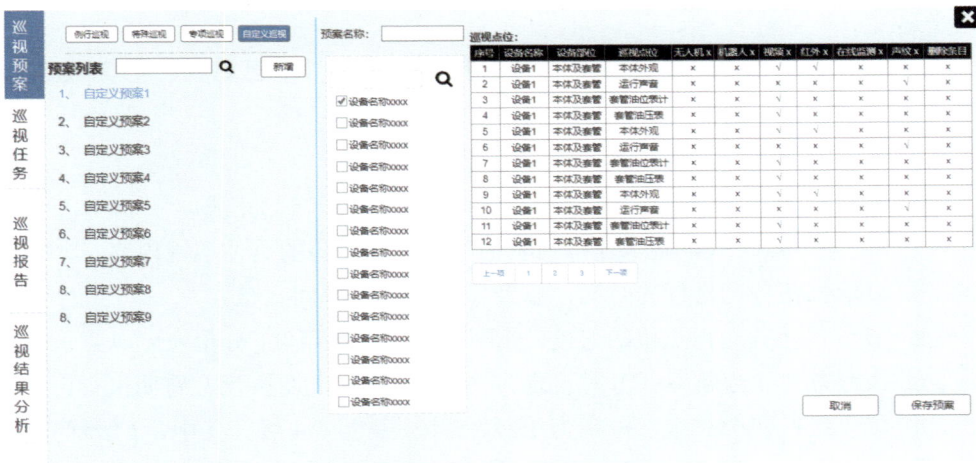

图 4-45　新增自定义预案

a. 编辑预案名称，预案名称不可以与已有的名称重复。

b. 备列表：通过勾选设备，将该设备的所有巡视点位在右侧的巡视点位列表中显示出来，后勾选的设备排在列表的前面。

c. 巡视点位列表：具体操作如前文 a.中所述。

（2）巡视任务管理：用户在巡视任务界面，可查看任务列表、任务内容及进度等信息，同时也可以新建新的巡视任务，巡视任务界面参考图如图 4-46 所示。

图 4-46　巡视任务

1）任务列表：

a. 按巡视类别提供筛选功能：全部、例行巡视、专项巡视、特殊巡视、自定义巡视。

b. 按任务执行情况提供筛选功能：待执行、执行中、已完成、暂停、超期、终止。

c. 进入界面时，默认显示序号 1 的任务内容。

d. 任务列表排序：执行中＞待执行＞暂停＞超期＞已完成。

2）任务内容：默认展示任务列表中的第一条任务的具体巡视内容。

a. 显示该任务已执行的时间，以及预计剩余的时间。

b. 显示该任务巡视点位的进度，分子表示已巡视点位，分母表示总点位数。

c. 执行方式（由新建任务时设定）：立即执行、定期执行、周期执行。

d. 优先级：四个等级，分别为 1 级、2 级、3 级、4 级。其中，1 级优先级最低，4 级最高；当用户调整优先级时，先判断该用户账号是否有相应权限；当优先级改变时，判断是否有更高优先级的任务，如果有的话，暂停当前任务，先执行高优先级任务。

e. 巡视点类型：可对任务的具体巡视点位进行筛选并在下方的列表中显示出来，有全部、视频、红外、在线监测、机器人、声纹六种类型。

f. 巡视点位名称检索：输入名称，单击搜索按钮即可进行检索。

g. 功能按钮–3D：单击后，隐藏该界面进入三维孪生场景，通过视频融合的方式，对各个巡视点位进行巡检。

h. 功能按钮–暂停：单击后暂停任务。

i. 功能按钮–停止：单击后终止该任务。

j. 任务点位列表：显示巡视点位的名称、巡视点类型、巡视状态、巡视结果、实物 ID、操作按钮，具体介绍如下：

a）巡视点类型包括：视频、红外、在线监测、机器人、声纹。

b）巡视状态包括：未巡视、已巡视、异常、检修中（正在检修的设备不进行巡视）。

c）巡视结果：未巡视和检修中的设备显示"－－"，已巡视有数值的将具体数值显示出来。

d）实物 ID：巡视时识别设备的实物 ID，并将 ID 显示出来。

e）操作–查看：进入查看界面，详情见 c）中描述。

f）操作–审核：对异常巡视结果进行审核操作，详情见 d）中描述。

3）巡视点位结果查看：通过巡视任务点位列表后方的操作栏"查看"按钮，可对巡视结果进行查看，弹出查看界面，巡视结果查看界面效果如图 4–47 所示。

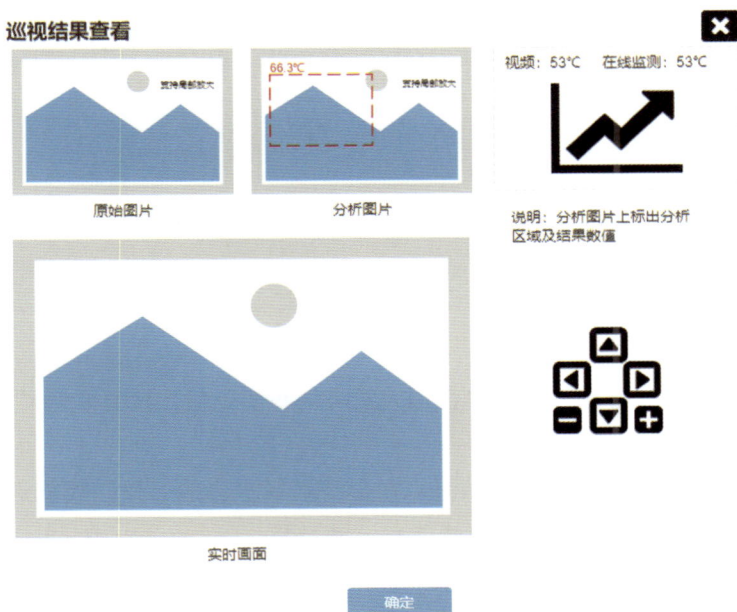

图 4–47　巡视结果查看

　　a. 巡视结果中有涉及图像识别的（视频、红外），应该显示抓取图像和分析后的图像，并在分析后的图像上标明分析结果。

　　b. 巡视结果中涉及在线监测数据的，应制作成折线图进行显示，通过鼠标移动可查看折线图各点位的数值信息。

　　4）巡视点位结果审核：通过巡视任务点位列表后方的操作栏"审核"按钮，可对巡视结果进行查看，弹出查看界面，巡视结果审核界面效果如图4-48所示。

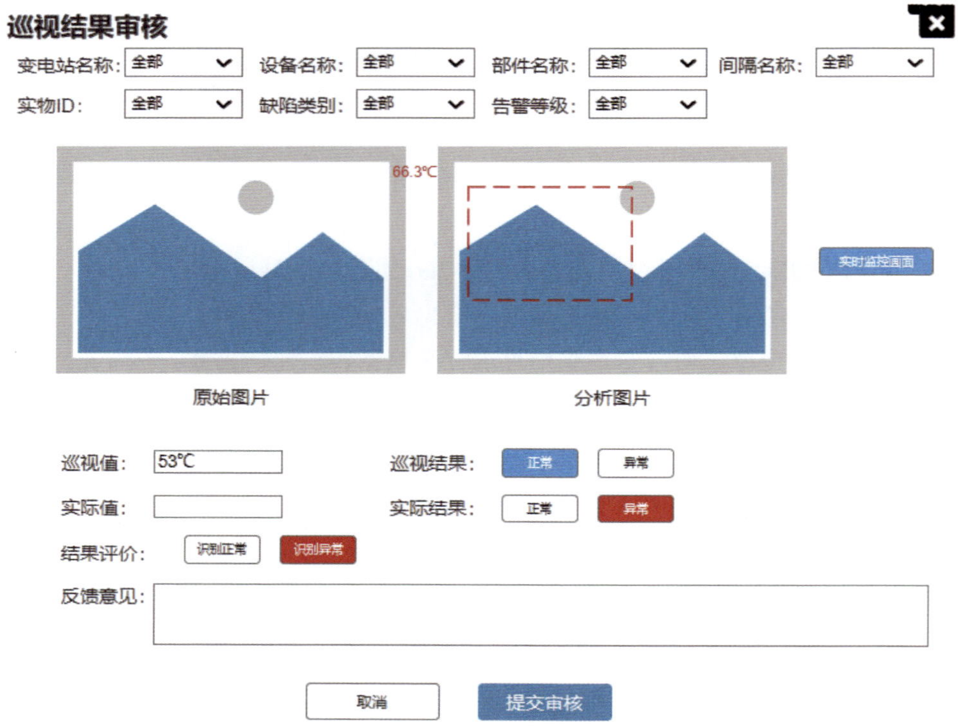

图4-48　巡视结果审核

　　a. 可对巡视结果进行修正：管理人员可填写实际值，选择实际结果（正常/异常）。

　　b. 注意，对与进行修正的结果，在形成巡视报告的时候，要将巡视结果与修正结果同时保存，修正结果不能覆盖巡视结果。

　　c. 结果评价：用户可进行结果评价，识别正常、识别异常。

　　d. 提交审核：需要判断用户的账号是否有审核权限，没有权限则弹出提示框进行提示。

5）新增巡视任务：用户可通过预案来新增巡视任务，任务执行方式界面效果如图 4-49 所示。

图 4-49　任务执行方式

a. 预案列表：

（a）按照例行、特殊、专项、自定义显示预案课表。

（b）每个预案后面显示该预案需要巡视的点位数量。

（c）勾选预案后，在右侧的任务内容中将该预案需要巡视的点位信息显示出来；取消勾选后，右侧同步删除。

b. 执行方式：

（a）分为：立即执行、周期执行；定期执行。

（b）立即执行：单击"确定执行"按钮后立即执行。

（c）周期执行：单击"确定执行"按钮后，按照设置的周期执行，可选择月份、星期几，任务周期执行设置方式如图 4-50 所示。

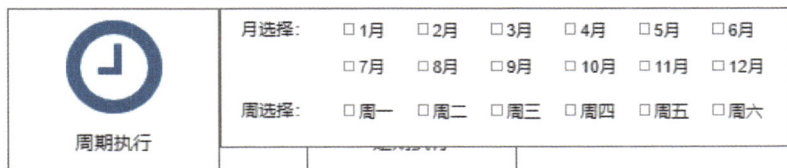

图 4-50　任务周期执行

（d）定期执行：单击"确定执行"按钮后，按照设置的时间定期执行，需要设置开始日期、结束日期、开始时间、结束时间，任务定期执行设置方式如图 4-51 所示。

图 4-51　任务定期执行

c. 任务设置：

（a）设置任务名称，不能为空。

（b）设定优先级，1级、2级、3级、4级，默认为1。

（c）确定执行：需验证当前账号是否有此权限操作，如果有，单击后保存该任务，并按照选择的执行方式执行。

d. 任务内容：显示内容包括设备名称、设备部位、巡视点位名称、数据类型（机器人、视频、红外、在线监测、声纹、辅控），删除条目。

（3）巡视报告：用户在巡视报告界面，可查看巡视任务列表，并能对具体任务内容进行查看、上传及导出，新增自定义预案界面参考图如图4-52所示。

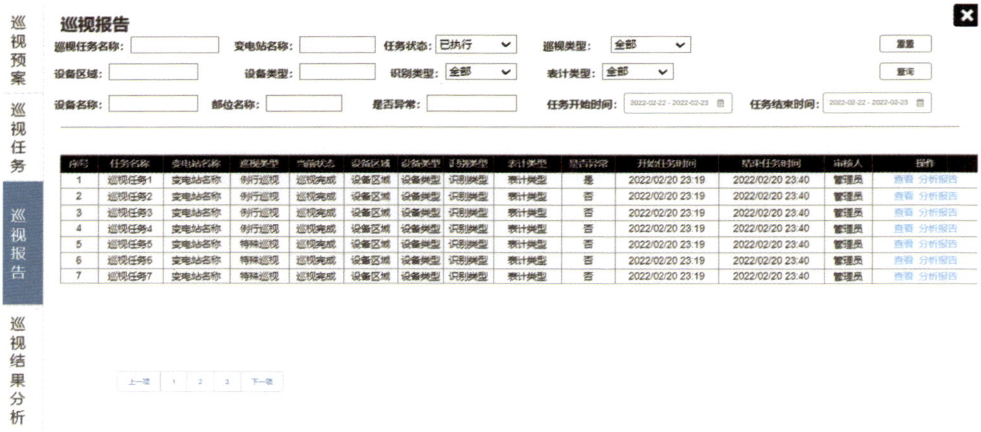

图 4-52　新增自定义预案

1）任务列表：

a. 显示已经巡视完、终止、超期的任务。

b. 可按照巡视任务名称对列表进行检索。

c. 可按照任务状态进行筛选，分别是全部、完成、终止、超期。

d. 可按照巡视类型进行筛选，巡视类型有：全部、例行巡视、特殊巡视、专项巡视、自定义巡视。

e. 任务列表包含：序号、任务名称、巡视类型、当前状态、巡检点数、已巡点数、异常点数、未处理、巡检时间（完成时）、审核人、审核时间、操作。

（a）未处理，是指未审核的异常点位。

（b）只有审核后的任务才会显示审核人、审核时间。

（c）查看：单击可查看任务具体的巡视情况，详见（b）中描述。

（d）审核：进入审核界面，用户可以单击审核或上传，界面效果如图 4-53 所示。

a）审核：当有异常点位时，提示"请先审核所有异常点位"，用户需要从"查看"按钮去审核；当没有异常点位时，单击该按钮后，文字提示"已审核"，同时按钮变成已审核状态；审核时，需要检验账号是否有相应权限。

b）上传：对已审核的任务，可将其巡视报告上传至 PMS，上传时需要检验账号是否有相应权限。

审核权限判断如图 4-53 所示。

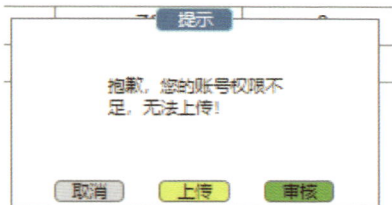

图 4-53　审核权限判断

f. 导出：弹出导出界面。

2）任务列表-查看：用户在结果审核界面，单击"查看"按钮，可进入查看任务界面，可查看任务中巡视点位的情况，巡视结果审核列表界面参考如图 4-54 所示。

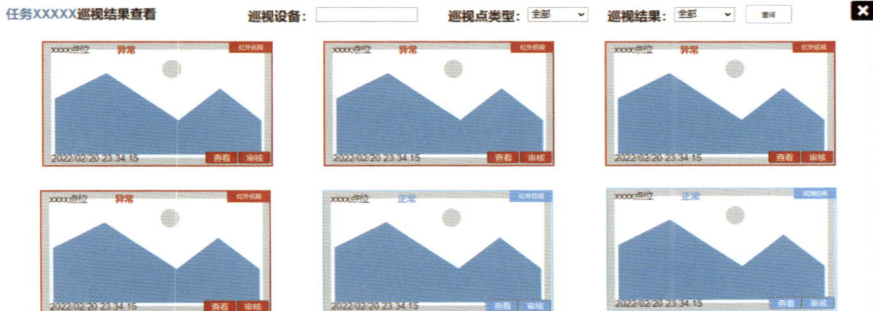

图 4-54　巡视结果审核列表

a. 检索：可按照巡视设备、巡视点位类型（全部、红外、视频、在线监测、声纹、机器人）、巡视结果（全部、正常、异常）进行检索。

b. 点位展示：左上角显示点位名称、中间顶部显示巡视结果，右上角显示数据类型（可见光、红外、在线监测、声纹、机器人），左下角显示巡视时间，右下角显示查看、审核两个按钮。

c. 异常点位，图片用红色外框凸显，并在列表中排在前列；多个异常时，最新的结果排在前列。

d. 正常点位，图片外框为蓝色，排序规则与异常点位相同。

e. 审核过的点位，在巡视结果后面增加"（已审核）"。

图 4-55　任务列表导出文件格式选择

f. 一般来说，只对异常点位进行审核，不过用户需要，也可以对正常点位进行审核。

3）任务列表 - 导出：用户在结果审核界面，单击"导出"按钮，可进入导出任务界面，可导出巡视报告，界面参考如图 4-55 所示。

a. 只有审核过的任务才能导出巡视报告。

b. 导出格式：Word 和 Excel 两种格式。

c. 数据类型：全部、异常、正常：

（a）全部：将巡视结果为正常和异常的点位信息全部导出，其中异常点位信息需要包含原始数据、审核数据。

（b）异常：只导出巡视结果为异常的巡视点位信息，异常点位信息需要包含原始数据、审核数据。

（c）正常：只导出巡视结果为正常的巡视点位信息。

4）巡视结果分析：

a. 按变电站名称、时间段、设备区域、设备类型、识别类型、表计类型及设备树模糊筛选列表。

b. 按查询条件生成历史数据曲线。

c. 历史对比告警功能，当变化量超过阈值时，自动推送告警。

d. 可操作项查询、重置、导出、查看分析报告功能。

e. 生成分析报表功能，报表字段可选择。

巡视结果分析如图 4-56 所示。

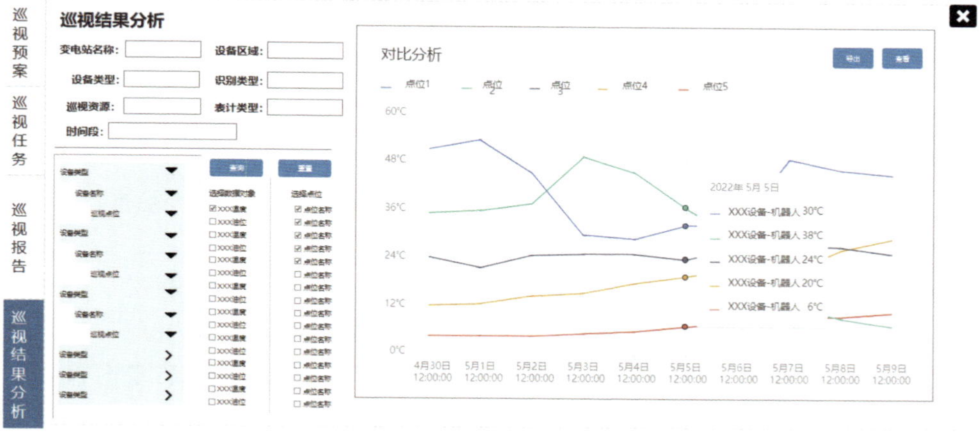

图 4-56　巡视结果分析

4.3.6.7　告警确认

在告警确认中，用户可以快速查看所有告警信息，并对这些告警信息进行核查，警告确认界面参考图如图 4-57 所示。

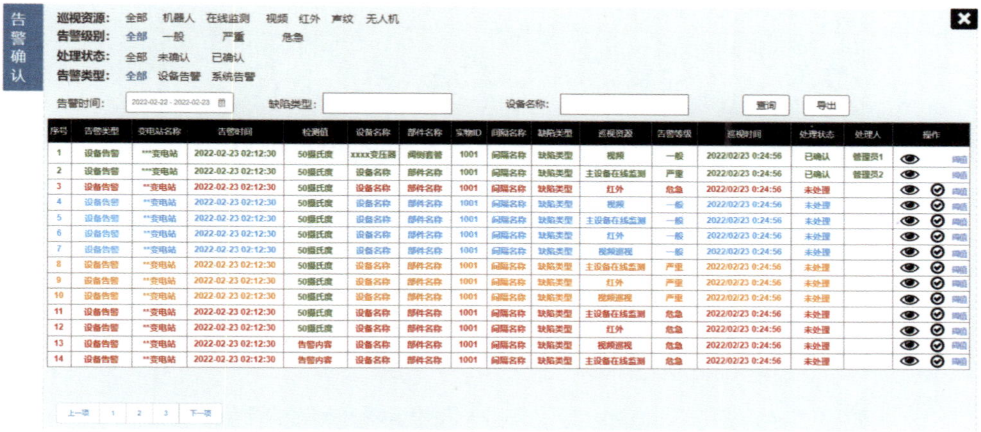

图 4-57　警告确认

（1）筛选。

1）告警来源：全部、智能巡视、视频轮巡、机器人、主设备在线监测、声纹在线监测、无人机防御、静默监视、辅控系统。

2）告警级别：全部、一般、严重、危急。

3）处理状态：全部、未确认、已确认。

4）告警时间：选择需要查询的时间段。

5）告警内容：输入内容，进行模糊匹配检索。

6）设备名称：输入设备名称，进行模糊匹配检索。

7）导出：单击后，将告警信息以 Excel 的格式下载到本地。

（2）内容列表。

1）内容有：序号、告警时间、设备名称、实物 ID、间隔名称、告警来源、告警等级、巡视时间、处理状态、处理人、操作。

2）排序：最新的告警排在前面。

3）颜色：一般为蓝色，严重为橙色，危急为黄色，已确认为绿色。

（3）操作－查看：单击查看可查看告警的具体内容，不同的告警内容显示界面不一样，具体列举如下：

1）视频轮巡类：显示告警图片，并可回看录像，视频轮巡告警界面如图 4−58 所示。

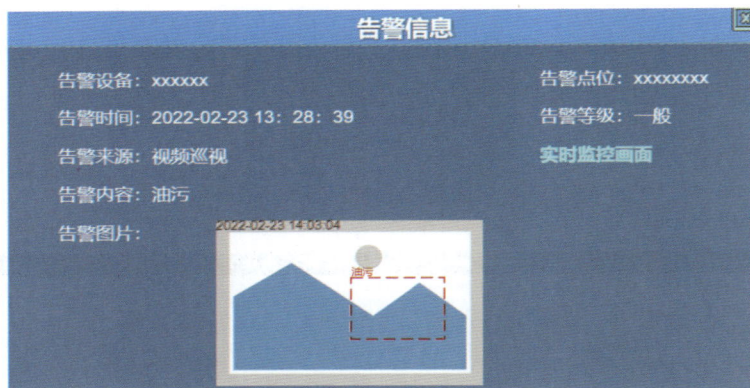

图 4−58　视频轮巡告警（一）

2）在线监测类：显示告警内容数值，视频轮巡告警界面如图 4−59 所示。

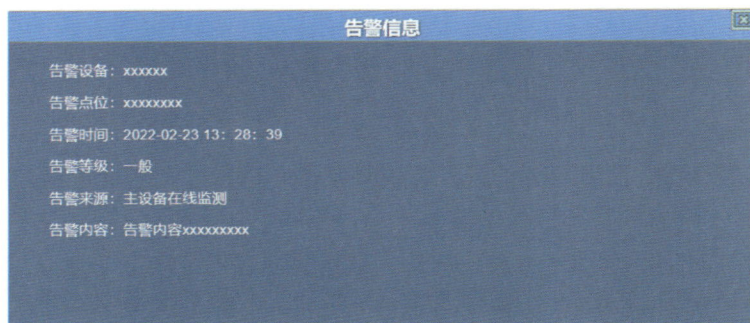

图 4−59　视频轮巡告警（二）

（4）操作－确认：用户可对告警内容进行确认，告警确认反馈界面参考如图 4-60 所示。

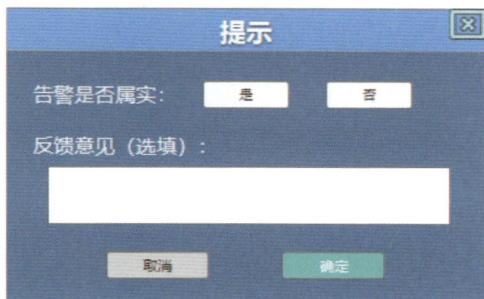

图 4-60　告警确认反馈

1）核查告警是否属实。

2）填写反馈意见。

3）确定：需验证当前账号是否有确认告警信息的权限，有权限才能进行确定，并将告警内容中的处理状态改为"已确认"，同时显示处理人。

4.3.6.8　检修管理

（1）检修区设置：将检修计划与巡检设备相关联，根据设备检修信息自动修改巡视任务工作范围，回避检修设备巡视点位，自主完成巡视任务，具备通过列表方式勾选设备功能，并显示无法完成的巡视点位。

可查看该站内已有的检修计划，检修计划界面参考如图 4-61 所示。

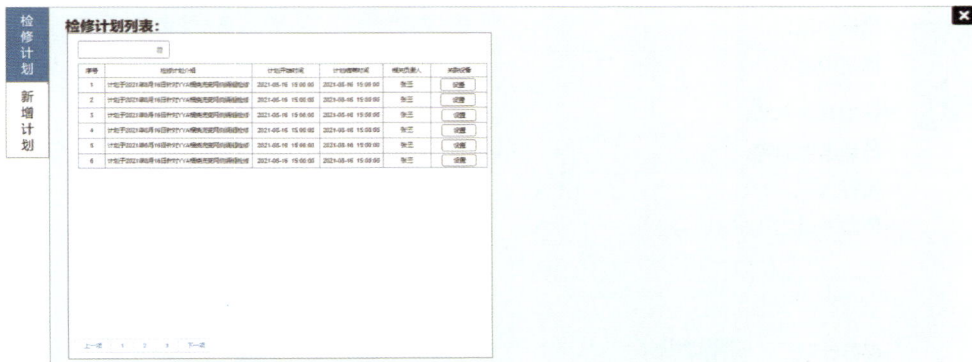

图 4-61　检修计划

1）筛选：可通过日期来筛选查看检修计划。

2）计划列表：包含序号、检修计划介绍、计划开始时间、计划结束时间，相关责任人、关联设备按钮，底部翻页条。

3）设置：单击后可单击与该计划相关联的设备，检修计划设备列表界面参考如图 4-62 所示。

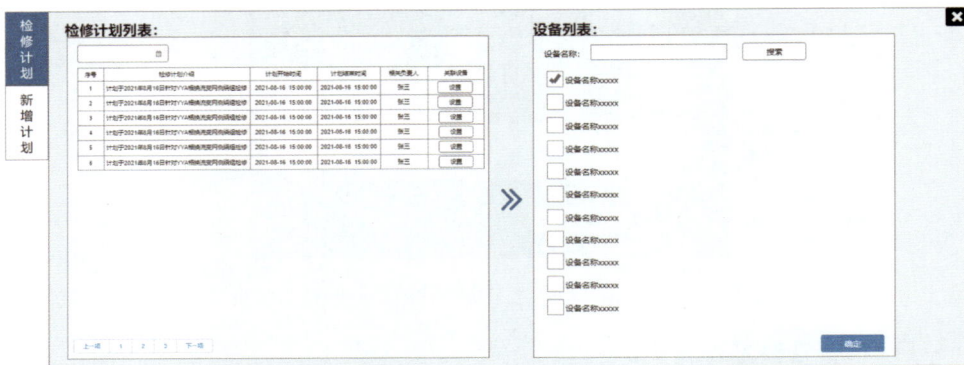

图 4-62　检修计划设备列表

a. 可输入设备名称，筛选设备。

b. 可勾选/取消勾选设备。

（2）单击确定后，判断账号是否有该权限，有的话则保存设置内容。

（3）新增检修计划：可添加新的检修计划，并关联设备，新增计划界面效果如图 4-63 所示。

图 4-63　新增计划

1）检修计划介绍。

2）计划开始时间。

3）计划结束时间。

4）相关负责人。

5）关联设备：单击后向右滑动显示右侧设备列表，具体操作如"4.2.3.9　检修计划"中所述。

4.3.6.9　巡视资源

巡视资源功能模块对设备进行在线状态监测，任务状态监测、工况信息监。

（1）摄像机：可对设备进行预置位配置以及设备信息监测。摄像机信息如图 4-64 所示。

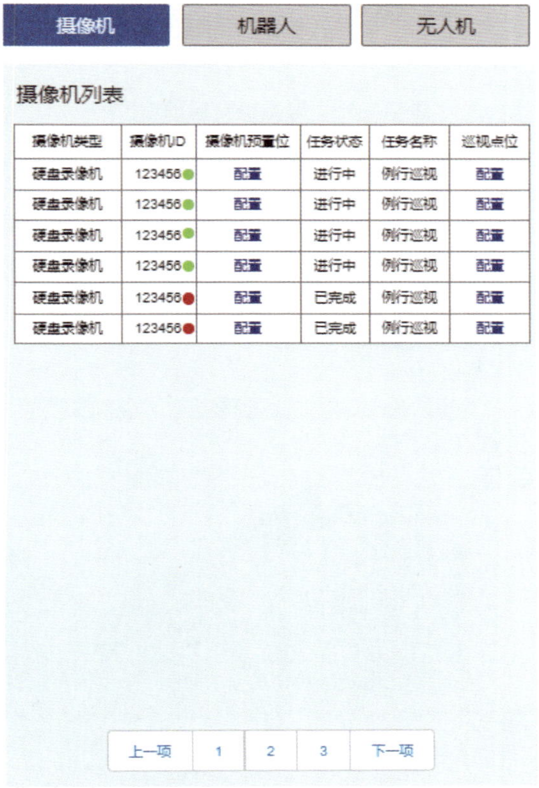

图 4-64　摄像机信息

机器人操作控制：对摄像机进行镜头扭转控制、缩放，单击添加可添加预置位信息。摄像机新增预置位如图 4-65 所示。

图 4-65　摄像机新增预置位

（2）机器人：可对机器人进行路线配置以及设备信息监测。机器人路线配置路线配置如图 4-66 所示。

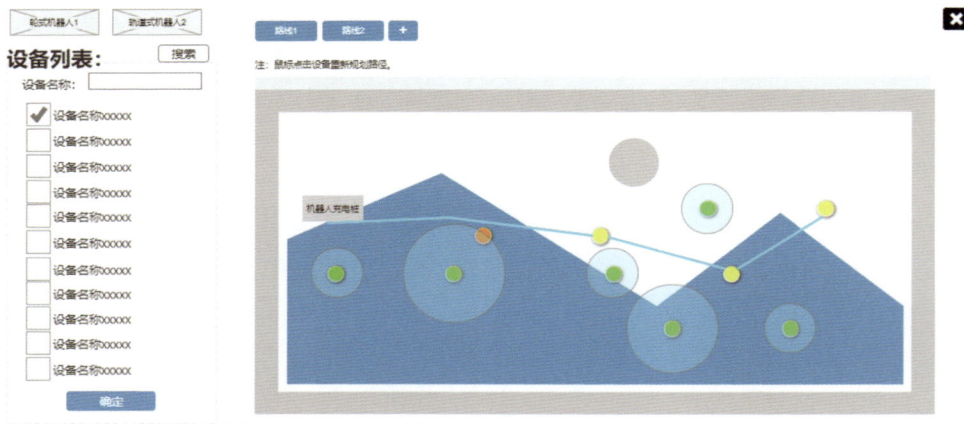

图 4-66　机器人路线配置

机器人操作控制：对机器人进行摄像机的镜头扭转控制，行走距离控制，缩放、升降臂控制，单击添加可添加预置位信息。机器人预置位设置如图 4-67所示。

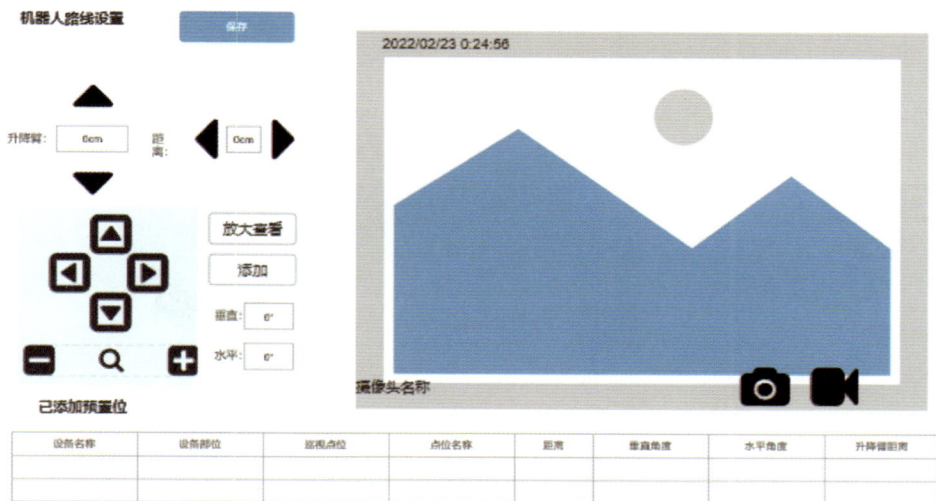

图 4-67　机器人预置位设置

（3）无人机：可对无人机进行路线配置以及设备信息监测。无人机预置位路线配置如图 4-68 所示。

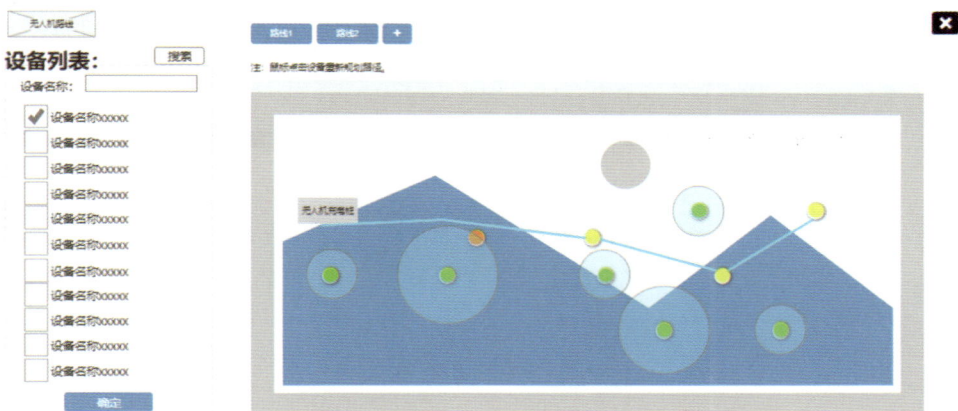

图 4-68　无人机预置位

无人机操作控制：对无人机进行摄像机的扭转控制，飞行位置控制，缩放、升降控制。单击添加可添加预置位信息至列表。无人机预置位设置如图 4-69 所示。

图4-69　无人机预置位设置

4.3.6.10　台账管理

在台账管理功能模块中，用户可以对机器台账、备机器人及无人机设备履历、视频设备台账、声纹装置台账进行查看或编辑。

（1）机器台账。

1）机器台账界面。机器台账如图4-70所示。

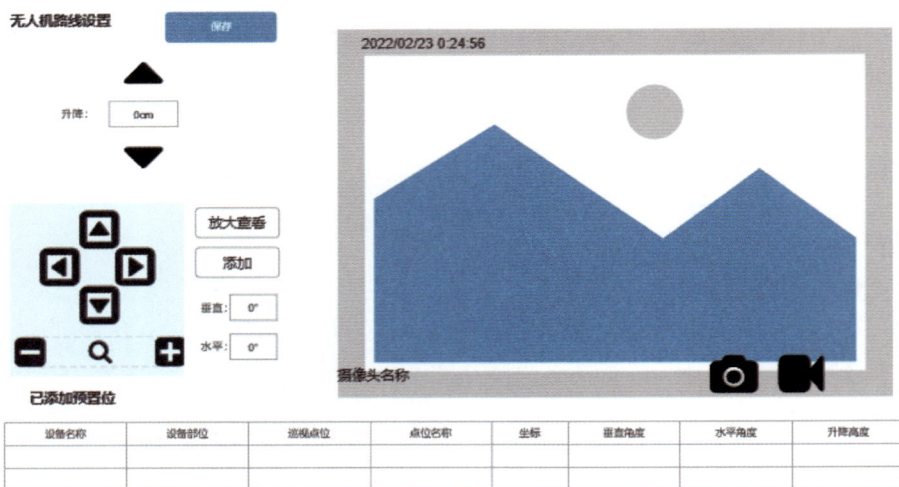

图4-70　机器台账

2）筛选项：按照机器类型（全部、机器人无人机）、使用单位、生产厂家、设备型号、设备来源、出厂编号、出厂时间、使用类型、安装位置、搜索（设备名、实物 ID）进行筛选查询，可重置筛选内容。

3）查看（查看履历）：以表格的形式查看缺陷记录、大修记录、退出再投运记录。列表内容：序号、记录时间、记录内容、记录人。查看履历界面参考图如图 4-71 所示。

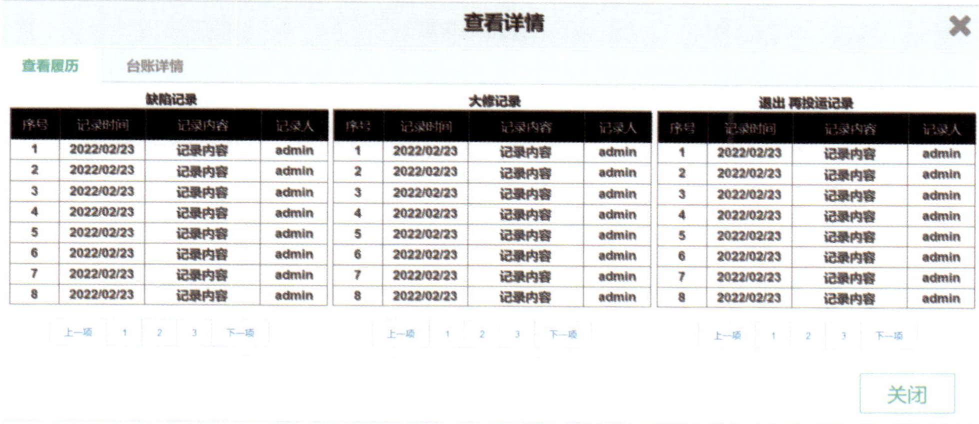

图 4-71　查看履历

4）查看（台账详情）：可查看项目有设备类型、设备名称、实物 ID、使用单位、生产厂家、设备型号、设备来源、使用类型、安装位置、生产国家、出厂编号、出厂日期、以太网 IP 地址、以太网 Mac 地址、软件版本、中文描述、软件版本校验码、硬件版本、备注；可操作按钮为关闭。机器台账详情界面参考图如图 4-72 所示。

图 4-72　机器台账详情

5）修改：可编辑项目有设备类型、设备名称、实物 ID、使用单位、生产厂家、设备型号、设备来源、使用类型、安装位置、生产国家、出厂编号、出厂日期、以太网 IP 地址、以太网 Mac 地址、软件版本、中文描述、软件版本校验码、硬件版本、备注；可操作按钮为取消与确定。修改机器台账信息界面参考图如图 4-73 所示。

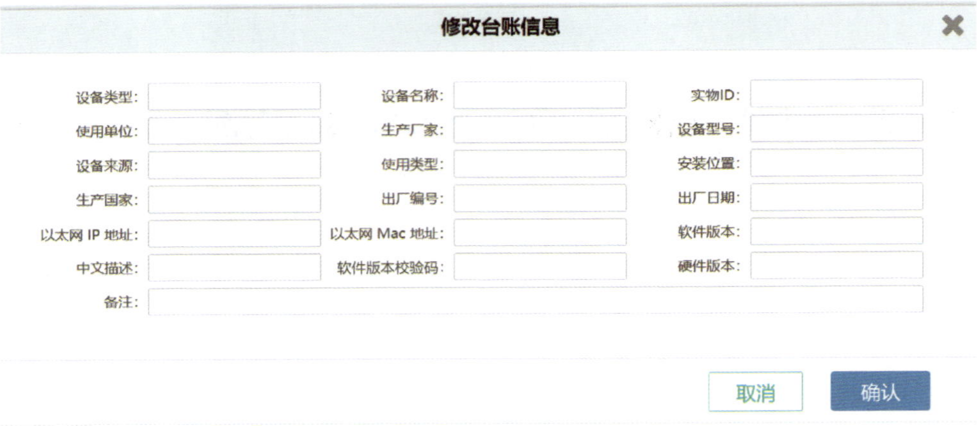

图 4-73　修改机器台账信息

6）新增：可编辑项目有设备类型、设备名称、实物 ID、使用单位、生产厂家、设备型号、设备来源、使用类型、安装位置、生产国家、出厂编号、出厂日期、以太网 IP 地址、以太网 Mac 地址、软件版本、中文描述、软件版本校验码、硬件版本、备注；可操作按钮为取消、确定、继续新增（新增当前内容并且重置"新增设置"弹窗）。新增机器设备台账信息界面参考图如图 4-74 所示。

图 4-74　新增机器设备台账信息

7）删除：可对所选列表内容进行批量删除。

（2）视频设备台账。视频设备台账信息界面参考图如图 4-75 所示。

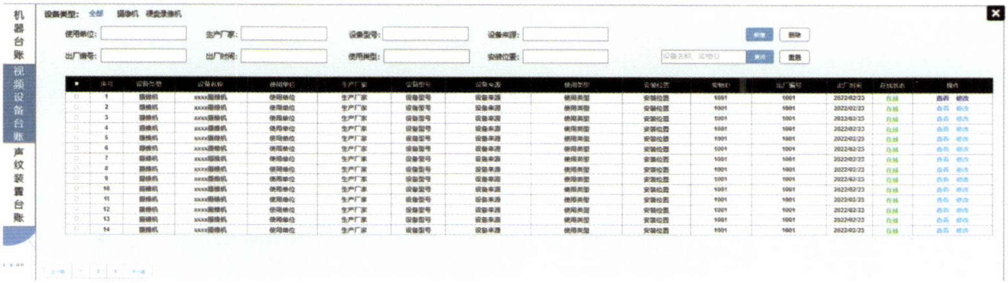

图 4-75　视频设备台账信息

1）筛选项：按照设备类型（全部、摄像机、硬盘摄像机）、使用单位、生产厂家、设备型号、设备来源、出厂编号、出厂时间、使用类型、安装位置、搜索（设备名、实物 ID）进行筛选查询；可重置筛选内容。

2）查看：可查看台账详情，查看项目有设备类型、设备名称、实物 ID、使用单位、生产厂家、设备型号、设备来源、使用类型、安装位置、生产国家、出厂编号、出厂日期、以太网 IP 地址、以太网 Mac 地址、软件版本、中文描述、软件版本校验码、硬件版本、备注；可操作按钮为关闭。查看视频设备台账信息界面参考图如图 4-76 所示。

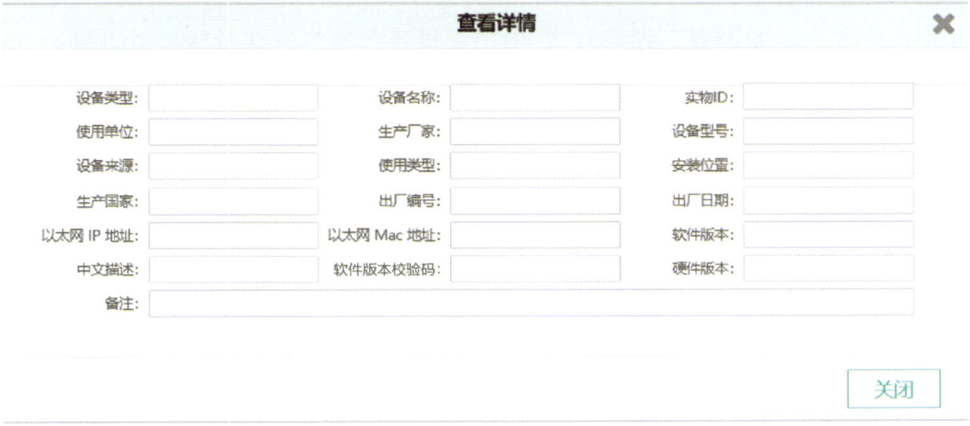

图 4-76　查看视频设备台账信息

3）修改：可编辑项目有设备类型、设备名称、实物 ID、使用单位、生产厂家、设备型号、设备来源、使用类型、安装位置、生产国家、出厂编号、出厂日期、以太网 IP 地址、以太网 Mac 地址、软件版本、中文描述、软件版本校验码、硬件版本、备注；可操作按钮为取消与确定。修改视频设备台账信息界面参考图如图 4-77 所示。

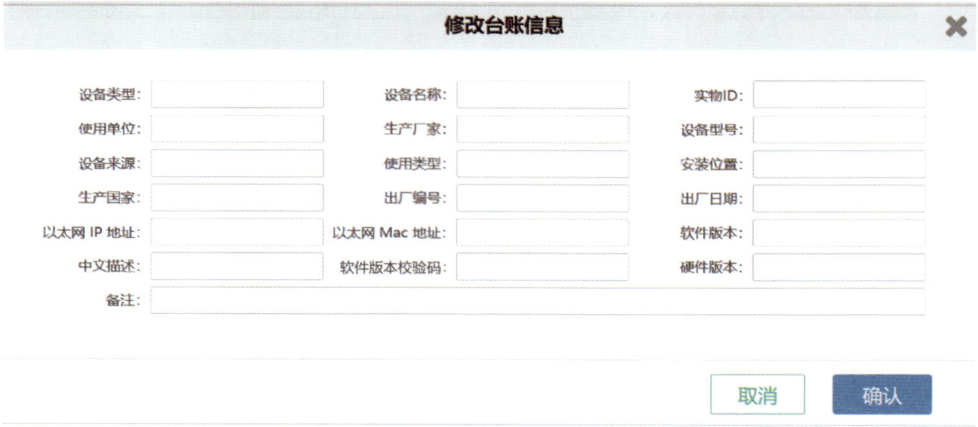

图 4-77 修改视频设备台账信息

4）新增：可编辑项目有设备类型、设备名称、实物 ID、使用单位、生产厂家、设备型号、设备来源、使用类型、安装位置、生产国家、出厂编号、出厂日期、以太网 IP 地址、以太网 Mac 地址、软件版本、中文描述、软件版本校验码、硬件版本、备注；可操作按钮为取消、确定、继续新增（新增当前内容并且重置"新增设置"弹窗）。新增视频设备台账信息界面参考图如图 4-78 所示。

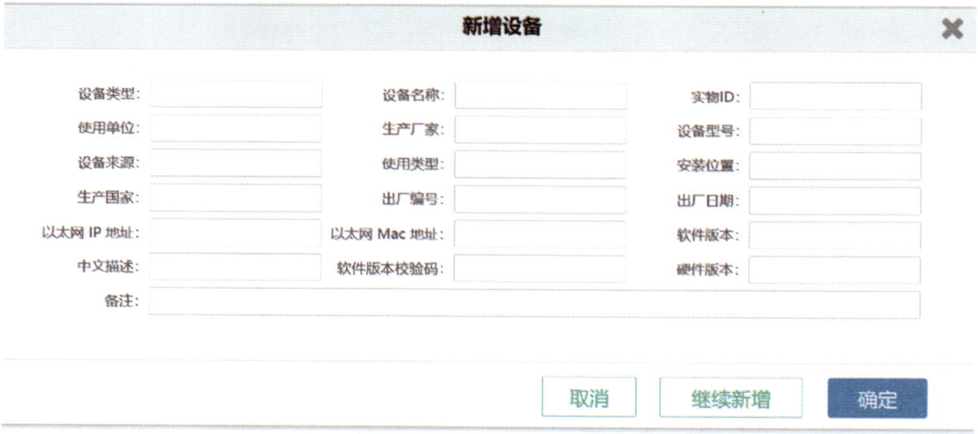

图 4-78 新增视频设备台账信息

5）删除：可对所选列表内容进行批量删除。

（3）声纹装置台账。声纹装置台账信息界面参考图如图 4-79 所示。

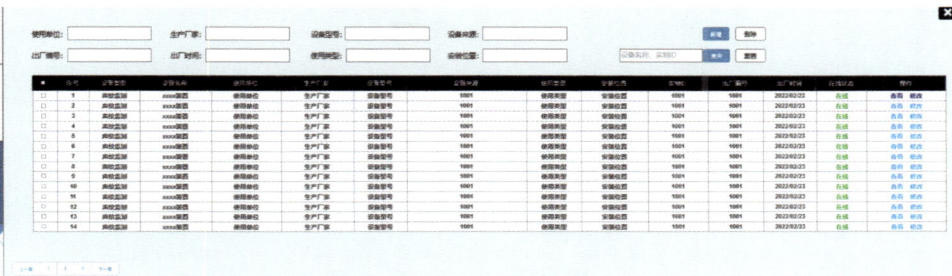

图 4-79　声纹装置台账信息

1）筛选项：按照使用单位、生产厂家、设备型号、设备来源、出厂编号、出厂时间、使用类型、安装位置、搜索（设备名、实物 ID）进行筛选查询；可重置筛选内容。

2）查看：可查看台账详情，查看项目有设备类型、设备名称、实物 ID、使用单位、生产厂家、设备型号、设备来源、使用类型、安装位置、生产国家、出厂编号、出厂日期、以太网 IP 地址、以太网 Mac 地址、软件版本、中文描述、软件版本校验码、硬件版本、备注；可操作按钮为关闭。查看声纹装置台账信息界面参考图如图 4-80 所示。

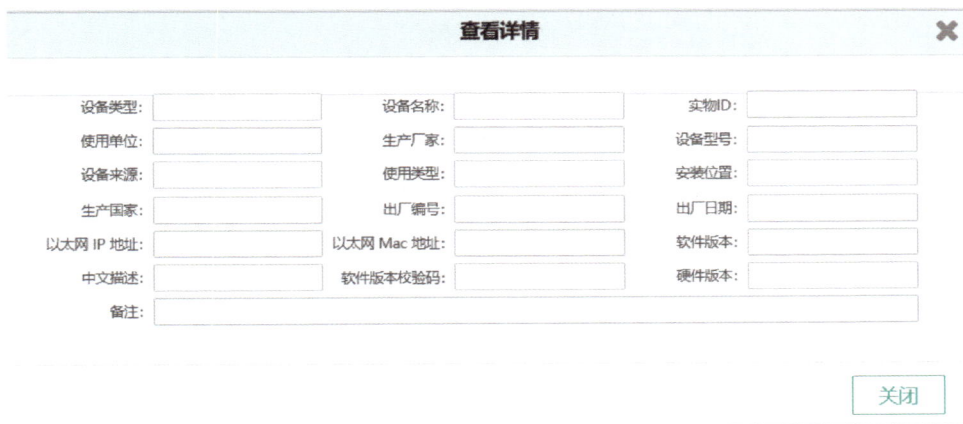

图 4-80　查看声纹装置台账信息

3）修改：可编辑项目有设备类型、设备名称、实物 ID、使用单位、生产厂家、设备型号、设备来源、使用类型、安装位置、生产国家、出厂编号、出厂日期、以太网 IP 地址、以太网 Mac 地址、软件版本、中文描述、软件版本校验码、硬件版本、备注；可操作按钮为取消与确定。修改声纹装置台账信息界面参考图如图 4-81 所示。

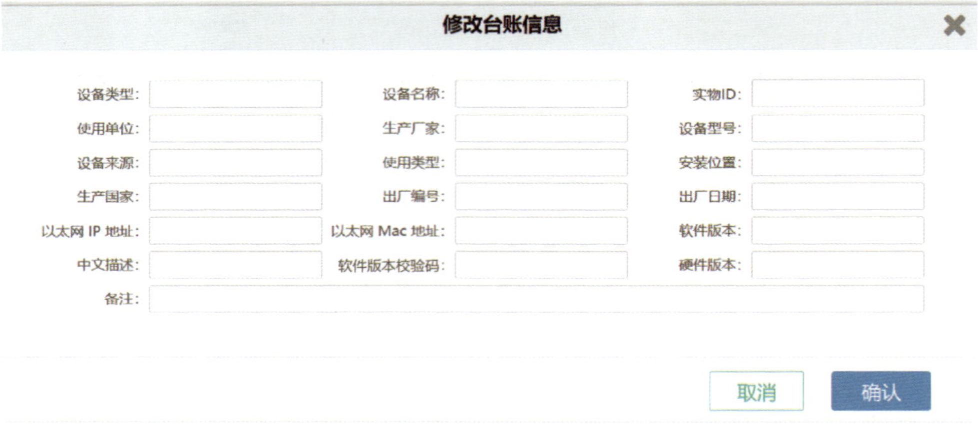

图 4-81　修改声纹装置台账信息

4）新增：可编辑项目有设备类型、设备名称、实物 ID、使用单位、生产厂家、设备型号、设备来源、使用类型、安装位置、生产国家、出厂编号、出厂日期、以太网 IP 地址、以太网 Mac 地址、软件版本、中文描述、软件版本校验码、硬件版本、备注；可操作按钮为取消、确定、继续新增（新增当前内容并且重置"新增设置"弹窗）。新增声纹装置台账信息界面参考图如图 4-82 所示。

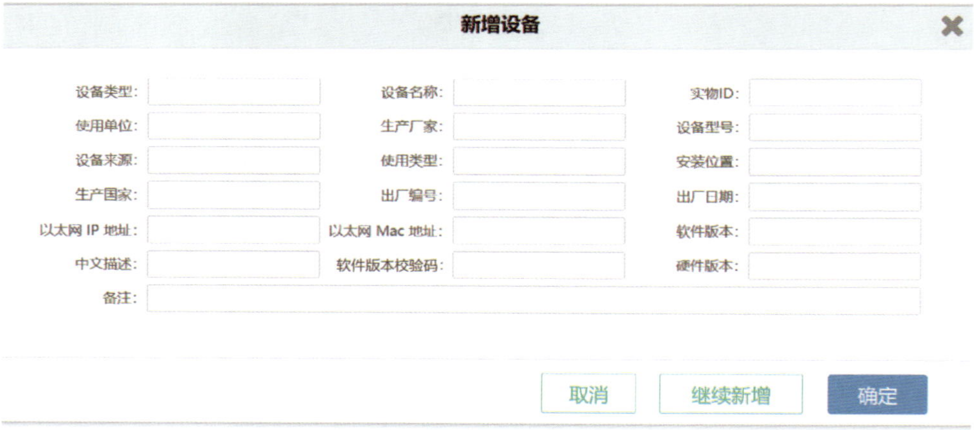

图 4-82　新增声纹装置台账信息

5）删除：可对所选列表内容进行批量删除。

4.3.6.11　设置

任务管理分为四个部分：权限设置、操作日志、系统监测、算法更新，通过"主页导航栏"中的"设置"按钮打开权限设置界面。

（1）权限设置：进行用户管理与权限设置，"设置"界面默认切页为"权限设置"，权限设置界面效果如图 4-83 所示。

图 4-83　权限设置

1）筛选：按照账号状态、在线状态、角色、IP 登录限制、搜索（用户名、用户 ID）条件进行筛选查询，可重置筛选条件。

2）重置密码：可批量选择列表，统一更改密码，并提示已更改用户密码的数量。

3）启用与禁用：可批量对用户进行"启用"或"禁用"操作，禁用后账户不能登录，登录时提示已被"禁用提示"；"启用"后恢复。

4）角色移动：显示管理员与普通用户两个列表，分别可对列表进行批量选择、移动。"管理员"列表的移动默认为将"管理员"用户移动到"普通"用户角色分组里；"普通用户"列表的移动默认为将"普通"用户移动到"管理员"用户角色分组里。角色移动如图 4-84 所示。

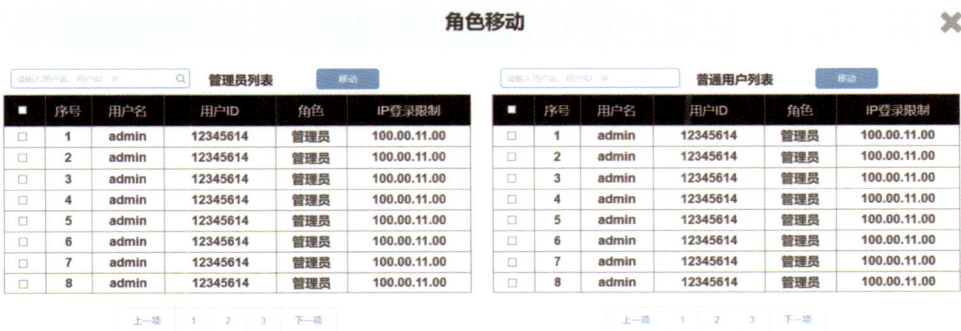

图 4-84　角色移动

5）新增用户：可编辑用户 ID、用户名、角色、IP 登录限制、账号状态，可"继续新增"（新增当前内容并且重置"新增用户"弹窗）。新增用户如图 4－85所示。

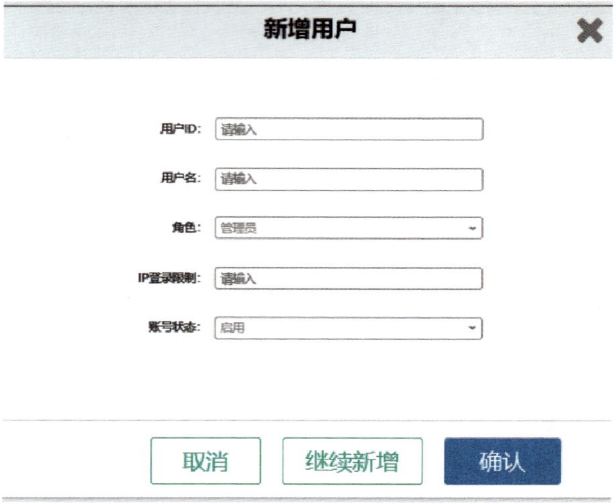

图 4－85　新增用户

6）导入：可用 Excel 批量导入用户信息。

7）编辑用户：可修改用户 ID、用户名、角色、IP 登录限制、账号状态。编辑用户如图 4－86 所示。

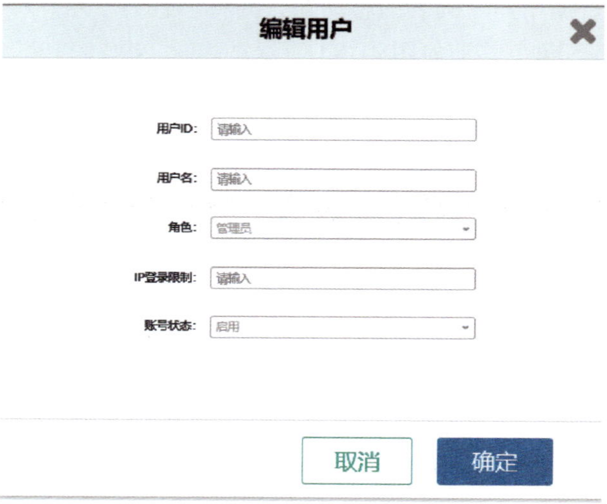

图 4－86　编辑用户

8）删除：可批量删除列表内容。

（2）操作日志。操作日志如图 4−87 所示。

图 4−87　操作日志

1）筛选：通过操作时间段、搜索（用户名、用户 ID）进行筛选查询；可重置。

2）列表内容：包含序号、用户名（系统操作的显示为"system"）、用户 ID、登录 IP、时间、模块、功能、操作、操作描述。

（3）系统检测。

1）对设备在线状态进行统一监测查看。在线状态如图 4−88 所示。

图 4−88　在线状态

2）对录像设备进行统一监测。录像检测如图 4−89 所示。

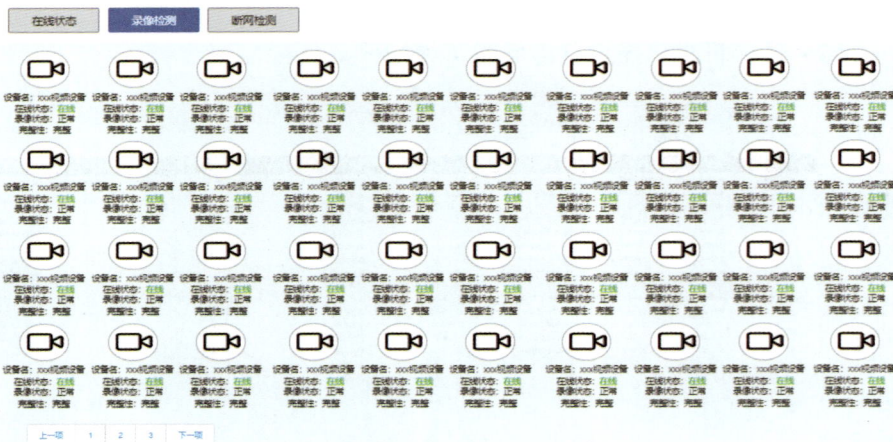

图 4-89　录像检测

3）显示区域巡视主机到上级系统、智能分析主机和所接入变电站节点的网络状态；计算断网节点个数，标红展示异常结果。断网检测如图 4-90 所示。

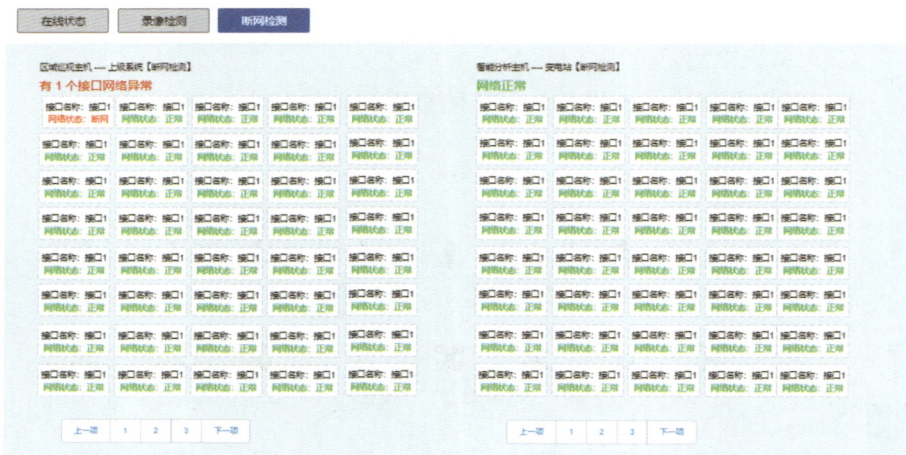

图 4-90　断网检测

（4）算法更新：一键更新算法镜像、模型、程序和配置文件等。

第 **5** 章

集控站与变电站数据交互设计

≫ 5.1 集控站业务数据交互 ≪

5.1.1 纵向数据交互

集控系统支持与变电站进行交互，主要包括与实时网关机、服务网关机以及在线智能巡视主机的交互。变电站业务系统交互如图 5-1 所示。

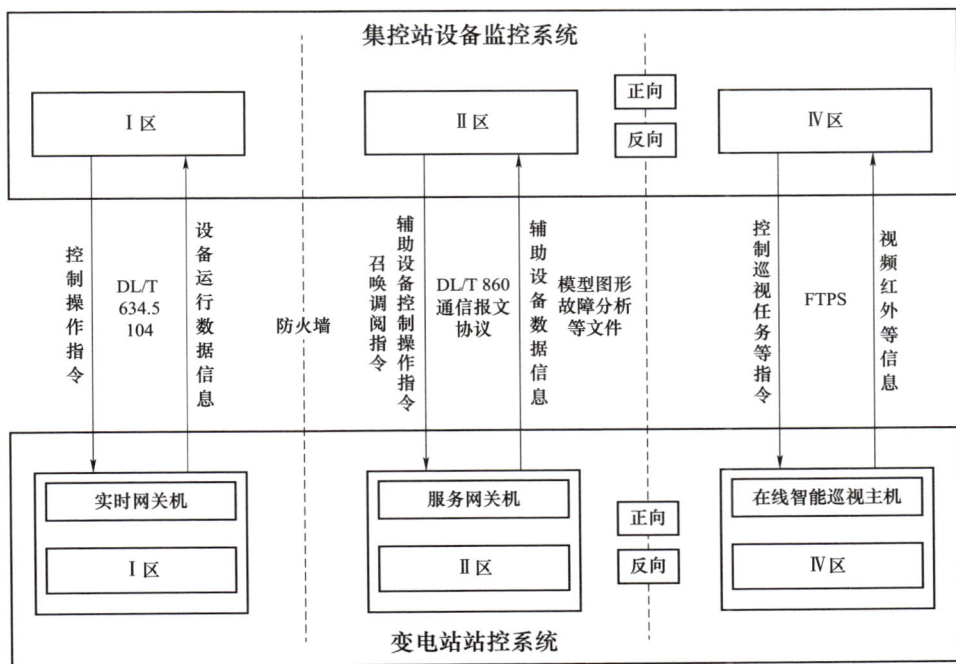

图 5-1 变电站业务系统交互

5.1.1.1　Ⅰ区与变电站实时网关机的交互

与实时网关机通信宜采用 DL/T 634.5104—2009《远动设备及系统　第5-104 部分：传输规约　采用标准传输协议集的 IEC 60870-5-101 网络访问》及扩展协议，交互内容包括：

（1）一次设备实时数据信息、全站保护、测控等二次设备的实时数据信息。

（2）辅助设备重要量测及关键告警数据。

（3）单设备遥控/遥调、保护定值区切换。

（4）远方操作一键顺控，交互过程应满足 Q/GDW 11489—2015《电力系统序列控制接口技术规范》的要求。

（5）保护测控定值修改操作参见 Q/GDW 11354—2017《调度控制远方操作技术规范》。

5.1.1.2　Ⅱ区与变电站服务网关机的交互

与变电站服务网关机通信宜采用 DL/T 860《电力自动化通信网络和系统》通信报文协议，交互的内容包括：

（1）辅助设备量测及告警数据、辅助设备控制操作指令。

（2）变电站图形信息，图形格式应满足 DL/T 1230—2016《电力系统图形描述规范》。

（3）二次设备在线监测数据。

（4）按需调阅历史数据报告、故障分析报告、设备状态分析报告、版本管理文件。

5.1.1.3　Ⅳ区与变电站在线智能巡视主机的交互

部署于安全Ⅳ区的在线智能巡视子系统支持与变电站在线智能巡视主机进行交互，按需下发控制指令、巡视任务等信息，并能获取站内视频、巡检机器人巡检信息；在线智能巡视子系统应接收集控系统主辅设备联动视频等指令并执行。

5.1.2　横向数据交互

集控系统横向交互主要考虑与省级中台、调度系统和统一视频平台等系统进行交互。集控系统横向数据交互如图 5-2 所示。

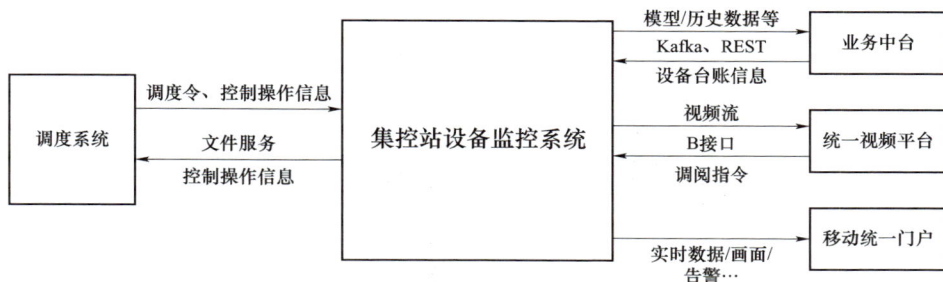

图 5-2　集控系统横向数据交互

（1）与业务中台交互：与业务中台间的模型、图形、历史数据交互格式应满足 DL/T 1380—2014《电网运行模型数据交换规范》、DL/T 1230—2016《电力系统图形描述规范》的要求。

（2）与调度系统交互：通过文件服务方式与调度系统进行交互，调度系统向集控系统提供设备模型、图形以及控制操作等信息；通过消息或服务的方式发送调度指令等信息；集控系统根据需求通过文件服务向调度系统提供控制操作信息。

（3）与统一视频平台交互：在线智能巡视子系统通过统一视频平台 B 接口进行交互，接收视频控制指令，传输视频信息。

（4）与集控备用系统间交互：与集控备用系统之间以消息、服务等方式进行交互，消息应符合 DL/T 1660—2016《电力系统消息总线接口规范》、DL/T 1872—2018《电力系统即时消息传输规范》、GB/T 33605—2017《电力系统消息邮件传输规范》的要求；服务应符合 GB/T 33604—2017《电力系统简单服务接口规范》的要求；数据格式应符合 GB/T 30149—2019《电网通用模型描述规范》、DL/T 890.552—2014《能量管理系统应用程序接口　第 552 部分：CIMXML 模型交换格式》的要求。

5.2　变电站业务数据交互

变电站主要考虑站内系统间交互，以及与集控系统交互。

5.2.1　站内系统间交互

5.2.1.1　主辅一体化监控主机

主辅一体化监控主机数据交互如图 5-3 所示。

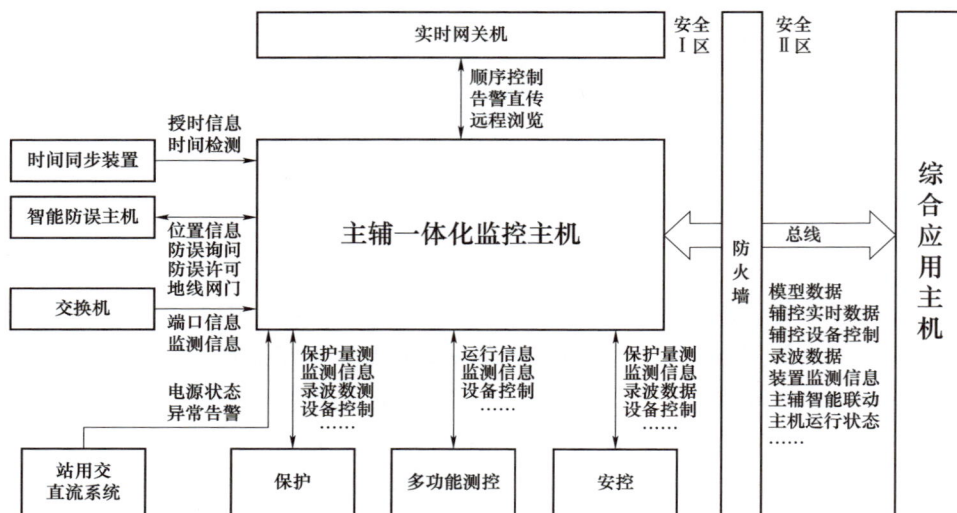

图 5-3 主辅一体化监控主机数据交互

信息采集接口协议要求如下：

（1）监控主机应通过 DL/T 860《电力自动化通信网络和系统》通信报文规范，直接采集安全Ⅰ区多功能测控、保护、安控等间隔层设备及站用交直流系统信息。

（2）监控主机应通过总线和综合应用主机通信，获取辅控设备、Ⅱ区无线接入区等Ⅱ区设备数据。

（3）监控主机应通过 SNTP 协议接受时间同步装置授时，并通过 DL/T 860《电力自动化通信网络和系统》通信报文规范采集时间同步装置的时间监测信息。

（4）监控主机应实现交换机工况及端口工况的实时数据采集功能，通信协议采用 SNMP 或 DL/T 860《电力自动化通信网络和系统》通信报文规范。

（5）监控主机与智能防误主机之间应采用 DL/T 860《电力自动化通信网络和系统》通信报文规范，实现防误逻辑校核及信息传递。

（6）监控主机应通过总线获取变电站模型数据。

（7）监控主机应实现与综合应用主机的控制联动。

（8）监控主机应实现顺控服务，宜支持通过实时网关机为主站提供远程浏览及告警直传等服务。

5.2.1.2 综合应用主机

综合应用主机数据交互如图 5-4 所示。

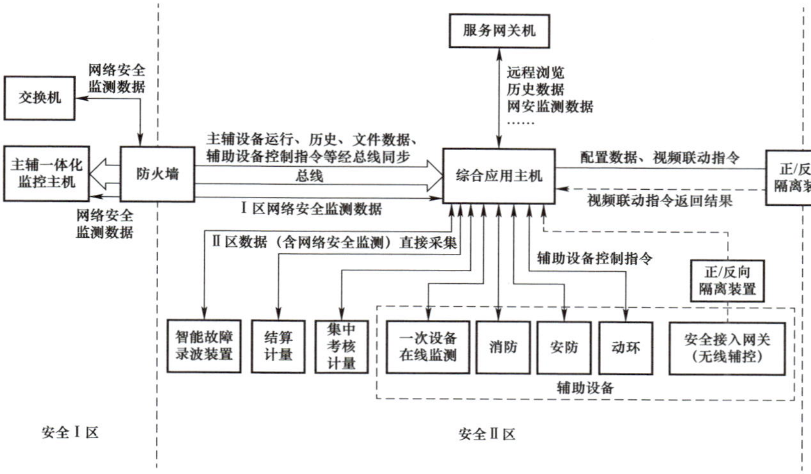

图 5-4　综合应用主机数据交互

具体应满足的要求如下：

（1）综合应用主机通过Ⅱ区站控层网络直接与汇聚层设备进行双向数据交互，交互协议应采用 DL/T 860《电力自动化通信网络和系统》通信报文规范。

（2）综合应用主机与Ⅰ区监控主机、实时网关机以及交换机通过防火墙穿透的方式进行双向数据交互，包括主辅设备运行数据，辅助设备控制指令，历史、文件数据，交互协议采用平台总线方式实现。

（3）综合应用主机应对网络安全监测的要求采集Ⅰ区、Ⅱ区网络安全监测数据并通过服务网关机上传网络安全管理平台或集控站，同时执行服务网关机转发的网络安全管理平台控制命令。

（4）综合应用主机与Ⅱ区服务网关机直接通过Ⅱ区站控层网络并采用平台总线方式进行双向数据交互。

（5）综合应用主机与Ⅳ区在线智能巡视主机之间通过正反向隔离装置进行数据交互。

5.2.1.3　在线智能巡视主机

变电站站端巡视系统数据交互如图 5-5 所示。

巡视主机对外接口定义如下：

（1）与机器人巡视系统接口：采用 TCP 传输协议，下发巡视主机对机器人的控制、巡视任务等指令，接收机器人巡视数据、机器人状态等数据；采用 FTPS 等安全文件传输规范，接收可见光照片、红外图谱等文件。

（2）与视频系统接口：与视频系统中的硬盘录像机接口采用 TCP/UDP 传输

协议，获取摄像机的视频，并实现对摄像机的控制。

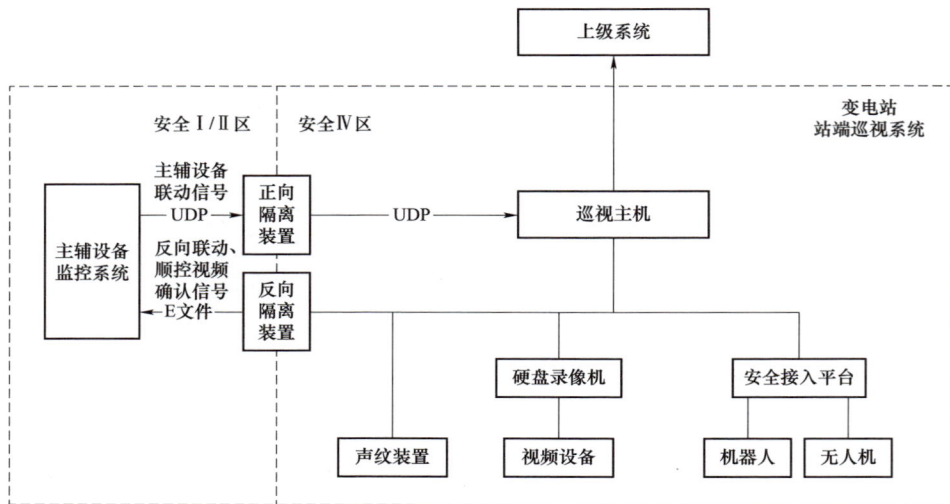

图 5-5　变电站站端巡视系统数据交互

（3）与声纹监测装置接口：采用 TCP/UDP 传输协议，获取声音监测数据。

（4）与主辅设备监控系统接口：主辅助设备监控系统与巡视主机通过 II 区与 IV 区之间正反向隔离装置通信，采用 UDP 协议、E 文件格式，实现巡视系统主辅设备联动等功能。

（5）与上级系统接口：采用 TCP 协议传输任务管理、远程控制、模型同步等指令，视频传输接口遵循 Q/GDW 1517.1《电网视频监控系统及接口　第 1 部分：技术要求》接口 B 协议，文件传输接口采用 FTPS 协议。

5.2.2　与集控系统交互

5.2.2.1　实时网关机与集控站交互

实时网关机数据交互如图 5-6 所示。

（1）实时网关机、主辅一体化监控主机，负责采集全站保护、测控等二次设备的数据信息，实时网关机挑选影响电网、设备安全运行的设备数据信息和站内辅助系统的重要数据信息，并通过纵向加密装置上送给集控系统，包括以下信息：

1）电流、电压信息和断路器位置等电网实时运行的量测值和状态信息。

2）主变压器油温、气室压力、主变压器油温高等主设备运行状态和关键告警信息。

3）火灾告警、防区告警、水浸告警、SF_6 泄漏告警等辅助设备关键告警信息。

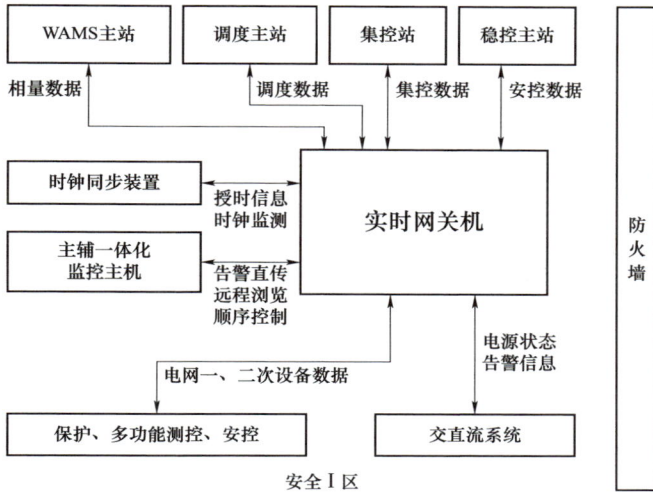

图 5-6　实时网关机数据交互

4）保护设备压板变位、动作和告警信息。

5）遥控、遥调、顺控等操作命令。

（2）实时网关机负责执行以下下行指令：

1）调度、集控对变电站一次设备的操作指令，指令需通过站内智能防误校核。

2）一键顺控操作控制指令。

3）保护装置远方整定定值、投退软压板、切换定值区操作指令，整定定值全部流程应在实时网关机实现。

（3）实时网关机主要采用 DL/T 634.5104—2009《远动设备及系统　第 5-104 部分：传输规约　采用标准传输协议集的 IEC 60870-5-101 网络访问》、DL/T 476—2012《电力系统实时数据通信应用层协议》、DL/T 860《电力自动化通信网络和系统》规约通信，支持数据变化上送和周期性全数据上送，全数据上送周期为 15～30min。

5.2.2.2　服务网关机与集控站交互

服务网关机数据交互如图 5-7 所示。

（1）服务网关机和综合应用主机，负责采集智能故障录波装置、结算计量装置、火灾消防、安全防卫、一次设备在线监测、动环系统的数据信息，并通过纵向加密装置上送给集控系统，应包括以下信息：

1） 保护测量值、定值、软压板、定值区信息。

2） 测控参数、配置信息。

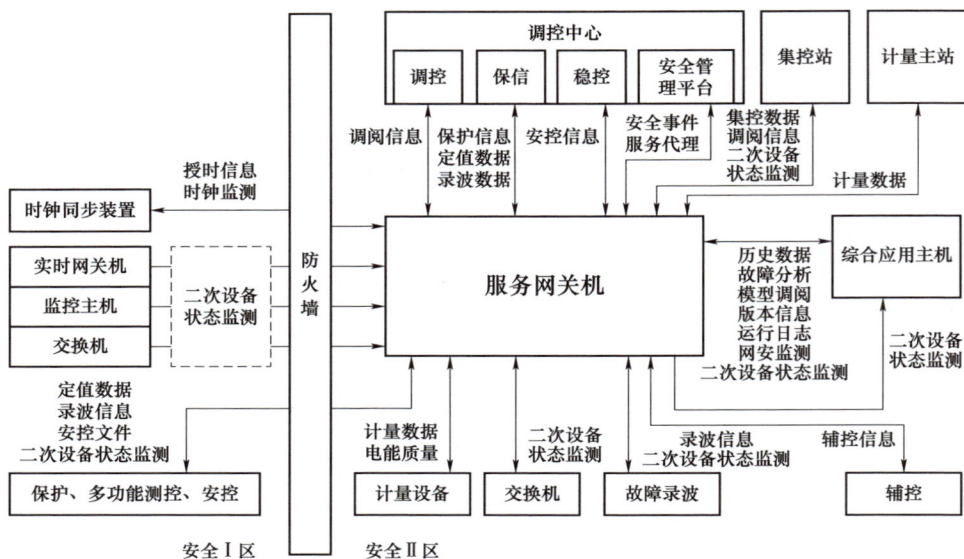

图5-7 服务网关机数据交互

3） 保护、测控等二次设备在线监测信息。

4） 泄漏电流等一次设备在线监测信息。

5） 局部放电等一次设备在线监测记录文件。

6） 火灾消防、安全防卫等辅助设备运行和告警信息。

7） 变电站的 SCD、CIM/G、RCD 等文件。

8） 历史遥信、历史遥测等数据。

（2） 服务网关机和综合应用主机，应支持召唤下列信息：

1） 保护、测控等二次设备的测量值、定值、定值区、参数与维护信息、故障报告、历史遥信、历史遥测等数据。

2） 二次设备在线监测信息。

3） 一次设备在线监测信息及记录文件。

4） 火灾消防、安全防卫等辅助设备运行和告警信息。

5） 变电站的 SCD、CIM/G、RCD 等文件。

（3） 服务网关机应支持集控系统对变电站辅助设备的控制操作。

（4） 服务网关机应采用 DL/T 860《电力自动化通信网络和系统》或 GB/T 33602—2017《电力系统通用服务协议》与集控系统交互，以服务方式上送数据；

辅助设备的状态变位信息应优先插入传送，支持对数据的订阅和发布，全数据上送的周期为 40～60min。

5.2.2.3　在线智能巡视主机与集控站交互

巡视系统与集控站数据交互如图 5-8 所示。

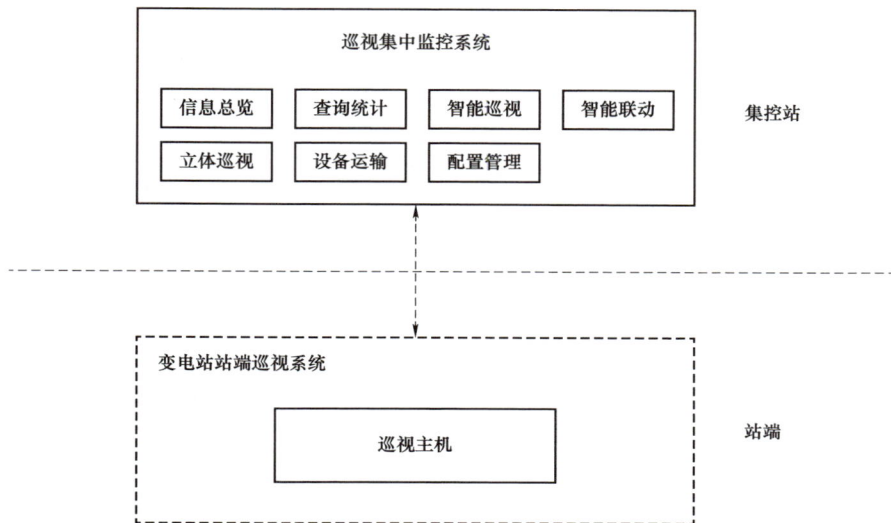

图 5-8　巡视系统与集控站数据交互

具体如下：

（1）变电站站端巡视系统巡视主机接送巡视信息、告警信息、巡视点位、设备联动等。

（2）巡视集中监控系统可进行信息总览、查询系统、智能巡视、智能联动、立体巡视界面展示。巡视集中监控系统向巡视主机下发巡视任务及配置策略，从巡视主机获取视频、录像等信息并下发控制指令，与集控站巡视集中监控系统传输任务管理、远程控制、模型同步等指令。

（3）视频传输接口遵循 Q/GDW 1517.1—2019《电网视频监控系统及接口 第 1 部分：技术要求》接口 B 协议，文件传输接口采用 FTPS 协议。

第**6**章

设备监控数据管理

> ## 6.1 概 述

6.1.1 变电站设备监控系统概述

变电站设备监控系统厂站端的设计架构一般分为三层，自上而下分别是站控层、间隔层和过程层。其中站控层提供变电站内运行的人机交互界面、实现管理控制间隔层设备等功能，形成全站监控、管理中心，并与调度控制中心、集控主站进行通信，该层设备主要包括监控主机、数据通信网关机、数据服务器、综合应用服务器、辅助应用主机、远程智能巡视主机、时钟同步对时监测管理装置等；间隔层实现面向单元设备的监测控制功能，并能在站控层及网络失效的情况下独立完成间隔设备的就地监控功能，包括保护装置、安控装置、测控单元、故障录波装置、智能电能量计量和监测装置、消防、安防等系统的智能终端、辅助设备的控制主机、各类通信接口设备等；过程层通过采集执行单元、各类一次设备在线监测装置、高清视频监控、智能巡检机器人、无人机等智能辅助设备实现对站内设备运行和监测信息的全面采集，并将相关信息量上送至间隔层设备。

变电站监控系统厂站端各层级之间通信一般采用以太网方式连接，可传输CMS 及 GOOSE 报文。变电站监控系统可以实现对站内环境量、物理量、状态量、电气量的全面采集、汇总及分析，满足对设备状态全面感知、信息互联共享、人机友好交互、设备诊断高度智能等要求，是辅助变电站高质效运维管理不可或缺的部分。变电站监控系统整体架构如图 6-1 所示。

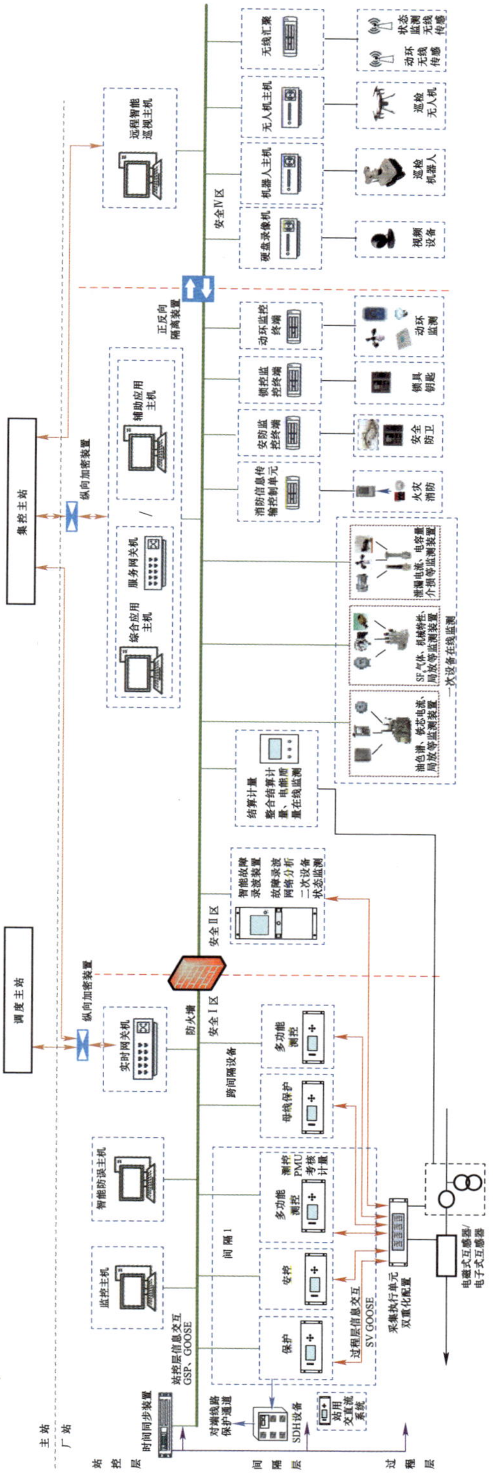

图 6-1 变电站监控系统整体架构

变电站监控系统通过主设备监控系统、远程智能巡视系统、视频监控系统、消防监控系统、安防监控系统、动环监控系统、锁控系统、在线监测系统等子系统或模块获取设备设施的相关数据，变电站数据采集子系统主要设备装置见表6-1。

表6-1   变电站数据采集子系统

序号	数据采集子系统	典型数据采集装备
1	主设备监控系统	保护装置、安控装置、测控装置、故障录波装置、电能量计量装置
2	远程智能巡视系统	机器人、无人机、视频装置
3	消防监控系统	火灾报警装置、消防装置
4	安防监控系统	外部入侵探测装置、紧急报警装置、门禁（入口控制）设备
5	动环监控系统	风机控制装置、水泵控制装置、照明控制装置、除湿机控制装置、SF_6氧气监测装置
6	锁控系统	锁控监控终端、智能五防钥匙
7	在线监测系统	变压器类在线监测装置、开关类在线监测装置、容性设备及避雷器类在线监测装置

6.1.2 数据传输原则

变电站设备监控系统数据传输应满足"模型统一、共建共享、安全加密"的原则。

（1）模型统一原则：以变电设备台账信息模型为基础，统一设计变电设备台账和量测数据的对应关系模型，后续遵循统一模型，进行数据传输和存储。

（2）共建共享原则：充分考虑变电专业共性业务，以变电站设备监控系统为核心，共同建设、共同维护、共同使用，实现各子系统的数据贯通与业务协同。

（3）安全加密原则：变电站监控系统的数据传输通道应按照需求分成不同的安全传输大区，不同安全传输大区之间应使用专门的信息安全防护设备进行隔离，例如防火墙、纵向加密认证装置、正、反向隔离装置及网络安全监测装置等。

≫ 6.2 变电站典型数据采集 ≪

变电站监控系统数据采集对象为变电站内的主设备和辅助设施，采集的典型数据包括监控数据、巡检数据两类。监控数据是指为满足变电站集中监控需要接入技术支持系统的一次设备、二次设备及辅助设备监视和控制信息，分为运行数据、动作信息、告警信息和控制命令四类；巡检数据是指接入技术支持系统的一次设备、二次设备及辅助设备巡视信息，分为运行环境数据、巡视数据、采集设备状态数据三类。典型采集数据见附表 25。变电站监控系统采集数据类型如图 6-2 所示。

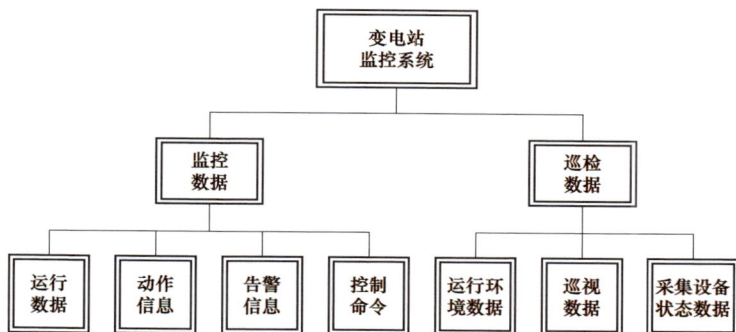

图 6-2　变电站监控系统采集数据类型

6.2.1　监控数据

（1）设备运行数据。设备运行数据包含主设备运行数据和辅助设备运行数据。

主设备运行数据主要包括反映一次、二次设备运行工况的量测数据和位置状态。其中一次设备量测数据包含一次设备运行的有功功率、无功功率、电流、电压、频率、主变压器油温、主变压器分接头挡位等；二次设备量测数据包括装置温度、工作电压、过程层端口发送/接收光强和光纤纵联通道光强等；位置状态数据主要指设备运行状态量信息，具体包含断路器，刀闸等一次设备位置信息和压板投退、设备控制切换把手等二次设备状态信息。

辅助设备运行数据主要包括火灾消防、安全防范、一次设备在线监测、动环系统、视频监控、机器人监控等辅助设备运行工况的量测数据和位置状态，设备故障和异常时应能联动、弹窗响应辅助系统视频。

（2）设备动作信息。设备动作信息包含主设备动作信息和辅助设备动作信息。主设备动作信息主要包括变电站内断路器、继电保护和安全自动装置等设备或间隔的动作信号及相关故障录波（报告）信息，包括继电保护及安全自动装置的动作出口总信号、断路器机构动作信号、间隔事故总信号等。

辅助设备动作信息主要包括油中溶解气体（过热、放电、过热兼放电）等信息；火灾报警探测器、手动报警按钮、消防设备（设施）的启动和反馈，以及灭火装置出口等信息；防区报警，门禁、电子钥匙的开关动作等信息；空调、风机、水泵、除湿机、照明的启动/停止；视频监控预置位调用、事件告警等信息；机器人监控预置位调用、事件告警等信息。

（3）设备告警信息。设备告警信息主要包括一次、二次设备故障和辅助设备告警信息。一次设备故障告警信息是指一次设备发生缺陷造成无法继续运行或正常操作的信息，例如 SF_6 气压低闭锁等；二次设备故障告警信息是指设备（系统）因自身、辅助装置、通信链路或回路原因发生重要缺陷、失电等引起设备（系统）闭锁或主要功能失去的信息，例如 TA 断线等。一次设备异常告警信息是指一次设备发生缺陷造成设备无法长期运行或性能降低的信息，例如油泵打压超时等；二次设备异常告警信息是指设备自身、辅助装置、通信链路或回路等发生缺陷，但是不影响设备的主要功能而发出的信息，例如 GOOSE 数据异常等。

辅助设备告警信息主要包括变压器油中溶解气体告警、断路器 SF_6 气体压力及水分监测告警、SF_6 含量越上限告警、氧气值越下限告警等信息；火灾自动报警控制器（联动型）故障、火灾探测器故障、消防电源电压告警等信息；安防监控终端故障、门禁故障、探测器故障、锁控监控终端故障、装置通信异常、锁控监控终端告警、电子钥匙的告警等信息；动环监控终端故障、装置故障等信息；视频监控主机故障、通信故障、摄像机故障、巡检机器人、无人机故障等信息；装置故障、通信故障等信息。

（4）设备控制命令。设备控制命令包括主设备控制命令和辅助设备控制命令。

主设备控制命令包括一次、二次设备单一遥控、遥调操作以及程序化操作命令，具体包含断路器、电动刀闸的分合、主变压器挡位的升降，无功功率补偿装置投切，二次设备定值区切换、软压板投退以及一键顺控等。

辅助设备控制命令主要包括固定灭火系统应急远程启动等；周界安防撤/布防、门禁的控制、电子钥匙任务下发等；动环系统：风机、水泵、空调、除湿机的启停，照明的开关等；视频监控摄像机云台控制、光圈调节、聚焦调节、雨刷控制、照明控制、预置位设置等；机器人监控云台控制、预置位设置、机器人自检、远方复位、一键返航；无人机自检、一键返航、自动降落等。

6.2.2 巡检数据

巡检数据包含运行环境数据、巡视数据和采集设备状态数据。

（1）运行环境数据。运行环境数据包括大气温度、大气湿度、风速、风向、雨量、气压等微气象数据。

（2）巡视数据。巡视数据包括视频、机器人、摄像机、声纹监测装置等装置采集的可见光视频及图像、红外图谱、音频等信息。巡视数据具体包括断路器、组合电器、变压器、电抗器等充油充气设备表计示数；避雷器动作次数表、设备室内温湿度表计示数；一次设备及切换把手、压板、指示灯、空气开关等二次设备的位置状态指示；设备设施外观等状况；变电站环境、建筑设施外观等状况；一次设备本体、接头、套管、引线等重点部位的红外图谱数据；二次设备端子排、接线部位、装置本体、继电器等重点部位的红外图谱数据；变压器、电抗器、电压互感器、电流互感器、开关柜等一次设备的声音数据。

（3）采集设备状态数据。采集设备状态数据包括远程智能巡视系统各个组件本体的信息。采集设备状态数据具体包括视频摄像机、硬盘录像机的工况信息，如设备在线状态等；硬盘录像机的存储状态，包括录像时长、录像周期、录像完整性等；采集机器人的运行信息，包括电池电量、机器人位置信息、充电电流等；采集机器人任务执行信息，包括任务执行状态、任务进度、启动时间等；采集机器人的工作状态，包括空闲、巡视、充电、故障等；采集机器人异常告警信息，包括电池电量过低、驱动异常、防碰撞告警、停机位置等。

6.3　变电站设备监控数据传输和存储

6.3.1　数据传输方式

数据传输应采用分区方式。常规分为安全Ⅰ区和安全Ⅱ区，Ⅰ区由数据通信网关机通过直采直送方式实现与调控中心实时数据传输，并提供运行数据浏览服务；Ⅱ区由数据通信网关机通过防火墙从数据服务器获取保护管理数据、电能量、故障录波、状态监测及辅助设备数据等非实时数据信息，再与调控中心进行信息传输，并提供信息查询及远程浏览服务；综合应用服务器通过正、反向隔离装置向Ⅲ区/Ⅳ区数据通信网关机发布信息，同时通过Ⅲ区/Ⅳ区数据通信网关机实现综合应用服务器与 PMS 主站、设备状态监测等其他主站系统的信息交互。具体数据传输方式如下：

（1）结构化数据传输方式。监控数据和巡视数据中可以用二维表结构来逻辑表达实现的数据，称为结构化数据，结构化数据包括以下四类：

设备信息：变电站内各类设备台账，如变电站、变压器、母线、断路器、导线段等。

拓扑关系：站内各类设备关系数据，如站线关系、线变关系、户变关系等。

业务数据：对电网进行管理产生的业务数据，如巡视任务、检修计划、试验等。

量测数据：各设备感知数据，如电压、电流、功率、变位、告警等。

以上结构化的数据以行数据的形式通过迁移工具，从源端系统迁移至电网资源业务中台，以行数据的形式存储在电网资源业务中台数据库中，然后电网资源业务中台通过共享服务的方式为各专业微应用提供数据支撑。

结构化数据的传输路径如图6-3所示。

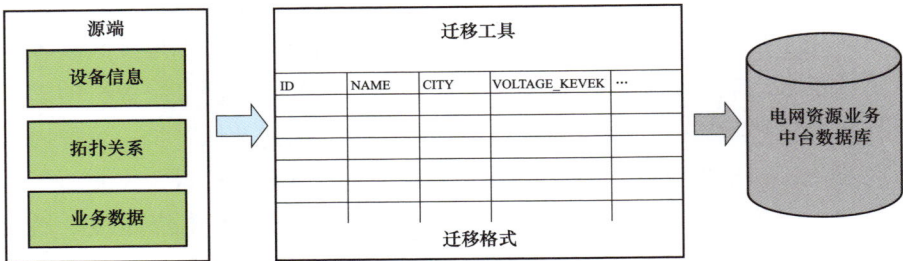

图6-3　结构化数据传输路径

监控的量测数据以 Json 格式通过 kafka 消息组件从源端实时传输至电网资源业务中台，以列式存储的方式存储在电网资源业务中台数据库中，然后电网资源业务中台通过共享服务的方式为各专业微应用提供数据支撑。

量测数据类型的结构化数据传输路径如图6-4所示。

图6-4　量测数据类型的结构化数据传输路径

（2）非结构化数据传输方式。巡检产生的巡视数据，包括视频、机器人、摄像机、声纹监测装置等装置采集的可见光视频及图像、红外图谱、音频等信息，称为非结构化数据，同时包含来源于站端移动作业等微应用作业过程当中产生的办公文档、文本、图片、各类报表、图像、音频、视频信息等；各微应用通过终端设备将非结构化数据进行上传，以接口的形式回传至电网资源业务中台非结构化平台。

非结构化数据的传输方式如图 6-5 所示。

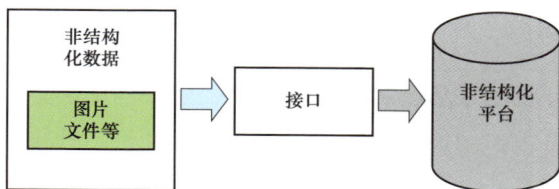

图 6-5　非结构化数据传输路径

6.3.2　数据存储方式

变电设备信息、设备台账，以及变电站监控系统中的电压、电流、功率、保护信号等数据以结构化的形式存储在电网资源业务中台数据库中。

变电巡检数据和变电业务应用作业过程当中产生的办公文档、文本、图片、各类报表、图像、音频、视频信息等数据通过终端设备将非结构化数据进行上传，储存在非结构化平台当中。数据的传输与存储方式见表 6-2。

表 6-2　　　　　　　　　　　数据的传输与存储方式

项目	数据类型	来源	传输方式	存储方式
结构化数据	行数据	源端	迁移工具	业务中台数据库
非结构化数据	图片/文件	微应用	接口	非结构化平台

≫ 6.4　数　据　分　析 ≪

当前电力行业开始逐步推行建立以可靠性为中心的设备管理模式，数据分析是设备可靠性综合评估的核心手段。数据分析是指运用比对、模型计算等方法，从变电站监控系统采集、存储的各类数据中，抽取与对象相关的数据，进行分析并得出结论的方法；通过数据分析可以实现设备可靠性精准评估，辅助运维人员做出分析决策，在巡视维护、事故异常处置及设备状态评估等方面发挥重要作用。

6.4.1　数据分析的类型

数据分析的类型可分为描述性分析、预测性分析和规范性分析。

（1）描述性分析通过对数据进行收集、整理、归纳，描述其变化特征，生成可读性强的报告。描述性分析可用于巡视维护、异常跳闸等事件数据的分析，使运维人员快速掌握站内设备实时运行情况，纵横向对比法、实时分析法是其主要分析手段。

（2）预测性分析通过总结历史数据规律，建立匹配的计算模型，来预测当前数据的后续变化。预测性分析可用于设备状态评价，通过对设备状态参数进行分析预测，使运维人员掌握设备状态及变化趋势，纵横向对比法、实时分析法、知识图谱分析法及多源数据融合分析法是其主要分析手段。

（3）规范性分析是一种高度智能化的分析手段，通过建立比预测性分析更为完善的模型，从多种数据预测结果中选出最优解，并给予执行建议。规范性分析常用于设备状态评价、故障处置等，知识图谱分析法、多源数据融合分析法是其主要分析手段。

6.4.2　数据分析的方法

数据分析方法是将数据库内的数据按照分析策略进行比较、预警、诊断和决策的手段。运用数据分析方法能够快速、精准得到主设备及辅助设备的运行状况，在巡视维护、事故异常处理及设备状态评估等方面提高效率。常见的数据分析方法，比如横向对比法、纵向对比法及实时分析法等基础分析方法是一种单变量的分析方法，不适用于基于多参数综合分析的现代设备管理要求，需要使用更高阶的综合分析方法，比如知识图谱分析、多源数据融合分析等方法。

（1）知识图谱分析。知识图谱分析是指利用知识图谱库搜索查询对象数据的关联信息，进而进行分析预测并得到结果的一种手段，是融合认知计算、知识表示与推理、信息检索与抽取、数据挖掘与机器学习等方面的交叉分析方法。知识图谱分析首先通过知识抽取、知识融合构建知识图谱库，然后再根据对象数据在知识图谱库中进行知识检索，找到对应结果，知识图谱库建立流程图如图6-6（a）所示，知识检索流程图如图6-6（b）所示。

知识抽取主要是通过实体抽取、关系抽取和属性抽取，将不同来源、不同结构的数据转化成图谱数据，包括结构化数据、非结构化数据、知识标引、知识推理等，保障数据的有效性和完整性，是构建知识图谱的核心技术。知识融合是以结构化的形式描述数据之间的关系，将不同来源的知识信息组织、构建成为相互联系的知识网络，即知识图谱库。知识图谱库可以通过数据反复抽取、融合来进行迭代更新。知识检索首先需要抽取与分析对象相关的特征数据，确定其与预测结果之间的关系描述，将数据与关系描述共同在知识图谱库中进行查找或匹配，找到对应的数据链，数据链末端的数据即为分析结果。

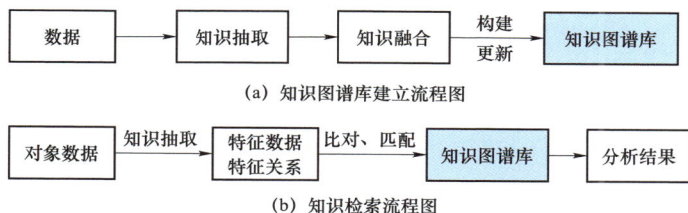

(a) 知识图谱库建立流程图

(b) 知识检索流程图

图 6-6　知识图谱分析流程图

在实际应用当中，知识图谱分析方法常用于故障分析与处置。通过收集大量变电站发生的故障信息，包括故障基本信息、故障特征、相关量测数据、故障原因和相关措施，进行知识抽取、融合，以典型故障事件的形式，组成知识网络，用于后续故障分析和处置。比如 220kV ××线路跳闸，系统通过知识检索抽取电压等级、故障设备名称、故障类型等基本信息，电压电流等量测数据，与知识图谱库进行比对分析，即可得到故障原因及处置建议，可大大缩短运维人员故障处置的时间。

（2）多源数据融合分析。多源数据融合分析是利用相关技术手段将对象所需的所有或局部设备信息综合到一起，并对信息进行多维度评价、分析，吸取不同数据源的特点，然后从中提取出统一的，比单一数据更好、更丰富的信息，最后得到统一信息的技术。

多源数据融合分析首先通过数据收集、数据分析、数据融合，构建能精准描述对象及其变化规律的模型，再根据模型要求选取对应参数并输入，即可得到分析结果，多源数据融合分析流程如图 6-7 所示。建模首先需要进行数据收集，将不同来源、不同维度的数据信息汇总，然后进行数据分析和数据融合，筛选合适的数据并分析总结其规律，构建对象模型；模型可与实物对象反复比对、验证，并重复上述过程，得到精准度更高的模型；在使用模型分析时，首先在现有数据中按照模型的需求选取合适的数据，再对数据进行预处理，使其符合模型分析的要求，输入模型即可得出结论。数据融合是多源数据融合分析的核心，提供给模型分析的数据越全面，分析结果越准确。

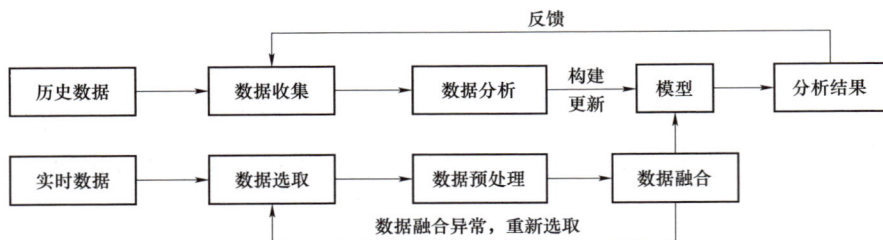

图6-7　多源数据融合分析流程图

在实际应用当中，多源数据融合分析方法常用于设备状态评估及诊断。例如在对变压器绝缘油进行状态评估时，运用多源数据融合分析方法，通过数据收集变压器电压、电流、储油柜油位、油温、绕组油温、环境温度、负载率、铁芯夹件泄漏电流、油中溶解气体成分及含量、冷却器运行情况等历史数据，然后在以上数据中抽取影响绝缘油老化的数据，如绕组油温、负载率、油中溶解气体成分及含量等进行分析、融合，得到变压器绝缘油老化模型；后台收集现场绕温、负载率、油中溶解气体成分及含量等数据进行预处理并输入模型后，可以得到变压器绝缘油老化程度的分析结果。

数据分析方法的应用涉及面广，包括在运维、检修、试验等专业均可发挥作用。在变电站巡视维护、事故异常处理及设备状态评估等方面，高效的数据分析方法可使日常巡视维护效率大大提高，也可以及早发现设备缺陷、及时评估设备运行状态、高效处置异常故障等，可极大减轻现场人员工作强度。

经过采集、汇总、分析的数据为变电站可视化管理奠定了基础，良好的人机交互界面需要监控系统通过可视化技术来呈现。变电站监控系统人机交互界面应具备电网运行信息展示、主辅设备工况信息展示、主辅设备远程控制和浏览查询。

附　　录

附录1　运维年计划报表

××班××××年工作计划（模板）

序号	日期	变电站	工作类别	工作内容	责任人	执行情况
1						
2						
⋮						

附录2　运维月计划报表

××班××月工作计划（模板）

序号	日期	变电站	工作内容	责任人	工作人员	备注
1						
2						
⋮						

附录3　运维周计划报表

××班××周工作计划（模板）

序号	日期	变电站	工作内容	责任人	工作人员	备注
1						
2						
⋮						

附录4　项目可研初设评审记录

项目可研初设评审记录（模板）

项目名称							
建设管理单位				建设管理单位联系人			
设计单位				设计单位联系人			
参加评审运检单位							
参加评审人员					评审日期		
序号	审查内容	存在问题		标准依据	整改建议	是否采纳（是/否）	未采纳原因

注　详细问题见各设备验收细则可研初设审查验收标准卡，验收标准卡可采用具备电子签名的PDF电子版或签字扫描版。

附录 5　关键点见证记录

关键点见证记录（模板）

项目名称			
建设管理单位		建设管理单位联系人	
物资部门		物资部门联系人	
供应商名称		供应商联系人	
设备/材料型号		生产工号	
参加见证单位			
参加见证人员			
开始时间		结束时间	

序号	见证内容	问题描述（可附图或照片）	整改建议	是否已整改（是/否）

注　详细问题见各设备验收细则关键点见证标准卡，验收标准卡可采用具备电子签名的 PDF 电子版或签字扫描版。

附录 6　中间验收记录

中间验收记录（模板）

项目名称					
建设管理单位			建设管理单位联系人		
验收项目					
施工单位名称			施工单位联系人		
参加验收单位					
参加验收人员					
开始时间			结束时间		
序号	验收内容	问题描述（可附图或照片）		整改建议	是否已整改（是/否）

注　详细问题见各设备验收细则中间验收标准卡，验收标准卡可采用具备电子签名的 PDF 电子版或签字扫描版。

附录 7　竣工（预）验收及整改记录

竣工（预）验收及整改记录

序号	设备类型	安装位置/运行编号	问题描述（可附图或照片）	整改建议	发现人	发现时间	整改情况	复验结论	复验人	备注（属于重大问题的，注明联系单编号）

注　详细问题见重大问题联系单、各设备验收细则竣工（预）验收标准卡或前期各阶段验收卡，验收标准卡可采用具备电子签名的 PDF 电子版或签字扫描版。

附录 8　工程遗留问题记录

工程遗留问题记录（模板）

工程项目名称			
建设管理单位 （部门）	（盖章）	运维管理单位	（盖章）
建设管理单位 （部门）联系人		运维管理单位联系人	
投运日期			
遗留问题记录清单			
序号	问题描述（可附图或照片）	整改责任单位	限期完成日期

注　一式二份，建设管理单位（部门）、运维单位（部门）各留存一份。

附录 9　工程遗留问题跟踪复验记录

工程遗留问题跟踪复验记录

工程项目名称						
遗留问题跟踪复验清单						
序号	问题描述 （可附图或照片）	整改责任 单位	限期完成日期	整改情况 （可附图或照片）	复验结论	复验人

附录 10　重大问题反馈单

重大问题反馈联系单

编号：××××单位：××××变电站：××××××

发出单位/部门		联系人	
验收单位		验收人	
接受单位/部门		联系人	
项目名称		设备类别	
安装位置/运行编号（生产工号）		厂家及型号	
问题名称			
问题描述：（可附图、附件）			
整改建议：			
			（盖章） 日期：　　年　　月　　日

注　一式三份，发出方、接受方、运检单位各一份。

附录 11　精益化评价问题明细表

变电站精益化检查问题明细表

单位	电压等级（kV）	变电站名称	设备类型	设备运行编号	评判小项	问题描述	建议处理措施	排查专家	发现问题日期	是否已整改
××公司		××站								

填写说明：1. 设备类型按照《变电站精益化管理评价细则》中规定的二十八类设备（包括运检管理）标准名称填写，如：油浸式变压器（电抗器）、组合电器、母线及绝缘子、变电站运维管理等。

2. 变电站电压等级直接填写数据，不用填写单位。如填写：500。

3. 本表中问题总数应于汇总表（A.2）数量一致。

4. "是否已整改"列填写"是"或"否"。

5. 本表仅作为统计用，不作为考核依据，请各单位如实填写。

附录 12　精益化评价自查汇总表

××公司精益化评价自查汇总表

公司名称	变电站名称	变电站电压等级 （单位：kV）	发现的问题数量	已整改的问题数量
	信息变电站 （此条为填写示范）	500	3643	1024

填写说明：1. 本表中问题数量应与自查问题明细表数量一致。

2. 变电站电压等级直接填写数据，不用填写单位。如填写：500。

3. 本表仅作为统计用，不作为考核依据，请各单位如实填写。

附录 13　变电站精益化参评申报表

××××年_____公司变电站参评申报表

序号	电压等级（kV）	变电站名称	投运时间	开关是否为组合电器	是否为一类变电站
1					
2					
3					
4					
5					
6					
7					
8					
9					
10					
11					
12					
13					
14					
15					
16					
17					
18					
19					
20					

　　填写说明：1. 电压等级一列只用填写数字，不用填写单位。如：500。

　　2. 变电站名称按照"××变电站"格式填写。

　　3. 投运时间填写格式：××××年××月××日。

　　4. 变电站内开关有 GIS、HGIS 类组合电器的，"开关是否为组合电器"列填"是"。

　　5. "是否一类变电站"列填写"是"或"否"。

附录14　交流变电站精益化评价整改情况统计表

××公司交流变电站精益化评价整改情况统计表（一）

序号	变电站名称	油浸式变压器（电抗器）		断路器		组合电器		隔离开关		开关柜		电流互感器		电压互感器		避雷器		并联电容器组		干式并联电抗器		串联补偿装置		母线及绝缘子		穿墙套管		电力电缆		消弧线圈		高频阻波器		耦合电容器		高压熔断器	
		发现问题数量	已整改数量	发现问题数量	已整改数量	发现问题数量	已整改数量	发现问题数量	已整改数量	发现问题数量	已整改数量	发现问题数量	已整改数量	发现问题数量	已整改数量	发现问题数量	已整改数量	发现问题数量	已整改数量	发现问题数量	已整改数量	发现问题数量	已整改数量	发现问题数量	已整改数量	发现问题数量	已整改数量	发现问题数量	已整改数量	发现问题数量	已整改数量	发现问题数量	已整改数量	发现问题数量	已整改数量	发现问题数量	已整改数量
1																																					
2																																					
3																																					
…																																					
合计																																					
总体整改率及未整改原因																																					

××公司交流变电站精益化评价整改情况统计表（二）

序号	变电站名称	中性点隔直装置		接地装置		端子箱及检修电源箱		站用变压器		站用交流电源系统		站用直流电源系统		构支架		辅助设施		土建设施		避雷针		变电站运维管理	
		发现问题数量	已整改数量	发现问题数量	已整改数量	发现问题数量	已整改数量	发现问题数量	已整改数量	发现问题数量	已整改数量	发现问题数量	已整改数量	发现问题数量	已整改数量	发现问题数量	已整改数量	发现问题数量	已整改数量	发现问题数量	已整改数量	发现问题数量	已整改数量
1																							
2																							
3																							
4																							
5																							
6																							
7																							
8																							
…																							
合计																							
总体整改率及未整改原因																							

附录 15　年度检修计划模板

××单位××××年检修计划（模板）

序号	申请单位	变电站名称	电压等级	设备名称	检修内容	是否需要停电	停电范围	检修计划来源	申请开工时间	申请竣工时间	备注
1											
2											
3											
4											
5											
6											
7											
8											
9											
10											
11											
12											

注　"检修计划来源"填写例行检修、大修项目、技改项目。

填报时间：_____　　　填报人：_____　　　审核人：_____　　　批准人：_____

附录 16　月度检修计划模板

××单位××××年××月检修计划（模板）

序号	申请单位	变电站名称	电压等级	设备名称	检修内容	是否需要停电	停电范围	检修计划来源	申请开工时间	申请竣工时间	备注
1											
2											
3											
4											
5											
6											
7											
8											
9											
10											
11											
12											

注　"检修计划来源"填写例行检修、大修项目、技改项目。

填报时间：_____　　　填报人：_____　　　审核人：_____　　　批准人：_____

附录 17　周工作计划模板

××单位××周工作计划（模板）

序号	时间	变电站	工作内容	责任人	工作人员	备注
1	2016 年 1 月 3 日 8:00 – 18:00	220kV 城南站	220kV 1 号变压器 停电检修试验	……		
2	……					

填报日期：________　　编制人：________

审核人：________　　批准人：________

附录 18　检修计划管控表模板

××单位检修计划管控表（模板）

检修计划基本事件					大修技改项目			停电计划		物资采购及业务外包				前期准备				检修实施			检修总结			备注
序号	单位	变电站名称	设备名称	检修内容	是否含大修技改项目	是否立项	责任人	是否有停电计划	责任人	业务外包招标计划时间	物资招标计划时间	物资到货计划时间	责任人	方案编制计划时间	方案审批计划时间	安全与技术交底会计划时间	责任人	人员物资进场计划时间	竣工验收申请计划时间	责任人	检修总结计划时间	检修评价与物资闭环计划时间	责任人	
1																								
2																								

注　1. 责任人指跟进和落实检修计划管控表某一环节的项目管理单位相关人员。

2. 物资指需要专门采购的设备、材料、备品备件、重要工器具等。

填报时间：________　编制：________　审核：________　批准：________

附录 19　检修总结报表

常 规 项 目 完 成 情 况

序号	常规修试项目	完成情况	备注
1			
2			
3			

技 改 项 目 完 成 情 况

序号	技改项目	完成情况	备注
1			
2			
3			

大 修 项 目 完 成 情 况

序号	大修项目	完成情况	备注
1			
2			
3			

消 缺 项 目 完 成 情 况

序号	消缺项目	完成情况	备注
1			
2			

隐患治理项目完成情况

序号	隐患治理项目	完成情况	备注
1			
2			
3			

精益化评价整改项目完成情况

序号	精益化评价整改项目	完成情况	备注
1			
2			
3			

遗留问题及控制措施

序号	遗留问题	控制措施	备注
1			
2			
3			

附录 20　带电检测计划表

带电检测计划表（模板）

序号	单位 （省公司二级单位）	变电站	设备名称	设备电压等级（kV）	设备总数量	可检测设备数量	检测比率（计划检测数量/设备总数量×100%）	检测项目	计划检测月份	检测实施单位	检测周期
举例1	×××省检修公司	1000kV×××站	GIS	1000	10	10	100%	特高频局放	4，11	评价中心	6个月
举例2	×××地市公司	110 kV×××站	全站设备	—	—	—	—	红外测温			

附录 21　带电检测异常分析报告

一、检测项目和检测过程异常经过

（应包括检测项目、检测日期、检测对象，并简述异常发现的经过，包括异常发生的地点、设备基本情况、检测数据、异常现象等内容。）

二、检测分析

（逐项进行检测数据的分析）

1. ×××检测数据分析（如红外检测）

2. ×××检测数据分析（如超声波局部放电检测）

……

N. ×××检测数据分析（如特高频局部放电检测）

三、综合分析

（综合上述所有检测项目的分析情况，结合设备结构特点，进行综合分析，提出设备发生异常的可能原因并进行故障定位，确定检测结论。）

四、检修处理建议

（根据上述的分析，提出相应的检修处理建议）

附件 1：×××检测数据资料（如红外检测）

附件 2：×××检测数据资料（如超声波局部放电检测）

……

附件 N：×××检测数据资料（如特高频局部放电检测）

附录 22　试验报告模板

试验报告（模板）

一、基本信息							
变电站		委托单位		试验单位		试验日期	
检测分类		试验天气		温度		湿度	
二、设备铭牌							
运行编号		生产厂家			额定电压		
投运日期		出厂日期			出厂编号		
设备型号		结构形式			额定容量		
额定电压		额定频率			冷却方式		
三、试验项目							
1.×××试验项目（如绝缘电阻）							
（见设备对应检测项目要求的格式）							
试验仪器							
项目结论							
2.×××试验项目（如耐压试验）							
（见设备对应检测项目要求的格式）							
试验仪器							
项目结论							
N.×××试验项目（绕组电阻）							
（见设备对应检测项目要求的格式）							
试验仪器							
项目结论							
总结论							
编制人		审核人			批准人		
备注							

附录 23 标准作业卡

标准作业卡模板
×××变电站 220kV 1 号主变压器检测工作

1. 作业信息   编制人：_____   审核人：_____

设备双重编号	220kV 1 号主变压器	工作时间	2015 年 5 月 10 日 8:00 至 2015 年 5 月 10 日 18:00	作业卡编号	变电站名称+工作类别+年月+序号
检测环境	（温度）	（湿度）	检测分类		

2. 工序要求

序号	关键工序	标准及要求	风险辨识与预控措施	执行完打 √ 或记录数据、签字
1	安全准备	开工前对被测设备进行必要的验电，并布置好自我保护相关安全措施		
2	检查设备	检查被测设备外观，核对设备铭牌		
3	拆接电源	拆接电源必须两人进行，电源应合试验要求	认真核对设备调度号，防止拆错设备	拆接人员：
4	拆除接头	逐项记录拆除引线接头情况	认真做好拆除记录,防止遗漏	拆除引线接头记录: 负责人：
5	检测实施	检测前，明确检测范围，并检查分接点情况，做好相应的安全措施		
		操作过程严格规范，确认检测、试验接线无误		
		检测中，工作人员应注意力集中，合理避让并进行必要的呼唱	（1）相邻 220kV ×××带电运行，工作中与带电部分保持足够的安全距离（人员距离大于 3m）。（2）试验过程中严禁无关人员靠近	
		每项停电试验后，都应对被试设备进行充分的放电		
6	记录填写	检测中应有专人填写检测记录，并对检测结果参照规程进行判断，若发现异常，应及时向检测负责人汇报，检测负责人视异常情况确定应对方案，必要时向上级管理人员汇报		
7	现场恢复	检查所拆除引线接头恢复情况，确保连接良好	结合拆除记录，逐项检查，使用力矩扳手检查接头	检查人： 运维人员：

3. 签名确认

工作人员确认签名	

4. 执行评价

<table>
<tr><td></td></tr>
<tr><td align="right">工作负责人签名：</td></tr>
</table>

附录 24　变电检测仪器校验周期表

变电检测仪器校验周期（模板）

序号	仪器名称	规格	校验/比对周期
1	红外成像测温仪		2 年
2	红外成像测温仪	精确测温	2 年
3	SF_6 检漏仪	定量	1 年
4	SF_6 成像检漏仪	红外技术	1 年
5	紫外线成像仪		2 年
6	高频局部放电仪		2 年
7	局部放电测试装置	35kV 及以下互感器	2 年
8	变压器局部放电成套装置	110kV 变压器	2 年
9	变压器超高频局部放电检测仪		2 年
10	GIS 超声波局部放电测试仪		2 年
11	GIS 超高频局部放电测试仪		2 年
12	开关柜超声波局部放电测试仪		2 年
13	暂态地电压检测仪		2 年
14	暂态地电压检测定位仪		2 年
15	相对介质损耗及电容检测仪		2 年
16	铁芯接地电流检测仪		2 年
17	避雷器带电测试仪		1 年
18	SF_6 气体湿度测试仪		1 年
19	SF_6 气体分解物测试仪		1 年
20	SF_6 气体纯度测试仪		1 年
21	便携式示波器		2 年
22	噪声测试仪	变压器、GIS、开关柜等噪声测试	2 年
23	机械振动测试仪	具备分析功能，变压器 GIS、开关柜震动测试	2 年
24	轻便高倍望远镜		2 年
25	钳形电流表		2 年
26	相序表		2 年
27	数字式绝缘电阻表	2500V 及以下	1 年

续表

序号	仪器名称	规格	校验/比对周期
28	直流电源	（0～220V）	1年
29	测控装置交流采样测试仪		1年
30	大电流发生器	三相	1年
31	多功能相位钳形表		1年
32	选频表/振荡器		1年
33	数字式绝缘电阻表	5000V 及以下	1年
34	直流空气断路器特性测试仪		1年
35	数字式钳形直流电流表	≥0.5 级	1年
36	密度继电器校验装置		1年
37	钳形电流表校验装置		1年
38	多功能产品校准器		1年
39	高精度数字多功能表		1年
40	直流电桥检定装置		1年
41	介质损耗测试仪		1年
42	高电压介质损耗测试仪		1年
43	高压直流发生器	适用 35kV 及以下	1年
44	高压直流发生器	适用 110～220kV	1年
45	高压直流发生器	适用 330kV 及以上	1年
46	高压电容分压器		1年
47	高压标准电容器		1年
48	串谐耐压成套装置	35kV 及以下电缆	1年
49	串谐耐压成套装置	220kV 互感器、变压器	1年
50	串谐耐压成套装置	110kV 及以下 3km 电缆	1年
51	串谐耐压成套装置	500kV 互感器、变压器	1年
52	串谐耐压成套装置	1000kV（750kV）互感器、变压器	1年
53	串谐耐压成套装置	220kV 及以下 3km 电缆	1年
54	串谐耐压成套装置	500kV 及以下 3km 电缆	1年
55	交流耐压成套装置	3kVA/6kVA/50kV	1年
56	保护球隙		1年
57	电缆外护层接地电流检测仪		1年
58	变压器直流电阻测试仪		1年
59	变压器绕组变形测试		1年
60	变压器短路阻抗测试仪		1年
61	变压器有载分接开关测试仪		1年
62	变压器变比测试仪		1年

续表

序号	仪器名称	规格	校验/比对周期
63	变压器直流偏磁水平测试仪		1年
64	电容式电压互感器变比测试仪		1年
65	互感器三倍频感应耐压装置		1年
66	避雷器带电测试仪		1年
67	回路电阻测试仪		1年
68	断路器特性测试仪		1年
69	绝缘电阻表	5000V/2500V/1000V	1年
70	接地导通测试仪	直流20A	1年
71	接地阻抗测试仪		1年
72	隔离变压器		1年
73	一次核相器		1年
74	互感器特性测量仪		1年
75	电子式互感器检验装置		1年
76	电容电流测试仪		1年
77	电容电感测试仪		1年
78	伏安特性测试仪		1年
79	气相色谱成套装置		1年
80	便携式气相色谱仪		1年
81	绝缘油耐压测试仪		1年
82	绝缘油介质损耗测试仪		1年
83	绝缘油微水测试仪		1年
84	绝缘油酸值测试仪		1年
85	绝缘油闪点仪		1年
86	变压器油凝点试验测试仪		1年
87	变压器油界面张力测试仪		1年
88	绝缘油含气量测试仪		1年
89	绝缘油抗氧化剂测试仪		1年
90	绝缘油运动黏度仪		1年
91	绝缘油金属微粒测试仪		1年
92	绝缘油油泥析出试验测试仪		1年
93	体积电阻测定仪		1年
94	气体继电器校验装置		1年
95	压力释放阀校验装置		1年
96	真空度测试仪		1年
97	放电计数器与电流检测表校验装置		1年

附录 25　典型采集数据

典 型 采 集 数 据

序号	设备类型	设备部位	信息类型	巡视点位/信息名称	数据来源
1	开关柜	10kV 母线 TV 柜	运行数据	10kV 母线 TV 手车试验位置	主设备监控系统
2	开关柜	10kV 母线 TV 柜	运行数据	10kV 母线 TV 手车工作位置	主设备监控系统
3	开关柜	10kV 母线 TV 柜	运行数据	10kV 母线测控装置故障	主设备监控系统
4	开关柜	10kV 母线 TV 柜	运行数据	10kV 母线电压接地	主设备监控系统
5	开关柜	10kV 母线 TV 柜	告警信息	10kV 母线 TV 柜温控器断电报警	主设备监控系统
6	开关柜	10kV 母线 TV 柜	告警信息	10kV 母线测控装置异常	主设备监控系统
7	保护装置	备用进线自动投入装置（简称"备自投装置"）	运行数据	××备自投装置运行定值区号	主设备监控系统
8	保护装置	备自投装置	运行数据	××备自投装置总投入软压板位置	主设备监控系统
9	保护装置	备自投装置	运行数据	××备自投装置充电状态	主设备监控系统
10	保护装置	备自投装置	运行数据	××备自投装置远方操作压板位置	主设备监控系统
11	保护装置	备自投装置	运行数据	分段×相电流	主设备监控系统
12	保护装置	备自投装置	运行数据	电源电流	主设备监控系统
13	保护装置	备自投装置	运行数据	电源高电流	主设备监控系统
14	保护装置	备自投装置	运行数据	×母×相电压	主设备监控系统
15	保护装置	备自投装置	运行数据	电源电压	主设备监控系统
16	保护装置	备自投装置	运行数据	××备自投装置装置温度	主设备监控系统
17	保护装置	备自投装置	运行数据	××备自投装置工作电压	主设备监控系统
18	保护装置	备自投装置	运行数据	××备自投装置光口×接收光强	主设备监控系统
19	保护装置	备自投装置	运行数据	××备自投装置光口×发送光强	主设备监控系统
20	保护装置	备自投装置	运行数据	××备自投装置总投入软压板	主设备监控系统
21	保护装置	备自投装置	运行数据	××备自投装置远方操作压板	主设备监控系统
22	保护装置	备自投装置	动作信息	××备自投出口	主设备监控系统
23	保护装置	备自投装置	动作信息	备自投启动	主设备监控系统
24	保护装置	备自投装置	动作信息	过电流加速动作	主设备监控系统
25	保护装置	备自投装置	动作信息	零电流加速动作	主设备监控系统
26	保护装置	备自投装置	动作信息	电源断路器拒跳	主设备监控系统

续表

序号	设备类型	设备部位	信息类型	巡视点位/信息名称	数据来源
27	保护装置	备自投装置	动作信息	分段断路器拒跳	主设备监控系统
28	保护装置	备自投装置	动作信息	跳电源断路器	主设备监控系统
29	保护装置	备自投装置	动作信息	跳分段断路器	主设备监控系统
30	保护装置	备自投装置	动作信息	联切×母	主设备监控系统
31	保护装置	备自投装置	动作信息	合电源高断路器	主设备监控系统
32	保护装置	备自投装置	动作信息	合电源断路器	主设备监控系统
33	保护装置	备自投装置	动作信息	合分段断路器	主设备监控系统
34	保护装置	备自投装置	动作信息	备自投动作	主设备监控系统
35	保护装置	备自投装置	动作信息	××备自投保护联切动作	主设备监控系统
36	保护装置	备自投装置	告警信息	××备自投装置故障	主设备监控系统
37	保护装置	备自投装置	告警信息	××备自投装置异常	主设备监控系统
38	保护装置	备自投装置	告警信息	××备自投装置 TA 断线	主设备监控系统
39	保护装置	备自投装置	告警信息	××备自投装置 TV 断线	主设备监控系统
40	保护装置	备自投装置	告警信息	××备自投装置通信中断	主设备监控系统
41	保护装置	备自投装置	告警信息	××备自投装置 SV 总告警	主设备监控系统
42	保护装置	备自投装置	告警信息	××备自投装置 SV 采样链路中断	主设备监控系统
43	保护装置	备自投装置	告警信息	××备自投装置××SV 采样链路中断	主设备监控系统
44	保护装置	备自投装置	告警信息	××备自投装置GOOSE总告警	主设备监控系统
45	保护装置	备自投装置	告警信息	××备自投装置 GOOSE 链路中断	主设备监控系统
46	保护装置	备自投装置	告警信息	××备自投装置××GOOSE链路中断	主设备监控系统
47	保护装置	备自投装置	告警信息	××备自投装置对时异常	主设备监控系统
48	保护装置	备自投装置	告警信息	××备自投装置检修不一致	主设备监控系统
49	保护装置	备自投装置	告警信息	××备自投装置检修压板投入	主设备监控系统
50	保护装置	备自投装置	告警信息	装置异常	主设备监控系统
51	保护装置	备自投装置	告警信息	××备自投装置失电	主设备监控系统
52	保护装置	备自投装置	告警信息	××备自投装置闭锁	主设备监控系统
53	保护装置	备自投装置	告警信息	××备自投装置 TA 断线	主设备监控系统
54	保护装置	备自投装置	告警信息	××备自投装置 TV 断线	主设备监控系统
55	保护装置	备自投装置	告警信息	××备自投装置光口×接收光强下限告警	主设备监控系统

续表

序号	设备类型	设备部位	信息类型	巡视点位/信息名称	数据来源
56	保护装置	备自投装置	告警信息	××备自投装置光口×发送光强上限告警	主设备监控系统
57	保护装置	备自投装置	告警信息	××备自投装置光口×发送光强下限告警	主设备监控系统
58	保护装置	备自投装置	控制命令	××备自投装置总投入软压板投/退	主设备监控系统
59	保护装置	备自投装置	控制命令	××备自投装置信号复归	主设备监控系统
60	保护装置	备自投装置	控制命令	××备自投装置运行定值区切换	主设备监控系统
61	变压器	变压器	运行数据	××变压器××kV侧有功功率	主设备监控系统
62	变压器	变压器	运行数据	××变压器××kV侧无功功率	主设备监控系统
63	变压器	变压器	运行数据	××变压器××kV侧×相电流	主设备监控系统
64	变压器	变压器	运行数据	××变压器××kV侧×线电压	主设备监控系统
65	变压器	变压器	运行数据	××变压器××kV侧×相电压	主设备监控系统
66	变压器	变压器	运行数据	××变压器××kV侧功率因数	主设备监控系统
67	变压器	变压器	运行数据	××变压器分接开关挡位	主设备监控系统
68	变压器	变压器	运行数据	××变压器××相油温	主设备监控系统
69	变压器	变压器	运行数据	××变压器××相绕组温度	主设备监控系统
70	变压器	冷却器	动作信息	××变压器冷却器全停跳闸	主设备监控系统
71	变压器	本体	动作信息	××变压器本体重瓦斯出口	主设备监控系统
72	变压器	有载调压机构	动作信息	××变压器有载重瓦斯出口	主设备监控系统
73	变压器	冷却器	告警信息	××变压器冷却器全停告警	主设备监控系统
74	变压器	冷却器	告警信息	××变压器冷却器故障	主设备监控系统
75	变压器	冷却器	告警信息	××变压器冷却器控制装置故障	主设备监控系统
76	变压器	冷却器	告警信息	××变压器冷却器油泵故障	主设备监控系统
77	变压器	冷却器	告警信息	××变压器冷却器风扇故障	主设备监控系统
78	变压器	冷却器	告警信息	××变压器辅助冷却器投入	主设备监控系统
79	变压器	冷却器	告警信息	××变压器备用冷却器投入	主设备监控系统
80	变压器	冷却器	告警信息	××变压器冷却器电源消失	主设备监控系统
81	变压器	冷却器	告警信息	××变压器冷却器控制电源消失	主设备监控系统
82	变压器	冷却器	告警信息	××变压器冷却器手动控制	主设备监控系统
83	变压器	本体	告警信息	××变压器本体轻瓦斯告警	主设备监控系统
84	变压器	本体	告警信息	××变压器本体压力释放告警	主设备监控系统

续表

序号	设备类型	设备部位	信息类型	巡视点位/信息名称	数据来源
85	变压器	本体	告警信息	××变压器本体压力突变告警	主设备监控系统
86	变压器	本体	告警信息	××变压器本体油温过高告警	主设备监控系统
87	变压器	本体	告警信息	××变压器本体油温高告警	主设备监控系统
88	变压器	本体	告警信息	××变压器本体绕组温度高告警	主设备监控系统
89	变压器	本体	告警信息	××变压器本体油位异常	主设备监控系统
90	变压器	本体	告警信息	××变压器本体非电量保护装置故障	主设备监控系统
91	变压器	本体	告警信息	××变压器本体非电量保护装置异常	主设备监控系统
92	变压器	有载调压机构	告警信息	××变压器有载轻瓦斯告警	主设备监控系统
93	变压器	有载调压机构	告警信息	××变压器有载压力释放告警	主设备监控系统
94	变压器	有载调压机构	告警信息	××变压器有载油位异常	主设备监控系统
95	变压器	有载调压机构	告警信息	××变压器过闭锁有载调压	主设备监控系统
96	变压器	有载调压机构	告警信息	××变压器有载调压调挡异常	主设备监控系统
97	变压器	有载调压机构	告警信息	××变压器有载调压电源消失	主设备监控系统
98	变压器	有载调压机构	告警信息	××变压器有载挡位信号～N	主设备监控系统
99	变压器	在线滤油	告警信息	××变压器在线滤油装置启动	主设备监控系统
100	变压器	在线滤油	告警信息	××变压器在线滤油运转超时	主设备监控系统
101	变压器	在线滤油	告警信息	××变压器在线滤油异常	主设备监控系统
102	变压器	遥控	控制命令	××变压器分接开关挡位升降	主设备监控系统
103	变压器	遥控	控制命令	××变压器分接开关调挡急停	主设备监控系统
104	保护装置	变压器保护	告警信息	××变压器保护××GOOSE链路中断	主设备监控系统
105	保护装置	变压器保护	告警信息	××变压器保护××SV采样链路中断	主设备监控系统
106	保护装置	变压器保护	运行数据	××变压器保护×相分差差流	主设备监控系统
107	保护装置	变压器保护	运行数据	××变压器保护×相纵差差流	主设备监控系统
108	保护装置	变压器保护	告警信息	××变压器保护GOOSE链路中断	主设备监控系统
109	保护装置	变压器保护	告警信息	××变压器保护GOOSE数据异常	主设备监控系统
110	保护装置	变压器保护	告警信息	××变压器保护GOOSE总告警	主设备监控系统
111	保护装置	变压器保护	告警信息	××变压器保护SV采样链路中断	主设备监控系统

续表

序号	设备类型	设备部位	信息类型	巡视点位/信息名称	数据来源
112	保护装置	变压器保护	告警信息	××变压器保护 SV 采样数据异常	主设备监控系统
113	保护装置	变压器保护	告警信息	××变压器保护 SV 检修不一致	主设备监控系统
114	保护装置	变压器保护	告警信息	××变压器保护 SV 总告警	主设备监控系统
115	保护装置	变压器保护	告警信息	××变压器保护 TA 断线	主设备监控系统
116	保护装置	变压器保护	告警信息	××变压器保护 TV 断线	主设备监控系统
117	保护装置	变压器保护	告警信息	××变压器保护 CPU 插件异常	主设备监控系统
118	保护装置	变压器保护	运行数据	××变压器保护检修状态硬压板	主设备监控系统
119	保护装置	变压器保护	告警信息	××变压器保护启动	主设备监控系统
120	保护装置	变压器保护	运行数据	××变压器保护备用×SV 接收软压板	主设备监控系统
121	保护装置	变压器保护	运行数据	××变压器保护闭锁低电压×分支备自投软压板	主设备监控系统
122	保护装置	变压器保护	告警信息	××变压器保护闭锁后备保护	主设备监控系统
123	保护装置	变压器保护	运行数据	××变压器保护闭锁中压侧备自投软压板	主设备监控系统
124	保护装置	变压器保护	告警信息	××变压器保护闭锁主保护	主设备监控系统
125	保护装置	变压器保护	运行数据	××变压器保护差动保护软压板	主设备监控系统
126	保护装置	变压器保护	运行数据	××变压器保护差动保护投入	主设备监控系统
127	保护装置	变压器保护	动作信息	××变压器保护差动速断	主设备监控系统
128	保护装置	变压器保护	告警信息	××变压器保护差流越限	主设备监控系统
129	保护装置	变压器保护	动作信息	××变压器保护出口	主设备监控系统
130	保护装置	变压器保护	运行数据	××变压器保护低×电抗器后备保护硬压板	主设备监控系统
131	保护装置	变压器保护	运行数据	××变压器保护低×复流×段有效	主设备监控系统
132	保护装置	变压器保护	动作信息	××变压器保护低电抗器复流×时限	主设备监控系统
133	保护装置	变压器保护	运行数据	××变压器保护低电抗器后备保护软压板	主设备监控系统
134	保护装置	变压器保护	动作信息	××变压器保护低复流×段×时限	主设备监控系统
135	保护装置	变压器保护	动作信息	××变压器保护低零序电流×时限	主设备监控系统

续表

序号	设备类型	设备部位	信息类型	巡视点位/信息名称	数据来源
136	保护装置	变压器保护	运行数据	××变压器保护低绕组复流有效	主设备监控系统
137	保护装置	变压器保护	运行数据	××变压器保护低绕组过电流有效	主设备监控系统
138	保护装置	变压器保护	运行数据	××变压器保护低电压×分支×相电流	主设备监控系统
139	保护装置	变压器保护	运行数据	××变压器保护低电压×分支×相电压	主设备监控系统
140	保护装置	变压器保护	运行数据	××变压器保护低电压×分支 SV 接收软压板	主设备监控系统
141	保护装置	变压器保护	运行数据	××变压器保护低电压×分支电压硬压板	主设备监控系统
142	保护装置	变压器保护	运行数据	××变压器保护低电压×分支后备保护投入	主设备监控系统
143	保护装置	变压器保护	运行数据	××变压器保护低电压×分支后备保护硬压板	主设备监控系统
144	保护装置	变压器保护	告警信息	××变压器保护低电压侧 TA 断线	主设备监控系统
145	保护装置	变压器保护	告警信息	××变压器保护低电压侧 TV 断线	主设备监控系统
146	保护装置	变压器保护	告警信息	××变压器保护低电压侧过负荷	主设备监控系统
147	保护装置	变压器保护	运行数据	××变压器保护低电压侧套管×相电流	主设备监控系统
148	保护装置	变压器保护	动作信息	××变压器保护低电压侧小区差动	主设备监控系统
149	保护装置	变压器保护	运行数据	××变压器保护低电压侧小区差动有效	主设备监控系统
150	保护装置	变压器保护	告警信息	××变压器保护低电压分支 TA 断线	主设备监控系统
151	保护装置	变压器保护	告警信息	××变压器保护低电压分支 TV 断线	主设备监控系统
152	保护装置	变压器保护	运行数据	××变压器保护低电压分支电压软压板	主设备监控系统
153	保护装置	变压器保护	运行数据	××变压器保护低电压分支后备保护软压板	主设备监控系统
154	保护装置	变压器保护	告警信息	××变压器保护低电压分支零压告警	主设备监控系统
155	保护装置	变压器保护	告警信息	××变压器保护低电压绕组 TA 断线	主设备监控系统

续表

序号	设备类型	设备部位	信息类型	巡视点位/信息名称	数据来源
156	保护装置	变压器保护	告警信息	××变压器保护低电压绕组过负荷	主设备监控系统
157	保护装置	变压器保护	运行数据	××变压器保护低电压绕组后备保护软压板	主设备监控系统
158	保护装置	变压器保护	运行数据	××变压器保护低电压绕组后备保护投入	主设备监控系统
159	保护装置	变压器保护	告警信息	××变压器保护定时限过励磁告警	主设备监控系统
160	保护装置	变压器保护	告警信息	××变压器保护对时异常	主设备监控系统
161	保护装置	变压器保护	告警信息	××变压器保护反时限过励磁告警	主设备监控系统
162	保护装置	变压器保护	告警信息	××变压器保护分侧差流越限	主设备监控系统
163	保护装置	变压器保护	动作信息	××变压器保护分侧差动	主设备监控系统
164	保护装置	变压器保护	运行数据	××变压器保护分侧差动有效	主设备监控系统
165	保护装置	变压器保护	动作信息	××变压器保护分相差动	主设备监控系统
166	保护装置	变压器保护	动作信息	××变压器保护分相差动速断	主设备监控系统
167	保护装置	变压器保护	运行数据	××变压器保护分相差动速断有效	主设备监控系统
168	保护装置	变压器保护	运行数据	××变压器保护分相差动有效	主设备监控系统
169	保护装置	变压器保护	动作信息	××变压器保护高断路器失灵联跳	主设备监控系统
170	保护装置	变压器保护	动作信息	××变压器保护高复流×段×时限	主设备监控系统
171	保护装置	变压器保护	运行数据	××变压器保护高复流×段有效	主设备监控系统
172	保护装置	变压器保护	动作信息	××变压器保护高间隙过电流	主设备监控系统
173	保护装置	变压器保护	运行数据	××变压器保护高间隙过电流有效	主设备监控系统
174	保护装置	变压器保护	动作信息	××变压器保护高接地阻抗×时限	主设备监控系统
175	保护装置	变压器保护	运行数据	××变压器保护高接地阻抗有效	主设备监控系统
176	保护装置	变压器保护	动作信息	××变压器保护高零序电流×段×时限	主设备监控系统
177	保护装置	变压器保护	运行数据	××变压器保护高零序电流×段有效	主设备监控系统
178	保护装置	变压器保护	告警信息	××变压器保护高零序反时限告警	主设备监控系统

序号	设备类型	设备部位	信息类型	巡视点位/信息名称	数据来源
179	保护装置	变压器保护	动作信息	××变压器保护高零序过电压	主设备监控系统
180	保护装置	变压器保护	运行数据	××变压器保护高零序过电压有效	主设备监控系统
181	保护装置	变压器保护	运行数据	××变压器保护高失灵联跳有效	主设备监控系统
182	保护装置	变压器保护	动作信息	××变压器保护高相间阻抗×时限	主设备监控系统
183	保护装置	变压器保护	运行数据	××变压器保护高相间阻抗有效	主设备监控系统
184	保护装置	变压器保护	运行数据	××变压器保护高压×侧×相电流	主设备监控系统
185	保护装置	变压器保护	运行数据	××变压器保护高压×侧电流 SV 接收软压板	主设备监控系统
186	保护装置	变压器保护	运行数据	××变压器保护高压×侧失灵联跳开入	主设备监控系统
187	保护装置	变压器保护	运行数据	××变压器保护高压×侧失灵联跳开入软压板	主设备监控系统
188	保护装置	变压器保护	运行数据	××变压器保护高压侧×相电压	主设备监控系统
189	保护装置	变压器保护	告警信息	××变压器保护高压侧 TA 断线	主设备监控系统
190	保护装置	变压器保护	告警信息	××变压器保护高压侧 TV 断线	主设备监控系统
191	保护装置	变压器保护	告警信息	××变压器保护高压侧 TA 断线	主设备监控系统
192	保护装置	变压器保护	告警信息	××变压器保护高压侧 TV 断线	主设备监控系统
193	保护装置	变压器保护	运行数据	××变压器保护高压侧电压 SV 接收软压板	主设备监控系统
194	保护装置	变压器保护	运行数据	××变压器保护高压侧电压软压板	主设备监控系统
195	保护装置	变压器保护	运行数据	××变压器保护高压侧电压硬压板	主设备监控系统
196	保护装置	变压器保护	告警信息	××变压器保护高压侧过负荷	主设备监控系统
197	保护装置	变压器保护	运行数据	××变压器保护高压侧后备保护软压板	主设备监控系统
198	保护装置	变压器保护	运行数据	××变压器保护高压侧后备保护投入	主设备监控系统
199	保护装置	变压器保护	运行数据	××变压器保护高压侧后备保护硬压板	主设备监控系统
200	保护装置	变压器保护	运行数据	××变压器保护高压侧间隙保护投入	主设备监控系统

续表

序号	设备类型	设备部位	信息类型	巡视点位/信息名称	数据来源
201	保护装置	变压器保护	运行数据	××变压器保护高压侧间隙电流	主设备监控系统
202	保护装置	变压器保护	运行数据	××变压器保护高压侧套管×相电流	主设备监控系统
203	保护装置	变压器保护	运行数据	××变压器保护高压侧外接零序电流	主设备监控系统
204	保护装置	变压器保护	运行数据	××变压器保护高压侧外接零序电压	主设备监控系统
205	保护装置	变压器保护	动作信息	××变压器保护工频变化量差动出口	主设备监控系统
206	保护装置	变压器保护	运行数据	××变压器保护工作电压	主设备监控系统
207	保护装置	变压器保护	告警信息	××变压器保护公共绕组 TA 断线	主设备监控系统
208	保护装置	变压器保护	运行数据	××变压器保护公共绕组 SV 接收软压板	主设备监控系统
209	保护装置	变压器保护	告警信息	××变压器保护公共绕组 TA 断线	主设备监控系统
210	保护装置	变压器保护	运行数据	××变压器保护公共绕组侧×相电流	主设备监控系统
211	保护装置	变压器保护	告警信息	××变压器保护公共绕组过负荷	主设备监控系统
212	保护装置	变压器保护	运行数据	××变压器保护公共绕组后备保护软压板	主设备监控系统
213	保护装置	变压器保护	运行数据	××变压器保护公共绕组后备保护投入	主设备监控系统
214	保护装置	变压器保护	运行数据	××变压器保护公共绕组后备保护硬压板	主设备监控系统
215	保护装置	变压器保护	运行数据	××变压器保护公共绕组零序电流有效	主设备监控系统
216	保护装置	变压器保护	告警信息	××变压器保护公共绕组零序反时限告警	主设备监控系统
217	保护装置	变压器保护	告警信息	××变压器保护公共绕组零序告警	主设备监控系统
218	保护装置	变压器保护	动作信息	××变压器保护公共绕组零序过电流	主设备监控系统
219	保护装置	变压器保护	动作信息	××变压器保护故障分量差动	主设备监控系统
220	保护装置	变压器保护	运行数据	××变压器保护光口×发送光强	主设备监控系统
221	保护装置	变压器保护	告警信息	××变压器保护光口×发送光强上限告警	主设备监控系统

续表

序号	设备类型	设备部位	信息类型	巡视点位/信息名称	数据来源
222	保护装置	变压器保护	告警信息	××变压器保护光口×发送光强下限告警	主设备监控系统
223	保护装置	变压器保护	运行数据	××变压器保护光口×接收光强	主设备监控系统
224	保护装置	变压器保护	告警信息	××变压器保护光口×接收光强下限告警	主设备监控系统
225	保护装置	变压器保护	告警信息	××变压器保护过负荷告警	主设备监控系统
226	保护装置	变压器保护	告警信息	××变压器保护过励磁告警	主设备监控系统
227	保护装置	变压器保护	告警信息	××变压器保护检修不一致	主设备监控系统
228	保护装置	变压器保护	告警信息	××变压器保护检修压板投入	主设备监控系统
229	保护装置	变压器保护	运行数据	××变压器保护接地变压器SV接收软压板	主设备监控系统
230	保护装置	变压器保护	动作信息	××变压器保护接地变压器电流速断	主设备监控系统
231	保护装置	变压器保护	动作信息	××变压器保护接地变压器过电流	主设备监控系统
232	保护装置	变压器保护	运行数据	××变压器保护接地变压器后备保护软压板	主设备监控系统
233	保护装置	变压器保护	运行数据	××变压器保护接地变压器后备保护硬压板	主设备监控系统
234	保护装置	变压器保护	动作信息	××变压器保护接地变压器零序电流×段×时限	主设备监控系统
235	保护装置	变压器保护	告警信息	××变压器保护开入异常	主设备监控系统
236	保护装置	变压器保护	动作信息	××变压器保护零序分量差动	主设备监控系统
237	保护装置	变压器保护	告警信息	××变压器保护启动	主设备监控系统
238	保护装置	变压器保护	运行数据	××变压器保护启动高压×侧失灵软压板	主设备监控系统
239	保护装置	变压器保护	运行数据	××变压器保护启动中压侧失灵软压板	主设备监控系统
240	保护装置	变压器保护	运行数据	××变压器保护跳低电压×分支断路器软压板	主设备监控系统
241	保护装置	变压器保护	运行数据	××变压器保护跳低电压×分支分段软压板	主设备监控系统
242	保护装置	变压器保护	运行数据	××变压器保护跳高压×侧断路器软压板	主设备监控系统
243	保护装置	变压器保护	运行数据	××变压器保护跳高压侧分段×软压板	主设备监控系统
244	保护装置	变压器保护	运行数据	××变压器保护跳高压侧母联×软压板	主设备监控系统

续表

序号	设备类型	设备部位	信息类型	巡视点位/信息名称	数据来源
245	保护装置	变压器保护	运行数据	××变压器保护跳闸备用×软压板	主设备监控系统
246	保护装置	变压器保护	运行数据	××变压器保护跳中压侧断路器软压板	主设备监控系统
247	保护装置	变压器保护	运行数据	××变压器保护跳中压侧分段×软压板	主设备监控系统
248	保护装置	变压器保护	运行数据	××变压器保护跳中压侧母联×软压板	主设备监控系统
249	保护装置	变压器保护	控制命令	××变压器保护投低电压侧电压软压板投/退	主设备监控系统
250	保护装置	变压器保护	运行数据	××变压器保护投低电压侧电压软压板位置	主设备监控系统
251	保护装置	变压器保护	控制命令	××变压器保护投高压侧电压软压板投/退	主设备监控系统
252	保护装置	变压器保护	运行数据	××变压器保护投高压侧电压软压板位置	主设备监控系统
253	保护装置	变压器保护	控制命令	××变压器保护投中压侧电压软压板投/退	主设备监控系统
254	保护装置	变压器保护	运行数据	××变压器保护投中压侧电压软压板位置	主设备监控系统
255	保护装置	变压器保护	运行数据	××变压器保护远方操作压板位置	主设备监控系统
256	保护装置	变压器保护	运行数据	××变压器保护远方操作硬压板	主设备监控系统
257	保护装置	变压器保护	运行数据	××变压器保护远方切换定值区软压板	主设备监控系统
258	保护装置	变压器保护	运行数据	××变压器保护远方投退压板软压板	主设备监控系统
259	保护装置	变压器保护	运行数据	××变压器保护远方修改定值软压板	主设备监控系统
260	保护装置	变压器保护	运行数据	××变压器保护运行定值区号	主设备监控系统
261	保护装置	变压器保护	控制命令	××变压器保护运行定值区切换	主设备监控系统
262	保护装置	变压器保护	动作信息	××变压器保护中断路器失灵联跳	主设备监控系统
263	保护装置	变压器保护	动作信息	××变压器保护中复流×段×时限	主设备监控系统
264	保护装置	变压器保护	动作信息	××变压器保护中间隙过电流×时限	主设备监控系统
265	保护装置	变压器保护	运行数据	××变压器保护中间隙过电流有效	主设备监控系统

序号	设备类型	设备部位	信息类型	巡视点位/信息名称	数据来源
266	保护装置	变压器保护	动作信息	××变压器保护中接地阻抗×时限	主设备监控系统
267	保护装置	变压器保护	运行数据	××变压器保护中接地阻抗有效	主设备监控系统
268	保护装置	变压器保护	动作信息	××变压器保护中零序电流×段×时限	主设备监控系统
269	保护装置	变压器保护	动作信息	××变压器保护中零序过电压×时限	主设备监控系统
270	保护装置	变压器保护	运行数据	××变压器保护中零序过电压有效	主设备监控系统
271	保护装置	变压器保护	运行数据	××变压器保护中失灵联跳有效	主设备监控系统
272	保护装置	变压器保护	动作信息	××变压器保护中相间阻抗×时限	主设备监控系统
273	保护装置	变压器保护	运行数据	××变压器保护中相间阻抗有效	主设备监控系统
274	保护装置	变压器保护	运行数据	××变压器保护中压×侧×相电流	主设备监控系统
275	保护装置	变压器保护	运行数据	××变压器保护中压×侧失灵联跳开入	主设备监控系统
276	保护装置	变压器保护	运行数据	××变压器保护中压侧×相电压	主设备监控系统
277	保护装置	变压器保护	告警信息	××变压器保护中压侧TA断线	主设备监控系统
278	保护装置	变压器保护	告警信息	××变压器保护中压侧TV断线	主设备监控系统
279	保护装置	变压器保护	运行数据	××变压器保护中压侧SV接收软压板	主设备监控系统
280	保护装置	变压器保护	告警信息	××变压器保护中压侧TA断线	主设备监控系统
281	保护装置	变压器保护	告警信息	××变压器保护中压侧TV断线	主设备监控系统
282	保护装置	变压器保护	运行数据	××变压器保护中压侧电压软压板	主设备监控系统
283	保护装置	变压器保护	运行数据	××变压器保护中压侧电压硬压板	主设备监控系统
284	保护装置	变压器保护	告警信息	××变压器保护中压侧过负荷	主设备监控系统
285	保护装置	变压器保护	运行数据	××变压器保护中压侧后备保护软压板	主设备监控系统
286	保护装置	变压器保护	运行数据	××变压器保护中压侧后备保护投入	主设备监控系统
287	保护装置	变压器保护	运行数据	××变压器保护中压侧后备保护硬压板	主设备监控系统

序号	设备类型	设备部位	信息类型	巡视点位/信息名称	数据来源
288	保护装置	变压器保护	运行数据	××变压器保护中压侧间隙保护投入	主设备监控系统
289	保护装置	变压器保护	运行数据	××变压器保护中压侧间隙电流	主设备监控系统
290	保护装置	变压器保护	运行数据	××变压器保护中压侧失灵联跳开入软压板	主设备监控系统
291	保护装置	变压器保护	运行数据	××变压器保护中压侧外接零序电流	主设备监控系统
292	保护装置	变压器保护	运行数据	××变压器保护中压侧外接零序电压	主设备监控系统
293	保护装置	变压器保护	运行数据	××变压器保护主保护硬压板	主设备监控系统
294	保护装置	变压器保护	告警信息	××变压器保护装置故障	主设备监控系统
295	保护装置	变压器保护	告警信息	××变压器保护装置通信中断	主设备监控系统
296	保护装置	变压器保护	运行数据	××变压器保护装置温度	主设备监控系统
297	保护装置	变压器保护	控制命令	××变压器保护装置信号复归	主设备监控系统
298	保护装置	变压器保护	告警信息	××变压器保护装置异常	主设备监控系统
299	保护装置	变压器保护	动作信息	××变压器保护纵差保护	主设备监控系统
300	保护装置	变压器保护	运行数据	××变压器保护纵差保护有效	主设备监控系统
301	保护装置	变压器保护	动作信息	××变压器保护纵差差动速断出口	主设备监控系统
302	保护装置	变压器保护	运行数据	××变压器保护纵差差动速断有效	主设备监控系统
303	保护装置	变压器保护	告警信息	××变压器保护纵差流越限	主设备监控系统
304	保护装置	变压器保护	动作信息	××变压器差动保护出口	主设备监控系统
305	保护装置	变压器保护	动作信息	××变压器低电压侧×分支后备保护出口	主设备监控系统
306	保护装置	变压器保护	动作信息	××变压器低电压侧小区差动保护出口	主设备监控系统
307	保护装置	变压器保护	告警信息	××变压器低电压侧中性点电压偏移告警	主设备监控系统
308	保护装置	变压器保护	动作信息	××变压器分侧差动保护出口	主设备监控系统
309	保护装置	变压器保护	动作信息	××变压器高压侧后备保护出口	主设备监控系统
310	保护装置	变压器保护	动作信息	××变压器公共绕组零序过电流保护出口	主设备监控系统
311	保护装置	变压器保护	动作信息	××变压器过励磁保护出口	主设备监控系统
312	保护装置	变压器保护	动作信息	××变压器零序分量差动保护出口	主设备监控系统

续表

序号	设备类型	设备部位	信息类型	巡视点位/信息名称	数据来源
313	保护装置	变压器保护	动作信息	××变压器失灵保护联跳三侧	主设备监控系统
314	保护装置	变压器保护	动作信息	××变压器中性点保护出口	主设备监控系统
315	保护装置	变压器保护	动作信息	××变压器中压侧后备保护出口	主设备监控系统
316	保护装置	变压器保护	动作信息	××变压器纵差保护出口	主设备监控系统
317	并联电容器组	母线及引线	巡视数据	母线及引线外观	远程智能巡视系统
318	并联电容器组	电容器	巡视数据	电容器外观	远程智能巡视系统
319	并联电容器组	电容器	巡视数据	油温表计	远程智能巡视系统
320	并联电容器组	电容器	巡视数据	外熔断器	远程智能巡视系统
321	并联电容器组	电抗器	巡视数据	电抗器外观	远程智能巡视系统
322	并联电容器组	放电线圈	巡视数据	放电线圈外观	远程智能巡视系统
323	并联电容器组	避雷器	巡视数据	避雷器外观	远程智能巡视系统
324	并联电容器组	接地引下线	巡视数据	接地引下线外观	远程智能巡视系统
325	并联电容器组	中性点电流互感器	巡视数据	电流互感器	远程智能巡视系统
326	并联电容器组	熔断器	巡视数据	熔断器	远程智能巡视系统
327	站用交直流系统	不间断电源系统	运行数据	××UPS 交流进线电压	主设备监控系统
328	站用交直流系统	不间断电源系统	运行数据	××UPS 交流旁路进线电压	主设备监控系统
329	站用交直流系统	不间断电源系统	运行数据	××UPS 直流进线电压	主设备监控系统
330	站用交直流系统	不间断电源系统	运行数据	××UPS 交流输出电压	主设备监控系统
331	站用交直流系统	不间断电源系统	运行数据	××UPS 交流输出电流	主设备监控系统
332	站用交直流系统	不间断电源系统	运行数据	××逆变电源旁路输入电压	主设备监控系统
333	站用交直流系统	不间断电源系统	运行数据	××逆变电源直流输入电压	主设备监控系统

续表

序号	设备类型	设备部位	信息类型	巡视点位/信息名称	数据来源
334	站用交直流系统	不间断电源系统	运行数据	××逆变电源交流输出电压	主设备监控系统
335	站用交直流系统	不间断电源系统	运行数据	××逆变电源交流输出电流	主设备监控系统
336	站用交直流系统	不间断电源系统	运行数据	××UPS（逆变）电源监控装置故障	主设备监控系统
337	站用交直流系统	不间断电源系统	运行数据	××UPS 故障	主设备监控系统
338	站用交直流系统	不间断电源系统	运行数据	××UPS 异常	主设备监控系统
339	站用交直流系统	不间断电源系统	运行数据	××UPS 交流输入异常	主设备监控系统
340	站用交直流系统	不间断电源系统	运行数据	××UPS 直流输入异常	主设备监控系统
341	站用交直流系统	不间断电源系统	运行数据	××UPS 过载	主设备监控系统
342	站用交直流系统	不间断电源系统	运行数据	××UPS 旁路输出	主设备监控系统
343	站用交直流系统	不间断电源系统	运行数据	××UPS 通信中断	主设备监控系统
344	站用交直流系统	不间断电源系统	运行数据	××UPS 馈线开关	主设备监控系统
345	站用交直流系统	不间断电源系统	运行数据	××UPS××馈线开关	主设备监控系统
346	站用交直流系统	不间断电源系统	运行数据	××UPS 馈线开关跳闸	主设备监控系统
347	站用交直流系统	不间断电源系统	运行数据	××UPS××馈线开关跳闸	主设备监控系统
348	站用交直流系统	不间断电源系统	运行数据	××逆变电源故障	主设备监控系统
349	站用交直流系统	不间断电源系统	运行数据	××逆变电源异常	主设备监控系统
350	站用交直流系统	不间断电源系统	运行数据	××逆变电源交流输入异常	主设备监控系统
351	站用交直流系统	不间断电源系统	运行数据	××逆变电源直流输入异常	主设备监控系统
352	站用交直流系统	不间断电源系统	运行数据	××逆变电源过载	主设备监控系统
353	站用交直流系统	不间断电源系统	运行数据	××逆变电源旁路输出	主设备监控系统

续表

序号	设备类型	设备部位	信息类型	巡视点位/信息名称	数据来源
354	站用交直流系统	不间断电源系统	运行数据	××逆变电源装置通信中断	主设备监控系统
355	站用交直流系统	不间断电源系统	运行数据	××逆变电源馈线开关	主设备监控系统
356	站用交直流系统	不间断电源系统	运行数据	××逆变电源××馈线开关	主设备监控系统
357	站用交直流系统	不间断电源系统	运行数据	××逆变电源馈线开关跳闸	主设备监控系统
358	站用交直流系统	不间断电源系统	运行数据	××逆变电源××馈线开关跳闸	主设备监控系统
359	测控装置	采集执行单元	运行数据	××采集执行单元装置温度	主设备监控系统
360	测控装置	采集执行单元	运行数据	××采集执行单元工作电压	主设备监控系统
361	测控装置	采集执行单元	运行数据	××采集执行单元光口×接收光强	主设备监控系统
362	测控装置	采集执行单元	运行数据	××采集执行单元光口×发送光强	主设备监控系统
363	测控装置	采集执行单元	运行数据	××采集执行单元控制切至就地	主设备监控系统
364	测控装置	采集执行单元	运行数据	××采集执行单元出口硬压板投入	主设备监控系统
365	测控装置	采集执行单元	运行数据	××执行单元装置闭锁	主设备监控系统
366	测控装置	采集执行单元	运行数据	采集执行单元失电	主设备监控系统
367	测控装置	采集执行单元	运行数据	采集执行单元同步异常	主设备监控系统
368	测控装置	采集执行单元	运行数据	采集执行单元采样异常	主设备监控系统
369	测控装置	采集执行单元	运行数据	采集执行单元硬件自检出错	主设备监控系统
370	测控装置	采集执行单元	运行数据	采集执行单元GOOSE接收异常	主设备监控系统
371	测控装置	采集执行单元	运行数据	××采集执行单元装置电源失电	主设备监控系统
372	测控装置	采集执行单元	运行数据	××采集执行单元控制电源失电	主设备监控系统
373	测控装置	采集执行单元	运行数据	××采集执行单元遥信电源失电	主设备监控系统
374	测控装置	采集执行单元	运行数据	××采集执行单元对时异常	主设备监控系统
375	测控装置	采集执行单元	运行数据	××采集执行单元SV总告警	主设备监控系统
376	测控装置	采集执行单元	运行数据	××采集执行单元SV采样链路中断	主设备监控系统
377	测控装置	采集执行单元	运行数据	××采集执行单元××SV采样链路中断	主设备监控系统

续表

序号	设备类型	设备部位	信息类型	巡视点位/信息名称	数据来源
378	测控装置	采集执行单元	运行数据	××采集执行单元 SV 采样数据异常	主设备监控系统
379	测控装置	采集执行单元	运行数据	××采集执行单元 GOOSE 总告警	主设备监控系统
380	测控装置	采集执行单元	运行数据	××采集执行单元 GOOSE 链路中断	主设备监控系统
381	测控装置	采集执行单元	运行数据	××采集执行单元××GOOSE 链路中断	主设备监控系统
382	测控装置	采集执行单元	运行数据	××采集执行单元 GOOSE 数据异常	主设备监控系统
383	测控装置	采集执行单元	运行数据	××采集执行单元 SV 检修不一致	主设备监控系统
384	测控装置	采集执行单元	运行数据	××采集执行单元 GOOSE 检修不一致	主设备监控系统
385	测控装置	采集执行单元	运行数据	××采集执行单元电压切换异常	主设备监控系统
386	测控装置	采集执行单元	运行数据	××采集执行单元电压并列异常	主设备监控系统
387	测控装置	采集执行单元	运行数据	××采集执行单元检修压板投入	主设备监控系统
388	测控装置	采集执行单元	运行数据	××采集执行单元光口×接收光强下限告警	主设备监控系统
389	测控装置	采集执行单元	运行数据	××采集执行单元光口×发送光强上限告警	主设备监控系统
390	测控装置	采集执行单元	运行数据	××采集执行单元光口×发送光强下限告警	主设备监控系统
391	测控装置	采集执行单元	控制命令	××采集执行单元装置信号复归	主设备监控系统
392	测控装置	量测信息	运行数据	××测控装置开关同期方式	主设备监控系统
393	测控装置	位置状态	运行数据	××测控装置开关控制切至就地位置	主设备监控系统
394	测控装置	位置状态	运行数据	××测控装置刀闸控制切至就地位置	主设备监控系统
395	测控装置	量测信息	运行数据	××测控装置温度	主设备监控系统
396	测控装置	量测信息	运行数据	××测控装置工作电压	主设备监控系统
397	测控装置	量测信息	运行数据	××测控装置光口×接收光强	主设备监控系统
398	测控装置	量测信息	运行数据	××测控装置光口×发送光强	主设备监控系统
399	测控装置	参数	运行数据	TV 额定一次值	主设备监控系统
400	测控装置	参数	运行数据	TV 额定二次值	主设备监控系统

序号	设备类型	设备部位	信息类型	巡视点位/信息名称	数据来源
401	测控装置	参数	运行数据	同期侧 TV 额定一次值	主设备监控系统
402	测控装置	参数	运行数据	同期侧 TV 额定二次值	主设备监控系统
403	测控装置	参数	运行数据	零序 TV 额定一次值	主设备监控系统
404	测控装置	参数	运行数据	零序 TV 额定二次值	主设备监控系统
405	测控装置	参数	运行数据	TA 额定一次值	主设备监控系统
406	测控装置	参数	运行数据	TA 额定二次值	主设备监控系统
407	测控装置	参数	运行数据	零序 TA 额定一次值	主设备监控系统
408	测控装置	参数	运行数据	零序 TA 额定二次值	主设备监控系统
409	测控装置	参数	运行数据	电流电压变化死区	主设备监控系统
410	测控装置	参数	运行数据	电流电压归零死区	主设备监控系统
411	测控装置	参数	运行数据	功率变化死区	主设备监控系统
412	测控装置	参数	运行数据	功率归零死区	主设备监控系统
413	测控装置	参数	运行数据	功率因数变化死区	主设备监控系统
414	测控装置	参数	运行数据	频率变化死区	主设备监控系统
415	测控装置	参数	运行数据	同期抽取电压	主设备监控系统
416	测控装置	参数	运行数据	测量侧额定电压	主设备监控系统
417	测控装置	参数	运行数据	抽取侧额定电压	主设备监控系统
418	测控装置	参数	运行数据	同期有压定值	主设备监控系统
419	测控装置	参数	运行数据	同期无压定值	主设备监控系统
420	测控装置	参数	运行数据	滑差定值	主设备监控系统
421	测控装置	参数	运行数据	频差定值	主设备监控系统
422	测控装置	参数	运行数据	压差定值	主设备监控系统
423	测控装置	参数	运行数据	角差定值	主设备监控系统
424	测控装置	参数	运行数据	导前时间	主设备监控系统
425	测控装置	参数	运行数据	固有相角差	主设备监控系统
426	测控装置	参数	运行数据	TV 断线闭锁使能	主设备监控系统
427	测控装置	参数	运行数据	同期复归时间	主设备监控系统
428	测控装置	位置状态	运行数据	GOOSE 出口压板	主设备监控系统
429	测控装置	位置状态	运行数据	TV 断线告警压板	主设备监控系统
430	测控装置	位置状态	运行数据	TA 断线告警压板	主设备监控系统
431	测控装置	位置状态	运行数据	零序越限告警压板	主设备监控系统
432	测控装置	位置状态	运行数据	××测控装置远方操作压板位置	主设备监控系统

续表

序号	设备类型	设备部位	信息类型	巡视点位/信息名称	数据来源
433	测控装置	故障异常信息	告警信息	××测控装置故障	主设备监控系统
434	测控装置	故障异常信息	告警信息	××测控装置异常	主设备监控系统
435	测控装置	故障异常信息	告警信息	××测控装置直流电源消失	主设备监控系统
436	测控装置	故障异常信息	告警信息	××测控装置遥信电源消失	主设备监控系统
437	测控装置	故障异常信息	告警信息	××测控装置GOOSE总告警	主设备监控系统
438	测控装置	故障异常信息	告警信息	××测控装置GOOSE链路中断	主设备监控系统
439	测控装置	故障异常信息	告警信息	××测控装置 GOOSE××链路中断	主设备监控系统
440	测控装置	故障异常信息	告警信息	××测控装置SV总告警	主设备监控系统
441	测控装置	故障异常信息	告警信息	××测控装置SV采样链路中断	主设备监控系统
442	测控装置	故障异常信息	告警信息	××测控装置××SV 采样链路中断	主设备监控系统
443	测控装置	故障异常信息	告警信息	××测控装置A网通信中断	主设备监控系统
444	测控装置	故障异常信息	告警信息	××测控装置对时异常	主设备监控系统
445	测控装置	故障异常信息	告警信息	××测控装置检修压板投入	主设备监控系统
446	测控装置	故障异常信息	告警信息	××测控装置防误解除	主设备监控系统
447	测控装置	故障异常信息	告警信息	装置故障	主设备监控系统
448	测控装置	故障异常信息	告警信息	TV断线	主设备监控系统
449	测控装置	故障异常信息	告警信息	TA断线	主设备监控系统
450	测控装置	故障异常信息	告警信息	$3U_0$越限	主设备监控系统
451	测控装置	故障异常信息	告警信息	$3I_0$越限	主设备监控系统
452	测控装置	故障异常信息	告警信息	同期无压条件不满足	主设备监控系统
453	测控装置	故障异常信息	告警信息	同期有压条件不满足	主设备监控系统
454	测控装置	故障异常信息	告警信息	同期压差不满足	主设备监控系统
455	测控装置	故障异常信息	告警信息	同期频差不满足	主设备监控系统
456	测控装置	故障异常信息	告警信息	同期角差不满足	主设备监控系统
457	测控装置	故障异常信息	告警信息	同期频率滑差不满足	主设备监控系统
458	测控装置	故障异常信息	告警信息	同期TV断线闭锁	主设备监控系统
459	测控装置	故障异常信息	告警信息	同期数据异常	主设备监控系统
460	测控装置	故障异常信息	告警信息	××测控装置×网通信中断	主设备监控系统
461	测控装置	故障异常信息	告警信息	××测控装置光口×接收光强下限告警	主设备监控系统
462	测控装置	故障异常信息	告警信息	××测控装置光口×发送光强上限告警	主设备监控系统

序号	设备类型	设备部位	信息类型	巡视点位/信息名称	数据来源
463	测控装置	故障异常信息	告警信息	××测控装置光口×发送光强下限告警	主设备监控系统
464	测控装置	遥控	控制命令	××测控装置信号复归	主设备监控系统
465	穿墙套管	固定钢板	巡视数据	固定钢板外观	远程智能巡视系统
466	穿墙套管	其他	巡视数据	整体	远程智能巡视系统
467	串联补偿装置	放电间隙	巡视数据	放电间隙外观	远程智能巡视系统
468	串联补偿装置	电流互感器	巡视数据	电流互感器外观	远程智能巡视系统
469	串联补偿装置	电阻分压器	巡视数据	电阻分压器外观	远程智能巡视系统
470	串联补偿装置	阻尼电阻	巡视数据	阻尼电阻外观	远程智能巡视系统
471	串联补偿装置	阻尼电阻	巡视数据	阀控电抗器	远程智能巡视系统
472	串联补偿装置	阻尼电阻	巡视数据	阻尼电阻 MOV	远程智能巡视系统
473	串联补偿装置	平台构架	巡视数据	支柱绝缘子	远程智能巡视系统
474	串联补偿装置	平台构架	巡视数据	平台构架外观	远程智能巡视系统
475	串联补偿装置	光纤柱	巡视数据	光纤柱外观	远程智能巡视系统
476	串联补偿装置	晶闸管阀	巡视数据	晶闸管阀外观	远程智能巡视系统
477	串联补偿装置	电容器	巡视数据	电容器瓷瓶	远程智能巡视系统
478	串联补偿装置	母线	巡视数据	母线外观	远程智能巡视系统
479	保护装置	低电压电抗器保护	运行数据	××低电压电抗器保护电流×相	主设备监控系统
480	保护装置	低电压电抗器保护	运行数据	××低电压电抗器保护电压×相	主设备监控系统
481	保护装置	低电压电抗器保护	运行数据	××低电压电抗器保护零序电流	主设备监控系统
482	保护装置	低电压电抗器保护	运行数据	××低电压电抗器保护装置温度	主设备监控系统
483	保护装置	低电压电抗器保护	运行数据	××低电压电抗器保护工作电压	主设备监控系统

序号	设备类型	设备部位	信息类型	巡视点位/信息名称	数据来源
484	保护装置	低电压电抗器保护	运行数据	××低电压电抗器保护光口×接收光强	主设备监控系统
485	保护装置	低电压电抗器保护	运行数据	××低电压电抗器保护光口×发送光强	主设备监控系统
486	保护装置	低电压电抗器保护	运行数据	××低电压电抗器保护运行定值区号	主设备监控系统
487	保护装置	低电压电抗器保护	运行数据	××低电压电抗器保护远方操作硬压板位置	主设备监控系统
488	保护装置	低电压电抗器保护	运行数据	××低电压电抗器保护检修压板	主设备监控系统
489	保护装置	低电压电抗器保护	运行数据	××低电压电抗器保护跳闸位置	主设备监控系统
490	保护装置	低电压电抗器保护	运行数据	××低电压电抗器保护合闸位置	主设备监控系统
491	保护装置	低电压电抗器保护	运行数据	××低电压电抗器保护合后位置	主设备监控系统
492	保护装置	低电压电抗器保护	运行数据	××低电压电抗器保护非电量开入	主设备监控系统
493	保护装置	低电压电抗器保护	运行数据	××低电压电抗器保护弹簧未储能开入	主设备监控系统
494	保护装置	低电压电抗器保护	运行数据	××低电压电抗器保护信号复归	主设备监控系统
495	保护装置	低电压电抗器保护	运行数据	××低电压电抗器保护非电量软压板	主设备监控系统
496	保护装置	低电压电抗器保护	运行数据	××低电压电抗器保护远方投退压板软压板	主设备监控系统
497	保护装置	低电压电抗器保护	运行数据	××低电压电抗器保护远方切换定值区软压板	主设备监控系统
498	保护装置	低电压电抗器保护	运行数据	××低电压电抗器保护远方修改定值软压板	主设备监控系统
499	保护装置	低电压电抗器保护	运行数据	××低电压电抗器保护SV接收软压板	主设备监控系统
500	保护装置	低电压电抗器保护	运行数据	××低电压电抗器保护GOOSE跳闸出口软压板	主设备监控系统
501	保护装置	低电压电抗器保护	运行数据	××低电压电抗器保护过电流×段有效	主设备监控系统
502	保护装置	低电压电抗器保护	运行数据	××低电压电抗器保护零序电流×段有效	主设备监控系统
503	保护装置	低电压电抗器保护	运行数据	××低电压电抗器保护过负荷有效	主设备监控系统

续表

序号	设备类型	设备部位	信息类型	巡视点位/信息名称	数据来源
504	保护装置	低电压电抗器保护	运行数据	××低电压电抗器保护非电量有效	主设备监控系统
505	保护装置	低电压电抗器保护	运行数据	××低电压电抗器保护非电量投入	主设备监控系统
506	保护装置	低电压电抗器保护	动作信息	××低电压电抗器保护出口	主设备监控系统
507	保护装置	低电压电抗器保护	动作信息	××低电压电抗器保护过电流×段动作	主设备监控系统
508	保护装置	低电压电抗器保护	动作信息	××低电压电抗器保护零序电流×段动作	主设备监控系统
509	保护装置	低电压电抗器保护	动作信息	××低电压电抗器保护非电量动作	主设备监控系统
510	保护装置	低电压电抗器保护	告警信息	××低电压电抗器保护装置故障	主设备监控系统
511	保护装置	低电压电抗器保护	告警信息	××低电压电抗器保护装置异常	主设备监控系统
512	保护装置	低电压电抗器保护	告警信息	××低电压电抗器保护启动	主设备监控系统
513	保护装置	低电压电抗器保护	告警信息	××低电压电抗器保护 TA 断线	主设备监控系统
514	保护装置	低电压电抗器保护	告警信息	××低电压电抗器保护 TV 断线	主设备监控系统
515	保护装置	低电压电抗器保护	告警信息	××低电压电抗器保护装置通信中断	主设备监控系统
516	保护装置	低电压电抗器保护	告警信息	××低电压电抗器保护 SV 总告警	主设备监控系统
517	保护装置	低电压电抗器保护	告警信息	××低电压电抗器保护 SV 采样链路中断	主设备监控系统
518	保护装置	低电压电抗器保护	告警信息	××低电压电抗器保护 SV××采样链路中断	主设备监控系统
519	保护装置	低电压电抗器保护	告警信息	××低电压电抗器保护 GOOSE 总告警	主设备监控系统
520	保护装置	低电压电抗器保护	告警信息	××低电压电抗器保护 GOOSE 链路中断	主设备监控系统
521	保护装置	低电压电抗器保护	告警信息	××低电压电抗器保护×× GOOSE 链路中断	主设备监控系统
522	保护装置	低电压电抗器保护	告警信息	××低电压电抗器保护对时异常	主设备监控系统
523	保护装置	低电压电抗器保护	告警信息	××低电压电抗器保护检修不一致	主设备监控系统

续表

序号	设备类型	设备部位	信息类型	巡视点位/信息名称	数据来源
524	保护装置	低电压电抗器保护	告警信息	××低电压电抗器保护检修压板投入	主设备监控系统
525	保护装置	低电压电抗器保护	告警信息	××低电压电抗器保护装置控制回路断线	主设备监控系统
526	保护装置	低电压电抗器保护	告警信息	××低电压电抗器保护TA断线	主设备监控系统
527	保护装置	低电压电抗器保护	告警信息	××低电压电抗器保护TV断线	主设备监控系统
528	保护装置	低电压电抗器保护	告警信息	××低电压电抗器保护××SV采样链路中断	主设备监控系统
529	保护装置	低电压电抗器保护	告警信息	××低电压电抗器保护闭锁保护	主设备监控系统
530	保护装置	低电压电抗器保护	告警信息	××低电压电抗器保护模拟量采集错	主设备监控系统
531	保护装置	低电压电抗器保护	告警信息	××低电压电抗器保护CPU插件异常	主设备监控系统
532	保护装置	低电压电抗器保护	告警信息	××低电压电抗器保护开出异常	主设备监控系统
533	保护装置	低电压电抗器保护	告警信息	××低电压电抗器保护弹簧未储能告警	主设备监控系统
534	保护装置	低电压电抗器保护	告警信息	××低电压电抗器保护事故总信号	主设备监控系统
535	保护装置	低电压电抗器保护	告警信息	××低电压电抗器保护TWJ异常	主设备监控系统
536	保护装置	低电压电抗器保护	告警信息	××低电压电抗器保护零序过电流告警	主设备监控系统
537	保护装置	低电压电抗器保护	告警信息	××低电压电抗器保护过负荷告警	主设备监控系统
538	保护装置	低电压电抗器保护	告警信息	××低电压电抗器保护光口×接收光强下限告警	主设备监控系统
539	保护装置	低电压电抗器保护	告警信息	××低电压电抗器保护光口×发送光强上限告警	主设备监控系统
540	保护装置	低电压电抗器保护	告警信息	××低电压电抗器保护光口×发送光强下限告警	主设备监控系统
541	保护装置	低电压电抗器保护	控制命令	××低电压电抗器保护装置信号复归	主设备监控系统
542	保护装置	低电压电抗器保护	控制命令	××低电压电抗器保护SV接收软压板投/退	主设备监控系统
543	保护装置	低电压电抗器保护	控制命令	××低电压电抗器保护GOOSE跳闸出口软压板投/退	主设备监控系统

续表

序号	设备类型	设备部位	信息类型	巡视点位/信息名称	数据来源
544	保护装置	低电压电抗器保护	控制命令	××低电压电抗器保护×× 遥控分/合	主设备监控系统
545	保护装置	低电压电抗器保护	控制命令	××低电压电抗器保护运行定值区切换	主设备监控系统
546	保护装置	低频减载装置	运行数据	××低频减载装置总投入软压板位置	主设备监控系统
547	保护装置	低频减载装置	运行数据	××低频减载装置远方操作压板位置	主设备监控系统
548	保护装置	低频减载装置	运行数据	××低频减载装置装置温度	主设备监控系统
549	保护装置	低频减载装置	运行数据	××低频减载装置工作电压	主设备监控系统
550	保护装置	低频减载装置	运行数据	××低频减载装置光口×接收光强	主设备监控系统
551	保护装置	低频减载装置	运行数据	××低频减载装置光口×发送光强	主设备监控系统
552	保护装置	低频减载装置	运行数据	××低频减载装置总投入软压板	主设备监控系统
553	保护装置	低频减载装置	运行数据	××低频减载装置远方操作压板	主设备监控系统
554	保护装置	低频减载装置	动作信息	××低频减载装置出口	主设备监控系统
555	保护装置	低频减载装置	动作信息	××低频减载装置动作	主设备监控系统
556	保护装置	低频减载装置	告警信息	××低频减载装置故障	主设备监控系统
557	保护装置	低频减载装置	告警信息	××低频减载装置异常	主设备监控系统
558	保护装置	低频减载装置	告警信息	××低频减载装置通信中断	主设备监控系统
559	保护装置	低频减载装置	告警信息	××低频减载装置 SV 总告警	主设备监控系统
560	保护装置	低频减载装置	告警信息	××低频减载装置 SV 采样链路中断	主设备监控系统
561	保护装置	低频减载装置	告警信息	××低频减载装置 SV×× 采样链路中断	主设备监控系统
562	保护装置	低频减载装置	告警信息	××低频减载装置 GOOSE 总告警	主设备监控系统
563	保护装置	低频减载装置	告警信息	××低频减载装置 GOOSE 链路中断	主设备监控系统
564	保护装置	低频减载装置	告警信息	××低频减载装置×× GOOSE 链路中断	主设备监控系统
565	保护装置	低频减载装置	告警信息	××低频减载装置对时异常	主设备监控系统
566	保护装置	低频减载装置	告警信息	××低频减载装置检修不一致	主设备监控系统
567	保护装置	低频减载装置	告警信息	××低频减载装置检修压板投入	主设备监控系统

序号	设备类型	设备部位	信息类型	巡视点位/信息名称	数据来源
568	保护装置	低频减载装置	告警信息	××低频减载装置直流消失	主设备监控系统
569	保护装置	低频减载装置	告警信息	××低频减载装置光口×接收光强下限告警	主设备监控系统
570	保护装置	低频减载装置	告警信息	××低频减载装置光口×发送光强上限告警	主设备监控系统
571	保护装置	低频减载装置	告警信息	××低频减载装置光口×发送光强下限告警	主设备监控系统
572	保护装置	低频减载装置	控制命令	××低频减载装置总投入软压板投/退	主设备监控系统
573	保护装置	低频减载装置	控制命令	××低频减载装置信号复归	主设备监控系统
574	保护装置	低电压线路保测一体装置	运行数据	××线路保护测量电压×相	主设备监控系统
575	保护装置	低电压线路保测一体装置	运行数据	××线路保护测量电流×相	主设备监控系统
576	保护装置	低电压线路保测一体装置	运行数据	××线路保护测量零序电流	主设备监控系统
577	保护装置	低电压线路保测一体装置	运行数据	××线路保护测量同期电压	主设备监控系统
578	保护装置	低电压线路保测一体装置	运行数据	××线路保护测量有功功率	主设备监控系统
579	保护装置	低电压线路保测一体装置	运行数据	××线路保护测量无功功率	主设备监控系统
580	保护装置	低电压线路保测一体装置	运行数据	××线路保护测量功率因数	主设备监控系统
581	保护装置	低电压线路保测一体装置	运行数据	××线路保护测量母线频率	主设备监控系统
582	保护装置	低电压线路保测一体装置	运行数据	××线路保护纵联差动保护软压板	主设备监控系统
583	保护装置	低电压线路保测一体装置	运行数据	××线路保护低频减载软压板	主设备监控系统
584	保护装置	低电压线路保测一体装置	运行数据	××线路保护低电压减载软压板	主设备监控系统
585	保护装置	低电压线路保测一体装置	运行数据	××线路保护闭锁简易母线保护软压板	主设备监控系统
586	保护装置	低电压线路保测一体装置	运行数据	××线路保护纵联差动保护硬压板	主设备监控系统
587	保护装置	低电压线路保测一体装置	运行数据	××线路保护低频减载硬压板	主设备监控系统
588	保护装置	低电压线路保测一体装置	运行数据	××线路保护低电压减载硬压板	主设备监控系统

序号	设备类型	设备部位	信息类型	巡视点位/信息名称	数据来源
589	保护装置	低电压线路保测一体装置	运行数据	××线路保护跳闸位置	主设备监控系统
590	保护装置	低电压线路保测一体装置	运行数据	××线路保护合闸位置	主设备监控系统
591	保护装置	低电压线路保测一体装置	运行数据	××线路保护合后位置	主设备监控系统
592	保护装置	低电压线路保测一体装置	运行数据	××线路保护停用/闭锁重合闸	主设备监控系统
593	保护装置	低电压线路保测一体装置	运行数据	××线路保护弹簧未储能开入	主设备监控系统
594	保护装置	低电压线路保测一体装置	运行数据	××线路保护信号复归	主设备监控系统
595	保护装置	低电压线路保测一体装置	运行数据	××线路保护远方操作硬压板	主设备监控系统
596	保护装置	低电压线路保测一体装置	运行数据	××线路保护检修状态硬压板	主设备监控系统
597	保护装置	低电压线路保测一体装置	运行数据	××线路保护测控远方操作硬压板	主设备监控系统
598	保护装置	低电压线路保测一体装置	运行数据	××线路保护闭锁解锁开入	主设备监控系统
599	保护装置	低电压线路保测一体装置	运行数据	××线路保护手合同期开入	主设备监控系统
600	保护装置	低电压线路保测一体装置	运行数据	××线路保护遥信开入	主设备监控系统
601	保护装置	低电压线路保测一体装置	运行数据	××线路保护过电流×段有效	主设备监控系统
602	保护装置	低电压线路保测一体装置	运行数据	××线路保护过电流加速段有效	主设备监控系统
603	保护装置	低电压线路保测一体装置	运行数据	××线路保护低频减载保护有效	主设备监控系统
604	保护装置	低电压线路保测一体装置	运行数据	××线路保护低电压减载保护有效	主设备监控系统
605	保护装置	低电压线路保测一体装置	运行数据	××线路保护 TV 断线过电流有效	主设备监控系统
606	保护装置	低电压线路保测一体装置	运行数据	××线路保护纵联电流差动保护投入	主设备监控系统
607	保护装置	低电压线路保测一体装置	运行数据	××线路保护低频减载投入	主设备监控系统
608	保护装置	低电压线路保测一体装置	运行数据	××线路保护低电压减载投入	主设备监控系统

续表

序号	设备类型	设备部位	信息类型	巡视点位/信息名称	数据来源
609	保护装置	低电压线路保测一体装置	动作信息	××线路保护出口	主设备监控系统
610	保护装置	低电压线路保测一体装置	动作信息	××线路保护距离×段动作	主设备监控系统
611	保护装置	低电压线路保测一体装置	动作信息	××线路保护距离×段加速动作	主设备监控系统
612	保护装置	低电压线路保测一体装置	动作信息	××线路保护过电流×段动作	主设备监控系统
613	保护装置	低电压线路保测一体装置	动作信息	××线路保护 TV 断线过电流动作	主设备监控系统
614	保护装置	低电压线路保测一体装置	动作信息	××线路保护过电流加速段动作	主设备监控系统
615	保护装置	低电压线路保测一体装置	动作信息	××线路保护零序电流×段动作	主设备监控系统
616	保护装置	低电压线路保测一体装置	动作信息	××线路保护零序电流过电流加速段动作	主设备监控系统
617	保护装置	低电压线路保测一体装置	动作信息	××线路保护低频减载保护动作	主设备监控系统
618	保护装置	低电压线路保测一体装置	动作信息	××线路保护低电压减载保护动作	主设备监控系统
619	保护装置	低电压线路保测一体装置	动作信息	××线路保护接地选跳动作	主设备监控系统
620	保护装置	低电压线路保测一体装置	动作信息	××线路保护GOOSE 永跳动作	主设备监控系统
621	保护装置	低电压线路保测一体装置	动作信息	××线路保护 GOOSE 保护合闸动作	主设备监控系统
622	保护装置	低电压线路保测一体装置	动作信息	××线路保护闭锁简易母线保护	主设备监控系统
623	保护装置	低电压线路保测一体装置	告警信息	××线路保护 CPU 插件异常	主设备监控系统
624	保护装置	低电压线路保测一体装置	告警信息	××线路保护 TWJ 异常	主设备监控系统
625	保护装置	低电压线路保测一体装置	告警信息	××线路保护控制回路断线	主设备监控系统
626	保护装置	低电压线路保测一体装置	告警信息	××线路保护接地告警	主设备监控系统
627	保护装置	低电压线路保测一体装置	告警信息	××线路保护零序过电流告警	主设备监控系统
628	保护装置	低电压线路保测一体装置	告警信息	××线路保护弹簧未储能告警	主设备监控系统

续表

序号	设备类型	设备部位	信息类型	巡视点位/信息名称	数据来源
629	保护装置	低电压线路保测一体装置	告警信息	××线路保护闭锁距离保护	主设备监控系统
630	保护装置	低电压线路保测一体装置	告警信息	××线路保护闭锁过电流保护	主设备监控系统
631	保护装置	低电压线路保测一体装置	告警信息	××线路保护闭锁零序过电流	主设备监控系统
632	保护装置	低电压线路保测一体装置	告警信息	××线路保护闭锁减载保护	主设备监控系统
633	保护装置	低电压线路保测一体装置	控制命令	××线路保护××遥控分/合	主设备监控系统
634	电力电缆	电缆本体	巡视数据	电缆本体外观	远程智能巡视系统
635	电力电缆	电缆终端	巡视数据	电缆终端外观	远程智能巡视系统
636	电力电缆	电缆接头	巡视数据	电缆接头外观	远程智能巡视系统
637	电力电缆	接地箱	巡视数据	接地箱外观	远程智能巡视系统
638	电力电缆	电缆本体	巡视数据	负荷电流	远程智能巡视系统
639	电力电缆	电缆廊道	巡视数据	电缆廊道气体	远程智能巡视系统
640	电流互感器	地面	巡视数据	地面	远程智能巡视系统
641	电流互感器	本体	告警信息	××TA SF_6 气压低告警	主设备监控系统
642	保护装置	电容器保护	运行数据	××电容器保护电流×相	主设备监控系统
643	保护装置	电容器保护	运行数据	××电容器保护零序电流	主设备监控系统
644	保护装置	电容器保护	运行数据	××电容器保护电压×相	主设备监控系统
645	保护装置	电容器保护	运行数据	××电容器保护×相不平衡电压	主设备监控系统
646	保护装置	电容器保护	运行数据	××电容器保护不平衡电流	主设备监控系统
647	保护装置	电容器保护	运行数据	××电容器保护×相不平衡电流	主设备监控系统
648	保护装置	电容器保护	运行数据	××电容器保护不平衡电压	主设备监控系统
649	保护装置	电容器保护	运行数据	××电容器保护装置温度	主设备监控系统
650	保护装置	电容器保护	运行数据	××电容器保护工作电压	主设备监控系统
651	保护装置	电容器保护	运行数据	××电容器保护光口×接收光强	主设备监控系统
652	保护装置	电容器保护	运行数据	××电容器保护光口×发送光强	主设备监控系统
653	保护装置	电容器保护	运行数据	××电容器保护运行定值区号	主设备监控系统
654	保护装置	电容器保护	运行数据	××电容器保护远方操作硬压板位置	主设备监控系统
655	保护装置	电容器保护	运行数据	××电容器保护检修压板	主设备监控系统

序号	设备类型	设备部位	信息类型	巡视点位/信息名称	数据来源
656	保护装置	电容器保护	运行数据	××电容器保护跳闸位置	主设备监控系统
657	保护装置	电容器保护	运行数据	××电容器保护合闸位置	主设备监控系统
658	保护装置	电容器保护	运行数据	××电容器保护合后位置	主设备监控系统
659	保护装置	电容器保护	运行数据	××电容器保护非电量开入	主设备监控系统
660	保护装置	电容器保护	运行数据	××电容器保护弹簧未储能开入	主设备监控系统
661	保护装置	电容器保护	运行数据	××电容器保护低电压保护硬压板	主设备监控系统
662	保护装置	电容器保护	运行数据	××电容器保护信号复归	主设备监控系统
663	保护装置	电容器保护	运行数据	××电容器保护低电压保护软压板	主设备监控系统
664	保护装置	电容器保护	运行数据	××电容器保护非电量软压板	主设备监控系统
665	保护装置	电容器保护	运行数据	××电容器保护远方投退压板软压板	主设备监控系统
666	保护装置	电容器保护	运行数据	××电容器保护远方切换定值区软压板	主设备监控系统
667	保护装置	电容器保护	运行数据	××电容器保护远方修改定值软压板	主设备监控系统
668	保护装置	电容器保护	运行数据	××电容器保护 SV 接收软压板	主设备监控系统
669	保护装置	电容器保护	运行数据	××电容器保护 GOOSE 跳闸出口软压板	主设备监控系统
670	保护装置	电容器保护	运行数据	××电容器保护过电流×段有效	主设备监控系统
671	保护装置	电容器保护	运行数据	××电容器保护零序电流×段有效	主设备监控系统
672	保护装置	电容器保护	运行数据	××电容器保护过电压有效	主设备监控系统
673	保护装置	电容器保护	运行数据	××电容器保护低电压有效	主设备监控系统
674	保护装置	电容器保护	运行数据	××电容器保护不平衡电压有效	主设备监控系统
675	保护装置	电容器保护	运行数据	××电容器保护不平衡电流有效	主设备监控系统
676	保护装置	电容器保护	运行数据	××电容器保护非电量有效	主设备监控系统
677	保护装置	电容器保护	运行数据	××电容器保护低电压保护投入	主设备监控系统
678	保护装置	电容器保护	运行数据	××电容器保护非电量投入	主设备监控系统
679	保护装置	电容器保护	动作信息	××电容器保护出口	主设备监控系统
680	保护装置	电容器保护	动作信息	××电容器欠电压保护出口	主设备监控系统

续表

序号	设备类型	设备部位	信息类型	巡视点位/信息名称	数据来源
681	保护装置	电容器保护	动作信息	××电容器过电压保护出口	主设备监控系统
682	保护装置	电容器保护	动作信息	××电容器低电压保护出口	主设备监控系统
683	保护装置	电容器保护	动作信息	××电容器过电流保护出口	主设备监控系统
684	保护装置	电容器保护	动作信息	××电容器零序过电流保护出口	主设备监控系统
685	保护装置	电容器保护	动作信息	××电容器保护过电流×段动作	主设备监控系统
686	保护装置	电容器保护	动作信息	××电容器保护零序电流×段动作	主设备监控系统
687	保护装置	电容器保护	动作信息	××电容器保护不平衡电压保护动作	主设备监控系统
688	保护装置	电容器保护	动作信息	××电容器保护不平衡电流保护动作	主设备监控系统
689	保护装置	电容器保护	动作信息	××电容器保护非电量动作	主设备监控系统
690	保护装置	电容器保护	告警信息	××电容器保护装置故障	主设备监控系统
691	保护装置	电容器保护	告警信息	××电容器保护装置异常	主设备监控系统
692	保护装置	电容器保护	告警信息	××电容器保护启动	主设备监控系统
693	保护装置	电容器保护	告警信息	××电容器保护装置通信中断	主设备监控系统
694	保护装置	电容器保护	告警信息	××电容器保护 TA 断线	主设备监控系统
695	保护装置	电容器保护	告警信息	××电容器保护 TV 断线	主设备监控系统
696	保护装置	电容器保护	告警信息	××电容器保护 SV 总告警	主设备监控系统
697	保护装置	电容器保护	告警信息	××电容器保护 SV 采样链路中断	主设备监控系统
698	保护装置	电容器保护	告警信息	××电容器保护××SV 采样链路中断	主设备监控系统
699	保护装置	电容器保护	告警信息	××电容器保护 GOOSE 总告警	主设备监控系统
700	保护装置	电容器保护	告警信息	××电容器保护 GOOSE 链路中断	主设备监控系统
701	保护装置	电容器保护	告警信息	××电容器保护××GOOSE链路中断	主设备监控系统
702	保护装置	电容器保护	告警信息	××电容器保护对时异常	主设备监控系统
703	保护装置	电容器保护	告警信息	××电容器保护检修不一致	主设备监控系统
704	保护装置	电容器保护	告警信息	××电容器保护检修压板投入	主设备监控系统
705	保护装置	电容器保护	告警信息	××电容器保护装置控制回路断线	主设备监控系统
706	保护装置	电容器保护	告警信息	××电容器保护 TA 断线	主设备监控系统

续表

序号	设备类型	设备部位	信息类型	巡视点位/信息名称	数据来源
707	保护装置	电容器保护	告警信息	××电容器保护 TV 断线	主设备监控系统
708	保护装置	电容器保护	告警信息	××电容器保护闭锁保护	主设备监控系统
709	保护装置	电容器保护	告警信息	××电容器保护模拟量采集错	主设备监控系统
710	保护装置	电容器保护	告警信息	××电容器保护 CPU 插件异常	主设备监控系统
711	保护装置	电容器保护	告警信息	××电容器保护开出异常	主设备监控系统
712	保护装置	电容器保护	告警信息	××电容器保护弹簧未储能告警	主设备监控系统
713	保护装置	电容器保护	告警信息	××电容器保护事故总信号	主设备监控系统
714	保护装置	电容器保护	告警信息	××电容器保护 TWJ 异常	主设备监控系统
715	保护装置	电容器保护	告警信息	××电容器保护零序过电流告警	主设备监控系统
716	保护装置	电容器保护	告警信息	××电容器保护光口×接收光强下限告警	主设备监控系统
717	保护装置	电容器保护	告警信息	××电容器保护光口×发送光强上限告警	主设备监控系统
718	保护装置	电容器保护	告警信息	××电容器保护光口×发送光强下限告警	主设备监控系统
719	保护装置	电容器保护	控制命令	××电容器保护装置信号复归	主设备监控系统
720	保护装置	电容器保护	控制命令	××电容器保护 SV 接收软压板投/退	主设备监控系统
721	保护装置	电容器保护	控制命令	××电容器保护 GOOSE 跳闸出口软压板投/退	主设备监控系统
722	保护装置	电容器保护	控制命令	××电容器保护××遥控分/合	主设备监控系统
723	保护装置	电容器保护	控制命令	××电容器保护运行定值区切换	主设备监控系统
724	电压互感器	本体	巡视数据	末屏	远程智能巡视系统
725	电压互感器	本体	巡视数据	二次接线盒	远程智能巡视系统
726	电压互感器	本体	巡视数据	金属膨胀器	远程智能巡视系统
727	电压互感器	其他	巡视数据	端子箱	远程智能巡视系统
728	电压互感器	本体	巡视数据	套管	远程智能巡视系统
729	电压互感器	本体	巡视数据	电磁单元	远程智能巡视系统
730	电压互感器	本体	告警信息	××TV 二次电压空气开关跳开	主设备监控系统
731	电压互感器	本体	告警信息	××TV 保护电压空气开关跳开	主设备监控系统
732	电压互感器	本体	告警信息	××TV 测量电压空气开关跳开	主设备监控系统
733	电压互感器	本体	告警信息	××TV 计量电压空气开关跳开	主设备监控系统
734	电压互感器	本体	告警信息	××TV 计量电压监视异常	主设备监控系统

续表

序号	设备类型	设备部位	信息类型	巡视点位/信息名称	数据来源
735	电压互感器	本体	告警信息	××TV 接地保护器故障	主设备监控系统
736	电压互感器	本体	告警信息	××母线 TV 二次电压并列	主设备监控系统
737	电压互感器	本体	告警信息	××电压切换继电器同时动作	主设备监控系统
738	电压互感器	本体	告警信息	××电压切换继电器失压	主设备监控系统
739	电压互感器	本体	告警信息	××母线 TV 并列装置直流电源消失	主设备监控系统
740	断路器	量测数据	运行数据	××开关有功功率	主设备监控系统
741	断路器	量测数据	运行数据	××开关无功功率	主设备监控系统
742	断路器	量测数据	运行数据	××开关×相电流	主设备监控系统
743	断路器	量测数据	运行数据	××开关同期电压	主设备监控系统
744	断路器	位置状态	运行数据	××开关位置	主设备监控系统
745	断路器	位置状态	运行数据	××开关×相位置	主设备监控系统
746	断路器	量测数据	运行数据	××开关×相电压	主设备监控系统
747	断路器	量测数据	运行数据	××开关×线电压	主设备监控系统
748	断路器	量测数据	运行数据	××开关功率因数	主设备监控系统
749	断路器	量测数据	运行数据	××开关零序电压	主设备监控系统
750	断路器	量测数据	运行数据	××开关频率	主设备监控系统
751	断路器	间隔	动作信息	××间隔事故信号	主设备监控系统
752	断路器	机构	动作信息	××开关机构三相不一致跳闸	主设备监控系统
753	断路器	SF_6 开关	告警信息	××开关 SF_6 气压低告警	主设备监控系统
754	断路器	SF_6 开关	告警信息	××开关 SF_6 气压低闭锁	主设备监控系统
755	断路器	SF_6 开关	告警信息	××开关 SF_6 气压低闭锁合闸及第一组分闸	主设备监控系统
756	断路器	SF_6 开关	告警信息	××开关 SF_6 气压低闭锁第二组分闸	主设备监控系统
757	断路器	液压机构	告警信息	××开关油压低分合闸总闭锁	主设备监控系统
758	断路器	液压机构	告警信息	××开关油压低合闸闭锁	主设备监控系统
759	断路器	液压机构	告警信息	××开关油压低重合闸闭锁	主设备监控系统
760	断路器	液压机构	告警信息	××开关 N_2 泄漏告警	主设备监控系统
761	断路器	液压机构	告警信息	××开关 N_2 泄漏闭锁	主设备监控系统
762	断路器	液压机构	告警信息	××开关油泵启动	主设备监控系统
763	断路器	液压机构	告警信息	××开关油泵打压超时	主设备监控系统
764	断路器	气动机构	告警信息	××开关气压低分合闸总闭锁	主设备监控系统

序号	设备类型	设备部位	信息类型	巡视点位/信息名称	数据来源
765	断路器	气动机构	告警信息	××开关气压低合闸闭锁	主设备监控系统
766	断路器	气动机构	告警信息	××开关气压低重合闸闭锁	主设备监控系统
767	断路器	气动机构	告警信息	××开关气泵启动	主设备监控系统
768	断路器	气动机构	告警信息	××开关气泵打压超时	主设备监控系统
769	断路器	气动机构	告警信息	××开关气泵空气压力高告警	主设备监控系统
770	断路器	弹簧机构	告警信息	××开关机构弹簧未储能	主设备监控系统
771	断路器	机构异常信号	告警信息	××开关机构储能电机电源消失	主设备监控系统
772	断路器	机构异常信号	告警信息	××开关机构储能电机故障	主设备监控系统
773	断路器	机构异常信号	告警信息	××开关机构加热器故障	主设备监控系统
774	断路器	机构异常信号	告警信息	××开关机构就地控制	主设备监控系统
775	断路器	控制回路状态	告警信息	××开关控制回路断线	主设备监控系统
776	断路器	控制回路状态	告警信息	××开关控制电源消失	主设备监控系统
777	断路器	手车开关	告警信息	××开关手车工作位置	主设备监控系统
778	断路器	手车开关	告警信息	××开关手车试验位置	主设备监控系统
779	断路器	液压机构	告警信息	××开关液压泵频繁启动	主设备监控系统
780	断路器	机构异常信号	告警信息	××开关机构储能电机热过载报警	主设备监控系统
781	断路器	机构异常信号	告警信息	××开关机构非全相运行	主设备监控系统
782	断路器	遥控	控制命令	××开关合分	主设备监控系统
783	断路器	遥控	控制命令	××开关同期合	主设备监控系统
784	断路器	遥控	控制命令	××开关无压合	主设备监控系统
785	断路器	本体	巡视数据	本体外观	远程智能巡视系统
786	断路器	本体	巡视数据	油位表计	远程智能巡视系统
787	断路器	本体	巡视数据	套管电流互感器	远程智能巡视系统
788	断路器	本体	巡视数据	位置指示	远程智能巡视系统
789	断路器	本体	巡视数据	SF_6密度继电器（压力表）	远程智能巡视系统
790	断路器	本体	巡视数据	引线及接头	远程智能巡视系统
791	断路器	本体	巡视数据	均压环	远程智能巡视系统
792	断路器	本体	巡视数据	套管防雨帽	远程智能巡视系统
793	断路器	操动机构	巡视数据	压力表计	远程智能巡视系统
794	断路器	操动机构	巡视数据	储能指示	远程智能巡视系统
795	断路器	其他	巡视数据	机构箱	远程智能巡视系统

续表

序号	设备类型	设备部位	信息类型	巡视点位/信息名称	数据来源
796	断路器	其他	巡视数据	汇控柜	远程智能巡视系统
797	断路器	其他	巡视数据	基础构架	远程智能巡视系统
798	断路器	其他	巡视数据	接地引下线	远程智能巡视系统
799	断路器	其他	巡视数据	标示牌	远程智能巡视系统
800	断路器	本体	巡视数据	本体	远程智能巡视系统
801	断路器	本体	巡视数据	绝缘子	远程智能巡视系统
802	断路器	其他	巡视数据	整体外观	远程智能巡视系统
803	断路器	并联电容	巡视数据	并联电容外观及温度	远程智能巡视系统
804	保护装置	断路器保护	运行数据	××开关保护运行定值区号	主设备监控系统
805	保护装置	断路器保护	运行数据	××开关保护重合闸软压板位置	主设备监控系统
806	保护装置	断路器保护	运行数据	××开关保护重合闸充电状态	主设备监控系统
807	保护装置	断路器保护	运行数据	××开关保护远方操作压板位置	主设备监控系统
808	保护装置	断路器保护	运行数据	××开关保护电压×相	主设备监控系统
809	保护装置	断路器保护	运行数据	××开关保护零序电压	主设备监控系统
810	保护装置	断路器保护	运行数据	××开关保护电流×相	主设备监控系统
811	保护装置	断路器保护	运行数据	××开关保护零序电流	主设备监控系统
812	保护装置	断路器保护	运行数据	××开关保护同期电压	主设备监控系统
813	保护装置	断路器保护	运行数据	××开关保护启动电压×相	主设备监控系统
814	保护装置	断路器保护	运行数据	××开关保护启动电流×相	主设备监控系统
815	保护装置	断路器保护	运行数据	××开关保护启动零序电流	主设备监控系统
816	保护装置	断路器保护	运行数据	××开关保护启动同期电压	主设备监控系统
817	保护装置	断路器保护	运行数据	××开关保护装置温度	主设备监控系统
818	保护装置	断路器保护	运行数据	××开关保护工作电压	主设备监控系统
819	保护装置	断路器保护	运行数据	××开关保护光口×接收光强	主设备监控系统
820	保护装置	断路器保护	运行数据	××开关保护光口×发送光强	主设备监控系统
821	保护装置	断路器保护	运行数据	××开关保护远方操作硬压板	主设备监控系统
822	保护装置	断路器保护	运行数据	××开关保护检修状态硬压板	主设备监控系统
823	保护装置	断路器保护	运行数据	××开关保护分相跳闸位置	主设备监控系统
824	保护装置	断路器保护	运行数据	××开关保护三相跳闸输入	主设备监控系统
825	保护装置	断路器保护	运行数据	××开关保护跳闸输入	主设备监控系统

续表

序号	设备类型	设备部位	信息类型	巡视点位/信息名称	数据来源
826	保护装置	断路器保护	运行数据	××开关保护闭锁重合闸	主设备监控系统
827	保护装置	断路器保护	运行数据	××开关保护低气压闭锁重合闸	主设备监控系统
828	保护装置	断路器保护	运行数据	××开关保护重合闸充电完成	主设备监控系统
829	保护装置	断路器保护	运行数据	××开关保护 GOOSE 检修不一致	主设备监控系统
830	保护装置	断路器保护	运行数据	××开关保护充电过电流保护硬压板	主设备监控系统
831	保护装置	断路器保护	运行数据	××开关保护停用重合闸硬压板	主设备监控系统
832	保护装置	断路器保护	运行数据	××开关保护充电过电流保护软压板	主设备监控系统
833	保护装置	断路器保护	运行数据	××开关保护停用重合闸软压板	主设备监控系统
834	保护装置	断路器保护	运行数据	××开关保护远方投退压板软压板	主设备监控系统
835	保护装置	断路器保护	运行数据	××开关保护远方切换定值区软压板	主设备监控系统
836	保护装置	断路器保护	运行数据	××开关保护远方修改定值软压板	主设备监控系统
837	保护装置	断路器保护	运行数据	××开关保护电压 SV 接收软压板	主设备监控系统
838	保护装置	断路器保护	运行数据	××开关保护电流 SV 接收软压板	主设备监控系统
839	保护装置	断路器保护	运行数据	××开关保护跳闸软压板	主设备监控系统
840	保护装置	断路器保护	运行数据	××开关保护闭锁重合闸软压板	主设备监控系统
841	保护装置	断路器保护	运行数据	××开关保护永跳软压板	主设备监控系统
842	保护装置	断路器保护	运行数据	××开关保护重合闸软压板	主设备监控系统
843	保护装置	断路器保护	运行数据	××开关保护失灵跳闸软压板	主设备监控系统
844	保护装置	断路器保护	运行数据	××开关保护失灵跳闸 3 软压板	主设备监控系统
845	保护装置	断路器保护	运行数据	××开关保护失灵跳闸 4 软压板	主设备监控系统
846	保护装置	断路器保护	运行数据	××开关保护失灵跳闸 5 软压板	主设备监控系统
847	保护装置	断路器保护	运行数据	××开关保护失灵跳闸 6 软压板	主设备监控系统
848	保护装置	断路器保护	运行数据	××开关保护跟跳保护有效	主设备监控系统

续表

序号	设备类型	设备部位	信息类型	巡视点位/信息名称	数据来源
849	保护装置	断路器保护	运行数据	××开关保护失灵保护有效	主设备监控系统
850	保护装置	断路器保护	运行数据	××开关保护死区保护有效	主设备监控系统
851	保护装置	断路器保护	运行数据	××开关保护充电过电流×段有效	主设备监控系统
852	保护装置	断路器保护	运行数据	××开关保护充电零序过电流有效	主设备监控系统
853	保护装置	断路器保护	运行数据	××开关保护三相不一致保护有效	主设备监控系统
854	保护装置	断路器保护	运行数据	××开关保护重合闸有效	主设备监控系统
855	保护装置	断路器保护	运行数据	××开关保护充电过电流保护投入	主设备监控系统
856	保护装置	断路器保护	运行数据	录波故障信息×相故障电流	主设备监控系统
857	保护装置	断路器保护	运行数据	录波故障信息零序故障电流	主设备监控系统
858	保护装置	断路器保护	运行数据	录波故障信息×相故障电压	主设备监控系统
859	保护装置	断路器保护	运行数据	录波故障信息零序故障电压	主设备监控系统
860	保护装置	断路器保护	运行数据	保护装置物理信息定值区号	主设备监控系统
861	保护装置	断路器保护	运行数据	保护装置物理信息被保护设备	主设备监控系统
862	保护装置	断路器保护	运行数据	保护电流互感器，用于站控层接口 LDTA 一次额定值	主设备监控系统
863	保护装置	断路器保护	运行数据	保护电流互感器，用于站控层接口 LDTA 二次额定值	主设备监控系统
864	保护装置	断路器保护	运行数据	保护电压互感器，用于站控层接口 LDTV 一次额定值	主设备监控系统
865	保护装置	断路器保护	运行数据	保护LLN0变化量启动电流定值	主设备监控系统
866	保护装置	断路器保护	运行数据	保护LLN0零序启动电流定值	主设备监控系统
867	保护装置	断路器保护	运行数据	保护×相跟跳失灵保护相电流定值	主设备监控系统
868	保护装置	断路器保护	运行数据	保护×相跟跳失灵保护零序电流定值	主设备监控系统
869	保护装置	断路器保护	运行数据	保护×相跟跳失灵保护负序电流定值	主设备监控系统
870	保护装置	断路器保护	运行数据	保护×相跟跳低功率因数角	主设备监控系统
871	保护装置	断路器保护	运行数据	保护×相跟跳失灵三跳本断路器时间	主设备监控系统
872	保护装置	断路器保护	运行数据	保护×相跟跳失灵跳相邻断路器时间	主设备监控系统
873	保护装置	断路器保护	运行数据	保护死区保护时间	主设备监控系统

续表

序号	设备类型	设备部位	信息类型	巡视点位/信息名称	数据来源
874	保护装置	断路器保护	运行数据	保护过电流保护充电过电流Ⅰ段电流定值	主设备监控系统
875	保护装置	断路器保护	运行数据	保护过电流保护充电过电流Ⅰ段时间	主设备监控系统
876	保护装置	断路器保护	运行数据	保护零序过电流保护充电零序过电流定值	主设备监控系统
877	保护装置	断路器保护	运行数据	保护自动重合闸（传统）单相重合闸时间	主设备监控系统
878	保护装置	断路器保护	运行数据	保护自动重合闸（传统）三相重合闸时间	主设备监控系统
879	保护装置	断路器保护	运行数据	保护自动重合闸（传统）同期合闸角	主设备监控系统
880	保护装置	断路器保护	运行数据	保护三相不一致保护时间	主设备监控系统
881	保护装置	断路器保护	运行数据	保护×相跟跳断路器失灵保护	主设备监控系统
882	保护装置	断路器保护	运行数据	保护×相跟跳本断路器	主设备监控系统
883	保护装置	断路器保护	运行数据	保护死区保护	主设备监控系统
884	保护装置	断路器保护	运行数据	保护过电流保护充电过电流保护Ⅰ段	主设备监控系统
885	保护装置	断路器保护	运行数据	保护零序过电流保护充电零序过电流	主设备监控系统
886	保护装置	断路器保护	运行数据	保护自动重合闸（传统）重合闸检同期方式	主设备监控系统
887	保护装置	断路器保护	运行数据	保护自动重合闸（传统）重合闸检无压方式	主设备监控系统
888	保护装置	断路器保护	运行数据	保护自动重合闸（传统）单相重合闸检线路有压	主设备监控系统
889	保护装置	断路器保护	运行数据	保护自动重合闸（传统）单相TWJ启动重合闸	主设备监控系统
890	保护装置	断路器保护	运行数据	保护自动重合闸（传统）三相TWJ启动重合闸	主设备监控系统
891	保护装置	断路器保护	运行数据	保护自动重合闸（传统）单相重合闸	主设备监控系统
892	保护装置	断路器保护	运行数据	保护自动重合闸（传统）三相重合闸	主设备监控系统
893	保护装置	断路器保护	运行数据	保护自动重合闸（传统）禁止重合闸	主设备监控系统
894	保护装置	断路器保护	运行数据	保护自动重合闸（传统）停用重合闸	主设备监控系统
895	保护装置	断路器保护	运行数据	保护三相不一致保护	主设备监控系统

续表

序号	设备类型	设备部位	信息类型	巡视点位/信息名称	数据来源
896	保护装置	断路器保护	运行数据	保护三相不一致保护不一致经零负序电流	主设备监控系统
897	保护装置	断路器保护	运行数据	保护失灵保护动作不一致启动失灵	主设备监控系统
898	保护装置	断路器保护	运行数据	保护×相跟跳低功率因数元件	主设备监控系统
899	保护装置	断路器保护	运行数据	保护功能状态信号跟跳保护有效	主设备监控系统
900	保护装置	断路器保护	运行数据	保护功能状态信号失灵保护有效	主设备监控系统
901	保护装置	断路器保护	运行数据	保护功能状态信号死区保护有效	主设备监控系统
902	保护装置	断路器保护	运行数据	保护功能状态信号充电过电流Ⅰ段有效	主设备监控系统
903	保护装置	断路器保护	运行数据	保护功能状态信号充电零序过电流有效	主设备监控系统
904	保护装置	断路器保护	运行数据	保护功能状态信号三相不一致保护有效	主设备监控系统
905	保护装置	断路器保护	运行数据	保护功能状态信号重合闸有效	主设备监控系统
906	保护装置	断路器保护	动作信息	××开关保护出口	主设备监控系统
907	保护装置	断路器保护	动作信息	××开关失灵保护出口	主设备监控系统
908	保护装置	断路器保护	动作信息	××开关沟通三跳保护出口	主设备监控系统
909	保护装置	断路器保护	动作信息	××开关充电过电流保护出口	主设备监控系统
910	保护装置	断路器保护	动作信息	××开关死区保护出口	主设备监控系统
911	保护装置	断路器保护	动作信息	××开关保护×相跳闸出口	主设备监控系统
912	保护装置	断路器保护	动作信息	××开关保护重合闸出口	主设备监控系统
913	保护装置	断路器保护	动作信息	××开关保护×相跟跳动作	主设备监控系统
914	保护装置	断路器保护	动作信息	××开关保护三相跟跳动作	主设备监控系统
915	保护装置	断路器保护	动作信息	××开关保护两相联跳三相动作	主设备监控系统
916	保护装置	断路器保护	动作信息	××开关保护失灵跳本开关动作	主设备监控系统
917	保护装置	断路器保护	动作信息	××开关保护失灵保护动作	主设备监控系统
918	保护装置	断路器保护	动作信息	××开关保护死区保护动作	主设备监控系统
919	保护装置	断路器保护	动作信息	××开关保护充电过电流×段动作	主设备监控系统
920	保护装置	断路器保护	动作信息	××开关保护充电零序过电流动作	主设备监控系统

序号	设备类型	设备部位	信息类型	巡视点位/信息名称	数据来源
921	保护装置	断路器保护	动作信息	××开关保护三相不一致保护动作	主设备监控系统
922	保护装置	断路器保护	动作信息	××开关保护沟通三相跳闸动作	主设备监控系统
923	保护装置	断路器保护	动作信息	××开关保护重合闸动作	主设备监控系统
924	保护装置	断路器保护	告警信息	××开关保护装置故障	主设备监控系统
925	保护装置	断路器保护	告警信息	××开关保护装置异常	主设备监控系统
926	保护装置	断路器保护	告警信息	××开关保护启动	主设备监控系统
927	保护装置	断路器保护	告警信息	××开关保护长期启动	主设备监控系统
928	保护装置	断路器保护	告警信息	××开关保护零序长期启动	主设备监控系统
929	保护装置	断路器保护	告警信息	××开关保护 TA 断线	主设备监控系统
930	保护装置	断路器保护	告警信息	××开关保护 TV 断线	主设备监控系统
931	保护装置	断路器保护	告警信息	××开关保护同期 TV 断线	主设备监控系统
932	保护装置	断路器保护	告警信息	××开关保护同期电压异常	主设备监控系统
933	保护装置	断路器保护	告警信息	××开关保护重合闸闭锁	主设备监控系统
934	保护装置	断路器保护	告警信息	××开关保护装置通信中断	主设备监控系统
935	保护装置	断路器保护	告警信息	××开关保护 SV 总告警	主设备监控系统
936	保护装置	断路器保护	告警信息	××开关保护 SV 采样链路中断	主设备监控系统
937	保护装置	断路器保护	告警信息	××开关保护××SV 采样链路中断	主设备监控系统
938	保护装置	断路器保护	告警信息	××开关保护 GOOSE 总告警	主设备监控系统
939	保护装置	断路器保护	告警信息	××开关保护 GOOSE 链路中断	主设备监控系统
940	保护装置	断路器保护	告警信息	××开关保护××GOOSE 链路中断	主设备监控系统
941	保护装置	断路器保护	告警信息	××开关保护对时异常	主设备监控系统
942	保护装置	断路器保护	告警信息	××开关保护检修不一致	主设备监控系统
943	保护装置	断路器保护	告警信息	××开关保护检修压板投入	主设备监控系统
944	保护装置	断路器保护	告警信息	××开关保护运行异常	主设备监控系统
945	保护装置	断路器保护	告警信息	××开关保护启动	主设备监控系统
946	保护装置	断路器保护	告警信息	××开关保护模拟量采集错	主设备监控系统
947	保护装置	断路器保护	告警信息	××开关保护 CPU 插件异常	主设备监控系统
948	保护装置	断路器保护	告警信息	××开关保护开出异常	主设备监控系统

续表

序号	设备类型	设备部位	信息类型	巡视点位/信息名称	数据来源
949	保护装置	断路器保护	告警信息	××开关保护 TV 断线	主设备监控系统
950	保护装置	断路器保护	告警信息	××开关保护管理 CPU 插件异常	主设备监控系统
951	保护装置	断路器保护	告警信息	××开关保护重合方式整定出错	主设备监控系统
952	保护装置	断路器保护	告警信息	××开关保护 SV 检修不一致	主设备监控系统
953	保护装置	断路器保护	告警信息	××开关保护 SV 采样数据异常	主设备监控系统
954	保护装置	断路器保护	告警信息	××开关保护 GOOSE 数据异常	主设备监控系统
955	保护装置	断路器保护	告警信息	××开关保护闭锁后备保护	主设备监控系统
956	保护装置	断路器保护	告警信息	××开关保护闭锁失灵保护	主设备监控系统
957	保护装置	断路器保护	告警信息	××开关保护光口×接收光强下限告警	主设备监控系统
958	保护装置	断路器保护	告警信息	××开关保护光口×发送光强上限告警	主设备监控系统
959	保护装置	断路器保护	告警信息	××开关保护光口×发送光强下限告警	主设备监控系统
960	保护装置	断路器保护	控制命令	××开关保护重合闸软压板投/退	主设备监控系统
961	保护装置	断路器保护	控制命令	××开关保护装置信号复归	主设备监控系统
962	保护装置	断路器保护	控制命令	××开关保护运行定值区切换	主设备监控系统
963	保护装置	断路器保护	控制命令	××开关保护充电过电流保护软压板投/退	主设备监控系统
964	保护装置	断路器保护	控制命令	××开关保护停用重合闸软压板投/退	主设备监控系统
965	保护装置	断路器保护	控制命令	××开关保护电压 SV 接收软压板投/退	主设备监控系统
966	保护装置	断路器保护	控制命令	××开关保护电流 SV 接收软压板投/退	主设备监控系统
967	保护装置	断路器保护	控制命令	××开关保护跳闸软压板投/退	主设备监控系统
968	保护装置	断路器保护	控制命令	××开关保护闭锁重合闸软压板投/退	主设备监控系统
969	保护装置	断路器保护	控制命令	××开关保护永跳软压板投/退	主设备监控系统
970	保护装置	断路器保护	控制命令	××开关保护失灵跳闸××软压板投/退	主设备监控系统
971	测控装置	多功能测控装置	运行数据	××多功能测控装置温度	主设备监控系统
972	测控装置	多功能测控装置	运行数据	××多功能测控装置工作电压	主设备监控系统

续表

序号	设备类型	设备部位	信息类型	巡视点位/信息名称	数据来源
973	测控装置	多功能测控装置	运行数据	××多功能测控装置光口×接收光强	主设备监控系统
974	测控装置	多功能测控装置	运行数据	××多功能测控装置光口×发送光强	主设备监控系统
975	测控装置	多功能测控装置	运行数据	××多功能测控装置开关控制切至就地	主设备监控系统
976	测控装置	多功能测控装置	运行数据	××多功能测控装置刀闸控制切至就地	主设备监控系统
977	测控装置	多功能测控装置	运行数据	××多功能测控装置远方操作压板	主设备监控系统
978	测控装置	多功能测控装置	告警信息	××多功能测控装置故障	主设备监控系统
979	测控装置	多功能测控装置	告警信息	多功能测控装置异常	主设备监控系统
980	测控装置	多功能测控装置	告警信息	××多功能测控装置PMU功能闭锁	主设备监控系统
981	测控装置	多功能测控装置	告警信息	××多功能测控装置直流电源消失	主设备监控系统
982	测控装置	多功能测控装置	告警信息	××多功能测控装置遥信电源消失	主设备监控系统
983	测控装置	多功能测控装置	告警信息	××多功能测控装置GOOSE总告警	主设备监控系统
984	测控装置	多功能测控装置	告警信息	××多功能测控装置GOOSE链路中断	主设备监控系统
985	测控装置	多功能测控装置	告警信息	××多功能测控装置GOOSE××链路中断	主设备监控系统
986	测控装置	多功能测控装置	告警信息	××多功能测控装置SV总告警	主设备监控系统
987	测控装置	多功能测控装置	告警信息	××多功能测控装置SV采样链路中断	主设备监控系统
988	测控装置	多功能测控装置	告警信息	××多功能测控装置××SV采样链路中断	主设备监控系统
989	测控装置	多功能测控装置	告警信息	××多功能测控装置×网通信中断	主设备监控系统
990	测控装置	多功能测控装置	告警信息	××多功能测控装置对时异常	主设备监控系统
991	测控装置	多功能测控装置	告警信息	××多功能测控装置检修压板投入	主设备监控系统
992	测控装置	多功能测控装置	告警信息	××多功能测控装置防误解除	主设备监控系统
993	测控装置	多功能测控装置	告警信息	××多功能测控装置光口×接收光强下限告警	主设备监控系统
994	测控装置	多功能测控装置	告警信息	××多功能测控装置光口×发送光强上限告警	主设备监控系统

续表

序号	设备类型	设备部位	信息类型	巡视点位/信息名称	数据来源
995	测控装置	多功能测控装置	告警信息	××多功能测控装置光口×发送光强下限告警	主设备监控系统
996	测控装置	多功能测控装置	控制命令	××多功能测控装置信号复归	主设备监控系统
997	二次屏柜	屏柜	巡视数据	屏柜外观	远程智能巡视系统
998	二次屏柜	屏柜	巡视数据	空气开关	远程智能巡视系统
999	二次屏柜	二次装置	巡视数据	装置外观	远程智能巡视系统
1000	二次屏柜	二次装置	巡视数据	液晶面板	远程智能巡视系统
1001	二次屏柜	面板	巡视数据	表计指示	远程智能巡视系统
1002	二次屏柜	面板	巡视数据	压板	远程智能巡视系统
1003	保护装置	二分之三接线母线保护	运行数据	××母线保护母线×相差流	主设备监控系统
1004	保护装置	二分之三接线母线保护	运行数据	××母线保护支路××_失灵联跳	主设备监控系统
1005	保护装置	二分之三接线母线保护	运行数据	××母线保护失灵经母差跳闸保护硬压板	主设备监控系统
1006	保护装置	二分之三接线母线保护	运行数据	××母线保护失灵经母差跳闸软压板	主设备监控系统
1007	保护装置	二分之三接线母线保护	运行数据	××母线保护支路××_失灵联跳软压板	主设备监控系统
1008	保护装置	二分之三接线母线保护	运行数据	××母线保护差动×相有效	主设备监控系统
1009	保护装置	二分之三接线母线保护	运行数据	××母线保护支路××_失灵联跳有效	主设备监控系统
1010	保护装置	二分之三接线母线保护	运行数据	××母线保护失灵经母差跳闸投入	主设备监控系统
1011	保护装置	二分之三接线母线保护	动作信息	××母线保护差动保护动作	主设备监控系统
1012	保护装置	二分之三接线母线保护	动作信息	××母线保护失灵联跳动作	主设备监控系统
1013	保护装置	二分之三接线母线保护	告警信息	××母线保护闭锁失灵联跳	主设备监控系统
1014	保护装置	二分之三接线母线保护	告警信息	××母线保护边断路器失灵开入异常	主设备监控系统
1015	保护装置	二分之三接线母线保护	控制命令	××母线保护运行定值区切换	主设备监控系统
1016	换流变压器	阀内水冷系统	巡视数据	主循环泵温度	远程智能巡视系统
1017	换流变压器	阀外水冷系统	巡视数据	外观及声音	远程智能巡视系统

序号	设备类型	设备部位	信息类型	巡视点位/信息名称	数据来源
1018	保护装置	变压器（高压并联电抗器）非电量保护	运行数据	保护信息失灵联跳和×相非电量事件高压侧失灵联跳	主设备监控系统
1019	保护装置	变压器（高压并联电抗器）非电量保护	运行数据	保护信息失灵联跳和×相非电量事件中压侧失灵联跳	主设备监控系统
1020	保护装置	变压器（高压并联电抗器）非电量保护	运行数据	保护信息失灵联跳和×相非电量事件×相本体重瓦斯	主设备监控系统
1021	保护装置	变压器（高压并联电抗器）非电量保护	运行数据	保护信息失灵联跳和×相非电量事件×相调压重瓦斯	主设备监控系统
1022	保护装置	变压器（高压并联电抗器）非电量保护	运行数据	保护信息失灵联跳和×相非电量事件×相本体压力释放	主设备监控系统
1023	保护装置	变压器（高压并联电抗器）非电量保护	运行数据	保护信息失灵联跳和×相非电量事件×相调压压力释放	主设备监控系统
1024	保护装置	变压器（高压并联电抗器）非电量保护	运行数据	保护信息失灵联跳和×相非电量事件×相压力突变	主设备监控系统
1025	保护装置	变压器（高压并联电抗器）非电量保护	运行数据	保护信息失灵联跳和×相非电量事件×相油温高跳闸	主设备监控系统
1026	保护装置	变压器（高压并联电抗器）非电量保护	运行数据	保护信息失灵联跳和×相非电量事件×相绕组温高跳闸	主设备监控系统
1027	保护装置	变压器（高压并联电抗器）非电量保护	运行数据	保护信息失灵联跳和×相非电量事件×相冷却器全停	主设备监控系统
1028	保护装置	变压器（高压并联电抗器）非电量保护	运行数据	保护信息失灵联跳和×相非电量事件×相绕组温高告警	主设备监控系统
1029	保护装置	变压器（高压并联电抗器）非电量保护	运行数据	保护信息失灵联跳和×相非电量事件×相油温高告警	主设备监控系统
1030	保护装置	变压器（高压并联电抗器）非电量保护	运行数据	保护信息失灵联跳和×相非电量事件×相本体轻瓦斯	主设备监控系统
1031	保护装置	变压器（高压并联电抗器）非电量保护	运行数据	保护信息失灵联跳和×相非电量事件×相本体油位异常	主设备监控系统

续表

序号	设备类型	设备部位	信息类型	巡视点位/信息名称	数据来源
1032	保护装置	变压器（高压并联电抗器）非电量保护	运行数据	保护信息失灵联跳和×相非电量事件×相调压油位异常	主设备监控系统
1033	保护装置	变压器（高压并联电抗器）非电量保护	运行数据	保护信息失灵联跳和×相非电量事件×相调压轻瓦斯	主设备监控系统
1034	保护装置	变压器（高压并联电抗器）非电量保护	运行数据	保护信息失灵联跳和×相非电量事件×相调压绕温高告警	主设备监控系统
1035	保护装置	变压器（高压并联电抗器）非电量保护	运行数据	保护信息失灵联跳和×相非电量事件×相调压油温高跳闸	主设备监控系统
1036	保护装置	变压器（高压并联电抗器）非电量保护	运行数据	保护信息失灵联跳和×相非电量事件×相调压绕温高跳闸	主设备监控系统
1037	保护装置	变压器（高压并联电抗器）非电量保护	运行数据	保护信息失灵联跳和×相非电量事件×相调压油温高告警	主设备监控系统
1038	保护装置	变压器（高压并联电抗器）非电量保护	运行数据	保护信息失灵联跳和×相非电量事件×相非电量	主设备监控系统
1039	保护装置	变压器（高压并联电抗器）非电量保护	运行数据	保护信息失灵联跳和×相非电量事件×相油流停止	主设备监控系统
1040	保护装置	变压器（高压并联电抗器）非电量保护	运行数据	保护信息主变压器×相冷控失电×相冷却器全停延时动作	主设备监控系统
1041	保护装置	变压器（高压并联电抗器）非电量保护	运行数据	保护信息主变压器×相非电量延时×相非电量延时动作	主设备监控系统
1042	保护装置	变压器（高压并联电抗器）非电量保护	运行数据	保护信息主变压器×相冷控失电冷却器全停延时定值	主设备监控系统
1043	保护装置	变压器（高压并联电抗器）非电量保护	运行数据	保护信息主变压器×相非电量延时定值	主设备监控系统
1044	保护装置	变压器（高压并联电抗器）非电量保护	运行数据	保护信息主变压器×相冷控失电冷却器全停经油温高告警闭锁	主设备监控系统
1045	高压电抗器	干式电抗器	巡视数据	围栏外观	远程智能巡视系统
1046	高压电抗器	干式电抗器	巡视数据	基础架构	远程智能巡视系统

序号	设备类型	设备部位	信息类型	巡视点位/信息名称	数据来源
1047	高压电抗器	干式电抗器	巡视数据	支柱绝缘子	远程智能巡视系统
1048	高压电抗器	油浸式变压器	运行数据	××高压并联电抗器无功功率	主设备监控系统
1049	高压电抗器	油浸式变压器	运行数据	××高压并联电抗器×相电流	主设备监控系统
1050	高压电抗器	油浸式变压器	运行数据	××高压并联电抗器×相油温	主设备监控系统
1051	高压电抗器	油浸式变压器	运行数据	××高压并联电抗器中性点小电抗油温	主设备监控系统
1052	高压电抗器	油浸式变压器	动作信息	××高压并联电抗器重瓦斯出口	主设备监控系统
1053	高压电抗器	中性点小电抗	动作信息	××小电抗重瓦斯出口	主设备监控系统
1054	高压电抗器	油浸式变压器	告警信息	××高压并联电抗器压力释放告警	主设备监控系统
1055	高压电抗器	油浸式变压器	告警信息	高压并联电抗器轻瓦斯告警	主设备监控系统
1056	高压电抗器	油浸式变压器	告警信息	××高压并联电抗器油温高告警	主设备监控系统
1057	高压电抗器	油浸式变压器	告警信息	××高压并联电抗器油温过高告警	主设备监控系统
1058	高压电抗器	油浸式变压器	告警信息	××高压并联电抗器油位异常	主设备监控系统
1059	高压电抗器	中性点小电抗	告警信息	××中性点小电抗油温高告警	主设备监控系统
1060	高压电抗器	中性点小电抗	告警信息	××中性点小电抗轻瓦斯告警	主设备监控系统
1061	高压电抗器	中性点小电抗	告警信息	××小电抗油位异常	主设备监控系统
1062	高压电抗器	中性点小电抗	告警信息	××中性点小电抗压力释放告警	主设备监控系统
1063	高压电抗器	中性点小电抗	告警信息	××中性点小电抗油温过高告警	主设备监控系统
1064	保护装置	高压并联电抗器保护	运行数据	××高压并联电抗器保护差动×相差流	主设备监控系统
1065	保护装置	高压并联电抗器保护	运行数据	××高压并联电抗器保护首端电流×相电流	主设备监控系统
1066	保护装置	高压并联电抗器保护	运行数据	××高压并联电抗器保护末端电流×相电流	主设备监控系统
1067	保护装置	高压并联电抗器保护	运行数据	××高压并联电抗器保护装置温度	主设备监控系统
1068	保护装置	高压并联电抗器保护	运行数据	××高压并联电抗器保护工作电压	主设备监控系统
1069	保护装置	高压并联电抗器保护	运行数据	××高压并联电抗器保护光口×接收光强	主设备监控系统
1070	保护装置	高压并联电抗器保护	运行数据	××高压并联电抗器保护光口×发送光强	主设备监控系统

序号	设备类型	设备部位	信息类型	巡视点位/信息名称	数据来源
1071	保护装置	高压并联电抗器保护	运行数据	××高压并联电抗器保护运行定值区号	主设备监控系统
1072	保护装置	高压并联电抗器保护	运行数据	××高压并联电抗器保护高压并联电抗器保护硬压板	主设备监控系统
1073	保护装置	高压并联电抗器保护	运行数据	××高压并联电抗器保护远方操作硬压板	主设备监控系统
1074	保护装置	高压并联电抗器保护	运行数据	××高压并联电抗器保护检修状态硬压板	主设备监控系统
1075	保护装置	高压并联电抗器保护	运行数据	××高压并联电抗器保护高压并联电抗器保护软压板	主设备监控系统
1076	保护装置	高压并联电抗器保护	运行数据	××高压并联电抗器保护电压 SV 接收软压板	主设备监控系统
1077	保护装置	高压并联电抗器保护	运行数据	××高压并联电抗器保护电流 SV 接收软压板	主设备监控系统
1078	保护装置	高压并联电抗器保护	运行数据	××高压并联电抗器保护跳边断路器软压板	主设备监控系统
1079	保护装置	高压并联电抗器保护	运行数据	××高压并联电抗器保护启动边断路器失灵软压板	主设备监控系统
1080	保护装置	高压并联电抗器保护	运行数据	××高压并联电抗器保护跳中断路器软压板	主设备监控系统
1081	保护装置	高压并联电抗器保护	运行数据	××高压并联电抗器保护启动中断路器失灵软压板	主设备监控系统
1082	保护装置	高压并联电抗器保护	运行数据	××高压并联电抗器保护启动远方跳闸软压板	主设备监控系统
1083	保护装置	高压并联电抗器保护	运行数据	××高压并联电抗器保护远方投退压板软压板	主设备监控系统
1084	保护装置	高压并联电抗器保护	运行数据	××高压并联电抗器保护远方切换定值区软压板	主设备监控系统
1085	保护装置	高压并联电抗器保护	运行数据	××高压并联电抗器保护远方修改定值软压板	主设备监控系统
1086	保护装置	高压并联电抗器保护	运行数据	××高压并联电抗器保护差动速断有效	主设备监控系统
1087	保护装置	高压并联电抗器保护	运行数据	××高压并联电抗器保护差动保护有效	主设备监控系统
1088	保护装置	高压并联电抗器保护	运行数据	××高压并联电抗器保护匝间×相有效	主设备监控系统
1089	保护装置	高压并联电抗器保护	运行数据	××高压并联电抗器保护匝间保护有效	主设备监控系统
1090	保护装置	高压并联电抗器保护	运行数据	××高压并联电抗器保护主电抗器过电流有效	主设备监控系统
1091	保护装置	高压并联电抗器保护	运行数据	××高压并联电抗器保护主电抗器零序过电流有效	主设备监控系统
1092	保护装置	高压并联电抗器保护	运行数据	××高压并联电抗器保护中性点电抗器过电流有效	主设备监控系统
1093	保护装置	高压并联电抗器保护	运行数据	××高压并联电抗器保护投入	主设备监控系统

续表

序号	设备类型	设备部位	信息类型	巡视点位/信息名称	数据来源
1094	保护装置	高压并联电抗器保护	动作信息	××高压并联电抗器保护出口	主设备监控系统
1095	保护装置	高压并联电抗器保护	动作信息	××高压并联电抗器主保护出口	主设备监控系统
1096	保护装置	高压并联电抗器保护	动作信息	××高压并联电抗器差动保护出口	主设备监控系统
1097	保护装置	高压并联电抗器保护	动作信息	××高压并联电抗器保护零序差动出口	主设备监控系统
1098	保护装置	高压并联电抗器保护	动作信息	××高压并联电抗器匝间保护出口	主设备监控系统
1099	保护装置	高压并联电抗器保护	动作信息	××高压并联电抗器后备保护出口	主设备监控系统
1100	保护装置	高压并联电抗器保护	动作信息	××高压并联电抗器保护出口	主设备监控系统
1101	保护装置	高压并联电抗器保护	动作信息	××高压并联电抗器保护差动速断动作	主设备监控系统
1102	保护装置	高压并联电抗器保护	动作信息	××高压并联电抗器保护差动保护动作	主设备监控系统
1103	保护装置	高压并联电抗器保护	动作信息	××高压并联电抗器保护匝间保护动作	主设备监控系统
1104	保护装置	高压并联电抗器保护	动作信息	××高压并联电抗器保护主电抗器过电流动作	主设备监控系统
1105	保护装置	高压并联电抗器保护	动作信息	××高压并联电抗器保护主电抗器零序过电流	主设备监控系统
1106	保护装置	高压并联电抗器保护	动作信息	××高压并联电抗器保护中性点电抗器过电流	主设备监控系统
1107	保护装置	高压并联电抗器保护	告警信息	××高压并联电抗器保护装置故障	主设备监控系统
1108	保护装置	高压并联电抗器保护	告警信息	××高压并联电抗器保护装置异常	主设备监控系统
1109	保护装置	高压并联电抗器保护	告警信息	××高压并联电抗器保护启动	主设备监控系统
1110	保护装置	高压并联电抗器保护	告警信息	××高压并联电抗器保护长期启动	主设备监控系统
1111	保护装置	高压并联电抗器保护	告警信息	××高压并联电抗器保护差流越线	主设备监控系统
1112	保护装置	高压并联电抗器保护	告警信息	××高压并联电抗器保护过负荷告警	主设备监控系统
1113	保护装置	高压并联电抗器保护	告警信息	××高压并联电抗器保护 TA 断线	主设备监控系统

续表

序号	设备类型	设备部位	信息类型	巡视点位/信息名称	数据来源
1114	保护装置	高压并联电抗器保护	告警信息	××高压并联电抗器保护 TV 断线	主设备监控系统
1115	保护装置	高压并联电抗器保护	告警信息	××高压并联电抗器保护装置通信中断	主设备监控系统
1116	保护装置	高压并联电抗器保护	告警信息	××高压并联电抗器保护 SV 总告警	主设备监控系统
1117	保护装置	高压并联电抗器保护	告警信息	××高压并联电抗器保护 SV 采样链路中断	主设备监控系统
1118	保护装置	高压并联电抗器保护	告警信息	××高压并联电抗器保护 ××SV 采样链路中断	主设备监控系统
1119	保护装置	高压并联电抗器保护	告警信息	××高压并联电抗器保护 GOOSE 总告警	主设备监控系统
1120	保护装置	高压并联电抗器保护	告警信息	××高压并联电抗器保护 GOOSE 链路中断	主设备监控系统
1121	保护装置	高压并联电抗器保护	告警信息	××高压并联电抗器保护 ××GOOSE 链路中断	主设备监控系统
1122	保护装置	高压并联电抗器保护	告警信息	××高压并联电抗器保护对时异常	主设备监控系统
1123	保护装置	高压并联电抗器保护	告警信息	××高压并联电抗器保护检修不一致	主设备监控系统
1124	保护装置	高压并联电抗器保护	告警信息	××高压并联电抗器保护检修压板投入	主设备监控系统
1125	保护装置	高压并联电抗器保护	告警信息	××高压并联电抗器保护 CPU 插件异常	主设备监控系统
1126	保护装置	高压并联电抗器保护	告警信息	××高压并联电抗器保护 TV 断线	主设备监控系统
1127	保护装置	高压并联电抗器保护	告警信息	××高压并联电抗器保护 TA 断线	主设备监控系统
1128	保护装置	高压并联电抗器保护	告警信息	××高压并联电抗器保护差流越限	主设备监控系统
1129	保护装置	高压并联电抗器保护	告警信息	××高压并联电抗器保护主电抗器过负荷	主设备监控系统
1130	保护装置	高压并联电抗器保护	告警信息	××高压并联电抗器保护中性点电抗器过负荷	主设备监控系统
1131	保护装置	高压并联电抗器保护	告警信息	××高压并联电抗器保护 SV 检修不一致	主设备监控系统
1132	保护装置	高压并联电抗器保护	告警信息	××高压并联电抗器保护 SV 采样数据异常	主设备监控系统
1133	保护装置	高压并联电抗器保护	告警信息	本体外观	主设备监控系统

续表

序号	设备类型	设备部位	信息类型	巡视点位/信息名称	数据来源
1134	保护装置	高压并联电抗器保护	告警信息	引线及接头	主设备监控系统
1135	保护装置	高压并联电抗器保护	告警信息	××高压并联电抗器保护GOOSE检修不一致	主设备监控系统
1136	保护装置	高压并联电抗器保护	告警信息	××高压并联电抗器保护GOOSE数据异常	主设备监控系统
1137	保护装置	高压并联电抗器保护	告警信息	××高压并联电抗器保护闭锁主保护	主设备监控系统
1138	保护装置	高压并联电抗器保护	告警信息	××高压并联电抗器保护闭锁后备保护	主设备监控系统
1139	保护装置	高压并联电抗器保护	告警信息	××高压并联电抗器保护光口×接收光强下限告警	主设备监控系统
1140	保护装置	高压并联电抗器保护	告警信息	××高压并联电抗器保护光口×发送光强上限告警	主设备监控系统
1141	保护装置	高压并联电抗器保护	告警信息	××高压并联电抗器保护光口×发送光强下限告警	主设备监控系统
1142	保护装置	高压并联电抗器保护	控制命令	××高压并联电抗器保护装置信号复归	主设备监控系统
1143	保护装置	高压并联电抗器保护	控制命令	××高压并联电抗器保护高压并联电抗器保护软压板投/退	主设备监控系统
1144	保护装置	高压并联电抗器保护	控制命令	装置信号复归	主设备监控系统
1145	保护装置	高压并联电抗器保护	控制命令	保护运行定值区切换	主设备监控系统
1146	高压熔断器	本体	巡视数据	接头	远程智能巡视系统
1147	高压熔断器	支撑构架	巡视数据	支撑构架外观	远程智能巡视系统
1148	隔离开关	位置状态	运行数据	××刀闸位置	主设备监控系统
1149	隔离开关	电动机构	告警信息	××刀闸机构就地控制	主设备监控系统
1150	隔离开关	电动机构	告警信息	××刀闸电机电源消失	主设备监控系统
1151	隔离开关	电动机构	告警信息	××刀闸电机故障	主设备监控系统
1152	隔离开关	电动机构	告警信息	××刀闸机构加热器故障	主设备监控系统
1153	隔离开关	电动机构	告警信息	××刀闸控制电源消失	主设备监控系统
1154	隔离开关	电动机构	告警信息	××刀闸单元电气联锁解除	主设备监控系统
1155	隔离开关	遥控	控制命令	××刀闸合闸/分闸	主设备监控系统
1156	隔离开关	导电部分	巡视数据	触头及导电臂	远程智能巡视系统
1157	隔离开关	导电部分	巡视数据	导电底座	远程智能巡视系统

续表

序号	设备类型	设备部位	信息类型	巡视点位/信息名称	数据来源
1158	隔离开关	绝缘子	巡视数据	绝缘子外观	远程智能巡视系统
1159	隔离开关	传动部分	巡视数据	传动部分外观	远程智能巡视系统
1160	隔离开关	基座、机械闭锁及限位部分	巡视数据	基座	远程智能巡视系统
1161	隔离开关	基座、机械闭锁及限位部分	巡视数据	机械闭锁及限位部分	远程智能巡视系统
1162	隔离开关	操动机构	巡视数据	操动机构外观	远程智能巡视系统
1163	隔离开关	其他	巡视数据	"五防"锁具	远程智能巡视系统
1164	隔离开关	支柱绝缘子	巡视数据	绝缘子温度	远程智能巡视系统
1165	测控装置	GPS 同步时钟扩展机柜	告警信息	同步时钟扩展装置故障	主设备监控系统
1166	测控装置	GPS 同步时钟扩展机柜	告警信息	同步时钟扩展电源故障	主设备监控系统
1167	测控装置	GPS 同步时钟扩展机柜	告警信息	同步时钟扩展装置失步	主设备监控系统
1168	测控装置	网络分析装置	告警信息	网络报文记录分析仪装置故障	主设备监控系统
1169	测控装置	直流分电柜	告警信息	馈线脱扣告警	主设备监控系统
1170	测控装置	相量采集主机	告警信息	相量测量主机装置失电	主设备监控系统
1171	测控装置	相量采集主机	告警信息	相量测量主机装置告警	主设备监控系统
1172	构支架	本体	巡视数据	爬梯门	远程智能巡视系统
1173	构支架	本体	巡视数据	排水孔	远程智能巡视系统
1174	构支架	基础构架	巡视数据	基础构架外观	远程智能巡视系统
1175	保护装置	故障解列装置	运行数据	××故障解列装置总投入软压板位置	主设备监控系统
1176	保护装置	故障解列装置	运行数据	××故障解列装置远方操作压板位置	主设备监控系统
1177	保护装置	故障解列装置	运行数据	××故障解列装置温度	主设备监控系统
1178	保护装置	故障解列装置	运行数据	××故障解列装置工作电压	主设备监控系统
1179	保护装置	故障解列装置	运行数据	××故障解列装置光口×接收光强	主设备监控系统
1180	保护装置	故障解列装置	运行数据	××故障解列装置光口×发送光强	主设备监控系统
1181	保护装置	故障解列装置	运行数据	××故障解列装置总投入软压板	主设备监控系统
1182	保护装置	故障解列装置	运行数据	××故障解列装置远方操作压板	主设备监控系统

续表

序号	设备类型	设备部位	信息类型	巡视点位/信息名称	数据来源
1183	保护装置	故障解列装置	动作信息	××故障解列出口	主设备监控系统
1184	保护装置	故障解列装置	动作信息	低周解列×段动作	主设备监控系统
1185	保护装置	故障解列装置	动作信息	低电压解列×段动作	主设备监控系统
1186	保护装置	故障解列装置	动作信息	零序过电压×段动作	主设备监控系统
1187	保护装置	故障解列装置	告警信息	××故障解列装置故障	主设备监控系统
1188	保护装置	故障解列装置	告警信息	××故障解列装置异常	主设备监控系统
1189	保护装置	故障解列装置	告警信息	××故障解列装置通信中断	主设备监控系统
1190	保护装置	故障解列装置	告警信息	××故障解列装置 SV 总告警	主设备监控系统
1191	保护装置	故障解列装置	告警信息	××故障解列装置 SV 采样链路中断	主设备监控系统
1192	保护装置	故障解列装置	告警信息	××故障解列装置××SV 采样链路中断	主设备监控系统
1193	保护装置	故障解列装置	告警信息	××故障解列装置 GOOSE 总告警	主设备监控系统
1194	保护装置	故障解列装置	告警信息	××故障解列装置 GOOSE 链路中断	主设备监控系统
1195	保护装置	故障解列装置	告警信息	××故障解列装置×× GOOSE 链路中断	主设备监控系统
1196	保护装置	故障解列装置	告警信息	××故障解列装置对时异常	主设备监控系统
1197	保护装置	故障解列装置	告警信息	××故障解列装置检修不一致	主设备监控系统
1198	保护装置	故障解列装置	告警信息	××故障解列装置远方操作压板投入	主设备监控系统
1199	保护装置	故障解列装置	告警信息	××故障解列装置检修压板投入	主设备监控系统
1200	保护装置	故障解列装置	告警信息	××故障解列装置光口×接收光强下限告警	主设备监控系统
1201	保护装置	故障解列装置	告警信息	××故障解列装置光口×发送光强上限告警	主设备监控系统
1202	保护装置	故障解列装置	告警信息	××故障解列装置光口×发送光强下限告警	主设备监控系统
1203	保护装置	故障解列装置	控制命令	××故障解列装置总投入软压板投/退	主设备监控系统
1204	保护装置	故障解列装置	控制命令	××故障解列装置信号复归	主设备监控系统
1205	保护装置	过负荷联切装置	运行数据	××过负荷联切装置总投入软压板位置	主设备监控系统
1206	保护装置	过负荷联切装置	运行数据	××过负荷联切装置远方操作压板位置	主设备监控系统

序号	设备类型	设备部位	信息类型	巡视点位/信息名称	数据来源
1207	保护装置	过负荷联切装置	运行数据	××过负荷联切装置温度	主设备监控系统
1208	保护装置	过负荷联切装置	运行数据	××过负荷联切装置工作电压	主设备监控系统
1209	保护装置	过负荷联切装置	运行数据	××过负荷联切装置光口×接收光强	主设备监控系统
1210	保护装置	过负荷联切装置	运行数据	××过负荷联切装置光口×发送光强	主设备监控系统
1211	保护装置	过负荷联切装置	运行数据	××过负荷联切装置远方操作压板	主设备监控系统
1212	保护装置	过负荷联切装置	动作信息	××过负荷联切出口	主设备监控系统
1213	保护装置	过负荷联切装置	告警信息	××过负荷联切装置故障	主设备监控系统
1214	保护装置	过负荷联切装置	告警信息	××过负荷联切装置异常	主设备监控系统
1215	保护装置	过负荷联切装置	告警信息	××过负荷联切装置通信中断	主设备监控系统
1216	保护装置	过负荷联切装置	告警信息	××过负荷联切装置 SV 总告警	主设备监控系统
1217	保护装置	过负荷联切装置	告警信息	××过负荷联切装置 SV 采样链路中断	主设备监控系统
1218	保护装置	过负荷联切装置	告警信息	××过负荷联切装置×× SV 采样链路中断	主设备监控系统
1219	保护装置	过负荷联切装置	告警信息	××过负荷联切装置 GOOSE 总告警	主设备监控系统
1220	保护装置	过负荷联切装置	告警信息	××过负荷联切装置 GOOSE 链路中断	主设备监控系统
1221	保护装置	过负荷联切装置	告警信息	××过负荷联切装置×× GOOSE 链路中断	主设备监控系统
1222	保护装置	过负荷联切装置	告警信息	××过负荷联切装置对时异常	主设备监控系统
1223	保护装置	过负荷联切装置	告警信息	××过负荷联切装置检修不一致	主设备监控系统
1224	保护装置	过负荷联切装置	告警信息	××过负荷联切装置检修压板投入	主设备监控系统
1225	保护装置	过负荷联切装置	告警信息	××过负荷联切装置光口×接收光强下限告警	主设备监控系统
1226	保护装置	过负荷联切装置	告警信息	××过负荷联切装置光口×发送光强上限告警	主设备监控系统
1227	保护装置	过负荷联切装置	告警信息	××过负荷联切装置光口×发送光强下限告警	主设备监控系统
1228	保护装置	过负荷联切装置	控制命令	××过负荷联切装置总投入软压板投/退	主设备监控系统
1229	保护装置	过负荷联切装置	控制命令	××过负荷联切装置信号复归	主设备监控系统
1230	测控装置	合并单元	运行数据	××合并单元装置温度	主设备监控系统

续表

序号	设备类型	设备部位	信息类型	巡视点位/信息名称	数据来源
1231	测控装置	合并单元	运行数据	××合并单元工作电压	主设备监控系统
1232	测控装置	合并单元	运行数据	××合并单元光口×接收光强	主设备监控系统
1233	测控装置	合并单元	运行数据	××合并单元光口×发送光强	主设备监控系统
1234	测控装置	合并单元	告警信息	××合并单元故障	主设备监控系统
1235	测控装置	合并单元	告警信息	××合并单元异常	主设备监控系统
1236	测控装置	合并单元	告警信息	××合并单元对时异常	主设备监控系统
1237	测控装置	合并单元	告警信息	××合并单元SV总告警	主设备监控系统
1238	测控装置	合并单元	告警信息	××合并单元SV采样链路中断	主设备监控系统
1239	测控装置	合并单元	告警信息	××合并单元××SV采样链路中断	主设备监控系统
1240	测控装置	合并单元	告警信息	××合并单元GOOSE总告警	主设备监控系统
1241	测控装置	合并单元	告警信息	××合并单元GOOSE链路中断	主设备监控系统
1242	测控装置	合并单元	告警信息	××合并单元××GOOSE链路中断	主设备监控系统
1243	测控装置	合并单元	告警信息	××合并单元SV检修不一致	主设备监控系统
1244	测控装置	合并单元	告警信息	××合并单元GOOSE检修不一致	主设备监控系统
1245	测控装置	合并单元	告警信息	××合并单元电压切换异常	主设备监控系统
1246	测控装置	合并单元	告警信息	××合并单元电压并列异常	主设备监控系统
1247	测控装置	合并单元	告警信息	××合并单元检修压板投入	主设备监控系统
1248	测控装置	合并单元	告警信息	××合并单元装置闭锁	主设备监控系统
1249	测控装置	合并单元	告警信息	××合并单元失电	主设备监控系统
1250	测控装置	合并单元	告警信息	××合并单元同步异常	主设备监控系统
1251	测控装置	合并单元	告警信息	××合并单元采样异常	主设备监控系统
1252	测控装置	合并单元	告警信息	××合并单元硬件自检出错	主设备监控系统
1253	测控装置	合并单元	告警信息	××合并单元GOOSE接收异常	主设备监控系统
1254	测控装置	合并单元	告警信息	××合并单元SV采样数据异常	主设备监控系统
1255	测控装置	合并单元	告警信息	××合并单元GOOSE数据异常	主设备监控系统
1256	测控装置	合并单元	告警信息	××合并单元光口×接收光强下限告警	主设备监控系统
1257	测控装置	合并单元	告警信息	××合并单元光口×发送光强上限告警	主设备监控系统
1258	测控装置	合并单元	告警信息	××合并单元光口×发送光强下限告警	主设备监控系统
1259	测控装置	合并单元	控制命令	××合并单元装置信号复归	主设备监控系统

序号	设备类型	设备部位	信息类型	巡视点位/信息名称	数据来源
1260	互感器	TA 设备	告警信息	××电流互感器SF$_6$气压低告警	主设备监控系统
1261	互感器	TV 设备	告警信息	××TV 二次电压空气开关跳开	主设备监控系统
1262	互感器	TV 设备	告警信息	××TV 保护电压空气开关跳开	主设备监控系统
1263	互感器	TV 设备	告警信息	××TV 测量电压空气开关跳开	主设备监控系统
1264	互感器	TV 设备	告警信息	××TV 保测电压空气开关跳开	主设备监控系统
1265	互感器	TV 设备	告警信息	××TV 计量电压空气开关跳开	主设备监控系统
1266	互感器	TV 设备	告警信息	××TV 计量电压监视异常	主设备监控系统
1267	互感器	TV 设备	告警信息	××TV 接地保护器故障	主设备监控系统
1268	互感器	TV 设备	告警信息	××母线 TV 二次电压并列	主设备监控系统
1269	互感器	TV 设备	告警信息	××母线 TV 并列装置直流电源消失	主设备监控系统
1270	换流变压器	储油柜	巡视数据	储油柜（本体、调压装置）	远程智能巡视系统
1271	换流变压器	本体及外观	巡视数据	本体及外观	远程智能巡视系统
1272	换流变压器	本体及外观	巡视数据	温度	远程智能巡视系统
1273	换流变压器	本体及外观	巡视数据	铁芯及夹件接地引下线	远程智能巡视系统
1274	换流变压器	本体及外观	巡视数据	噪声	远程智能巡视系统
1275	换流变压器	引线、接头	巡视数据	引线、接头温度	远程智能巡视系统
1276	换流变压器	消防设施	巡视数据	外观指示	远程智能巡视系统
1277	换流变压器	阀厅	巡视数据	温湿度	远程智能巡视系统
1278	开关柜	本体	巡视数据	压力释放装置	远程智能巡视系统
1279	开关柜	柜体	巡视数据	柜体	远程智能巡视系统
1280	保护装置	母联（分段）保护	运行数据	××母联（分段）保护运行定值区号	主设备监控系统
1281	保护装置	母联（分段）保护	运行数据	××母联（分段）保护测量电压×相	主设备监控系统
1282	保护装置	母联（分段）保护	运行数据	××母联（分段）保护测量电流×相	主设备监控系统
1283	保护装置	母联（分段）保护	运行数据	××母联（分段）保护测量零序电流	主设备监控系统
1284	保护装置	母联（分段）保护	运行数据	××母联（分段）保护测量同期电压	主设备监控系统
1285	保护装置	母联（分段）保护	运行数据	××母联（分段）保护测量有功	主设备监控系统
1286	保护装置	母联（分段）保护	运行数据	××母联（分段）保护测量×相有功	主设备监控系统

续表

序号	设备类型	设备部位	信息类型	巡视点位/信息名称	数据来源
1287	保护装置	母联（分段）保护	运行数据	××母联（分段）保护测量无功	主设备监控系统
1288	保护装置	母联（分段）保护	运行数据	××母联（分段）保护测量×相无功	主设备监控系统
1289	保护装置	母联（分段）保护	运行数据	××母联（分段）保护测量视在功率	主设备监控系统
1290	保护装置	母联（分段）保护	运行数据	××母联（分段）保护测量功率因数	主设备监控系统
1291	保护装置	母联（分段）保护	运行数据	××母联（分段）保护测量正序电压	主设备监控系统
1292	保护装置	母联（分段）保护	运行数据	××母联（分段）保护测量负序电压	主设备监控系统
1293	保护装置	母联（分段）保护	运行数据	××母联（分段）保护测量零序电压	主设备监控系统
1294	保护装置	母联（分段）保护	运行数据	××母联（分段）保护测量频率	主设备监控系统
1295	保护装置	母联（分段）保护	运行数据	××母联（分段）保护同期频率	主设备监控系统
1296	保护装置	母联（分段）保护	运行数据	××母联（分段）保护频差	主设备监控系统
1297	保护装置	母联（分段）保护	运行数据	××母联（分段）保护滑差	主设备监控系统
1298	保护装置	母联（分段）保护	运行数据	××母联（分段）保护角差	主设备监控系统
1299	保护装置	母联（分段）保护	运行数据	××母联（分段）保护电流×相	主设备监控系统
1300	保护装置	母联（分段）保护	运行数据	××母联（分段）保护零序电流	主设备监控系统
1301	保护装置	母联（分段）保护	运行数据	××母联（分段）保护启动电流×相	主设备监控系统
1302	保护装置	母联（分段）保护	运行数据	××母联（分段）保护启动零序电流	主设备监控系统
1303	保护装置	母联（分段）保护	运行数据	××母联（分段）保护装置温度	主设备监控系统
1304	保护装置	母联（分段）保护	运行数据	××母联（分段）保护工作电压	主设备监控系统
1305	保护装置	母联（分段）保护	运行数据	××母联（分段）保护光口×接收光强	主设备监控系统
1306	保护装置	母联（分段）保护	运行数据	××母联（分段）保护光口×发送光强	主设备监控系统
1307	保护装置	母联（分段）保护	运行数据	××母联（分段）保护远方操作硬压板	主设备监控系统

续表

序号	设备类型	设备部位	信息类型	巡视点位/信息名称	数据来源
1308	保护装置	母联（分段）保护	运行数据	××母联（分段）测控远方操作硬压板	主设备监控系统
1309	保护装置	母联（分段）保护	运行数据	××母联（分段）保护检修状态硬压板	主设备监控系统
1310	保护装置	母联（分段）保护	运行数据	××母联（分段）保护充电过电流保护硬压板	主设备监控系统
1311	保护装置	母联（分段）保护	运行数据	××母联（分段）保护充电过电流保护软压板	主设备监控系统
1312	保护装置	母联（分段）保护	运行数据	××母联（分段）保护远方投退压板软压板	主设备监控系统
1313	保护装置	母联（分段）保护	运行数据	××母联（分段）保护远方切换定值区软压板	主设备监控系统
1314	保护装置	母联（分段）保护	运行数据	××母联（分段）保护远方修改定值软压板	主设备监控系统
1315	保护装置	母联（分段）保护	运行数据	××母联（分段）保护 SV 接收软压板	主设备监控系统
1316	保护装置	母联（分段）保护	运行数据	××母联（分段）保护跳闸出口软压板	主设备监控系统
1317	保护装置	母联（分段）保护	运行数据	××母联（分段）保护启动失灵软压板	主设备监控系统
1318	保护装置	母联（分段）保护	运行数据	××母联（分段）保护充电过电流×段有效	主设备监控系统
1319	保护装置	母联（分段）保护	运行数据	××母联（分段）保护充电零序过电流有效	主设备监控系统
1320	保护装置	母联（分段）保护	运行数据	××母联（分段）保护充电过电流保护投入	主设备监控系统
1321	保护装置	母联（分段）保护	运行数据	××母联（分段）保护出口	主设备监控系统
1322	保护装置	母联（分段）保护	运行数据	××母联（分段）保护充电过电流×段动作	主设备监控系统
1323	保护装置	母联（分段）保护	运行数据	××母联（分段）保护充电零序过电流动作	主设备监控系统
1324	保护装置	母联（分段）保护	动作信息	××母联（分段）保护过电流×段出口	主设备监控系统
1325	保护装置	母联（分段）保护	动作信息	××母联（分段）保护装置故障	主设备监控系统
1326	保护装置	母联（分段）保护	动作信息	××母联（分段）保护运行异常	主设备监控系统
1327	保护装置	母联（分段）保护	动作信息	××母联（分段）保护启动	主设备监控系统
1328	保护装置	母联（分段）保护	动作信息	××母联（分段）保护模拟量采集错	主设备监控系统

序号	设备类型	设备部位	信息类型	巡视点位/信息名称	数据来源
1329	保护装置	母联（分段）保护	动作信息	××母联（分段）保护 CPU 插件异常	主设备监控系统
1330	保护装置	母联（分段）保护	动作信息	××母联（分段）保护 TA 断线	主设备监控系统
1331	保护装置	母联（分段）保护	动作信息	××母联（分段）保护 TA 异常	主设备监控系统
1332	保护装置	母联（分段）保护	动作信息	××母联（分段）保护开出异常	主设备监控系统
1333	保护装置	母联（分段）保护	动作信息	××母联（分段）保护管理 CPU 插件异常	主设备监控系统
1334	保护装置	母联（分段）保护	动作信息	××母联（分段）保护对时异常	主设备监控系统
1335	保护装置	母联（分段）保护	动作信息	××母联（分段）保护装置通信中断	主设备监控系统
1336	保护装置	母联（分段）保护	动作信息	××母联（分段）保护 SV 总告警	主设备监控系统
1337	保护装置	母联（分段）保护	动作信息	××母联（分段）保护 SV 检修不一致	主设备监控系统
1338	保护装置	母联（分段）保护	动作信息	××母联（分段）保护 SV 采样数据异常	主设备监控系统
1339	保护装置	母联（分段）保护	动作信息	××母联（分段）保护 SV 采样链路中断	主设备监控系统
1340	保护装置	母联（分段）保护	动作信息	××母联（分段）保护××SV 采样链路中断	主设备监控系统
1341	保护装置	母联（分段）保护	动作信息	××母联（分段）保护闭锁充电保护	主设备监控系统
1342	保护装置	母联（分段）保护	动作信息	××母联（分段）保护光口×接收光强下限告警	主设备监控系统
1343	保护装置	母联（分段）保护	动作信息	××母联（分段）保护光口×发送光强上限告警	主设备监控系统
1344	保护装置	母联（分段）保护	动作信息	××母联（分段）保护光口×发送光强下限告警	主设备监控系统
1345	保护装置	母联（分段）保护	告警信息	××母联（分段）保护装置异常	主设备监控系统
1346	保护装置	母联（分段）保护	告警信息	××母联（分段）保护启动	主设备监控系统
1347	保护装置	母联（分段）保护	告警信息	××母联（分段）保护长期启动	主设备监控系统
1348	保护装置	母联（分段）保护	告警信息	××母联（分段）保护 TA 断线	主设备监控系统
1349	保护装置	母联（分段）保护	告警信息	××母联（分段）保护 GOOSE 总告警	主设备监控系统
1350	保护装置	母联（分段）保护	告警信息	××母联（分段）保护 GOOSE 链路中断	主设备监控系统

续表

序号	设备类型	设备部位	信息类型	巡视点位/信息名称	数据来源
1351	保护装置	母联（分段）保护	告警信息	××母联（分段）保护×× GOOSE 链路中断	主设备监控系统
1352	保护装置	母联（分段）保护	告警信息	××母联（分段）保护检修不一致	主设备监控系统
1353	保护装置	母联（分段）保护	告警信息	××母联（分段）保护检修压板投入	主设备监控系统
1354	保护装置	母联（分段）保护	控制命令	××母联（分段）保护装置信号复归	主设备监控系统
1355	保护装置	母联（分段）保护	控制命令	××母联（分段）保护运行定值区切换	主设备监控系统
1356	保护装置	母联（分段）保护	控制命令	××母联（分段）保护充电过电流保护软压板投/退	主设备监控系统
1357	保护装置	母联（分段）保护	控制命令	××母联（分段）保护 SV 接收软压板投/退	主设备监控系统
1358	保护装置	母联（分段）保护	控制命令	××母联（分段）保护跳闸出口软压板投/退	主设备监控系统
1359	保护装置	母联（分段）保护	控制命令	××母联（分段）保护启动失灵软压板投/退	主设备监控系统
1360	保护装置	母线保护	运行数据	××母线保护运行定值区号	主设备监控系统
1361	保护装置	母线保护	运行数据	××母线保护××刀闸位置	主设备监控系统
1362	保护装置	母线保护	运行数据	××母线保护母联分列压板位置	主设备监控系统
1363	保护装置	母线保护	运行数据	××母线保护装置远方操作压板位置	主设备监控系统
1364	保护装置	母线保护	运行数据	××母线保护母线××_×相电压	主设备监控系统
1365	保护装置	母线保护	运行数据	××母线保护母线××_×相差流	主设备监控系统
1366	保护装置	母线保护	运行数据	××母线保护支路××_×相电流	主设备监控系统
1367	保护装置	母线保护	运行数据	××母线保护装置温度	主设备监控系统
1368	保护装置	母线保护	运行数据	××母线保护工作电压	主设备监控系统
1369	保护装置	母线保护	运行数据	××母线保护光口×接收光强	主设备监控系统
1370	保护装置	母线保护	运行数据	××母线保护光口×发送光强	主设备监控系统
1371	保护装置	母线保护	运行数据	××母线保护支路××刀闸位置	主设备监控系统
1372	保护装置	母线保护	运行数据	××母线保护母联跳位	主设备监控系统
1373	保护装置	母线保护	运行数据	××母线保护分段跳位	主设备监控系统
1374	保护装置	母线保护	运行数据	××母线保护母联非全相	主设备监控系统

续表

序号	设备类型	设备部位	信息类型	巡视点位/信息名称	数据来源
1375	保护装置	母线保护	运行数据	××母线保护分段非全相	主设备监控系统
1376	保护装置	母线保护	运行数据	××母线保护母联手合	主设备监控系统
1377	保护装置	母线保护	运行数据	××母线保护分段手合	主设备监控系统
1378	保护装置	母线保护	运行数据	××母线保护支路××_×相失灵开入	主设备监控系统
1379	保护装置	母线保护	运行数据	××母线保护支路××_三相失灵开入	主设备监控系统
1380	保护装置	母线保护	运行数据	××母线保护主变压器××_三相失灵开入	主设备监控系统
1381	保护装置	母线保护	运行数据	××母线保护母联_三相失灵开入	主设备监控系统
1382	保护装置	母线保护	运行数据	××母线保护分段_三相失灵开入	主设备监控系统
1383	保护装置	母线保护	运行数据	××母线保护远方操作硬压板	主设备监控系统
1384	保护装置	母线保护	运行数据	××母线保护检修状态硬压板	主设备监控系统
1385	保护装置	母线保护	运行数据	××母线保护差动保护硬压板	主设备监控系统
1386	保护装置	母线保护	运行数据	××母线保护失灵保护硬压板	主设备监控系统
1387	保护装置	母线保护	运行数据	××母线保护母线互联硬压板	主设备监控系统
1388	保护装置	母线保护	运行数据	××母线保护母联充电过电流保护硬压板	主设备监控系统
1389	保护装置	母线保护	运行数据	××母线保护分段充电过电流保护硬压板	主设备监控系统
1390	保护装置	母线保护	运行数据	××母线保护母联非全相保护硬压板	主设备监控系统
1391	保护装置	母线保护	运行数据	××母线保护分段非全相保护硬压板	主设备监控系统
1392	保护装置	母线保护	运行数据	××母线保护差动保护软压板	主设备监控系统
1393	保护装置	母线保护	运行数据	××母线保护失灵保护软压板	主设备监控系统
1394	保护装置	母线保护	运行数据	××母线保护母联充电过电流保护软压板	主设备监控系统
1395	保护装置	母线保护	运行数据	××母线保护分段充电过电流保护软压板	主设备监控系统
1396	保护装置	母线保护	运行数据	××母线保护母联非全相保护软压板	主设备监控系统
1397	保护装置	母线保护	运行数据	××母线保护分段非全相保护软压板	主设备监控系统
1398	保护装置	母线保护	运行数据	××母线保护母线互联软压板	主设备监控系统

续表

序号	设备类型	设备部位	信息类型	巡视点位/信息名称	数据来源
1399	保护装置	母线保护	运行数据	××母线保护母联分列软压板	主设备监控系统
1400	保护装置	母线保护	运行数据	××母线保护分段分列软压板	主设备监控系统
1401	保护装置	母线保护	运行数据	××母线保护远方修改定值软压板	主设备监控系统
1402	保护装置	母线保护	运行数据	××母线保护远方切换定值区软压板	主设备监控系统
1403	保护装置	母线保护	运行数据	××母线保护远方投退压板软压板	主设备监控系统
1404	保护装置	母线保护	运行数据	××母线保护电压_间隔接收软压板	主设备监控系统
1405	保护装置	母线保护	运行数据	××母线保护支路××_间隔接收软压板	主设备监控系统
1406	保护装置	母线保护	运行数据	××母线保护支路××_保护跳闸软压板	主设备监控系统
1407	保护装置	母线保护	运行数据	××母线保护支路××_启动失灵开入软压板	主设备监控系统
1408	保护装置	母线保护	运行数据	××母线保护×母差动×相有效	主设备监控系统
1409	保护装置	母线保护	运行数据	××母线保护支路××失灵有效	主设备监控系统
1410	保护装置	母线保护	运行数据	××母线保护主变压器××失灵有效	主设备监控系统
1411	保护装置	母线保护	运行数据	××母线保护母联失灵有效	主设备监控系统
1412	保护装置	母线保护	运行数据	××母线保护分段失灵有效	主设备监控系统
1413	保护装置	母线保护	运行数据	××母线保护母联充电过电流×段有效	主设备监控系统
1414	保护装置	母线保护	运行数据	××母线保护母联充电零序过电流有效	主设备监控系统
1415	保护装置	母线保护	运行数据	××母线保护分段充电过电流×段有效	主设备监控系统
1416	保护装置	母线保护	运行数据	××母线保护分段充电零序过电流有效	主设备监控系统
1417	保护装置	母线保护	运行数据	××母线保护母联非全相有效	主设备监控系统
1418	保护装置	母线保护	运行数据	××母线保护分段非全相有效	主设备监控系统
1419	保护装置	母线保护	运行数据	××母线保护差动保护投入	主设备监控系统
1420	保护装置	母线保护	运行数据	××母线保护失灵保护投入	主设备监控系统
1421	保护装置	母线保护	运行数据	××母线保护母联充电过电流保护投入	主设备监控系统

续表

序号	设备类型	设备部位	信息类型	巡视点位/信息名称	数据来源
1422	保护装置	母线保护	运行数据	××母线保护分段充电过电流保护投入	主设备监控系统
1423	保护装置	母线保护	运行数据	××母线保护母联非全相保护投入	主设备监控系统
1424	保护装置	母线保护	运行数据	××母线保护分段非全相保护投入	主设备监控系统
1425	保护装置	母线保护	动作信息	××母线保护出口	主设备监控系统
1426	保护装置	母线保护	动作信息	××母线保护差动出口	主设备监控系统
1427	保护装置	母线保护	动作信息	××母线保护×母差动出口	主设备监控系统
1428	保护装置	母线保护	动作信息	××母线保护失灵出口	主设备监控系统
1429	保护装置	母线保护	动作信息	××母线保护×母失灵出口	主设备监控系统
1430	保护装置	母线保护	动作信息	××母线保护×母差动保护动作	主设备监控系统
1431	保护装置	母线保护	动作信息	××母线保护×母失灵保护动作	主设备监控系统
1432	保护装置	母线保护	动作信息	××母线保护母联失灵保护动作	主设备监控系统
1433	保护装置	母线保护	动作信息	××母线保护分段失灵保护动作	主设备监控系统
1434	保护装置	母线保护	动作信息	××母线保护变压器××_失灵联跳	主设备监控系统
1435	保护装置	母线保护	动作信息	××母线保护充电过电流×段跳母联	主设备监控系统
1436	保护装置	母线保护	动作信息	××母线保护充电零序过电流跳母联	主设备监控系统
1437	保护装置	母线保护	动作信息	××母线保护充电过电流×段跳分段	主设备监控系统
1438	保护装置	母线保护	动作信息	××母线保护充电零序过电流跳分段	主设备监控系统
1439	保护装置	母线保护	动作信息	××母线保护非全相跳母联	主设备监控系统
1440	保护装置	母线保护	动作信息	××母线保护非全相跳分段	主设备监控系统
1441	保护装置	母线保护	告警信息	××母线保护装置故障	主设备监控系统
1442	保护装置	母线保护	告警信息	××母线保护装置异常	主设备监控系统
1443	保护装置	母线保护	告警信息	××母线保护启动	主设备监控系统
1444	保护装置	母线保护	告警信息	××母线保护长期启动	主设备监控系统
1445	保护装置	母线保护	告警信息	××母线保护 TA 断线	主设备监控系统
1446	保护装置	母线保护	告警信息	××母线保护支路 TA 断线	主设备监控系统

续表

序号	设备类型	设备部位	信息类型	巡视点位/信息名称	数据来源
1447	保护装置	母线保护	告警信息	××母线保护母联 TA 断线	主设备监控系统
1448	保护装置	母线保护	告警信息	××母线保护 TV 断线	主设备监控系统
1449	保护装置	母线保护	告警信息	××母线保护×母 TV 断线	主设备监控系统
1450	保护装置	母线保护	告警信息	××母线保护装置通信中断	主设备监控系统
1451	保护装置	母线保护	告警信息	××母线保护开关刀闸位置异常	主设备监控系统
1452	保护装置	母线保护	告警信息	××母线保护 SV 总告警	主设备监控系统
1453	保护装置	母线保护	告警信息	××母线保护 SV 采样链路中断	主设备监控系统
1454	保护装置	母线保护	告警信息	××母线保护××SV 采样链路中断	主设备监控系统
1455	保护装置	母线保护	告警信息	××母线保护 GOOSE 总告警	主设备监控系统
1456	保护装置	母线保护	告警信息	××母线保护 GOOSE 链路中断	主设备监控系统
1457	保护装置	母线保护	告警信息	××母线保护××GOOSE 链路中断	主设备监控系统
1458	保护装置	母线保护	告警信息	××母线保护对时异常	主设备监控系统
1459	保护装置	母线保护	告警信息	××母线保护检修不一致	主设备监控系统
1460	保护装置	母线保护	告警信息	××母线保护检修压板投入	主设备监控系统
1461	保护装置	母线保护	告警信息	××母线保护母线互联运行	主设备监控系统
1462	保护装置	母线保护	告警信息	××母线保护启动	主设备监控系统
1463	保护装置	母线保护	告警信息	××母线保护差动保护启动	主设备监控系统
1464	保护装置	母线保护	告警信息	××母线保护失灵保护启动	主设备监控系统
1465	保护装置	母线保护	告警信息	××母线保护支路 TA 断线	主设备监控系统
1466	保护装置	母线保护	告警信息	××母线保护母联 TA 断线	主设备监控系统
1467	保护装置	母线保护	告警信息	××母线保护×母 TV 断线	主设备监控系统
1468	保护装置	母线保护	告警信息	××母线保护刀闸位置异常	主设备监控系统
1469	保护装置	母线保护	告警信息	××母线保护母联跳位异常	主设备监控系统
1470	保护装置	母线保护	告警信息	××母线保护分段跳位异常	主设备监控系统
1471	保护装置	母线保护	告警信息	××母线保护 GOOSE 检修不一致	主设备监控系统
1472	保护装置	母线保护	告警信息	××母线保护闭锁差动保护	主设备监控系统
1473	保护装置	母线保护	告警信息	××母线保护闭锁后备保护	主设备监控系统
1474	保护装置	母线保护	告警信息	××母线保护闭锁失灵保护	主设备监控系统
1475	保护装置	母线保护	告警信息	××母线保护模拟量采集错	主设备监控系统

续表

序号	设备类型	设备部位	信息类型	巡视点位/信息名称	数据来源
1476	保护装置	母线保护	告警信息	××母线保护出口异常	主设备监控系统
1477	保护装置	母线保护	告警信息	××母线保护 CPU 插件异常	主设备监控系统
1478	保护装置	母线保护	告警信息	××母线保护母联失灵启动异常	主设备监控系统
1479	保护装置	母线保护	告警信息	××母线保护分段失灵启动异常	主设备监控系统
1480	保护装置	母线保护	告警信息	××母线保护失灵启动开入异常	主设备监控系统
1481	保护装置	母线保护	告警信息	××母线保护线路解闭锁开入异常	主设备监控系统
1482	保护装置	母线保护	告警信息	××母线保护主变压器××解闭锁开入异常	主设备监控系统
1483	保护装置	母线保护	告警信息	××母线保护母联手合开入异常	主设备监控系统
1484	保护装置	母线保护	告警信息	××母线保护分段手合开入异常	主设备监控系统
1485	保护装置	母线保护	告警信息	××母线保护母联非全相异常	主设备监控系统
1486	保护装置	母线保护	告警信息	××母线保护分段非全相异常	主设备监控系统
1487	保护装置	母线保护	告警信息	××母线保护光口×接收光强下限告警	主设备监控系统
1488	保护装置	母线保护	告警信息	××母线保护光口×发送光强上限告警	主设备监控系统
1489	保护装置	母线保护	告警信息	××母线保护光口×发送光强下限告警	主设备监控系统
1490	保护装置	母线保护	控制命令	××母线保护母联分列压板投/退	主设备监控系统
1491	保护装置	母线保护	控制命令	××母线保护装置信号复归	主设备监控系统
1492	保护装置	母线保护	控制命令	××母线保护支路××_启动失灵开入软压板	主设备监控系统
1493	母线及绝缘子	母线	巡视数据	线夹及接头	远程智能巡视系统
1494	母线及绝缘子	母线	巡视数据	带电显示装置	远程智能巡视系统
1495	母线及绝缘子	金具	巡视数据	金具外观	远程智能巡视系统
1496	耦合电容器	本体	巡视数据	接地开关	远程智能巡视系统
1497	测控装置	智能组件柜	运行数据	××智能组件柜温度	在线监测系统
1498	测控装置	智能组件柜	运行数据	××智能组件柜湿度	在线监测系统
1499	测控装置	智能组件柜	告警信息	××智能组件柜温度异常	主设备监控系统

续表

序号	设备类型	设备部位	信息类型	巡视点位/信息名称	数据来源
1500	测控装置	智能组件柜	告警信息	××智能组件柜温湿度控制设备故障	主设备监控系统
1501	测控装置	远动设备	告警信息	××远动装置故障	主设备监控系统
1502	测控装置	相量测量装置	告警信息	××相量测量装置故障	主设备监控系统
1503	测控装置	相量测量装置	告警信息	××相量测量装置异常	主设备监控系统
1504	测控装置	时间同步装置	告警信息	××时间同步装置故障	主设备监控系统
1505	测控装置	时间同步装置	告警信息	××时间同步装置异常	主设备监控系统
1506	测控装置	时间同步装置	告警信息	××时间同步装置失步	主设备监控系统
1507	测控装置	时间同步装置	告警信息	时间同步装置扩展时钟故障	主设备监控系统
1508	测控装置	时间同步装置	告警信息	时间同步装置扩展时钟异常	主设备监控系统
1509	测控装置	时间同步装置	告警信息	时间同步装置扩展时钟失步	主设备监控系统
1510	测控装置	时间同步装置	告警信息	时间同步系统对时异常	主设备监控系统
1511	通信装置	交换机	告警信息	过程层交换机故障	主设备监控系统
1512	通信装置	交换机	告警信息	站控层交换机故障	主设备监控系统
1513	测控装置	故障录波装置	告警信息	×号故障录波装置故障	主设备监控系统
1514	测控装置	故障录波装置	告警信息	×号故障录波装置异常	主设备监控系统
1515	测控装置	故障录波装置	告警信息	×号故障录波装置启动	主设备监控系统
1516	测控装置	网络分析装置	告警信息	网络分析装置故障	主设备监控系统
1517	测控装置	网络分析装置	告警信息	网络分析装置异常	主设备监控系统
1518	通信装置	其他 IED 设备	告警信息	××装置故障	主设备监控系统
1519	通信装置	其他 IED 设备	告警信息	××装置异常	主设备监控系统
1520	通信装置	其他 IED 设备	告警信息	××装置通信中断	主设备监控系统
1521	测控装置	智能组件柜	告警信息	××智能组件柜空调故障	主设备监控系统
1522	通信装置	远动设备	告警信息	××远动装置失电	主设备监控系统
1523	测控装置	相量测量装置	告警信息	××相量测量装置时钟失步	主设备监控系统
1524	测控装置	相量测量装置	告警信息	××相量测量装置 TV/TA 断线	主设备监控系统
1525	测控装置	相量测量装置	告警信息	相量数据集中器装置异常	主设备监控系统
1526	测控装置	相量测量装置	告警信息	相量数据集中器装置失电	主设备监控系统
1527	测控装置	相量测量装置	告警信息	相量数据集中器时钟失步	主设备监控系统
1528	测控装置	时间同步装置	告警信息	××时间同步装置失电	主设备监控系统
1529	测控装置	时间同步装置	告警信息	时间同步系统对时服务状态异常	主设备监控系统
1530	通信装置	交换机	告警信息	×号过程层交换机失电	主设备监控系统

续表

序号	设备类型	设备部位	信息类型	巡视点位/信息名称	数据来源
1531	通信装置	交换机	告警信息	×号站控层交换机失电	主设备监控系统
1532	通信装置	交换机	告警信息	×号过程层交换机故障	主设备监控系统
1533	通信装置	交换机	告警信息	×号站控层交换机故障	主设备监控系统
1534	保护装置	调压补偿变压器保护	运行数据	保护信息调压补偿变压器调压变压器中间挡位	主设备监控系统
1535	保护装置	调压补偿变压器保护	运行数据	保护信息补偿变压器星侧 TA 一次值	主设备监控系统
1536	保护装置	调压补偿变压器保护	运行数据	保护信息补偿变压器星侧 TA 二次值	主设备监控系统
1537	保护装置	调压补偿变压器保护	运行数据	保护信息调压变压器角侧 TA 一次值	主设备监控系统
1538	保护装置	调压补偿变压器保护	运行数据	保护信息调压变压器角侧 TA 二次值	主设备监控系统
1539	保护装置	调压补偿变压器保护	运行数据	保护信息补偿变压器角侧 TA 一次值	主设备监控系统
1540	保护装置	调压补偿变压器保护	运行数据	保护信息补偿变压器角侧 TA 二次值	主设备监控系统
1541	保护装置	调压补偿变压器保护	运行数据	保护信息调压变压器不灵敏段差动保护调压变压器不灵敏段角侧额定电流	主设备监控系统
1542	保护装置	调压补偿变压器保护	运行数据	保护信息调压变压器不灵敏段差动保护调压变压器不灵敏段星侧额定电流	主设备监控系统
1543	保护装置	调压补偿变压器保护	运行数据	保护信息开入信号调压变压器差动保护硬压板	主设备监控系统
1544	保护装置	调压补偿变压器保护	运行数据	保护信息开入信号补偿变压器差动保护硬压板	主设备监控系统
1545	保护装置	调压补偿变压器保护	运行数据	保护信息开入信号有载调挡硬压板	主设备监控系统
1546	保护装置	调压补偿变压器保护	运行数据	保护信息开入信号保护检修状态硬压板	主设备监控系统
1547	保护装置	调压补偿变压器保护	运行数据	保护信息开入信号开入电源监视	主设备监控系统
1548	保护装置	调压补偿变压器保护	运行数据	保护信息开入信号启动打印	主设备监控系统
1549	保护装置	调压补偿变压器保护	运行数据	保护信息开入信号复归	主设备监控系统
1550	保护装置	调压补偿变压器保护	运行数据	保护信息开入信号远方操作硬压板	主设备监控系统

续表

序号	设备类型	设备部位	信息类型	巡视点位/信息名称	数据来源
1551	保护装置	调压补偿变压器保护	运行数据	保护信息调压变压器差流调压变压器×相差流	主设备监控系统
1552	保护装置	调压补偿变压器保护	运行数据	保护信息调压变压器不灵敏段、差流调压变压器不灵敏段×相差流	主设备监控系统
1553	保护装置	调压补偿变压器保护	运行数据	保护信息补偿变压器差流补偿变压器×相差流	主设备监控系统
1554	保护装置	调压补偿变压器保护	运行数据	保护信息补偿变压器星侧电流测量补偿变压器星侧电流补偿变压器星侧×相电流	主设备监控系统
1555	保护装置	调压补偿变压器保护	运行数据	保护信息调压变压器角侧电流测量调压变压器角侧电流调压变压器角侧×相电流	主设备监控系统
1556	保护装置	调压补偿变压器保护	运行数据	保护信息公共绕组电流测量公共绕组电流公共绕组×相电流	主设备监控系统
1557	保护装置	调压补偿变压器保护	运行数据	保护信息补偿变压器角侧电流测量补偿变压器角侧电流补偿变压器角侧×相电流	主设备监控系统
1558	保护装置	调压补偿变压器保护	运行数据	保护信息调压变压器差动保护调压变压器分相差动	主设备监控系统
1559	保护装置	调压补偿变压器保护	运行数据	保护信息补偿变压器差动保护补偿变压器分相差动	主设备监控系统
1560	保护装置	调压补偿变压器保护	运行数据	保护信息一般事件 103 手动录波	主设备监控系统
1561	保护装置	调压补偿变压器保护	运行数据	保护信息自检信号调压变压器分相差流越限	主设备监控系统
1562	保护装置	调压补偿变压器保护	运行数据	保护信息自检信号补偿变压器分相差流越限	主设备监控系统
1563	保护装置	调压补偿变压器保护	运行数据	保护信息自检信号补偿变压器星侧 TA 断线	主设备监控系统
1564	保护装置	调压补偿变压器保护	运行数据	保护信息自检信号调压变压器角侧 TA 断线	主设备监控系统
1565	保护装置	调压补偿变压器保护	运行数据	保护信息自检信号补偿变压器角侧 TA 断线	主设备监控系统
1566	保护装置	调压补偿变压器保护	运行数据	保护信息调压补偿变压器调压变压器实际运行挡位	主设备监控系统
1567	保护装置	调压补偿变压器保护	运行数据	保护信息调压变压器差动保护调压变压器角侧一次额定电流	主设备监控系统
1568	保护装置	调压补偿变压器保护	运行数据	保护信息调压变压器差动保护调压变压器星侧一次额定电流	主设备监控系统
1569	保护装置	调压补偿变压器保护	运行数据	保护信息补偿变压器差动保护补偿变压器角侧一次额定电流	主设备监控系统

续表

序号	设备类型	设备部位	信息类型	巡视点位/信息名称	数据来源
1570	保护装置	调压补偿变压器保护	运行数据	保护信息补偿变压器差动保护补偿变压器星侧一次额定电流	主设备监控系统
1571	保护装置	调压补偿变压器保护	运行数据	保护信息调压变压器差动保护调压变压器差动启动电流定值	主设备监控系统
1572	保护装置	调压补偿变压器保护	运行数据	保护信息补偿变压器差动保护补偿变压器差动启动电流定值	主设备监控系统
1573	保护装置	调压补偿变压器保护	运行数据	保护信息调压变压器差动保护调压变压器分相差动保护	主设备监控系统
1574	保护装置	调压补偿变压器保护	运行数据	保护信息补偿变压器差动保护补偿变压器分相差动保护	主设备监控系统
1575	保护装置	调压补偿变压器保护	运行数据	保护信息调压变压器差动保护 TA 断线闭锁差动保护	主设备监控系统
1576	保护装置	调压补偿变压器保护	运行数据	保护信息 LLN0 调变变压器差动保护软压板	主设备监控系统
1577	保护装置	调压补偿变压器保护	运行数据	保护信息 LLN0 补偿变压器差动保护软压板	主设备监控系统
1578	保护装置	调压补偿变压器保护	运行数据	保护信息保护功能状态信号调压变压器分相差动有效	主设备监控系统
1579	保护装置	调压补偿变压器保护	运行数据	保护信息保护功能状态信号补偿变压器分相差动有效	主设备监控系统
1580	保护装置	调压补偿变压器保护	运行数据	保护信息远方操作保护功能投退信号调压变压器差动保护投入	主设备监控系统
1581	保护装置	调压补偿变压器保护	运行数据	保护信息远方操作保护功能投退信号补偿变压器差动保护投入	主设备监控系统
1582	保护装置	调压补偿变压器保护	运行数据	公用 LD 告警信号 AD 基准电压自检异常	主设备监控系统
1583	保护装置	调压补偿变压器保护	运行数据	录波调压变压器差动故障信息调压变压器差动差流	主设备监控系统
1584	保护装置	调压补偿变压器保护	运行数据	录波调压变压器不灵敏差动故障信息调压变压器不灵敏差动差流	主设备监控系统
1585	保护装置	调压补偿变压器保护	运行数据	录波补偿变压器差动故障信息补偿变压器差动差流	主设备监控系统
1586	保护装置	调压补偿变压器保护	运行数据	录波补偿变压器星侧故障信息补偿变压器星侧最大相电流	主设备监控系统
1587	保护装置	调压补偿变压器保护	运行数据	录波调压变压器角侧故障信息调压变压器角侧最大相电流	主设备监控系统
1588	保护装置	调压补偿变压器保护	运行数据	录波公共绕组故障信息公共绕组最大相电流	主设备监控系统

续表

序号	设备类型	设备部位	信息类型	巡视点位/信息名称	数据来源
1589	保护装置	调压补偿变压器保护	运行数据	录波补偿变压器角侧故障信息补偿变压器角侧最大相电流	主设备监控系统
1590	调相机	本体	运行数据	调相机定子上下线棒层间温度（TA00）	主设备监控系统
1591	调相机	冷却水系统	运行数据	调相机定子线圈进水温度	主设备监控系统
1592	调相机	冷却水系统	运行数据	调相机转子线圈进水温度	主设备监控系统
1593	调相机	冷却水系统	运行数据	调相机定子冷却水加热器出水温度（≤45℃）	主设备监控系统
1594	调相机	冷却水系统	运行数据	调相机非出线端轴承座振动（绝对值）（CY50）	主设备监控系统
1595	调相机	冷却水系统	运行数据	调相机非出线端轴承振动（CY505）	主设备监控系统
1596	调相机	冷却水系统	运行数据	调相机定子线圈进水压力	主设备监控系统
1597	调相机	冷却水系统	运行数据	调相机定子线圈进出水压差	主设备监控系统
1598	调相机	冷却水系统	运行数据	调相机转子线圈进水压力	主设备监控系统
1599	调相机	冷却水系统	运行数据	调相机定子冷却水箱液位	主设备监控系统
1600	调相机	冷却水系统	运行数据	调相机定子冷却水泵出口压力	主设备监控系统
1601	调相机	冷却水系统	运行数据	调相机定子冷却水过滤器差压	主设备监控系统
1602	调相机	冷却水系统	运行数据	调相机定子线圈进水电导率（0.4～2.0）	主设备监控系统
1603	调相机	冷却水系统	运行数据	调相机定子线圈进水 pH 值（8～9）	主设备监控系统
1604	调相机	冷却水系统	运行数据	调相机定子水离子交换器出水电导率（＜1.0）	主设备监控系统
1605	调相机	冷却水系统	运行数据	调相机定子补水过滤器进出口水差压	主设备监控系统
1606	调相机	冷却水系统	运行数据	调相机转子冷却水箱液位	主设备监控系统
1607	调相机	冷却水系统	运行数据	调相机转子冷却水泵出口压力	主设备监控系统
1608	调相机	冷却水系统	运行数据	调相机转子冷却水过滤器差压	主设备监控系统
1609	调相机	冷却水系统	运行数据	调相机转子线圈进水电导率（＜5）	主设备监控系统
1610	调相机	冷却水系统	运行数据	调相机转子补水过滤器进出口水差压	主设备监控系统
1611	调相机	冷却水系统	运行数据	调相机转子水处理装置进出口电导率	主设备监控系统
1612	调相机	冷却水系统	运行数据	调相机定子冷却水泵运行	主设备监控系统
1613	调相机	冷却水系统	运行数据	调相机定子冷却水泵停止	主设备监控系统

续表

序号	设备类型	设备部位	信息类型	巡视点位/信息名称	数据来源
1614	调相机	冷却水系统	运行数据	调相机定子冷却水泵远方控制	主设备监控系统
1615	调相机	冷却水系统	运行数据	调相机转子冷却水泵运行	主设备监控系统
1616	调相机	冷却水系统	运行数据	调相机转子冷却水泵停止	主设备监控系统
1617	调相机	冷却水系统	运行数据	调相机转子冷却水泵远方控制	主设备监控系统
1618	调相机	控制及保护装置	运行数据	调相机发电机漏液监测仪液位高	主设备监控系统
1619	调相机	润滑油系统	运行数据	调相机润滑油泵母管压力低启交流备用油泵油压	主设备监控系统
1620	调相机	交直流电源	运行数据	调相机DCS电源柜UPS电源失电	主设备监控系统
1621	调相机	润滑油系统	运行数据	调相机交流润滑油泵运行	主设备监控系统
1622	调相机	润滑油系统	运行数据	调相机交流润滑油泵停止	主设备监控系统
1623	调相机	润滑油系统	运行数据	调相机交流润滑油泵远方控制	主设备监控系统
1624	调相机	润滑油系统	运行数据	调相机顶轴油交流油泵运行	主设备监控系统
1625	调相机	润滑油系统	运行数据	调相机顶轴油交流油泵停止	主设备监控系统
1626	调相机	润滑油系统	运行数据	调相机顶轴油交流油泵远方控制	主设备监控系统
1627	调相机	润滑油系统	运行数据	调相机顶轴油交流油泵入口压力正常	主设备监控系统
1628	调相机	润滑油系统	运行数据	调相机顶轴油泵出口母管压力低启交流备用油泵油压	主设备监控系统
1629	调相机	冷却水系统	运行数据	调相机非出线端轴承振动－高高跳机	主设备监控系统
1630	调相机	冷却水系统	运行数据	调相机出线端轴承振动－高高跳机	主设备监控系统
1631	调相机	润滑油系统	运行数据	调相机润滑油系统交流电控柜电源得电	主设备监控系统
1632	调相机	冷却水系统	运行数据	调相机定子线圈进水流量低跳机（持续30s）	主设备监控系统
1633	调相机	冷却水系统	运行数据	调相机转子线圈进水流量低跳机（持续30s）	主设备监控系统
1634	调相机	润滑油系统	运行数据	调相机润滑油供油口压力低跳机	主设备监控系统
1635	调相机	控制及保护装置	运行数据	调相机紧急按钮手工停机	主设备监控系统
1636	调相机	冷却水系统	运行数据	调相机超速跳机保护（CS604）	主设备监控系统
1637	调相机	控制及保护装置	运行数据	调相机热工保护信号（振动、断水、油压低、超速等）至电气保护屏	主设备监控系统
1638	调相机	润滑油系统	运行数据	调相机停止（润滑油系统就地	主设备监控系统

续表

序号	设备类型	设备部位	信息类型	巡视点位/信息名称	数据来源
				硬接线回路联锁切除）	
1639	调相机	润滑油系统	运行数据	调相机运行（润滑油系统就地硬接线回路联锁投入）	主设备监控系统
1640	调相机	本体	运行数据	调相机定子上下线棒层间温度7（TA007）	主设备监控系统
1641	调相机	润滑油系统	运行数据	调相机润滑油系统就地硬接线回路联锁已投入	主设备监控系统
1642	调相机	控制及保护装置	运行数据	调相机热控电源柜交流电源均丧失	主设备监控系统
1643	调相机	控制及保护装置	运行数据	调相机热控电源柜交流电源一路丧失	主设备监控系统
1644	调相机	冷却水系统	运行数据	调相机定子线圈进水流量	主设备监控系统
1645	调相机	冷却水系统	运行数据	调相机转子线圈进水流量	主设备监控系统
1646	调相机	冷却水系统	运行数据	调相机定子冷却水流量	主设备监控系统
1647	调相机	冷却水系统	运行数据	调相机定子线圈进水溶氧量	主设备监控系统
1648	调相机	冷却水系统	运行数据	调相机转子水处理装置进出口pH值	主设备监控系统
1649	调相机	冷却水系统	运行数据	调相机转子冷却水泵电流	主设备监控系统
1650	调相机	冷却水系统	运行数据	调相机定子冷却水泵电流	主设备监控系统
1651	调相机	冷却水系统	运行数据	调相机转子线圈进水pH值（7～9）	主设备监控系统
1652	调相机	润滑油系统	运行数据	调相机交流润滑油泵电流	主设备监控系统
1653	调相机	润滑油系统	运行数据	调相机顶轴油交流油泵电流	主设备监控系统
1654	调相机	冷却水系统	运行数据	调相机转子冷却水箱进水电动门位置反馈	主设备监控系统
1655	调相机	冷却水系统	运行数据	调相机转速（CS602）至电气PMU	主设备监控系统
1656	调相机	冷却水系统	运行数据	调相机定子水离子交换器出水电导率至加减装置	主设备监控系统
1657	调相机	冷却水系统	运行数据	调相机定子线圈进水电导率至加减装置	主设备监控系统
1658	调相机	冷却水系统	运行数据	调相机定子水加碱装置运行	主设备监控系统
1659	调相机	冷却水系统	运行数据	调相机定子冷却水箱进水电动门已开	主设备监控系统
1660	调相机	冷却水系统	运行数据	调相机定子冷却水箱进水电动门已关	主设备监控系统
1661	调相机	冷却水系统	运行数据	调相机定子冷却水箱进水电动门远控方式	主设备监控系统

续表

序号	设备类型	设备部位	信息类型	巡视点位/信息名称	数据来源
1662	调相机	冷却水系统	运行数据	调相机定子冷却水电加热器运行	主设备监控系统
1663	调相机	冷却水系统	运行数据	调相机定子冷却水电加热器外控备妥	主设备监控系统
1664	调相机	冷却水系统	运行数据	调相机开定子冷却水箱进水电动门	主设备监控系统
1665	调相机	冷却水系统	运行数据	调相机关定子冷却水箱进水电动门	主设备监控系统
1666	调相机	冷却水系统	运行数据	调相机开定子线圈进水处取样电磁阀	主设备监控系统
1667	调相机	冷却水系统	运行数据	调相机开转子线圈进水处取样电磁阀	主设备监控系统
1668	调相机	润滑油系统	运行数据	调相机润滑油供油口温度	主设备监控系统
1669	调相机	本体	运行数据	调相机非出线端轴瓦温度（TA402）	主设备监控系统
1670	调相机	本体	运行数据	调相机出线端轴瓦温度（TA401）	主设备监控系统
1671	调相机	润滑油系统	运行数据	调相机非出线端轴承排油温度（TA404）	主设备监控系统
1672	调相机	润滑油系统	运行数据	调相机出线端轴承排油温度	主设备监控系统
1673	调相机	控制及保护装置	运行数据	调相机高阻检漏仪漏液检测（CL621）	主设备监控系统
1674	调相机	润滑油系统	运行数据	调相机润滑油箱液位	主设备监控系统
1675	调相机	润滑油系统	运行数据	调相机润滑油过滤器差压高	主设备监控系统
1676	调相机	润滑油系统	运行数据	调相机润滑油箱排烟风机运行	主设备监控系统
1677	调相机	润滑油系统	运行数据	调相机润滑油箱排烟风机停止	主设备监控系统
1678	调相机	润滑油系统	运行数据	调相机润滑油箱排烟风机远方控制	主设备监控系统
1679	调相机	润滑油系统	运行数据	调相机顶轴油直流油泵就地压力开关联锁已投入	主设备监控系统
1680	调相机	润滑油系统	运行数据	调相机开润滑油母管压力低启备用油泵试验电磁阀	主设备监控系统
1681	调相机	润滑油系统	运行数据	调相机开润滑油母管压力低跳机试验电磁阀	主设备监控系统
1682	调相机	润滑油系统	运行数据	调相机停止或高速运行（顶轴油就地压力开关联锁切除）	主设备监控系统
1683	调相机	润滑油系统	运行数据	调相机低速运行（顶轴油就地压力开关联锁投入）	主设备监控系统
1684	调相机	润滑油系统	运行数据	调相机非出线端轴承排油温度	主设备监控系统

序号	设备类型	设备部位	信息类型	巡视点位/信息名称	数据来源
1685	调相机	控制及保护装置	运行数据	调相机微湿度差动检漏仪－出线端机内温度（CL641）	主设备监控系统
1686	调相机	控制及保护装置	运行数据	调相机微湿度差动检漏仪－出线端环境温度（CL642）	主设备监控系统
1687	调相机	控制及保护装置	运行数据	调相机微湿度差动检漏仪－出线端湿度差值（CL643）	主设备监控系统
1688	调相机	控制及保护装置	运行数据	调相机微湿度差动检漏仪－出线端机内湿度（CL644）	主设备监控系统
1689	调相机	控制及保护装置	运行数据	调相机微湿度差动检漏仪－出线端环境湿度（CL645）	主设备监控系统
1690	调相机	润滑油系统	运行数据	调相机润滑油供油口压力	主设备监控系统
1691	调相机	冷却水系统	运行数据	调相机微湿度差动检漏仪－非出线端机内温度（CL646）	主设备监控系统
1692	调相机	冷却水系统	运行数据	调相机微湿度差动检漏仪－非出线端环境温度（CL647）	主设备监控系统
1693	调相机	冷却水系统	运行数据	调相机微湿度差动检漏仪－非出线端湿度差值（CL648）	主设备监控系统
1694	调相机	冷却水系统	运行数据	调相机微湿度差动检漏仪－非出线端机内湿度（CL649）	主设备监控系统
1695	调相机	冷却水系统	运行数据	调相机微湿度差动检漏仪－非出线端环境湿度（CL650）	主设备监控系统
1696	调相机	控制及保护装置	运行数据	调相机盘车装置运行	主设备监控系统
1697	调相机	润滑油系统	运行数据	调相机油箱电加热器运行	主设备监控系统
1698	调相机	润滑油系统	运行数据	调相机油箱电加热器停止	主设备监控系统
1699	调相机	润滑油系统	运行数据	调相机油箱电加热器远控	主设备监控系统
1700	调相机	控制及保护装置	运行数据	调相机盘车装置远控	主设备监控系统
1701	调相机	控制及保护装置	运行数据	调相机零转速信号（至盘车装置）	主设备监控系统
1702	调相机	润滑油系统	运行数据	调相机开顶轴油泵母管压力低启备用交流油泵试验电磁阀	主设备监控系统
1703	调相机	本体	运行数据	调相机定子上层线棒出水温度（TA101）	主设备监控系统
1704	调相机	润滑油系统	运行数据	调相机直流润滑油泵电流	主设备监控系统
1705	调相机	润滑油系统	运行数据	调相机顶轴油直流油泵电流	主设备监控系统
1706	调相机	润滑油系统	运行数据	调相机顶轴油泵出口母管压力	主设备监控系统
1707	调相机	润滑油系统	运行数据	调相机润滑油箱真空	主设备监控系统
1708	调相机	润滑油系统	运行数据	调相机直流润滑油泵运行	主设备监控系统
1709	调相机	润滑油系统	运行数据	调相机直流润滑油泵停止	主设备监控系统

序号	设备类型	设备部位	信息类型	巡视点位/信息名称	数据来源
1710	调相机	润滑油系统	运行数据	调相机直流润滑油泵励磁欠流	主设备监控系统
1711	调相机	润滑油系统	运行数据	调相机直流润滑油泵远方控制	主设备监控系统
1712	调相机	润滑油系统	运行数据	调相机直流润滑油泵出口压力正常	主设备监控系统
1713	调相机	润滑油系统	运行数据	调相机直流润滑油泵电控箱直流电源得电	主设备监控系统
1714	调相机	润滑油系统	运行数据	调相机顶轴油直流泵电控箱直流电源得电	主设备监控系统
1715	调相机	润滑油系统	运行数据	调相机润滑油母管压力低启直流油泵油压	主设备监控系统
1716	调相机	润滑油系统	运行数据	调相机顶轴油直流油泵运行	主设备监控系统
1717	调相机	润滑油系统	运行数据	调相机顶轴油直流油泵停止	主设备监控系统
1718	调相机	润滑油系统	运行数据	调相机顶轴油直流油泵励磁欠流	主设备监控系统
1719	调相机	润滑油系统	运行数据	调相机顶轴油直流油泵远方控制	主设备监控系统
1720	调相机	润滑油系统	运行数据	调相机顶轴油直流油泵入口压力正常	主设备监控系统
1721	调相机	润滑油系统	运行数据	调相机顶轴油直流油泵出口压力正常	主设备监控系统
1722	调相机	润滑油系统	运行数据	调相机顶轴油泵出口母管压力低启直流油泵油压	主设备监控系统
1723	调相机	润滑油系统	运行数据	调相机润滑油箱至输送泵入口电动门已开	主设备监控系统
1724	调相机	润滑油系统	运行数据	调相机润滑油箱至输送泵入口电动门已关	主设备监控系统
1725	调相机	润滑油系统	运行数据	调相机润滑油箱至输送泵入口电动门远控方式	主设备监控系统
1726	调相机	润滑油系统	运行数据	调相机润滑油箱净油机吸油口电动门已开	主设备监控系统
1727	调相机	润滑油系统	运行数据	调相机润滑油箱净油机吸油口电动门已关	主设备监控系统
1728	调相机	润滑油系统	运行数据	调相机润滑油箱净油机吸油口电动门远控方式	主设备监控系统
1729	调相机	润滑油系统	运行数据	调相机润滑油输送泵运行	主设备监控系统
1730	调相机	润滑油系统	运行数据	调相机润滑油输送泵停止	主设备监控系统
1731	调相机	润滑油系统	运行数据	调相机润滑油输送泵远方控制	主设备监控系统
1732	调相机	润滑油系统	运行数据	调相机润滑油输送泵电控柜电源得电	主设备监控系统

续表

序号	设备类型	设备部位	信息类型	巡视点位/信息名称	数据来源
1733	调相机	润滑油系统	运行数据	调相机开润滑油母管压力低启直流油泵试验电磁阀	主设备监控系统
1734	调相机	润滑油系统	运行数据	调相机开顶轴油泵母管压力低启直流油泵试验电磁阀	主设备监控系统
1735	调相机	润滑油系统	运行数据	调相机开润滑油箱至输送泵入口电动门	主设备监控系统
1736	调相机	润滑油系统	运行数据	调相机关润滑油箱至输送泵入口电动门	主设备监控系统
1737	调相机	润滑油系统	运行数据	调相机开润滑油箱净油机吸油口电动门	主设备监控系统
1738	调相机	润滑油系统	运行数据	调相机关润滑油箱净油机吸油口电动门	主设备监控系统
1739	调相机	本体	运行数据	调相机定子下层线棒出水温度（TA201）	主设备监控系统
1740	调相机	冷却水系统	运行数据	调相机油净化装置进口压力	主设备监控系统
1741	调相机	冷却水系统	运行数据	调相机油净化装置出口压力	主设备监控系统
1742	调相机	冷却水系统	运行数据	调相机润滑油输送泵出口压力	主设备监控系统
1743	调相机	润滑油系统	运行数据	调相机润滑油净化装置入口电动门已开	主设备监控系统
1744	调相机	润滑油系统	运行数据	调相机润滑油净化装置入口电动门已关	主设备监控系统
1745	调相机	润滑油系统	运行数据	调相机润滑油净化装置入口电动门远控方式	主设备监控系统
1746	调相机	润滑油系统	运行数据	调相机润滑油净化装置出口电动门已开	主设备监控系统
1747	调相机	润滑油系统	运行数据	调相机润滑油净化装置出口电动门已关	主设备监控系统
1748	调相机	润滑油系统	运行数据	调相机润滑油净化装置出口电动门远控方式	主设备监控系统
1749	调相机	润滑油系统	运行数据	调相机开润滑油净化装置入口电动门	主设备监控系统
1750	调相机	润滑油系统	运行数据	调相机关润滑油净化装置入口电动门	主设备监控系统
1751	调相机	润滑油系统	运行数据	调相机开润滑油净化装置出口电动门	主设备监控系统
1752	调相机	润滑油系统	运行数据	调相机关润滑油净化装置出口电动门	主设备监控系统
1753	调相机	润滑油系统	运行数据	调相机润滑油箱净油机回油口电动门已开	主设备监控系统

续表

序号	设备类型	设备部位	信息类型	巡视点位/信息名称	数据来源
1754	调相机	润滑油系统	运行数据	调相机润滑油箱净油机回油口电动门已关	主设备监控系统
1755	调相机	润滑油系统	运行数据	调相机润滑油箱净油机回油口电动门远控方式	主设备监控系统
1756	调相机	润滑油系统	运行数据	调相机润滑油净化装置至贮油箱电动门已开	主设备监控系统
1757	调相机	润滑油系统	运行数据	调相机润滑油净化装置至贮油箱电动门已关	主设备监控系统
1758	调相机	润滑油系统	运行数据	调相机润滑油净化装置至贮油箱电动门远控方式	主设备监控系统
1759	调相机	润滑油系统	运行数据	调相机润滑油输送泵出口电动门已开	主设备监控系统
1760	调相机	润滑油系统	运行数据	调相机润滑油输送泵出口电动门已关	主设备监控系统
1761	调相机	润滑油系统	运行数据	调相机润滑油输送泵出口电动门远控方式	主设备监控系统
1762	调相机	润滑油系统	运行数据	调相机润滑油输送泵至润滑油箱电动门已开	主设备监控系统
1763	调相机	润滑油系统	运行数据	调相机润滑油输送泵至润滑油箱电动门已关	主设备监控系统
1764	调相机	润滑油系统	运行数据	调相机润滑油输送泵至润滑油箱电动门远控方式	主设备监控系统
1765	调相机	润滑油系统	运行数据	调相机润滑油输送泵至净化装置入口电动门已开	主设备监控系统
1766	调相机	润滑油系统	运行数据	调相机润滑油输送泵至净化装置入口电动门已关	主设备监控系统
1767	调相机	润滑油系统	运行数据	调相机润滑油输送泵至净化装置入口电动门远控方式	主设备监控系统
1768	调相机	润滑油系统	运行数据	调相机润滑油净化装置运行/停止	主设备监控系统
1769	调相机	润滑油系统	运行数据	调相机润滑油净化装置就地/远程	主设备监控系统
1770	调相机	润滑油系统	运行数据	调相机开润滑油箱净油机回油口电动门	主设备监控系统
1771	调相机	润滑油系统	运行数据	调相机关润滑油箱净油机回油口电动门	主设备监控系统
1772	调相机	润滑油系统	运行数据	调相机开润滑油净化装置至贮油箱电动门	主设备监控系统
1773	调相机	润滑油系统	运行数据	调相机关润滑油净化装置至贮油箱电动门	主设备监控系统

续表

序号	设备类型	设备部位	信息类型	巡视点位/信息名称	数据来源
1774	调相机	润滑油系统	运行数据	调相机开润滑油输送泵出口电动门	主设备监控系统
1775	调相机	润滑油系统	运行数据	调相机关润滑油输送泵出口电动门	主设备监控系统
1776	调相机	润滑油系统	运行数据	调相机开润滑油输送泵至润滑油箱电动门	主设备监控系统
1777	调相机	润滑油系统	运行数据	调相机关润滑油输送泵至润滑油箱电动门	主设备监控系统
1778	调相机	润滑油系统	运行数据	调相机开润滑油输送泵至净化装置入口电动门	主设备监控系统
1779	调相机	润滑油系统	运行数据	调相机关润滑油输送泵至净化装置入口电动门	主设备监控系统
1780	调相机	本体	运行数据	调相机定子本体段铁芯齿部温度（TA049）	主设备监控系统
1781	调相机	本体	运行数据	调相机定子本体段铁芯轭部温度（TA050）	主设备监控系统
1782	调相机	本体	运行数据	调相机出线端铁芯齿部温度（TA053）	主设备监控系统
1783	调相机	本体	运行数据	调相机出线端铁芯轭部温度（TA054）	主设备监控系统
1784	调相机	本体	运行数据	调相机非出线端铁芯齿部温度（TA061）	主设备监控系统
1785	调相机	本体	运行数据	调相机非出线端铁芯轭部温度（TA062）	主设备监控系统
1786	调相机	本体	运行数据	调相机非出线端铁芯齿压板温度（TA065）	主设备监控系统
1787	调相机	本体	运行数据	调相机出线端铁芯齿压板温度（TA081）	主设备监控系统
1788	调相机	本体	运行数据	调相机非出线端压圈内圆温度（TA085）	主设备监控系统
1789	调相机	本体	运行数据	调相机出线端压圈内圆温度（TA089）	主设备监控系统
1790	调相机	本体	运行数据	调相机非出线端压圈外圆温度（TA093）	主设备监控系统
1791	调相机	本体	运行数据	调相机出线端压圈外圆温度（TA097）	主设备监控系统
1792	调相机	本体	运行数据	调相机非出线端挡风圈外侧冷风温度（TA073）	主设备监控系统
1793	调相机	本体	运行数据	调相机出线端挡风圈外侧冷风温度（TA075）	主设备监控系统

续表

序号	设备类型	设备部位	信息类型	巡视点位/信息名称	数据来源
1794	调相机	本体	运行数据	调相机定子铁芯背部热风温度（TA069）	主设备监控系统
1795	调相机	本体	运行数据	调相机非出线端挡风圈外侧冷风温度（TA073A）	主设备监控系统
1796	调相机	本体	运行数据	调相机出线端挡风圈外侧冷风温度（TA075A）	主设备监控系统
1797	调相机	本体	运行数据	调相机定子铁芯背部热风温度（TA069A）	主设备监控系统
1798	调相机	冷却水系统	运行数据	调相机转子冷却水温度调节阀位置反馈	主设备监控系统
1799	调相机	冷却水系统	运行数据	调相机转子冷却器循环水回水流量	主设备监控系统
1800	调相机	冷却水系统	运行数据	调相机定子冷却水温度调节阀位置反馈	主设备监控系统
1801	调相机	冷却水系统	运行数据	调相机定子冷却器循环水回水流量	主设备监控系统
1802	调相机	冷却水系统	运行数据	调相机转子冷却器循环水入口电动门已开	主设备监控系统
1803	调相机	冷却水系统	运行数据	调相机转子冷却器循环水入口电动门已关	主设备监控系统
1804	调相机	冷却水系统	运行数据	调相机转子冷却器循环水入口电动门远控	主设备监控系统
1805	调相机	冷却水系统	运行数据	调相机定子冷却器循环水入口电动门已开	主设备监控系统
1806	调相机	冷却水系统	运行数据	调相机定子冷却器循环水入口电动门已关	主设备监控系统
1807	调相机	冷却水系统	运行数据	调相机定子冷却器循环水入口电动门远控	主设备监控系统
1808	调相机	冷却水系统	运行数据	调相机润滑油冷却器循环水入口电动门已开	主设备监控系统
1809	调相机	冷却水系统	运行数据	调相机润滑油冷却器循环水入口电动门已关	主设备监控系统
1810	调相机	冷却水系统	运行数据	调相机润滑油冷却器循环水入口电动门远控	主设备监控系统
1811	调相机	冷却水系统	运行数据	调相机空气冷却器循环水入口电动门已开	主设备监控系统
1812	调相机	冷却水系统	运行数据	调相机空气冷却器循环水入口电动门已关	主设备监控系统
1813	调相机	冷却水系统	运行数据	调相机空气冷却器循环水入口电动门远控	主设备监控系统

序号	设备类型	设备部位	信息类型	巡视点位/信息名称	数据来源
1814	调相机	冷却水系统	运行数据	调相机开转子冷却器循环水入口电动门	主设备监控系统
1815	调相机	冷却水系统	运行数据	调相机关转子冷却器循环水入口电动门	主设备监控系统
1816	调相机	冷却水系统	运行数据	调相机开定子冷却器循环水入口电动门	主设备监控系统
1817	调相机	冷却水系统	运行数据	调相机关定子冷却器循环水入口电动门	主设备监控系统
1818	调相机	冷却水系统	运行数据	调相机开润滑油冷却器循环水入口电动门	主设备监控系统
1819	调相机	冷却水系统	运行数据	调相机关润滑油冷却器循环水入口电动门	主设备监控系统
1820	调相机	冷却水系统	运行数据	调相机开空气冷却器循环水入口电动门	主设备监控系统
1821	调相机	冷却水系统	运行数据	调相机关空气冷却器循环水入口电动门	主设备监控系统
1822	调相机	冷却水系统	运行数据	调相机开转子冷却器循环水出口电动门	主设备监控系统
1823	调相机	冷却水系统	运行数据	调相机关转子冷却器循环水出口电动门	主设备监控系统
1824	调相机	冷却水系统	运行数据	调相机润滑油温度调节阀位置反馈	主设备监控系统
1825	调相机	冷却水系统	运行数据	调相机润滑油冷却器循环水回水流量	主设备监控系统
1826	调相机	冷却水系统	运行数据	调相机空气冷却器风温调节阀位置反馈	主设备监控系统
1827	调相机	冷却水系统	运行数据	调相机空气冷却器循环水回水流量	主设备监控系统
1828	调相机	本体	运行数据	调相机集电环热风温度（出风）	主设备监控系统
1829	调相机	本体	运行数据	调相机集电环冷风温度（进风）	主设备监控系统
1830	调相机	冷却水系统	运行数据	调相机转子冷却器循环水回水温度	主设备监控系统
1831	调相机	冷却水系统	运行数据	调相机定子冷却器循环水回水温度	主设备监控系统
1832	调相机	冷却水系统	运行数据	调相机润滑油冷却器循环水回水温度	主设备监控系统
1833	调相机	冷却水系统	运行数据	调相机空气冷却器循环水回水温度	主设备监控系统
1834	调相机	冷却水系统	运行数据	调相机定子冷却器循环水出口电动门已开	主设备监控系统

续表

序号	设备类型	设备部位	信息类型	巡视点位/信息名称	数据来源
1835	调相机	冷却水系统	运行数据	调相机定子冷却器循环水出口电动门已关	主设备监控系统
1836	调相机	冷却水系统	运行数据	调相机定子冷却器循环水出口电动门远控	主设备监控系统
1837	调相机	冷却水系统	运行数据	调相机润滑油冷却器循环水出口电动门已开	主设备监控系统
1838	调相机	冷却水系统	运行数据	调相机润滑油冷却器循环水出口电动门已关	主设备监控系统
1839	调相机	冷却水系统	运行数据	调相机润滑油冷却器循环水出口电动门远控	主设备监控系统
1840	调相机	冷却水系统	运行数据	调相机空气冷却器循环水出口电动门已开	主设备监控系统
1841	调相机	冷却水系统	运行数据	调相机空气冷却器循环水出口电动门已关	主设备监控系统
1842	调相机	冷却水系统	运行数据	调相机空气冷却器循环水出口电动门远控	主设备监控系统
1843	调相机	冷却水系统	运行数据	调相机电动滤水器旁路电动门已开	主设备监控系统
1844	调相机	冷却水系统	运行数据	调相机电动滤水器旁路电动门已关	主设备监控系统
1845	调相机	冷却水系统	运行数据	调相机电动滤水器旁路电动门远控	主设备监控系统
1846	调相机	冷却水系统	运行数据	调相机外冷水系统电动执行机构配电柜电源投入	主设备监控系统
1847	调相机	冷却水系统	运行数据	调相机电动滤水器阀门全开反馈	主设备监控系统
1848	调相机	冷却水系统	运行数据	调相机电动滤水器阀门全关反馈	主设备监控系统
1849	调相机	冷却水系统	运行数据	调相机电动滤水器远控方式	主设备监控系统
1850	调相机	冷却水系统	运行数据	调相机电动滤水器减速电机运行	主设备监控系统
1851	调相机	冷却水系统	运行数据	调相机电动滤水器压力高反馈	主设备监控系统
1852	调相机	冷却水系统	运行数据	调相机开定子冷却器循环水出口电动门	主设备监控系统
1853	调相机	冷却水系统	运行数据	调相机关定子冷却器循环水出口电动门	主设备监控系统
1854	调相机	冷却水系统	运行数据	调相机开润滑油冷却器循环水出口电动门	主设备监控系统
1855	调相机	冷却水系统	运行数据	调相机关润滑油冷却器循环水出口电动门	主设备监控系统

续表

序号	设备类型	设备部位	信息类型	巡视点位/信息名称	数据来源
1856	调相机	冷却水系统	运行数据	调相机开空气冷却器循环水出口电动门	主设备监控系统
1857	调相机	冷却水系统	运行数据	调相机关空气冷却器循环水出口电动门	主设备监控系统
1858	调相机	冷却水系统	运行数据	调相机开电动滤水器旁路电动门	主设备监控系统
1859	调相机	冷却水系统	运行数据	调相机关电动滤水器旁路电动门	主设备监控系统
1860	调相机	调相机励磁变压器	运行数据	调相机励磁电压	主设备监控系统
1861	调相机	调相机励磁变压器	运行数据	调相机励磁变压器×相绕组温度	主设备监控系统
1862	调相机	调相机励磁变压器	运行数据	调相机 VR×套限制信号	主设备监控系统
1863	调相机	调相机励磁变压器	运行数据	调相机无功低励限制（主通道）	主设备监控系统
1864	调相机	调相机励磁变压器	运行数据	调相机 I 路 DC 失电	主设备监控系统
1865	调相机	调相机励磁变压器	运行数据	调相机励磁切换（建压）失败	主设备监控系统
1866	调相机	调相机励磁变压器	运行数据	调相机交流进线柜控制电源监视	主设备监控系统
1867	调相机	调相机励磁变压器	运行数据	调相机可控硅整流柜装置异常	主设备监控系统
1868	调相机	调相机励磁变压器	运行数据	调相机直流切换柜控制电源监视	主设备监控系统
1869	调相机	调相机励磁变压器	运行数据	调相机灭磁开关合闸状态	主设备监控系统
1870	调相机	调相机励磁变压器	运行数据	调相机直流脉冲电源失电	主设备监控系统
1871	调相机	调相机励磁变压器	运行数据	调相机灭磁开关跳位	主设备监控系统
1872	调相机	调相机励磁变压器	运行数据	调相机励磁变压器风机运行	主设备监控系统
1873	调相机	调相机励磁变压器	运行数据	调相机同期装置闭锁	主设备监控系统
1874	调相机	调相机励磁变压器	运行数据	调相机注入式转子接地跳闸	主设备监控系统
1875	调相机	调相机励磁变压器	运行数据	调相机乒乓式转子接地跳闸	主设备监控系统

序号	设备类型	设备部位	信息类型	巡视点位/信息名称	数据来源
1876	调相机	冷却水系统	运行数据	调相机变压器组冷却器全停启动跳闸	主设备监控系统
1877	调相机	调相机励磁变压器	运行数据	调相机远方增磁	主设备监控系统
1878	调相机	调相机励磁变压器	运行数据	调相机系统电压跟踪	主设备监控系统
1879	调相机	调相机励磁变压器	运行数据	调相机切换参考值	主设备监控系统
1880	调相机	调相机励磁变压器	运行数据	调相机励磁选择	主设备监控系统
1881	调相机	调相机励磁变压器	运行数据	调相机无功给定	主设备监控系统
1882	调相机	控制及保护装置	运行数据	调相机遥控启动同期	主设备监控系统
1883	调相机	控制及保护装置	运行数据	调相机变压器组 500kV 断路器远方合闸	主设备监控系统
1884	调相机	控制及保护装置	运行数据	调相机封母温度	主设备监控系统
1885	调相机	控制及保护装置	运行数据	调相机 TV 断线	主设备监控系统
1886	调相机	控制及保护装置	运行数据	调相机封母干燥装置湿度信号	主设备监控系统
1887	调相机	控制及保护装置	运行数据	调相机调变组保护×柜调相机主保护动作	主设备监控系统
1888	调相机	控制及保护装置	运行数据	调相机调变组保护柜非电量保护装置闭锁	主设备监控系统
1889	调相机	控制及保护装置	运行数据	调相机 DCS 交换机装置闭锁	主设备监控系统
1890	调相机	控制及保护装置	运行数据	调相机变压器组高压侧断路器分闸	主设备监控系统
1891	调相机	控制及保护装置	运行数据	调相机中性点 L 相电流	主设备监控系统
1892	调相机	控制及保护装置	运行数据	调相机零序 L 相电压	主设备监控系统
1893	调相机	控制及保护装置	运行数据	调相机励磁变压器×相电流	主设备监控系统
1894	调相机	控制及保护装置	运行数据	调相机机端×相电流	主设备监控系统
1895	调相机	控制及保护装置	运行数据	调相机出口 TV×相电压	主设备监控系统
1896	调相机	交直流电源	运行数据	低电压工作变压器×相绕组温度	主设备监控系统
1897	调相机	控制及保护装置	运行数据	调相机隔离变压器保护柜变压器差动跳闸	主设备监控系统
1898	调相机	本体	运行数据	SFC 系统就绪	主设备监控系统
1899	调相机	本体	运行数据	SFC 隔离切换开关合位	主设备监控系统
1900	调相机	本体	运行数据	SF0kV 进线开关柜合闸位置	主设备监控系统

续表

序号	设备类型	设备部位	信息类型	巡视点位/信息名称	数据来源
1901	调相机	本体	运行数据	SF0kV 进线开关柜二次电源空气开关跳闸	主设备监控系统
1902	调相机	本体	运行数据	SF0kV 进线开关柜跳闸	主设备监控系统
1903	调相机	本体	运行数据	SFC 隔离开关柜合闸位置	主设备监控系统
1904	调相机	本体	运行数据	SFC 隔离开关柜保护开关分闸（控制电源失电）	主设备监控系统
1905	调相机	本体	运行数据	SFC 隔离变风机投运	主设备监控系统
1906	调相机	交直流电源	运行数据	低电压工作变风机投运	主设备监控系统
1907	调相机	本体	运行数据	SFCDCS 选择令	主设备监控系统
1908	调相机	本体	运行数据	SFC 启动	主设备监控系统
1909	调相机	本体	运行数据	SFC 隔离开关柜合闸命令	主设备监控系统
1910	调相机	润滑油系统	运行数据	润滑油贮油箱净油室油温	主设备监控系统
1911	调相机	润滑油系统	运行数据	润滑油贮油箱污油室油温	主设备监控系统
1912	调相机	润滑油系统	运行数据	润滑油贮油箱净油室液位	主设备监控系统
1913	调相机	润滑油系统	运行数据	润滑油贮油箱污油室液位	主设备监控系统
1914	调相机	润滑油系统	运行数据	润滑油输送泵出口压力调节阀位置反馈	主设备监控系统
1915	调相机	润滑油系统	运行数据	润滑油贮油箱净油室进油口电动门已开	主设备监控系统
1916	调相机	润滑油系统	运行数据	润滑油贮油箱净油室进油口电动门已关	主设备监控系统
1917	调相机	润滑油系统	运行数据	润滑油贮油箱净油室进油口电动门远控方式	主设备监控系统
1918	调相机	润滑油系统	运行数据	润滑油贮油箱污油室进油口电动门已开	主设备监控系统
1919	调相机	润滑油系统	运行数据	润滑油贮油箱污油室进油口电动门已关	主设备监控系统
1920	调相机	润滑油系统	运行数据	润滑油贮油箱污油室进油口电动门远控方式	主设备监控系统
1921	调相机	润滑油系统	运行数据	润滑油贮油箱净油室至输送泵入口电动门已开	主设备监控系统
1922	调相机	润滑油系统	运行数据	润滑油贮油箱净油室至输送泵入口电动门已关	主设备监控系统
1923	调相机	润滑油系统	运行数据	润滑油贮油箱净油室至输送泵入口电动门远控	主设备监控系统
1924	调相机	润滑油系统	运行数据	润滑油贮油箱污油室至输送泵入口电动门已开	主设备监控系统

续表

序号	设备类型	设备部位	信息类型	巡视点位/信息名称	数据来源
1925	调相机	润滑油系统	运行数据	润滑油贮油箱污油室至输送泵入口电动门已关	主设备监控系统
1926	调相机	润滑油系统	运行数据	润滑油贮油箱污油室至输送泵入口电动门远	主设备监控系统
1927	调相机	润滑油系统	运行数据	润滑油贮油箱净油室加热器温度高	主设备监控系统
1928	调相机	润滑油系统	运行数据	润滑油贮油箱污油室加热器温度高	主设备监控系统
1929	调相机	润滑油系统	运行数据	润滑油贮油箱污油室加热器运行	主设备监控系统
1930	调相机	润滑油系统	运行数据	润滑油贮油箱污油室加热器停止	主设备监控系统
1931	调相机	润滑油系统	运行数据	润滑油贮油箱污油室加热器远控	主设备监控系统
1932	调相机	润滑油系统	运行数据	润滑油贮油箱电控箱得电	主设备监控系统
1933	调相机	润滑油系统	运行数据	润滑油输送泵旁路电动门已开	主设备监控系统
1934	调相机	润滑油系统	运行数据	润滑油输送泵旁路电动门已关	主设备监控系统
1935	调相机	润滑油系统	运行数据	润滑油输送泵旁路电动门远控方式	主设备监控系统
1936	调相机	润滑油系统	运行数据	润滑油输送泵出口联络电动门	主设备监控系统
1937	调相机	润滑油系统	运行数据	开润滑油贮油箱净油室进油口电动门	主设备监控系统
1938	调相机	润滑油系统	运行数据	关润滑油贮油箱净油室进油口电动门	主设备监控系统
1939	调相机	润滑油系统	运行数据	开润滑油贮油箱污油室进油口电动门	主设备监控系统
1940	调相机	润滑油系统	运行数据	关润滑油贮油箱污油室进油口电动门	主设备监控系统
1941	调相机	润滑油系统	运行数据	开润滑油贮油箱净油室至输送泵入口电动门	主设备监控系统
1942	调相机	润滑油系统	运行数据	关润滑油贮油箱净油室至输送泵入口电动门	主设备监控系统
1943	调相机	润滑油系统	运行数据	开润滑油贮油箱污油室至输送泵入口电动门	主设备监控系统
1944	调相机	润滑油系统	运行数据	关润滑油贮油箱污油室至输送泵入口电动门	主设备监控系统
1945	调相机	润滑油系统	运行数据	开润滑油贮油箱净油室溢油口电动门	主设备监控系统
1946	调相机	润滑油系统	运行数据	关润滑油贮油箱净油室溢油口电动门	主设备监控系统

序号	设备类型	设备部位	信息类型	巡视点位/信息名称	数据来源
1947	调相机	润滑油系统	运行数据	开润滑油贮油箱污油室溢油口电动门	主设备监控系统
1948	调相机	润滑油系统	运行数据	关润滑油贮油箱污油室溢油口电动门	主设备监控系统
1949	调相机	润滑油系统	运行数据	开润滑油输送泵旁路电动门	主设备监控系统
1950	调相机	润滑油系统	运行数据	关润滑油输送泵旁路电动门	主设备监控系统
1951	调相机	控制及保护装置	运行数据	远动柜装置×闭锁	主设备监控系统
1952	调相机	交直流电源	运行数据	换流站侧 DCS 配电柜电源供电信号	主设备监控系统
1953	调相机	本体	运行数据	调相机 SFC 隔离变压器×相绕组温度	主设备监控系统
1954	调相机	交直流电源	运行数据	直流 220V 主充电机输出电流	主设备监控系统
1955	调相机	交直流电源	运行数据	直流 220V 备用充电机输出电流	主设备监控系统
1956	调相机	交直流电源	运行数据	直流 220V 蓄电池电压	主设备监控系统
1957	调相机	交直流电源	运行数据	直流 10V×段充电机输出电流	主设备监控系统
1958	调相机	交直流电源	运行数据	直流 10V 备用充电机输出电压	主设备监控系统
1959	调相机	交直流电源	运行数据	直流 10V×段蓄电池电压	主设备监控系统
1960	调相机	交直流电源	运行数据	直流 10V B 段充电机输出电流	主设备监控系统
1961	调相机	交直流电源	运行数据	直流 10V 备用充电机输出电流	主设备监控系统
1962	调相机	交直流电源	运行数据	直流 10V B 段蓄电池电压	主设备监控系统
1963	调相机	交直流电源	运行数据	UPS 电压	主设备监控系统
1964	调相机	交直流电源	运行数据	事故照明逆变器过载	主设备监控系统
1965	调相机	冷却水系统	运行数据	循环冷却水供水温度	主设备监控系统
1966	调相机	冷却水系统	运行数据	循环冷却水回水温度	主设备监控系统
1967	调相机	冷却水系统	运行数据	循环水泵电机端轴承温度	主设备监控系统
1968	调相机	冷却水系统	运行数据	循环水泵电流	主设备监控系统
1969	调相机	冷却水系统	运行数据	循环水泵出口压力	主设备监控系统
1970	调相机	冷却水系统	运行数据	循环冷却水回水压力	主设备监控系统
1971	调相机	冷却水系统	运行数据	循环水泵入口缓冲池液位	主设备监控系统
1972	调相机	冷却水系统	运行数据	循环冷却水供水压力	主设备监控系统
1973	调相机	冷却水系统	运行数据	机械通风冷却塔风机频率反馈	主设备监控系统
1974	调相机	冷却水系统	运行数据	循环水泵工频运行	主设备监控系统
1975	调相机	冷却水系统	运行数据	循环水泵软启	主设备监控系统
1976	调相机	冷却水系统	运行数据	循环水泵过载	主设备监控系统

续表

序号	设备类型	设备部位	信息类型	巡视点位/信息名称	数据来源
1977	调相机	冷却水系统	运行数据	循环水泵远方控制	主设备监控系统
1978	调相机	冷却水系统	运行数据	循环水泵安全开关未合闸	主设备监控系统
1979	调相机	冷却水系统	运行数据	机械通风冷却塔风机工频运行	主设备监控系统
1980	调相机	冷却水系统	运行数据	机械通风冷却塔风机变频运行	主设备监控系统
1981	调相机	冷却水系统	运行数据	机械通风冷却塔风机远方控制	主设备监控系统
1982	调相机	冷却水系统	运行数据	机械通风冷却塔风机安全开关未合闸	主设备监控系统
1983	调相机	冷却水系统	运行数据	工业水泵运行	主设备监控系统
1984	调相机	冷却水系统	运行数据	工业水泵停止	主设备监控系统
1985	调相机	冷却水系统	运行数据	工业水泵远方控制	主设备监控系统
1986	调相机	冷却水系统	运行数据	工业水池液位高	主设备监控系统
1987	调相机	冷却水系统	运行数据	工业水池液位低	主设备监控系统
1988	调相机	冷却水系统	运行数据	循环水回水管排污电动门已开	主设备监控系统
1989	调相机	冷却水系统	运行数据	循环水回水管排污电动门已关	主设备监控系统
1990	调相机	冷却水系统	运行数据	循环水回水管排污电动门远控方式	主设备监控系统
1991	调相机	冷却水系统	运行数据	工业水池进水总管电动门已开	主设备监控系统
1992	调相机	冷却水系统	运行数据	工业水池进水总管电动门已关	主设备监控系统
1993	调相机	冷却水系统	运行数据	工业水池进水总管电动门远控方式	主设备监控系统
1994	调相机	冷却水系统	运行数据	循环水缓蚀阻垢剂计量泵运行	主设备监控系统
1995	调相机	冷却水系统	运行数据	循环水缓蚀阻垢剂计量泵远程就地	主设备监控系统
1996	调相机	冷却水系统	运行数据	循环水泵房电控柜电源投入	主设备监控系统
1997	调相机	冷却水系统	运行数据	循环水泵出口电动门已开	主设备监控系统
1998	调相机	冷却水系统	运行数据	循环水泵出口电动门已关	主设备监控系统
1999	调相机	冷却水系统	运行数据	循环水泵出口电动门远控方式	主设备监控系统
2000	调相机	冷却水系统	运行数据	机械通风冷却塔循环水入口电动门已开	主设备监控系统
2001	调相机	冷却水系统	运行数据	机械通风冷却塔循环水入口电动门已关	主设备监控系统
2002	调相机	冷却水系统	运行数据	机械通风冷却塔循环水入口电动门远控方式	主设备监控系统
2003	调相机	冷却水系统	运行数据	循环水杀菌灭藻剂计量泵运行	主设备监控系统
2004	调相机	冷却水系统	运行数据	循环水杀菌灭藻剂计量泵远程就地	主设备监控系统

续表

序号	设备类型	设备部位	信息类型	巡视点位/信息名称	数据来源
2005	调相机	冷却水系统	运行数据	循环水杀菌灭藻剂药罐液位低	主设备监控系统
2006	调相机	冷却水系统	运行数据	开循环水泵出口电动门	主设备监控系统
2007	调相机	冷却水系统	运行数据	关循环水泵出口电动门	主设备监控系统
2008	调相机	冷却水系统	运行数据	开机械通风冷却塔循环水入口电动门	主设备监控系统
2009	调相机	冷却水系统	运行数据	关机械通风冷却塔循环水入口电动门	主设备监控系统
2010	调相机	冷却水系统	运行数据	启循环水缓蚀阻垢剂计量泵	主设备监控系统
2011	调相机	冷却水系统	运行数据	停循环水缓蚀阻垢剂计量泵	主设备监控系统
2012	调相机	冷却水系统	运行数据	启循环水杀菌灭藻剂计量泵	主设备监控系统
2013	调相机	冷却水系统	运行数据	停循环水杀菌灭藻剂计量泵	主设备监控系统
2014	调相机	冷却水系统	运行数据	循环水泵泵端轴承温度	主设备监控系统
2015	调相机	冷却水系统	运行数据	机械通风冷却塔缓冲水池补水电动门已开	主设备监控系统
2016	调相机	冷却水系统	运行数据	机械通风冷却塔缓冲水池补水电动门已关	主设备监控系统
2017	调相机	冷却水系统	运行数据	机械通风冷却塔缓冲水池补水电动门远控方式	主设备监控系统
2018	调相机	冷却水系统	运行数据	循环水缓蚀阻垢剂药罐液位低	主设备监控系统
2019	调相机	冷却水系统	运行数据	开工业水池进水总管电动门	主设备监控系统
2020	调相机	冷却水系统	运行数据	关工业水池进水总管电动门	主设备监控系统
2021	调相机	冷却水系统	运行数据	开循环水回水管排污电动门	主设备监控系统
2022	调相机	冷却水系统	运行数据	关循环水回水管排污电动门	主设备监控系统
2023	调相机	冷却水系统	运行数据	开机械通风冷却塔缓冲水池补水电动门	主设备监控系统
2024	调相机	冷却水系统	运行数据	关机械通风冷却塔缓冲水池补水电动门	主设备监控系统
2025	调相机	冷却水系统	运行数据	循环冷却水回水流量	主设备监控系统
2026	调相机	冷却水系统	运行数据	循环冷却水回水电导率	主设备监控系统
2027	调相机	冷却水系统	运行数据	换流站来补水水源流量	主设备监控系统
2028	调相机	冷却水系统	运行数据	工业水池液位	主设备监控系统
2029	调相机	冷却水系统	运行数据	换流站来补水水源压力	主设备监控系统
2030	调相机	冷却水系统	运行数据	工业水泵出口母管压力	主设备监控系统
2031	调相机	冷却水系统	运行数据	机械通风冷却塔风机润滑油油位	主设备监控系统

续表

序号	设备类型	设备部位	信息类型	巡视点位/信息名称	数据来源
2032	调相机	冷却水系统	运行数据	机械通风冷却塔风机润滑油温度	主设备监控系统
2033	调相机	冷却水系统	运行数据	机械通风冷却塔风机振动	主设备监控系统
2034	调相机	冷却水系统	运行数据	原水箱液位	主设备监控系统
2035	调相机	冷却水系统	运行数据	超滤进水压力	主设备监控系统
2036	调相机	冷却水系统	运行数据	转子冷却回水温度	主设备监控系统
2037	调相机	冷却水系统	运行数据	超滤水箱液位	主设备监控系统
2038	调相机	冷却水系统	运行数据	RO 产水压力	主设备监控系统
2039	调相机	冷却水系统	运行数据	RO 产水箱液位	主设备监控系统
2040	调相机	冷却水系统	运行数据	除盐水箱液位	主设备监控系统
2041	调相机	冷却水系统	运行数据	转子冷却水 pH	主设备监控系统
2042	调相机	冷却水系统	运行数据	原水泵电流	主设备监控系统
2043	调相机	冷却水系统	运行数据	原水泵变频器频率反馈	主设备监控系统
2044	调相机	冷却水系统	运行数据	高压泵电流	主设备监控系统
2045	调相机	冷却水系统	运行数据	高压泵变频器频率反馈	主设备监控系统
2046	调相机	冷却水系统	运行数据	RO 产水流量	主设备监控系统
2047	调相机	冷却水系统	运行数据	纯水输送泵电流	主设备监控系统
2048	调相机	冷却水系统	运行数据	纯水输送泵变频器频率反馈	主设备监控系统
2049	调相机	冷却水系统	运行数据	转子供水压力	主设备监控系统
2050	调相机	冷却水系统	运行数据	RO 产水放水电动门已开	主设备监控系统
2051	调相机	冷却水系统	运行数据	RO 产水放水电动门已关	主设备监控系统
2052	调相机	冷却水系统	运行数据	RO 产水放水电动门远控	主设备监控系统
2053	调相机	冷却水系统	运行数据	RO 浓水放水电动门已开	主设备监控系统
2054	调相机	冷却水系统	运行数据	RO 浓水放水电动门已关	主设备监控系统
2055	调相机	冷却水系统	运行数据	RO 浓水放水电动门远控	主设备监控系统
2056	调相机	冷却水系统	运行数据	EDI 产水回流电动门已开	主设备监控系统
2057	调相机	冷却水系统	运行数据	EDI 产水回流电动门已关	主设备监控系统
2058	调相机	冷却水系统	运行数据	EDI 产水回流电动门远控	主设备监控系统
2059	调相机	冷却水系统	运行数据	原水泵运行	主设备监控系统
2060	调相机	冷却水系统	运行数据	原水泵远方控制	主设备监控系统
2061	调相机	冷却水系统	运行数据	高压泵运行	主设备监控系统

序号	设备类型	设备部位	信息类型	巡视点位/信息名称	数据来源
2062	调相机	冷却水系统	运行数据	高压泵远方控制	主设备监控系统
2063	调相机	冷却水系统	运行数据	高压泵入口压力低	主设备监控系统
2064	调相机	冷却水系统	运行数据	高压泵出口压力高	主设备监控系统
2065	调相机	冷却水系统	运行数据	RO 给水泵运行	主设备监控系统
2066	调相机	冷却水系统	运行数据	RO 给水泵远方控制	主设备监控系统
2067	调相机	冷却水系统	运行数据	EDI 给水泵运行	主设备监控系统
2068	调相机	冷却水系统	运行数据	EDI 给水泵远方控制	主设备监控系统
2069	调相机	冷却水系统	运行数据	EDI 浓水流量低	主设备监控系统
2070	调相机	冷却水系统	运行数据	总 EDI 浓水流量低	主设备监控系统
2071	调相机	冷却水系统	运行数据	EDI 极水流量低	主设备监控系统
2072	调相机	冷却水系统	运行数据	总 EDI 极水流量低	主设备监控系统
2073	调相机	冷却水系统	运行数据	纯水输送泵运行	主设备监控系统
2074	调相机	冷却水系统	运行数据	纯水输送泵远程控制	主设备监控系统
2075	调相机	冷却水系统	运行数据	反洗水泵运行	主设备监控系统
2076	调相机	冷却水系统	运行数据	反洗水泵远方控制	主设备监控系统
2077	调相机	冷却水系统	运行数据	开 RO 产水放水电动门	主设备监控系统
2078	调相机	冷却水系统	运行数据	关 RO 产水放水电动门	主设备监控系统
2079	调相机	冷却水系统	运行数据	开 RO 浓水放水电动门	主设备监控系统
2080	调相机	冷却水系统	运行数据	关 RO 浓水放水电动门	主设备监控系统
2081	调相机	冷却水系统	运行数据	开 EDI 产水回流电动门	主设备监控系统
2082	调相机	冷却水系统	运行数据	关 EDI 产水回流电动门	主设备监控系统
2083	调相机	冷却水系统	运行数据	除盐水箱入口电动门已开	主设备监控系统
2084	调相机	冷却水系统	运行数据	除盐水箱入口电动门已关	主设备监控系统
2085	调相机	冷却水系统	运行数据	除盐水箱入口电动门远控	主设备监控系统
2086	调相机	冷却水系统	运行数据	EDI 装置运行	主设备监控系统
2087	调相机	冷却水系统	运行数据	EDI 装置远程	主设备监控系统
2088	调相机	冷却水系统	运行数据	定子冷却水补水电动门已开	主设备监控系统
2089	调相机	冷却水系统	运行数据	定子冷却水补水电动门已关	主设备监控系统
2090	调相机	冷却水系统	运行数据	定子冷却水补水电动门远控	主设备监控系统
2091	调相机	冷却水系统	运行数据	开定子冷却水补水电动门	主设备监控系统
2092	调相机	冷却水系统	运行数据	关定子冷却水补水电动门	主设备监控系统
2093	调相机	冷却水系统	运行数据	开除盐水箱入口电动门	主设备监控系统

续表

序号	设备类型	设备部位	信息类型	巡视点位/信息名称	数据来源
2094	调相机	冷却水系统	运行数据	关除盐水箱入口电动门	主设备监控系统
2095	调相机	冷却水系统	运行数据	EDI 装置断水信号	主设备监控系统
2096	调相机	冷却水系统	运行数据	原水进水流量	主设备监控系统
2097	调相机	冷却水系统	运行数据	叠滤装置差压	主设备监控系统
2098	调相机	冷却水系统	运行数据	超滤产水压力	主设备监控系统
2099	调相机	冷却水系统	运行数据	超滤产水浊度	主设备监控系统
2100	调相机	冷却水系统	运行数据	超滤产水流量	主设备监控系统
2101	调相机	冷却水系统	运行数据	RO 进水流量	主设备监控系统
2102	调相机	冷却水系统	运行数据	RO 进水压力	主设备监控系统
2103	调相机	冷却水系统	运行数据	RO 浓水压力	主设备监控系统
2104	调相机	冷却水系统	运行数据	RO 产水电导率	主设备监控系统
2105	调相机	冷却水系统	运行数据	RO 进水电导率	主设备监控系统
2106	调相机	冷却水系统	运行数据	EDI 产水电导率	主设备监控系统
2107	调相机	冷却水系统	运行数据	EDI 产水流量	主设备监控系统
2108	调相机	冷却水系统	运行数据	EDI 产水压力	主设备监控系统
2109	调相机	冷却水系统	运行数据	转子供水水电导率	主设备监控系统
2110	调相机	冷却水系统	运行数据	定子供水流量	主设备监控系统
2111	调相机	冷却水系统	运行数据	超滤产水 SDI	主设备监控系统
2112	调相机	冷却水系统	运行数据	EDI 进水 pH	主设备监控系统
2113	调相机	冷却水系统	运行数据	EDI 进水流量	主设备监控系统
2114	调相机	冷却水系统	运行数据	RO 进水 ORP	主设备监控系统
2115	调相机	冷却水系统	运行数据	原水进水电动门已开	主设备监控系统
2116	调相机	冷却水系统	运行数据	原水进水电动门已关	主设备监控系统
2117	调相机	冷却水系统	运行数据	原水进水电动门远控	主设备监控系统
2118	调相机	冷却水系统	运行数据	叠滤进水电动门已开	主设备监控系统
2119	调相机	冷却水系统	运行数据	叠滤进水电动门已关	主设备监控系统
2120	调相机	冷却水系统	运行数据	叠滤进水电动门远控	主设备监控系统
2121	调相机	冷却水系统	运行数据	叠滤反洗排水电动门已开	主设备监控系统
2122	调相机	冷却水系统	运行数据	叠滤反洗排水电动门已关	主设备监控系统
2123	调相机	冷却水系统	运行数据	叠滤反洗排水电动门远控	主设备监控系统
2124	调相机	冷却水系统	运行数据	超滤进水电动门已开	主设备监控系统
2125	调相机	冷却水系统	运行数据	超滤进水电动门已关	主设备监控系统
2126	调相机	冷却水系统	运行数据	超滤进水电动门远控	主设备监控系统

序号	设备类型	设备部位	信息类型	巡视点位/信息名称	数据来源
2127	调相机	冷却水系统	运行数据	叠滤反洗进水电动门已开	主设备监控系统
2128	调相机	冷却水系统	运行数据	叠滤反洗进水电动门已关	主设备监控系统
2129	调相机	冷却水系统	运行数据	叠滤反洗进水电动门远控	主设备监控系统
2130	调相机	冷却水系统	运行数据	超滤上放水电动门已开	主设备监控系统
2131	调相机	冷却水系统	运行数据	超滤上放水电动门已关	主设备监控系统
2132	调相机	冷却水系统	运行数据	超滤上放水电动门远控	主设备监控系统
2133	调相机	冷却水系统	运行数据	超滤下放水电动门已开	主设备监控系统
2134	调相机	冷却水系统	运行数据	超滤下放水电动门已关	主设备监控系统
2135	调相机	冷却水系统	运行数据	超滤下放水电动门远控	主设备监控系统
2136	调相机	冷却水系统	运行数据	超滤反洗进水电动门已开	主设备监控系统
2137	调相机	冷却水系统	运行数据	超滤反洗进水电动门已关	主设备监控系统
2138	调相机	冷却水系统	运行数据	超滤反洗进水电动门远控	主设备监控系统
2139	调相机	冷却水系统	运行数据	超滤产水电动门已开	主设备监控系统
2140	调相机	冷却水系统	运行数据	超滤产水电动门已关	主设备监控系统
2141	调相机	冷却水系统	运行数据	超滤产水电动门远控	主设备监控系统
2142	调相机	冷却水系统	运行数据	转子循环回水电动门已开	主设备监控系统
2143	调相型	冷却水系统	运行数据	转子循环回水电动门已关	主设备监控系统
2144	调相机	冷却水系统	运行数据	转子循环回水电动门远控	主设备监控系统
2145	调相机	冷却水系统	运行数据	转子循环回水排放电动门已开	主设备监控系统
2146	调相机	冷却水系统	运行数据	转子循环回水排放电动门已关	主设备监控系统
2147	调相机	冷却水系统	运行数据	转子循环回水排放电动门远控	主设备监控系统
2148	调相机	冷却水系统	运行数据	高压泵出口母管电动门已开	主设备监控系统
2149	调相机	冷却水系统	运行数据	高压泵出口母管电动门已关	主设备监控系统
2150	调相机	冷却水系统	运行数据	高压泵出口母管电动门远控	主设备监控系统
2151	调相机	冷却水系统	运行数据	开原水进水电动门	主设备监控系统
2152	调相机	冷却水系统	运行数据	关原水进水电动门	主设备监控系统
2153	调相机	冷却水系统	运行数据	开叠滤进水电动门	主设备监控系统
2154	调相机	冷却水系统	运行数据	关叠滤进水电动门	主设备监控系统
2155	调相机	冷却水系统	运行数据	开叠滤反洗排水电动门	主设备监控系统
2156	调相机	冷却水系统	运行数据	关叠滤反洗排水电动门	主设备监控系统
2157	调相机	冷却水系统	运行数据	开超滤进水电动门	主设备监控系统
2158	调相机	冷却水系统	运行数据	关超滤进水电动门	主设备监控系统
2159	调相机	冷却水系统	运行数据	开叠滤反洗进水电动门	主设备监控系统

续表

序号	设备类型	设备部位	信息类型	巡视点位/信息名称	数据来源
2160	调相机	冷却水系统	运行数据	关叠滤反洗进水电动门	主设备监控系统
2161	调相机	冷却水系统	运行数据	开超滤上放水电动门	主设备监控系统
2162	调相机	冷却水系统	运行数据	关超滤上放水电动门	主设备监控系统
2163	调相机	冷却水系统	运行数据	开超滤下放水电动门	主设备监控系统
2164	调相机	冷却水系统	运行数据	关超滤下放水电动门	主设备监控系统
2165	调相机	冷却水系统	运行数据	开超滤反洗进水电动门	主设备监控系统
2166	调相机	冷却水系统	运行数据	关超滤反洗进水电动门	主设备监控系统
2167	调相机	冷却水系统	运行数据	开超滤产水电动门	主设备监控系统
2168	调相机	冷却水系统	运行数据	关超滤产水电动门	主设备监控系统
2169	调相机	冷却水系统	运行数据	开转子循环回水电动门	主设备监控系统
2170	调相机	冷却水系统	运行数据	关转子循环回水电动门	主设备监控系统
2171	调相机	冷却水系统	运行数据	开转子循环回水排放电动门	主设备监控系统
2172	调相机	冷却水系统	运行数据	关转子循环回水排放电动门	主设备监控系统
2173	调相机	冷却水系统	运行数据	开高压泵出口母管电动门	主设备监控系统
2174	调相机	冷却水系统	运行数据	关高压泵出口母管电动门	主设备监控系统
2175	调相机	冷却水系统	运行数据	还原剂计量泵运行	主设备监控系统
2176	调相机	冷却水系统	运行数据	还原剂计量泵远方控制	主设备监控系统
2177	调相机	冷却水系统	运行数据	阻垢剂计量泵运行	主设备监控系统
2178	调相机	冷却水系统	运行数据	阻垢剂计量泵远方控制	主设备监控系统
2179	调相机	冷却水系统	运行数据	NaOH 计量泵运行	主设备监控系统
2180	调相机	冷却水系统	运行数据	NaOH 计量泵远方控制	主设备监控系统
2181	调相机	冷却水系统	运行数据	纯水 NaOH 计量泵运行	主设备监控系统
2182	调相机	冷却水系统	运行数据	纯水 NaOH 计量泵远方控制	主设备监控系统
2183	调相机	冷却水系统	运行数据	还原剂加药箱液位低	主设备监控系统
2184	调相机	冷却水系统	运行数据	阻垢剂加药箱液位低	主设备监控系统
2185	调相机	冷却水系统	运行数据	碱加药箱液位低	主设备监控系统
2186	调相机	冷却水系统	运行数据	纯水碱加药箱液位低	主设备监控系统
2187	调相机	冷却水系统	控制命令	调相机启动定子冷却水泵指令	主设备监控系统
2188	调相机	冷却水系统	控制命令	调相机停止定子冷却水泵指令	主设备监控系统
2189	调相机	冷却水系统	控制命令	调相机启动转子冷却水泵指令	主设备监控系统
2190	调相机	冷却水系统	控制命令	调相机停止转子冷却水泵指令	主设备监控系统
2191	调相机	润滑油系统	控制命令	调相机启动交流润滑油泵指令	主设备监控系统
2192	调相机	润滑油系统	控制命令	调相机停止交流润滑油泵指令	主设备监控系统

续表

序号	设备类型	设备部位	信息类型	巡视点位/信息名称	数据来源
2193	调相机	润滑油系统	控制命令	调相机启动顶轴油交流油泵指令	主设备监控系统
2194	调相机	润滑油系统	控制命令	调相机停止顶轴油交流油泵指令	主设备监控系统
2195	调相机	冷却水系统	控制命令	调相机转子冷却水箱进水电动门调节指令	主设备监控系统
2196	调相机	冷却水系统	控制命令	调相机启动/停止定子冷却水电加热器（长脉冲）	主设备监控系统
2197	调相机	控制及保护装置	控制命令	调相机盘车装置启动指令	主设备监控系统
2198	调相机	控制及保护装置	控制命令	调相机盘车装置DCS许可启动指令	主设备监控系统
2199	调相机	控制及保护装置	控制命令	调相机盘车装置停止指令	主设备监控系统
2200	调相机	润滑油系统	控制命令	调相机启动润滑油箱电加热器	主设备监控系统
2201	调相机	润滑油系统	控制命令	调相机停止润滑油箱电加热器	主设备监控系统
2202	调相机	润滑油系统	控制命令	调相机启动润滑油箱排烟风机	主设备监控系统
2203	调相机	润滑油系统	控制命令	调相机停止润滑油箱排烟风机	主设备监控系统
2204	调相机	润滑油系统	控制命令	调相机启动直流润滑油泵指令	主设备监控系统
2205	调相机	润滑油系统	控制命令	调相机停止直流润滑油泵指令	主设备监控系统
2206	调相机	润滑油系统	控制命令	调相机启动顶轴油直流油泵指令	主设备监控系统
2207	调相机	润滑油系统	控制命令	调相机停止顶轴油直流油泵指令	主设备监控系统
2208	调相机	润滑油系统	控制命令	调相机启动润滑油输送泵指令	主设备监控系统
2209	调相机	润滑油系统	控制命令	调相机停止润滑油输送泵指令	主设备监控系统
2210	调相机	润滑油系统	控制命令	调相机启动润滑油净化装置	主设备监控系统
2211	调相机	润滑油系统	控制命令	调相机停止润滑油净化装置	主设备监控系统
2212	调相机	冷却水系统	控制命令	调相机转子冷却水温度调节阀调节指令	主设备监控系统
2213	调相机	冷却水系统	控制命令	调相机定子冷却水温度调节阀调节指令	主设备监控系统
2214	调相机	冷却水系统	控制命令	调相机润滑油温度调节阀调节指令	主设备监控系统
2215	调相机	冷却水系统	控制命令	调相机空气冷却器风温调节阀调节指令	主设备监控系统
2216	调相机	冷却水系统	控制命令	调相机启动电动滤水器	主设备监控系统
2217	调相机	冷却水系统	控制命令	调相机停止电动滤水器	主设备监控系统
2218	调相机	调相机励磁变压器	控制命令	调相机启动励磁故障	主设备监控系统

续表

序号	设备类型	设备部位	信息类型	巡视点位/信息名称	数据来源
2219	调相机	调相机励磁变压器	控制命令	调相机启动电源柜控制电源监视	主设备监控系统
2220	调相机	调相机励磁变压器	控制命令	调相机启动励磁×VR 闭锁（退出）	主设备监控系统
2221	调相机	调相机励磁变压器	控制命令	调相机启动励磁调节器报警	主设备监控系统
2222	调相机	润滑油系统	控制命令	润滑油输送泵出口压力调节阀调节指令	主设备监控系统
2223	调相机	润滑油系统	控制命令	启动润滑油贮油箱净油室加热器	主设备监控系统
2224	调相机	润滑油系统	控制命令	停止润滑油贮油箱净油室加热器	主设备监控系统
2225	调相机	润滑油系统	控制命令	启动润滑油贮油箱污油室加热器	主设备监控系统
2226	调相机	润滑油系统	控制命令	停止润滑油贮油箱污油室加热器	主设备监控系统
2227	调相机	冷却水系统	控制命令	机械通风冷却塔风机频率指令	主设备监控系统
2228	调相机	冷却水系统	控制命令	软启启动循环水泵指令	主设备监控系统
2229	调相机	冷却水系统	控制命令	软启停止循环水泵指令	主设备监控系统
2230	调相机	冷却水系统	控制命令	旁路启动循环水泵指令	主设备监控系统
2231	调相机	冷却水系统	控制命令	旁路停止循环水泵指令	主设备监控系统
2232	调相机	冷却水系统	控制命令	变频启动机械通风冷却塔风机指令	主设备监控系统
2233	调相机	冷却水系统	控制命令	变频停止机械通风冷却塔风机指令	主设备监控系统
2234	调相机	冷却水系统	控制命令	工频启动机械通风冷却塔风机指令	主设备监控系统
2235	调相机	冷却水系统	控制命令	工频停止机械通风冷却塔风机指令	主设备监控系统
2236	调相机	冷却水系统	控制命令	启动工业水泵	主设备监控系统
2237	调相机	冷却水系统	控制命令	停止工业水泵	主设备监控系统
2238	调相机	冷却水系统	控制命令	原水泵变频器频率指令	主设备监控系统
2239	调相机	冷却水系统	控制命令	高压泵变频器频率指令	主设备监控系统
2240	调相机	冷却水系统	控制命令	纯水输送泵变频器频率指令	主设备监控系统
2241	调相机	冷却水系统	控制命令	N×OH 计量泵频率指令	主设备监控系统
2242	调相机	冷却水系统	控制命令	纯水 N×OH 计量泵频率指令	主设备监控系统
2243	调相机	冷却水系统	控制命令	启动原水泵	主设备监控系统
2244	调相机	冷却水系统	控制命令	停止原水泵	主设备监控系统

续表

序号	设备类型	设备部位	信息类型	巡视点位/信息名称	数据来源
2245	调相机	冷却水系统	控制命令	启动高压泵	主设备监控系统
2246	调相机	冷却水系统	控制命令	停止高压泵	主设备监控系统
2247	调相机	冷却水系统	控制命令	启动 RO 给水泵	主设备监控系统
2248	调相机	冷却水系统	控制命令	停止 RO 给水泵	主设备监控系统
2249	调相机	冷却水系统	控制命令	启动 EDI 给水泵	主设备监控系统
2250	调相机	冷却水系统	控制命令	停止 EDI 给水泵	主设备监控系统
2251	调相机	冷却水系统	控制命令	启动纯水输送泵	主设备监控系统
2252	调相机	冷却水系统	控制命令	停止纯水输送泵	主设备监控系统
2253	调相机	冷却水系统	控制命令	启动反洗水泵	主设备监控系统
2254	调相机	冷却水系统	控制命令	停止反洗水泵	主设备监控系统
2255	调相机	冷却水系统	控制命令	启动 EDI 装置	主设备监控系统
2256	调相机	冷却水系统	控制命令	停止 EDI 装置	主设备监控系统
2257	调相机	冷却水系统	控制命令	启动还原剂计量泵	主设备监控系统
2258	调相机	冷却水系统	控制命令	停止还原剂计量泵	主设备监控系统
2259	调相机	冷却水系统	控制命令	启动阻垢剂计量泵	主设备监控系统
2260	调相机	冷却水系统	控制命令	停止阻垢剂计量泵	主设备监控系统
2261	调相机	冷却水系统	控制命令	启动 NaOH 计量泵	主设备监控系统
2262	调相机	冷却水系统	控制命令	停止 NaOH 计量泵	主设备监控系统
2263	调相机	冷却水系统	控制命令	启动纯水 NaOH 计量泵	主设备监控系统
2264	调相机	冷却水系统	控制命令	停止纯水 NaOH 计量泵	主设备监控系统
2265	调相机	冷却水系统	控制命令	启动还原剂加药箱搅拌器	主设备监控系统
2266	调相机	冷却水系统	控制命令	停止还原剂加药箱搅拌器	主设备监控系统
2267	调相机	冷却水系统	控制命令	启动阻垢剂加药箱搅拌器	主设备监控系统
2268	调相机	冷却水系统	控制命令	停止阻垢剂加药箱搅拌器	主设备监控系统
2269	调相机	冷却水系统	控制命令	启动 NaOH 加药箱搅拌器	主设备监控系统
2270	调相机	冷却水系统	控制命令	停止 NaOH 加药箱搅拌器	主设备监控系统
2271	调相机	冷却水系统	控制命令	启动纯水 NaOH 加药箱搅拌器	主设备监控系统
2272	调相机	冷却水系统	控制命令	停止纯水 NaOH 加药箱搅拌器	主设备监控系统
2273	调相机	冷却水系统	报警信息	调相机定子冷却水泵故障	主设备监控系统
2274	调相机	冷却水系统	报警信息	调相机转子冷却水泵故障	主设备监控系统
2275	调相机	冷却水系统	报警信息	调相机非出线端轴承座振动－高报警	主设备监控系统
2276	调相机	冷却水系统	报警信息	调相机非出线端轴承振动－高报警	主设备监控系统

续表

序号	设备类型	设备部位	信息类型	巡视点位/信息名称	数据来源
2277	调相机	润滑油系统	报警信息	调相机交流润滑油泵故障	主设备监控系统
2278	调相机	润滑油系统	报警信息	调相机顶轴油交流油泵故障	主设备监控系统
2279	调相机	冷却水系统	报警信息	调相机超速报警	主设备监控系统
2280	调相机	冷却水系统	报警信息	调相机出线端轴承座振动－高报警	主设备监控系统
2281	调相机	冷却水系统	报警信息	调相机出线端轴承振动－高报警	主设备监控系统
2282	调相机	冷却水系统	报警信息	调相机定子水加碱装置总故障	主设备监控系统
2283	调相机	冷却水系统	报警信息	调相机定子冷却水箱进水电动门故障	主设备监控系统
2284	调相机	冷却水系统	报警信息	调相机转子冷却水箱进水电动门故障	主设备监控系统
2285	调相机	润滑油系统	报警信息	调相机润滑油箱排烟风机故障	主设备监控系统
2286	调相机	控制及保护装置	报警信息	调相机盘车装置故障报警	主设备监控系统
2287	调相机	润滑油系统	报警信息	调相机润滑油箱至输送泵入口电动门故障	主设备监控系统
2288	调相机	润滑油系统	报警信息	调相机润滑油箱净油机吸油口电动门故障	主设备监控系统
2289	调相机	润滑油系统	报警信息	调相机润滑油输送泵故障	主设备监控系统
2290	调相机	润滑油系统	报警信息	调相机润滑油净化装置入口电动门故障	主设备监控系统
2291	调相机	润滑油系统	报警信息	调相机润滑油净化装置出口电动门故障	主设备监控系统
2292	调相机	润滑油系统	报警信息	调相机润滑油箱净油机回油口电动门故障	主设备监控系统
2293	调相机	润滑油系统	报警信息	调相机润滑油净化装置至贮油箱电动门故障	主设备监控系统
2294	调相机	润滑油系统	报警信息	调相机润滑油输送泵出口电动门故障	主设备监控系统
2295	调相机	润滑油系统	报警信息	调相机润滑油输送泵至润滑油箱电动门故障	主设备监控系统
2296	调相机	润滑油系统	报警信息	调相机润滑油输送泵至净化装置入口电动门故障	主设备监控系统
2297	调相机	润滑油系统	报警信息	调相机润滑油净化装置故障/正常	主设备监控系统
2298	调相机	冷却水系统	报警信息	调相机转子冷却器循环水入口电动门故障	主设备监控系统
2299	调相机	冷却水系统	报警信息	调相机定子冷却器循环水入口电动门故障	主设备监控系统

续表

序号	设备类型	设备部位	信息类型	巡视点位/信息名称	数据来源
2300	调相机	冷却水系统	报警信息	调相机润滑油冷却器循环水入口电动门故障	主设备监控系统
2301	调相机	冷却水系统	报警信息	调相机空气冷却器循环水入口电动门故障	主设备监控系统
2302	调相机	冷却水系统	报警信息	调相机定子冷却器循环水出口电动门故障	主设备监控系统
2303	调相机	冷却水系统	报警信息	调相机润滑油冷却器循环水出口电动门故障	主设备监控系统
2304	调相机	冷却水系统	报警信息	调相机空气冷却器循环水出口电动门故障	主设备监控系统
2305	调相机	冷却水系统	报警信息	调相机电动滤水器旁路电动门故障	主设备监控系统
2306	调相机	冷却水系统	报警信息	调相机转子冷却水温度调节阀故障	主设备监控系统
2307	调相机	冷却水系统	报警信息	调相机定子冷却水温度调节阀故障	主设备监控系统
2308	调相机	冷却水系统	报警信息	调相机润滑油温度调节阀故障	主设备监控系统
2309	调相机	冷却水系统	报警信息	调相机空气冷却器风温调节阀故障	主设备监控系统
2310	调相机	冷却水系统	报警信息	调相机外冷水系统电动执行机构配电柜电源故障	主设备监控系统
2311	调相机	冷却水系统	报警信息	调相机外冷水系统电动执行机构配电柜电源切换故障（SOE）	主设备监控系统
2312	调相机	冷却水系统	报警信息	调相机电动滤水器减速电机故障	主设备监控系统
2313	调相机	调相机励磁变压器	报警信息	调相机 VR×套调节器故障	主设备监控系统
2314	调相机	调相机励磁变压器	报警信息	调相机灭磁开关柜装置故障	主设备监控系统
2315	调相机	控制及保护装置	报警信息	调相机局部放电装置故障	主设备监控系统
2316	调相机	控制及保护装置	报警信息	调相机绝缘过热流量故障报警	主设备监控系统
2317	调相机	控制及保护装置	报警信息	调相机调变组保护×柜装置故障	主设备监控系统
2318	调相机	控制及保护装置	报警信息	调相机故障录波装置闭锁	主设备监控系统
2319	调相机	控制及保护装置	报警信息	调相机主变压器轻瓦斯报警	主设备监控系统
2320	调相机	控制及保护装置	报警信息	调相机主变压器压力释放阀一报警	主设备监控系统
2321	调相机	交直流电源	报警信息	低电压工作变压器超温报警 I 段	主设备监控系统
2322	调相机	润滑油系统	报警信息	润滑油贮油箱净油室进油口电动门故障	主设备监控系统

序号	设备类型	设备部位	信息类型	巡视点位/信息名称	数据来源
2323	调相机	润滑油系统	报警信息	润滑油贮油箱污油室进油口电动门故障	主设备监控系统
2324	调相机	润滑油系统	报警信息	润滑油贮油箱净油室至输送泵入口电动门故障	主设备监控系统
2325	调相机	润滑油系统	报警信息	润滑油贮油箱污油室至输送泵入口电动门故障	主设备监控系统
2326	调相机	润滑油系统	报警信息	润滑油输送泵出口压力调节阀故障	主设备监控系统
2327	调相机	润滑油系统	报警信息	润滑油输送泵旁路电动门故障	主设备监控系统
2328	调相机	交直流电源	报警信息	直流220V主充电器交流故障	主设备监控系统
2329	调相机	交直流电源	报警信息	直流220V备用充电机交流故障	主设备监控系统
2330	调相机	交直流电源	报警信息	直流10V×段交流故障	主设备监控系统
2331	调相机	交直流电源	报警信息	直流10V备用充电系统交流故障	主设备监控系统
2332	调相机	交直流电源	报警信息	监控通信模块总故障	主设备监控系统
2333	调相机	交直流电源	报警信息	直流10V B段交流故障	主设备监控系统
2334	调相机	交直流电源	报警信息	UPS综合故障	主设备监控系统
2335	调相机	交直流电源	报警信息	UPS馈线开关报警	主设备监控系统
2336	调相机	冷却水系统	报警信息	循环水泵工频故障	主设备监控系统
2337	调相机	冷却水系统	报警信息	循环水泵软启故障	主设备监控系统
2338	调相机	冷却水系统	报警信息	机械通风冷却塔风机工频故障	主设备监控系统
2339	调相机	冷却水系统	报警信息	机械通风冷却塔风机变频故障	主设备监控系统
2340	调相机	冷却水系统	报警信息	工业水泵故障	主设备监控系统
2341	调相机	冷却水系统	报警信息	循环水泵房集水坑液位高报警	主设备监控系统
2342	调相机	冷却水系统	报警信息	循环水回水管排污电动门故障	主设备监控系统
2343	调相机	冷却水系统	报警信息	工业水池进水总管电动门故障	主设备监控系统
2344	调相机	冷却水系统	报警信息	循环水缓蚀阻垢剂计量泵故障	主设备监控系统
2345	调相机	冷却水系统	报警信息	循环水泵房电控柜电源故障	主设备监控系统
2346	调相机	冷却水系统	报警信息	循环水泵房电控柜电源切换故障（SOE）	主设备监控系统
2347	调相机	冷却水系统	报警信息	循环水泵出口电动门故障	主设备监控系统
2348	调相机	冷却水系统	报警信息	机械通风冷却塔循环水入口电动门故障	主设备监控系统
2349	调相机	冷却水系统	报警信息	循环水杀菌灭藻剂计量泵故障	主设备监控系统
2350	调相机	冷却水系统	报警信息	机械通风冷却塔缓冲水池补水电动门故障	主设备监控系统

序号	设备类型	设备部位	信息类型	巡视点位/信息名称	数据来源
2351	调相机	冷却水系统	报警信息	RO 产水放水电动门故障	主设备监控系统
2352	调相机	冷却水系统	报警信息	RO 浓水放水电动门故障	主设备监控系统
2353	调相机	冷却水系统	报警信息	EDI 产水回流电动门故障	主设备监控系统
2354	调相机	冷却水系统	报警信息	原水泵故障	主设备监控系统
2355	调相机	冷却水系统	报警信息	高压泵故障	主设备监控系统
2356	调相机	冷却水系统	报警信息	RO 给水泵故障	主设备监控系统
2357	调相机	冷却水系统	报警信息	EDI 给水泵故障	主设备监控系统
2358	调相机	冷却水系统	报警信息	纯水输送泵故障	主设备监控系统
2359	调相机	冷却水系统	报警信息	反洗水泵故障	主设备监控系统
2360	调相机	冷却水系统	报警信息	除盐水箱入口电动门故障	主设备监控系统
2361	调相机	冷却水系统	报警信息	EDI 装置故障	主设备监控系统
2362	调相机	冷却水系统	报警信息	定子冷却水补水电动门故障	主设备监控系统
2363	调相机	冷却水系统	报警信息	原水进水电动门故障	主设备监控系统
2364	调相机	冷却水系统	报警信息	叠滤进水电动门故障	主设备监控系统
2365	调相机	冷却水系统	报警信息	叠滤反洗排水电动门故障	主设备监控系统
2366	调相机	冷却水系统	报警信息	超滤进水电动门故障	主设备监控系统
2367	调相机	冷却水系统	报警信息	叠滤反洗进水电动门故障	主设备监控系统
2368	调相机	冷却水系统	报警信息	超滤上放水电动门故障	主设备监控系统
2369	调相机	冷却水系统	报警信息	超滤下放水电动门故障	主设备监控系统
2370	调相机	冷却水系统	报警信息	超滤反洗进水电动门故障	主设备监控系统
2371	调相机	冷却水系统	报警信息	超滤产水电动门故障	主设备监控系统
2372	调相机	冷却水系统	报警信息	转子循环回水电动门故障	主设备监控系统
2373	调相机	冷却水系统	报警信息	转子循环回水排放电动门故障	主设备监控系统
2374	调相机	冷却水系统	报警信息	高压泵出口母管电动门故障	主设备监控系统
2375	通信装置	通信电源柜	运行数据	交流异常	主设备监控系统
2376	通信装置	通信电源柜	运行数据	直流异常	主设备监控系统
2377	通信装置	通信电源柜	运行数据	模块异常	主设备监控系统
2378	通信装置	通信电源柜	运行数据	系统异常	主设备监控系统
2379	通信装置	通信电源柜	运行数据	蓄电池熔断器熔断	主设备监控系统
2380	通信装置	通信网关机柜	运行数据	通信网关机故障	主设备监控系统
2381	通信装置	网络安全监测装置	告警信息	××网络安全检测装置系统登录成功	主设备监控系统
2382	通信装置	网络安全监测装置	告警信息	××网络安全检测装置系统退出登录	主设备监控系统

序号	设备类型	设备部位	信息类型	巡视点位/信息名称	数据来源
2383	通信装置	网络安全监测装置	告警信息	××网络安全检测装置 USB 设备（非无线网卡类）插入	主设备监控系统
2384	通信装置	网络安全监测装置	告警信息	××网络安全检测装置 USB 设备（无线网卡类）插入	主设备监控系统
2385	通信装置	网络安全监测装置	告警信息	××网络安全检测装置 USB 设备拔出	主设备监控系统
2386	通信装置	网络安全监测装置	告警信息	××网络安全检测装置异常网络访问事件	主设备监控系统
2387	通信装置	网络安全监测装置	告警信息	××网络安全检测装置系统登录失败超过阈值	主设备监控系统
2388	通信装置	网络安全监测装置	告警信息	××网络安全检测装置危险操作	主设备监控系统
2389	通信装置	网络安全监测装置	告警信息	××网络安全检测装置开放非法端口	主设备监控系统
2390	通信装置	网络安全监测装置	告警信息	××网络安全检测装置网口插入	主设备监控系统
2391	通信装置	网络安全监测装置	告警信息	××网络安全检测装置网口拔出	主设备监控系统
2392	通信装置	网络安全监测装置	告警信息	××网络安全检测装置 CPU 使用率超过阈值	主设备监控系统
2393	通信装置	网络安全监测装置	告警信息	××网络安全检测装置内存使用率超过阈值	主设备监控系统
2394	通信装置	网络安全监测装置	告警信息	××网络安全检测装置磁盘空间使用率超过阈值	主设备监控系统
2395	通信装置	网络安全监测装置	告警信息	××网络安全检测装置异常告警	主设备监控系统
2396	通信装置	网络安全监测装置	告警信息	××网络安全检测装置对时异常	主设备监控系统
2397	通信装置	网络安全监测装置	告警信息	××网络安全检测装置本地管理界面登录成功	主设备监控系统
2398	通信装置	网络安全监测装置	告警信息	××网络安全检测装置本地管理界面退出登录	主设备监控系统
2399	通信装置	网络安全监测装置	告警信息	××网络安全检测装置本地管理界面登录失败被锁定	主设备监控系统
2400	通信装置	网络安全监测装置	告警信息	××网络安全检测装置配置变更	主设备监控系统
2401	通信装置	网络安全监测装置	告警信息	××网络安全检测装置验签错误	主设备监控系统
2402	通信装置	服务器、工作站	告警信息	××服务器/工作站登录成功	主设备监控系统
2403	通信装置	服务器、工作站	告警信息	××服务器/工作站退出登录	主设备监控系统

续表

序号	设备类型	设备部位	信息类型	巡视点位/信息名称	数据来源
2404	通信装置	服务器、工作站	告警信息	××服务器/工作站USB设备（非无线网卡类）插入	主设备监控系统
2405	通信装置	服务器、工作站	告警信息	××服务器/工作站USB设备（无线网卡类）插入	主设备监控系统
2406	通信装置	服务器、工作站	告警信息	××服务器/工作站USB设备拔出	主设备监控系统
2407	通信装置	服务器、工作站	告警信息	××服务器/工作站串口占用	主设备监控系统
2408	通信装置	服务器、工作站	告警信息	××服务器/工作站串口释放	主设备监控系统
2409	通信装置	服务器、工作站	告警信息	××服务器/工作站并口占用	主设备监控系统
2410	通信装置	服务器、工作站	告警信息	××服务器/工作站并口释放	主设备监控系统
2411	通信装置	服务器、工作站	告警信息	××服务器/工作站光驱挂载	主设备监控系统
2412	通信装置	服务器、工作站	告警信息	××服务器/工作站光驱卸载	主设备监控系统
2413	通信装置	服务器、工作站	告警信息	××服务器/工作站异常网络访问事件	主设备监控系统
2414	通信装置	服务器、工作站	告警信息	××服务器/工作站登录失败超过阈值	主设备监控系统
2415	通信装置	服务器、工作站	告警信息	××服务器/工作站关键文件变更	主设备监控系统
2416	通信装置	服务器、工作站	告警信息	××服务器/工作站用户权限变更	主设备监控系统
2417	通信装置	服务器、工作站	告警信息	××服务器/工作站危险操作	主设备监控系统
2418	通信装置	服务器、工作站	告警信息	××服务器/工作站设备上线	主设备监控系统
2419	通信装置	服务器、工作站	告警信息	××服务器/工作站设备离线	主设备监控系统
2420	通信装置	服务器、工作站	告警信息	××服务器/工作站存在光驱告警	主设备监控系统
2421	通信装置	服务器、工作站	告警信息	××服务器/工作站开放网络服务/端口	主设备监控系统
2422	通信装置	服务器、工作站	告警信息	××服务器/工作站网口插入	主设备监控系统
2423	通信装置	服务器、工作站	告警信息	××服务器/工作站网口拔出	主设备监控系统
2424	通信装置	网络设备	告警信息	××网络设备配置变更	主设备监控系统
2425	通信装置	网络设备	告警信息	××网络设备网口插入	主设备监控系统
2426	通信装置	网络设备	告警信息	××网络设备网口拔出	主设备监控系统
2427	通信装置	网络设备	告警信息	××网络设备网口流量超过阈值	主设备监控系统
2428	通信装置	网络设备	告警信息	××交换机上线	主设备监控系统
2429	通信装置	网络设备	告警信息	××交换机离线	主设备监控系统
2430	通信装置	网络设备	告警信息	××网络设备登录成功	主设备监控系统

续表

序号	设备类型	设备部位	信息类型	巡视点位/信息名称	数据来源
2431	通信装置	网络设备	告警信息	××网络设备退出登录	主设备监控系统
2432	通信装置	网络设备	告警信息	××网络设备登录失败	主设备监控系统
2433	通信装置	网络设备	告警信息	××网络设备修改用户密码	主设备监控系统
2434	通信装置	网络设备	告警信息	××网络设备用户操作信息	主设备监控系统
2435	通信装置	网络设备	告警信息	××网络设备端口未绑定 MAC 地址	主设备监控系统
2436	通信装置	防火墙	告警信息	××防火墙登录成功	主设备监控系统
2437	通信装置	防火墙	告警信息	××防火墙退出登录	主设备监控系统
2438	通信装置	防火墙	告警信息	××防火墙登录失败	主设备监控系统
2439	通信装置	防火墙	告警信息	××防火墙修改策略	主设备监控系统
2440	通信装置	防火墙	告警信息	××防火墙不符合安全策略的访问	主设备监控系统
2441	通信装置	防火墙	告警信息	××防火墙攻击告警	主设备监控系统
2442	通信装置	防火墙	告警信息	××防火墙上线	主设备监控系统
2443	通信装置	防火墙	告警信息	××防火墙离线	主设备监控系统
2444	通信装置	防火墙	告警信息	××防火墙 CPU 使用率超过阈值	主设备监控系统
2445	通信装置	防火墙	告警信息	××防火墙内存使用率超过阈值	主设备监控系统
2446	通信装置	横向隔离装置	告警信息	××横向隔离装置用户登录	主设备监控系统
2447	通信装置	横向隔离装置	告警信息	××横向隔离装置修改配置	主设备监控系统
2448	通信装置	横向隔离装置	告警信息	××横向隔离装置不符合安全策略的访问	主设备监控系统
2449	通信装置	横向隔离装置	告警信息	××横向隔离装置上线	主设备监控系统
2450	通信装置	横向隔离装置	告警信息	××横向隔离装置离线	主设备监控系统
2451	通信装置	横向隔离装置	告警信息	××横向隔离装置 CPU 使用率超过阈值	主设备监控系统
2452	通信装置	横向隔离装置	告警信息	××横向隔离装置内存使用率超过阈值	主设备监控系统
2453	通信装置	网络记录分析柜	运行数据	网分管理装置告警	主设备监控系统
2454	保护装置	稳控装置	运行数据	××稳控装置运行方式区号	主设备监控系统
2455	保护装置	稳控装置	运行数据	××稳控装置总投入软压板位置	主设备监控系统
2456	保护装置	稳控装置	运行数据	××稳控装置远方操作压板位置	主设备监控系统
2457	保护装置	稳控装置	运行数据	元件×××相电压	主设备监控系统

续表

序号	设备类型	设备部位	信息类型	巡视点位/信息名称	数据来源
2458	保护装置	稳控装置	运行数据	元件×××相电流	主设备监控系统
2459	保护装置	稳控装置	运行数据	元件××有功功率	主设备监控系统
2460	保护装置	稳控装置	运行数据	××稳控装置温度	主设备监控系统
2461	保护装置	稳控装置	运行数据	××稳控装置工作电压	主设备监控系统
2462	保护装置	稳控装置	运行数据	××稳控装置光口×接收光强	主设备监控系统
2463	保护装置	稳控装置	运行数据	××稳控装置光口×发送光强	主设备监控系统
2464	保护装置	稳控装置	运行数据	××稳控装置总投入软压板	主设备监控系统
2465	保护装置	稳控装置	运行数据	××稳控装置远方操作压板	主设备监控系统
2466	保护装置	稳控装置	动作信息	××稳控装置出口	主设备监控系统
2467	保护装置	稳控装置	告警信息	××稳控装置故障	主设备监控系统
2468	保护装置	稳控装置	告警信息	××稳控装置异常	主设备监控系统
2469	保护装置	稳控装置	告警信息	××稳控装置通道异常	主设备监控系统
2470	保护装置	稳控装置	告警信息	××稳控装置通信中断	主设备监控系统
2471	保护装置	稳控装置	告警信息	××稳控装置SV总告警	主设备监控系统
2472	保护装置	稳控装置	告警信息	××稳控装置 SV 采样链路中断	主设备监控系统
2473	保护装置	稳控装置	告警信息	××稳控装置××SV采样链路中断	主设备监控系统
2474	保护装置	稳控装置	告警信息	××稳控装置GOOSE总告警	主设备监控系统
2475	保护装置	稳控装置	告警信息	××稳控装置 GOOSE 链路中断	主设备监控系统
2476	保护装置	稳控装置	告警信息	××稳控装置××GOOSE链路中断	主设备监控系统
2477	保护装置	稳控装置	告警信息	××稳控装置对时异常	主设备监控系统
2478	保护装置	稳控装置	告警信息	××稳控装置检修不一致	主设备监控系统
2479	保护装置	稳控装置	告警信息	××稳控装置检修压板投入	主设备监控系统
2480	保护装置	稳控装置	告警信息	运行方式无效	主设备监控系统
2481	保护装置	稳控装置	告警信息	元件××TA断线	主设备监控系统
2482	保护装置	稳控装置	告警信息	元件××TV断线	主设备监控系统
2483	保护装置	稳控装置	告警信息	元件××跳闸信号异常	主设备监控系统
2484	保护装置	稳控装置	告警信息	元件×位置异常	主设备监控系统
2485	保护装置	稳控装置	告警信息	××稳控装置光口×接收光强下限告警	主设备监控系统
2486	保护装置	稳控装置	告警信息	××稳控装置光口×发送光强上限告警	主设备监控系统

续表

序号	设备类型	设备部位	信息类型	巡视点位/信息名称	数据来源
2487	保护装置	稳控装置	告警信息	××稳控装置光口×发送光强下限告警	主设备监控系统
2488	保护装置	稳控装置	控制命令	××稳控装置总投入软压板投/退	主设备监控系统
2489	保护装置	稳控装置	控制命令	××稳控装置信号复归	主设备监控系统
2490	保护装置	稳控装置	控制命令	××稳控装置运行方式区切换	主设备监控系统
2491	保护装置	线路保护	运行数据	××线路保护运行定值区号	主设备监控系统
2492	保护装置	线路保护	运行数据	××线路保护重合闸充电状态	主设备监控系统
2493	保护装置	线路保护	运行数据	××线路保护投主保护软压板位置	主设备监控系统
2494	保护装置	线路保护	运行数据	××线路保护投距离软压板位置	主设备监控系统
2495	保护装置	线路保护	运行数据	××线路保护投零序软压板位置	主设备监控系统
2496	保护装置	线路保护	运行数据	××线路保护重合闸软压板位置	主设备监控系统
2497	保护装置	线路保护	运行数据	××线路保护远方操作压板位置	主设备监控系统
2498	保护装置	线路保护	运行数据	××线路保护保护电流×相	主设备监控系统
2499	保护装置	线路保护	运行数据	××线路保护保护零序电流	主设备监控系统
2500	保护装置	线路保护	运行数据	××线路保护保护电压×相	主设备监控系统
2501	保护装置	线路保护	运行数据	××线路保护保护零序电压	主设备监控系统
2502	保护装置	线路保护	运行数据	××线路保护保护同期电压	主设备监控系统
2503	保护装置	线路保护	运行数据	××线路保护装置温度	主设备监控系统
2504	保护装置	线路保护	运行数据	××线路保护工作电压	主设备监控系统
2505	保护装置	线路保护	运行数据	××线路保护光口×接收光强	主设备监控系统
2506	保护装置	线路保护	运行数据	××线路保护光口×发送光强	主设备监控系统
2507	保护装置	线路保护	运行数据	××线路保护光纤纵联通道光强	主设备监控系统
2508	保护装置	线路保护	运行数据	××线路保护远方操作硬压板	主设备监控系统
2509	保护装置	线路保护	运行数据	××线路保护保护检修状态硬压板	主设备监控系统
2510	保护装置	线路保护	运行数据	××线路保护分相跳闸位置	主设备监控系统
2511	保护装置	线路保护	运行数据	××线路保护×相收信	主设备监控系统
2512	保护装置	线路保护	运行数据	××线路保护其他保护动作	主设备监控系统
2513	保护装置	线路保护	运行数据	××线路保护远传	主设备监控系统

续表

序号	设备类型	设备部位	信息类型	巡视点位/信息名称	数据来源
2514	保护装置	线路保护	运行数据	××线路保护闭锁重合闸	主设备监控系统
2515	保护装置	线路保护	运行数据	××线路保护低气压闭锁重合闸	主设备监控系统
2516	保护装置	线路保护	运行数据	××线路保护解除闭锁	主设备监控系统
2517	保护装置	线路保护	运行数据	××线路保护重合闸充电完成	主设备监控系统
2518	保护装置	线路保护	运行数据	××线路保护 GOOSE 检修不一致	主设备监控系统
2519	保护装置	线路保护	运行数据	××线路保护光纤通道硬压板	主设备监控系统
2520	保护装置	线路保护	运行数据	××线路保护载波通道硬压板	主设备监控系统
2521	保护装置	线路保护	运行数据	××线路保护距离保护硬压板	主设备监控系统
2522	保护装置	线路保护	运行数据	××线路保护零序过电流保护硬压板	主设备监控系统
2523	保护装置	线路保护	运行数据	××线路保护停用重合闸硬压板	主设备监控系统
2524	保护装置	线路保护	运行数据	××线路保护远方跳闸保护硬压板	主设备监控系统
2525	保护装置	线路保护	运行数据	××线路保护过电压保护硬压板	主设备监控系统
2526	保护装置	线路保护	运行数据	××线路保护光纤通道软压板	主设备监控系统
2527	保护装置	线路保护	运行数据	××线路保护载波通道软压板	主设备监控系统
2528	保护装置	线路保护	运行数据	××线路保护距离保护软压板	主设备监控系统
2529	保护装置	线路保护	运行数据	××线路保护零序过电流保护软压板	主设备监控系统
2530	保护装置	线路保护	运行数据	××线路保护停用重合闸软压板	主设备监控系统
2531	保护装置	线路保护	运行数据	××线路保护沟通三跳软压板	主设备监控系统
2532	保护装置	线路保护	运行数据	××线路保护远方跳闸保护软压板	主设备监控系统
2533	保护装置	线路保护	运行数据	××线路保护过电压保护软压板	主设备监控系统
2534	保护装置	线路保护	运行数据	××线路保护边断路器强制分位软压板	主设备监控系统
2535	保护装置	线路保护	运行数据	××线路保护中断路器强制分位软压板	主设备监控系统
2536	保护装置	线路保护	运行数据	××线路保护远方投退压板软压板	主设备监控系统
2537	保护装置	线路保护	运行数据	××线路保护远方切换定值区软压板	主设备监控系统

续表

序号	设备类型	设备部位	信息类型	巡视点位/信息名称	数据来源
2538	保护装置	线路保护	运行数据	××线路保护远方修改定值软压板	主设备监控系统
2539	保护装置	线路保护	运行数据	××线路保护电压 SV 接收软压板	主设备监控系统
2540	保护装置	线路保护	运行数据	××线路保护边断路器电流 SV 接收软压板	主设备监控系统
2541	保护装置	线路保护	运行数据	××线路保护中断路器电流 SV 接收软压板	主设备监控系统
2542	保护装置	线路保护	运行数据	××线路保护 SV 接收软压板	主设备监控系统
2543	保护装置	线路保护	运行数据	××线路保护跳边断路器软压板	主设备监控系统
2544	保护装置	线路保护	运行数据	××线路保护启动边断路器失灵软压板	主设备监控系统
2545	保护装置	线路保护	运行数据	××线路保护边断路器永跳软压板	主设备监控系统
2546	保护装置	线路保护	运行数据	××线路保护闭锁边断路器重合闸软压板	主设备监控系统
2547	保护装置	线路保护	运行数据	××线路保护跳中断路器软压板	主设备监控系统
2548	保护装置	线路保护	运行数据	××线路保护启动中断路器失灵软压板	主设备监控系统
2549	保护装置	线路保护	运行数据	××线路保护中断路器永跳软压板	主设备监控系统
2550	保护装置	线路保护	运行数据	××线路保护闭锁中断路器重合闸软压板	主设备监控系统
2551	保护装置	线路保护	运行数据	××线路保护跳闸软压板	主设备监控系统
2552	保护装置	线路保护	运行数据	××线路保护启动失灵软压板	主设备监控系统
2553	保护装置	线路保护	运行数据	××线路保护永跳软压板	主设备监控系统
2554	保护装置	线路保护	运行数据	××线路保护闭锁重合闸软压板	主设备监控系统
2555	保护装置	线路保护	运行数据	××线路保护重合闸软压板	主设备监控系统
2556	保护装置	线路保护	运行数据	××线路保护三相不一致软压板	主设备监控系统
2557	保护装置	线路保护	运行数据	××线路保护差动×相有效	主设备监控系统
2558	保护装置	线路保护	运行数据	××线路保护零序差动有效	主设备监控系统
2559	保护装置	线路保护	运行数据	××线路保护纵距离有效	主设备监控系统
2560	保护装置	线路保护	运行数据	××线路保护纵联零序有效	主设备监控系统
2561	保护装置	线路保护	运行数据	××线路保护远方其他保护有效	主设备监控系统

序号	设备类型	设备部位	信息类型	巡视点位/信息名称	数据来源
2562	保护装置	线路保护	运行数据	××线路保护距离保护×段有效	主设备监控系统
2563	保护装置	线路保护	运行数据	××线路保护零序过电流×段有效	主设备监控系统
2564	保护装置	线路保护	运行数据	××线路保护零序反时限有效	主设备监控系统
2565	保护装置	线路保护	运行数据	××线路保护重合闸有效	主设备监控系统
2566	保护装置	线路保护	运行数据	××线路保护三相不一致保护有效	主设备监控系统
2567	保护装置	线路保护	运行数据	××线路保护过电压保护有效	主设备监控系统
2568	保护装置	线路保护	运行数据	××线路保护远方跳闸有效	主设备监控系统
2569	保护装置	线路保护	运行数据	××线路保护过负荷有效	主设备监控系统
2570	保护装置	线路保护	运行数据	××线路保护光纤通道投入	主设备监控系统
2571	保护装置	线路保护	运行数据	××线路保护载波纵联保护投入	主设备监控系统
2572	保护装置	线路保护	运行数据	××线路保护光纤纵联保护投入	主设备监控系统
2573	保护装置	线路保护	运行数据	××线路保护距离保护投入	主设备监控系统
2574	保护装置	线路保护	运行数据	××线路保护零序过电流保护投入	主设备监控系统
2575	保护装置	线路保护	运行数据	××线路保护远方跳闸保护投入	主设备监控系统
2576	保护装置	线路保护	运行数据	××线路保护过电压保护投入	主设备监控系统
2577	保护装置	线路保护	运行数据	保护信息 LLN0 变化量启动电流定值	主设备监控系统
2578	保护装置	线路保护	运行数据	保护信息 LLN0 零序启动电流定值	主设备监控系统
2579	保护装置	线路保护	运行数据	保护信息纵联差动保护差动作电流定值	主设备监控系统
2580	保护装置	线路保护	运行数据	保护信息纵联差动保护TA断线后分相差动定值	主设备监控系统
2581	保护装置	线路保护	运行数据	保护信息纵联差动保护线路正序容抗值	主设备监控系统
2582	保护装置	线路保护	运行数据	保护信息纵联差动保护线路零序容抗值	主设备监控系统
2583	保护装置	线路保护	运行数据	保护信息纵联差动保护本侧电抗器阻抗定值	主设备监控系统
2584	保护装置	线路保护	运行数据	保护信息纵联差动保护本侧小电抗器阻抗定值	主设备监控系统

序号	设备类型	设备部位	信息类型	巡视点位/信息名称	数据来源
2585	保护装置	线路保护	运行数据	保护信息光纤通道一模型本侧识别码	主设备监控系统
2586	保护装置	线路保护	运行数据	保护信息光纤通道一模型对侧识别码	主设备监控系统
2587	保护装置	线路保护	运行数据	保护信息接地距离Ⅰ段线路正序阻抗定值	主设备监控系统
2588	保护装置	线路保护	运行数据	保护信息接地距离Ⅰ段线路正序灵敏角	主设备监控系统
2589	保护装置	线路保护	运行数据	保护信息接地距离Ⅰ段线路零序阻抗定值	主设备监控系统
2590	保护装置	线路保护	运行数据	保护信息接地距离Ⅰ段线路零序灵敏角	主设备监控系统
2591	保护装置	线路保护	运行数据	保护信息故障定位（适用国网标准）线路总长度	主设备监控系统
2592	保护装置	线路保护	运行数据	保护信息接地距离Ⅰ段接地距离Ⅰ段定值	主设备监控系统
2593	保护装置	线路保护	运行数据	保护信息接地距离Ⅱ段接地距离Ⅱ段定值	主设备监控系统
2594	保护装置	线路保护	运行数据	保护信息接地距离Ⅱ段接地距离Ⅱ段时间	主设备监控系统
2595	保护装置	线路保护	运行数据	保护信息接地距离Ⅲ段接地距离Ⅲ段定值	主设备监控系统
2596	保护装置	线路保护	运行数据	保护信息接地距离Ⅲ段接地距离Ⅲ段时间	主设备监控系统
2597	保护装置	线路保护	运行数据	保护信息相间距离Ⅰ段相间距离Ⅰ段定值	主设备监控系统
2598	保护装置	线路保护	运行数据	保护信息相间距离Ⅱ段相间距离Ⅱ段定值	主设备监控系统
2599	保护装置	线路保护	运行数据	保护信息相间距离Ⅱ段相间距离Ⅱ段时间	主设备监控系统
2600	保护装置	线路保护	运行数据	保护信息相间距离Ⅲ段相间距离Ⅲ段定值	主设备监控系统
2601	保护装置	线路保护	运行数据	保护信息相间距离Ⅲ段相间距离Ⅲ段时间	主设备监控系统
2602	保护装置	线路保护	运行数据	保护信息接地距离Ⅰ段负荷限制电阻定值	主设备监控系统
2603	保护装置	线路保护	运行数据	保护信息零序过电流Ⅱ段零序过电流Ⅱ段定值	主设备监控系统
2604	保护装置	线路保护	运行数据	保护信息零序过电流Ⅱ段零序过电流Ⅱ段时间	主设备监控系统

序号	设备类型	设备部位	信息类型	巡视点位/信息名称	数据来源
2605	保护装置	线路保护	运行数据	保护信息零序过电流Ⅲ段零序过电流Ⅲ段定值	主设备监控系统
2606	保护装置	线路保护	运行数据	保护信息零序过电流Ⅲ段零序过电流Ⅲ段时间	主设备监控系统
2607	保护装置	线路保护	运行数据	保护信息零序过电流加速段定值	主设备监控系统
2608	保护装置	线路保护	运行数据	保护信息工频变化量距离保护工频变化量阻抗	主设备监控系统
2609	保护装置	线路保护	运行数据	保护信息接地距离Ⅰ段零序补偿系数 KZ	主设备监控系统
2610	保护装置	线路保护	运行数据	保护信息接地距离Ⅰ段接地距离偏移角	主设备监控系统
2611	保护装置	线路保护	运行数据	保护信息接地距离Ⅰ段相间距离偏移角	主设备监控系统
2612	保护装置	线路保护	运行数据	保护信息振荡闭锁过电流	主设备监控系统
2613	保护装置	线路保护	运行数据	保护信息纵联差动保护对侧电抗器阻抗定值	主设备监控系统
2614	保护装置	线路保护	运行数据	保护信息纵联差动保护对侧小电抗器阻抗定值	主设备监控系统
2615	保护装置	线路保护	运行数据	保护信息零序反时限过电流零序反时限电流定值	主设备监控系统
2616	保护装置	线路保护	运行数据	保护信息零序反时限过电流零序反时限时间	主设备监控系统
2617	保护装置	线路保护	运行数据	保护信息零序反时限过电流零序反时限配合时间	主设备监控系统
2618	保护装置	线路保护	运行数据	保护信息零序反时限过电流零序反时限最小时间	主设备监控系统
2619	保护装置	线路保护	运行数据	保护信息远跳就地判别负序电流定值	主设备监控系统
2620	保护装置	线路保护	运行数据	保护信息远跳就地判别零序电压定值	主设备监控系统
2621	保护装置	线路保护	运行数据	保护信息远跳就地判别负序电压定值	主设备监控系统
2622	保护装置	线路保护	运行数据	保护信息远跳就地判别低电流定值	主设备监控系统
2623	保护装置	线路保护	运行数据	保护信息远跳就地判别低有功功率	主设备监控系统
2624	保护装置	线路保护	运行数据	保护信息远跳就地判别低功率因数角	主设备监控系统
2625	保护装置	线路保护	运行数据	保护信息远跳就地判别远跳经故障判据时间	主设备监控系统

序号	设备类型	设备部位	信息类型	巡视点位/信息名称	数据来源
2626	保护装置	线路保护	运行数据	保护信息远跳不经就地判别远跳不经故障判据时间	主设备监控系统
2627	保护装置	线路保护	运行数据	保护信息过电压保护过电压定值	主设备监控系统
2628	保护装置	线路保护	运行数据	保护信息过电压保护动作时间	主设备监控系统
2629	保护装置	线路保护	运行数据	保护信息纵联差动保护	主设备监控系统
2630	保护装置	线路保护	运行数据	保护信息纵联差动保护双通道方式	主设备监控系统
2631	保护装置	线路保护	运行数据	保护信息纵联差动保护TA断线闭锁差动	主设备监控系统
2632	保护装置	线路保护	运行数据	保护信息光纤通道一模型通道一通信内时钟	主设备监控系统
2633	保护装置	线路保护	运行数据	保护信息光纤通道二模型通道二通信内时钟	主设备监控系统
2634	保护装置	线路保护	运行数据	保护信息电压互感器，用于站控层接口LD电压取线路TV电压	主设备监控系统
2635	保护装置	线路保护	运行数据	保护信息振荡闭锁元件	主设备监控系统
2636	保护装置	线路保护	运行数据	保护信息接地距离Ⅰ段距离保护Ⅰ段	主设备监控系统
2637	保护装置	线路保护	运行数据	保护信息接地距离Ⅱ段距离保护Ⅱ段	主设备监控系统
2638	保护装置	线路保护	运行数据	保护信息接地距离Ⅲ段距离保护Ⅲ段	主设备监控系统
2639	保护装置	线路保护	运行数据	保护信息零序过电流Ⅱ段零序电流保护	主设备监控系统
2640	保护装置	线路保护	运行数据	保护信息零序过电流Ⅲ段零序过电流Ⅲ段经方向	主设备监控系统
2641	保护装置	线路保护	运行数据	保护信息保护跳闸三相跳闸方式	主设备监控系统
2642	保护装置	线路保护	运行数据	保护信息保护跳闸Ⅱ段保护闭锁重合闸	主设备监控系统
2643	保护装置	线路保护	运行数据	保护信息保护跳闸多相故障闭锁重合闸	主设备监控系统
2644	保护装置	线路保护	运行数据	保护信息纵联差动保护电流补偿	主设备监控系统
2645	保护装置	线路保护	运行数据	保护信息光纤通道一模型远跳受启动元件控制	主设备监控系统
2646	保护装置	线路保护	运行数据	保护信息工频变化量距离保护工频变化量距离	主设备监控系统

序号	设备类型	设备部位	信息类型	巡视点位/信息名称	数据来源
2647	保护装置	线路保护	运行数据	保护信息接地距离Ⅰ段负荷限制距离	主设备监控系统
2648	保护装置	线路保护	运行数据	保护信息相间距离Ⅰ段三重加速距离Ⅱ段	主设备监控系统
2649	保护装置	线路保护	运行数据	保护信息相间距离Ⅰ段三重加速距离Ⅲ段	主设备监控系统
2650	保护装置	线路保护	运行数据	保护信息零序反时限过电流零序反时限	主设备监控系统
2651	保护装置	线路保护	运行数据	保护信息零序反时限过电流零序反时限带方向	主设备监控系统
2652	保护装置	线路保护	运行数据	保护信息远跳就地判别故障电流电压启动	主设备监控系统
2653	保护装置	线路保护	运行数据	保护信息远跳就地判别低电流低有功启动	主设备监控系统
2654	保护装置	线路保护	运行数据	保护信息远跳就地判别低功率因数角启动	主设备监控系统
2655	保护装置	线路保护	运行数据	保护信息远跳不经就地判别远方跳闸不经故障判据	主设备监控系统
2656	保护装置	线路保护	运行数据	保护信息过电压保护跳本侧	主设备监控系统
2657	保护装置	线路保护	运行数据	保护信息过电压保护过电压远跳经跳位闭锁	主设备监控系统
2658	保护装置	线路保护	运行数据	保护信息过电压保护过电压三取一方式	主设备监控系统
2659	保护装置	线路保护	运行数据	保护信息远跳不经就地判别TV断线转无判据	主设备监控系统
2660	保护装置	线路保护	运行数据	录波故障信息故障电压	主设备监控系统
2661	保护装置	线路保护	运行数据	录波故障信息故障电流	主设备监控系统
2662	保护装置	线路保护	运行数据	录波故障信息最大差动电流	主设备监控系统
2663	保护装置	线路保护	运行数据	录波故障信息故障测距结果	主设备监控系统
2664	保护装置	线路保护	运行数据	录波故障信息故障相别	主设备监控系统
2665	保护装置	线路保护	动作信息	××线路保护出口	主设备监控系统
2666	保护装置	线路保护	动作信息	××线路主保护出口	主设备监控系统
2667	保护装置	线路保护	动作信息	××线路保护分相差动出口	主设备监控系统
2668	保护装置	线路保护	动作信息	××线路保护零序差动出口	主设备监控系统
2669	保护装置	线路保护	动作信息	××线路纵联差动保护出口	主设备监控系统
2670	保护装置	线路保护	动作信息	××线路纵联保护出口	主设备监控系统
2671	保护装置	线路保护	动作信息	××线路后备保护出口	主设备监控系统
2672	保护装置	线路保护	动作信息	××线路保护重合闸加速出口	主设备监控系统

续表

序号	设备类型	设备部位	信息类型	巡视点位/信息名称	数据来源
2673	保护装置	线路保护	动作信息	××线路保护远跳就地判别出口	主设备监控系统
2674	保护装置	线路保护	动作信息	××线路保护远跳出口	主设备监控系统
2675	保护装置	线路保护	动作信息	××线路保护×相跳闸出口	主设备监控系统
2676	保护装置	线路保护	动作信息	××线路保护重合闸出口	主设备监控系统
2677	保护装置	线路保护	动作信息	××线路保护分相差动动作	主设备监控系统
2678	保护装置	线路保护	动作信息	××线路保护零序差动动作	主设备监控系统
2679	保护装置	线路保护	动作信息	××线路保护纵联差动保护动作	主设备监控系统
2680	保护装置	线路保护	动作信息	××线路保护纵联保护动作	主设备监控系统
2681	保护装置	线路保护	动作信息	××线路保护纵联距离动作	主设备监控系统
2682	保护装置	线路保护	动作信息	××线路保护纵联零序动作	主设备监控系统
2683	保护装置	线路保护	动作信息	××线路保护远方其他保护动作	主设备监控系统
2684	保护装置	线路保护	动作信息	××线路保护接地距离×段动作	主设备监控系统
2685	保护装置	线路保护	动作信息	××线路保护相间距离×段动作	主设备监控系统
2686	保护装置	线路保护	动作信息	××线路保护距离手合加速动作	主设备监控系统
2687	保护装置	线路保护	动作信息	××线路保护距离重合加速动作	主设备监控系统
2688	保护装置	线路保护	动作信息	××线路保护距离加速动作	主设备监控系统
2689	保护装置	线路保护	动作信息	××线路保护零序过电流×段动作	主设备监控系统
2690	保护装置	线路保护	动作信息	××线路保护零序加速动作	主设备监控系统
2691	保护装置	线路保护	动作信息	××线路保护零序反时限动作	主设备监控系统
2692	保护装置	线路保护	动作信息	××线路保护三相不一致保护动作	主设备监控系统
2693	保护装置	线路保护	动作信息	××线路保护过电压保护动作	主设备监控系统
2694	保护装置	线路保护	动作信息	××线路保护过电压远跳发信	主设备监控系统
2695	保护装置	线路保护	动作信息	××线路保护远跳经判据动作	主设备监控系统
2696	保护装置	线路保护	动作信息	××线路保护远跳不经判据动作	主设备监控系统
2697	保护装置	线路保护	动作信息	××线路保护保护动作	主设备监控系统
2698	保护装置	线路保护	告警信息	××线路保护装置故障	主设备监控系统
2699	保护装置	线路保护	告警信息	××线路保护装置异常	主设备监控系统

序号	设备类型	设备部位	信息类型	巡视点位/信息名称	数据来源
2700	保护装置	线路保护	告警信息	××线路保护过负荷告警	主设备监控系统
2701	保护装置	线路保护	告警信息	××线路保护重合闸闭锁	主设备监控系统
2702	保护装置	线路保护	告警信息	××线路保护 TA 断线	主设备监控系统
2703	保护装置	线路保护	告警信息	××线路保护 TV 断线	主设备监控系统
2704	保护装置	线路保护	告警信息	××线路保护零序反时限告警	主设备监控系统
2705	保护装置	线路保护	告警信息	××线路保护保护启动	主设备监控系统
2706	保护装置	线路保护	告警信息	××线路保护长期启动	主设备监控系统
2707	保护装置	线路保护	告警信息	××线路保护零序长期启动	主设备监控系统
2708	保护装置	线路保护	告警信息	××线路保护长期有差流	主设备监控系统
2709	保护装置	线路保护	告警信息	××线路保护两侧差动投退不一致	主设备监控系统
2710	保护装置	线路保护	告警信息	××线路保护通道×通道异常	主设备监控系统
2711	保护装置	线路保护	告警信息	××线路保护收发信机装置故障	主设备监控系统
2712	保护装置	线路保护	告警信息	××线路保护收发信机装置异常	主设备监控系统
2713	保护装置	线路保护	告警信息	××线路保护收发信机通道异常	主设备监控系统
2714	保护装置	线路保护	告警信息	××线路保护电压切换装置继电器同时动作	主设备监控系统
2715	保护装置	线路保护	告警信息	××线路保护电压切换装置故障	主设备监控系统
2716	保护装置	线路保护	告警信息	××线路保护电压切换装置异常	主设备监控系统
2717	保护装置	线路保护	告警信息	××线路保护装置通信中断	主设备监控系统
2718	保护装置	线路保护	告警信息	××线路保护 SV 总告警	主设备监控系统
2719	保护装置	线路保护	告警信息	××线路保护 SV 采样链路中断	主设备监控系统
2720	保护装置	线路保护	告警信息	××线路保护××SV 采样链路中断	主设备监控系统
2721	保护装置	线路保护	告警信息	××线路保护 GOOSE 总告警	主设备监控系统
2722	保护装置	线路保护	告警信息	××线路保护 GOOSE 链路中断	主设备监控系统
2723	保护装置	线路保护	告警信息	××线路保护××GOOSE 链路中断	主设备监控系统
2724	保护装置	线路保护	告警信息	××线路保护对时异常	主设备监控系统
2725	保护装置	线路保护	告警信息	××线路保护检修不一致	主设备监控系统

序号	设备类型	设备部位	信息类型	巡视点位/信息名称	数据来源
2726	保护装置	线路保护	告警信息	××线路保护检修压板投入	主设备监控系统
2727	保护装置	线路保护	告警信息	××线路保护重合闸动作	主设备监控系统
2728	保护装置	线路保护	告警信息	××线路保护运行异常	主设备监控系统
2729	保护装置	线路保护	告警信息	××线路保护保护 CPU 插件异常	主设备监控系统
2730	保护装置	线路保护	告警信息	××线路保护模拟量采集错	主设备监控系统
2731	保护装置	线路保护	告警信息	××线路保护开出异常	主设备监控系统
2732	保护装置	线路保护	告警信息	××线路保护 TV 断线	主设备监控系统
2733	保护装置	线路保护	告警信息	××线路保护同期电压异常	主设备监控系统
2734	保护装置	线路保护	告警信息	××线路保护 TA 断线	主设备监控系统
2735	保护装置	线路保护	告警信息	××线路保护通道一长期有差流	主设备监控系统
2736	保护装置	线路保护	告警信息	××线路保护通道二长期有差流	主设备监控系统
2737	保护装置	线路保护	告警信息	××线路保护管理 CPU 插件异常	主设备监控系统
2738	保护装置	线路保护	告警信息	××线路保护通道一两侧差动投退不一致	主设备监控系统
2739	保护装置	线路保护	告警信息	××线路保护通道二两侧差动投退不一致	主设备监控系统
2740	保护装置	线路保护	告警信息	××线路保护载波通道异常	主设备监控系统
2741	保护装置	线路保护	告警信息	××线路保护通道一告警	主设备监控系统
2742	保护装置	线路保护	告警信息	××线路保护通道二告警	主设备监控系统
2743	保护装置	线路保护	告警信息	××线路保护通道故障	主设备监控系统
2744	保护装置	线路保护	告警信息	××线路保护重合方式整定出错	主设备监控系统
2745	保护装置	线路保护	告警信息	××线路保护其他保护开入异常	主设备监控系统
2746	保护装置	线路保护	告警信息	××线路保护其他保护收信异常	主设备监控系统
2747	保护装置	线路保护	告警信息	××线路保护远传开入异常	主设备监控系统
2748	保护装置	线路保护	告警信息	××线路保护远传收信异常	主设备监控系统
2749	保护装置	线路保护	告警信息	××线路保护 SV 检修不一致	主设备监控系统
2750	保护装置	线路保护	告警信息	××线路保护 SV 采样数据异常	主设备监控系统
2751	保护装置	线路保护	告警信息	××线路保护 GOOSE 数据异常	主设备监控系统

续表

序号	设备类型	设备部位	信息类型	巡视点位/信息名称	数据来源
2752	保护装置	线路保护	告警信息	××线路保护纵联保护闭锁	主设备监控系统
2753	保护装置	线路保护	告警信息	××线路保护闭锁主保护	主设备监控系统
2754	保护装置	线路保护	告警信息	××线路保护闭锁后备保护	主设备监控系统
2755	保护装置	线路保护	告警信息	××线路保护闭锁过电压及远跳	主设备监控系统
2756	保护装置	线路保护	告警信息	××线路保护闭锁远方其他保护	主设备监控系统
2757	保护装置	线路保护	告警信息	××线路保护光口×接收光强下限告警	主设备监控系统
2758	保护装置	线路保护	告警信息	××线路保护光口×发送光强上限告警	主设备监控系统
2759	保护装置	线路保护	告警信息	××线路保护光口×发送光强下限告警	主设备监控系统
2760	保护装置	线路保护	控制命令	××线路保护重合闸软压板投/退	主设备监控系统
2761	保护装置	线路保护	控制命令	××线路保护投主保护软压板投/退	主设备监控系统
2762	保护装置	线路保护	控制命令	××线路保护投距离软压板投/退	主设备监控系统
2763	保护装置	线路保护	控制命令	××线路保护投零序软压板投/退	主设备监控系统
2764	保护装置	线路保护	控制命令	××线路保护装置信号复归	主设备监控系统
2765	保护装置	线路保护	控制命令	××线路保护运行定值区切换	主设备监控系统
2766	保护装置	线路保护	控制命令	××线路保护光纤通道一软压板	主设备监控系统
2767	保护装置	线路保护	控制命令	××线路保护光纤通道二软压板	主设备监控系统
2768	消弧线圈	量测数据	运行数据	××消弧线圈位移电压	主设备监控系统
2769	消弧线圈	量测数据	运行数据	××消弧线圈电感电流	主设备监控系统
2770	消弧线圈	量测数据	运行数据	××消弧线圈电容电流	主设备监控系统
2771	消弧线圈	量测数据	运行数据	××消弧线圈挡位	主设备监控系统
2772	消弧线圈	量测数据	运行数据	××消弧线圈脱谐度	主设备监控系统
2773	消弧线圈	量测数据	运行数据	××消弧线圈调挡次数	主设备监控系统
2774	消弧线圈	量测数据	运行数据	××母线接地线路序号	主设备监控系统
2775	消弧线圈	消弧线圈	告警信息	××消弧线圈控制装置故障	主设备监控系统
2776	消弧线圈	消弧线圈	告警信息	××消弧线圈控制装置异常	主设备监控系统
2777	消弧线圈	消弧线圈	告警信息	××消弧线圈调挡	主设备监控系统

续表

序号	设备类型	设备部位	信息类型	巡视点位/信息名称	数据来源
2778	消弧线圈	消弧线圈	告警信息	××消弧线圈调谐异常	主设备监控系统
2779	消弧线圈	消弧线圈	告警信息	××消弧线圈调挡拒动	主设备监控系统
2780	消弧线圈	消弧线圈	告警信息	××消弧线圈挡位到头	主设备监控系统
2781	消弧线圈	消弧线圈	告警信息	××消弧线圈位移过限	主设备监控系统
2782	消弧线圈	消弧线圈	告警信息	××消弧线圈控制装置通信中断	主设备监控系统
2783	消弧线圈	消弧线圈	告警信息	××线路接地告警	主设备监控系统
2784	消弧线圈	消弧线圈	告警信息	××消弧线圈控制装置直流电源消失	主设备监控系统
2785	消弧线圈	消弧线圈	告警信息	××消弧线圈残流超标	主设备监控系统
2786	消弧线圈	消弧线圈	告警信息	××消弧线圈挡位到最高挡	主设备监控系统
2787	消弧线圈	消弧线圈	告警信息	××消弧线圈挡位到最低挡	主设备监控系统
2788	消弧线圈	本体及套管	巡视数据	温度表计	远程智能巡视系统
2789	消弧线圈	储油柜	巡视数据	吸湿器	远程智能巡视系统
2790	消弧线圈	储油柜	巡视数据	储油柜外观	远程智能巡视系统
2791	消弧线圈	附属部件	巡视数据	分接开关挡位	远程智能巡视系统
2792	消弧线圈	附属部件	巡视数据	电容器	远程智能巡视系统
2793	消弧线圈	附属部件	巡视数据	互感器	远程智能巡视系统
2794	消弧线圈	附属部件	巡视数据	中性点隔离开关	远程智能巡视系统
2795	消弧线圈	本体及套管	巡视数据	本体及套管	远程智能巡视系统
2796	消弧线圈	储油柜	巡视数据	储油柜油位	远程智能巡视系统
2797	消弧线圈	附属部件	巡视数据	避雷器	远程智能巡视系统
2798	消弧线圈	呼吸器	巡视数据	呼吸器	远程智能巡视系统
2799	消弧线圈	瓦斯继电器	巡视数据	瓦斯继电器	远程智能巡视系统
2800	消谐装置	消谐装置	运行数据	消谐装置综合报警信号	主设备监控系统
2801	站用交直流系统	蓄电池室	运行数据	蓄电池装置异常告警	主设备监控系统
2802	油浸式变压器	本体及套管	巡视数据	套管油位表计	远程智能巡视系统
2803	油浸式变压器	本体及套管	巡视数据	套管油压表	远程智能巡视系统
2804	油浸式变压器	本体及套管	巡视数据	套管末屏	远程智能巡视系统
2805	油浸式变压器	分接开关	巡视数据	分接挡位	远程智能巡视系统

序号	设备类型	设备部位	信息类型	巡视点位/信息名称	数据来源
2806	油浸式变压器	分接开关	巡视数据	在线滤油装置	远程智能巡视系统
2807	油浸式变压器	冷却系统	巡视数据	冷却器外观	远程智能巡视系统
2808	油浸式变压器	冷却系统	巡视数据	风扇	远程智能巡视系统
2809	油浸式变压器	冷却系统	巡视数据	油流继电器	远程智能巡视系统
2810	油浸式变压器	冷却系统	巡视数据	控制箱	远程智能巡视系统
2811	油浸式变压器	非电量保护	巡视数据	气体继电器	远程智能巡视系统
2812	油浸式变压器	非电量保护	巡视数据	压力释放阀	远程智能巡视系统
2813	油浸式变压器	非电量保护	巡视数据	压力突变继电器	远程智能巡视系统
2814	油浸式变压器	储油柜	巡视数据	本体吸湿器	远程智能巡视系统
2815	油浸式变压器	储油柜	巡视数据	本体油位表计	远程智能巡视系统
2816	油浸式变压器	储油柜	巡视数据	本体储油柜外观	远程智能巡视系统
2817	油浸式变压器	储油柜	巡视数据	调压补偿变压器吸湿器	远程智能巡视系统
2818	油浸式变压器	储油柜	巡视数据	调压补偿变压器油位表计	远程智能巡视系统
2819	油浸式变压器	储油柜	巡视数据	调压补偿变压器储油柜外观	远程智能巡视系统
2820	油浸式变压器	储油柜	巡视数据	分接开关吸湿器	远程智能巡视系统
2821	油浸式变压器	储油柜	巡视数据	分接开关油位表计	远程智能巡视系统
2822	油浸式变压器	储油柜	巡视数据	分接开关储油柜外观	远程智能巡视系统
2823	油浸式变压器	在线监测	巡视数据	在线监测装置	远程智能巡视系统
2824	油浸式变压器	隔声罩	巡视数据	外观	远程智能巡视系统
2825	油浸式变压器	隔声罩	巡视数据	排风系统	远程智能巡视系统
2826	油浸式变压器	本体及套管	巡视数据	调压补偿变压器本体	远程智能巡视系统

序号	设备类型	设备部位	信息类型	巡视点位/信息名称	数据来源
2827	油浸式变压器	调补变及套管	巡视数据	本体储油柜	远程智能巡视系统
2828	油浸式变压器	套管	巡视数据	调压补偿变压器储油柜	远程智能巡视系统
2829	油浸式变压器	储油柜	巡视数据	分接开关储油柜	远程智能巡视系统
2830	油浸式变压器	套管	巡视数据	散热器	远程智能巡视系统
2831	油浸式变压器	套管	巡视数据	温度表	远程智能巡视系统
2832	油浸式变压器	储油柜	巡视数据	调压次数	远程智能巡视系统
2833	油浸式变压器	本体端子箱、冷控箱	巡视数据	本体端子箱、冷控箱	远程智能巡视系统
2834	油浸式变压器	消防设施	巡视数据	消防设施	远程智能巡视系统
2835	站用变压器	站用变压器	运行数据	站用变压器本体重瓦斯	主设备监控系统
2836	站用变压器	站用变压器	运行数据	站用变压器本体调压重瓦斯	主设备监控系统
2837	站用变压器	站用变压器	运行数据	站用变压器本体压力释放告警	主设备监控系统
2838	站用变压器	站用变压器	运行数据	站用变压器本体调压压力释放	主设备监控系统
2839	站用变压器	站用变压器	运行数据	站用变压器本体油面温度高跳闸	主设备监控系统
2840	站用变压器	站用变压器	运行数据	站用变压器本体轻瓦斯	主设备监控系统
2841	站用变压器	站用变压器	运行数据	站用变压器本体调压轻瓦斯	主设备监控系统
2842	站用变压器	站用变压器	运行数据	站用变压器本体油位异常	主设备监控系统
2843	站用变压器	站用变压器	运行数据	站用变压器本体油面温度高报警	主设备监控系统
2844	站用变压器	站用变压器进线柜	运行数据	站用变压器进线柜开关合位	主设备监控系统
2845	站用变压器	站用变压器进线柜	运行数据	1 号站用变压器进线柜开关分位	主设备监控系统
2846	站用变压器	站用变压器进线柜	运行数据	站用变压器进线柜脱扣	主设备监控系统
2847	站用变压器	站用变压器进线柜	运行数据	站用变压器进线柜电操电源开关脱扣	主设备监控系统
2848	站用变压器	站用变压器进线柜	运行数据	站用变压器进线柜装置异常告警	主设备监控系统
2849	站用变压器	站用变压器进线柜	运行数据	站用变压器进线柜馈线脱扣告警	主设备监控系统
2850	站用变压器	站用变压器进线柜	运行数据	站用变压器进线柜进线过电流告警	主设备监控系统

续表

序号	设备类型	设备部位	信息类型	巡视点位/信息名称	数据来源
2851	站用变压器	站用变压器进线柜	运行数据	站用变压器进线柜进线过欠电压告警	主设备监控系统
2852	站用变压器	站用变压器进线柜	运行数据	站用变压器进线柜进线空气开关脱扣	主设备监控系统
2853	站用变压器	非电量保护	巡视数据	油温表计（温控器）	远程智能巡视系统
2854	站用变压器	非电量保护	巡视数据	温控器	远程智能巡视系统
2855	保护装置	站用变压器保护	运行数据	××站用变压器保护保护电流×相	主设备监控系统
2856	保护装置	站用变压器保护	运行数据	××站用变压器保护零序电流	主设备监控系统
2857	保护装置	站用变压器保护	运行数据	××站用变压器保护保护电压×相	主设备监控系统
2858	保护装置	站用变压器保护	运行数据	××站用变压器保护低电压侧零序电流	主设备监控系统
2859	保护装置	站用变压器保护	运行数据	××站用变压器保护装置温度	主设备监控系统
2860	保护装置	站用变压器保护	运行数据	××站用变压器保护工作电压	主设备监控系统
2861	保护装置	站用变压器保护	运行数据	××站用变压器保护光口×接收光强	主设备监控系统
2862	保护装置	站用变压器保护	运行数据	××站用变压器保护光口×发送光强	主设备监控系统
2863	保护装置	站用变压器保护	运行数据	××站用变压器保护运行定值区号	主设备监控系统
2864	保护装置	站用变压器保护	运行数据	××站用变压器保护远方操作硬压板位置	主设备监控系统
2865	保护装置	站用变压器保护	运行数据	××站用变压器保护检修压板	主设备监控系统
2866	保护装置	站用变压器保护	运行数据	××站用变压器保护跳闸位置	主设备监控系统
2867	保护装置	站用变压器保护	运行数据	××站用变压器保护合闸位置	主设备监控系统
2868	保护装置	站用变压器保护	运行数据	××站用变压器保护合后位置	主设备监控系统
2869	保护装置	站用变压器保护	运行数据	××站用变压器保护非电量开入	主设备监控系统
2870	保护装置	站用变压器保护	运行数据	××站用变压器保护弹簧未储能开入	主设备监控系统
2871	保护装置	站用变压器保护	运行数据	××站用变压器保护信号复归	主设备监控系统
2872	保护装置	站用变压器保护	运行数据	××站用变压器保护非电量软压板	主设备监控系统
2873	保护装置	站用变压器保护	运行数据	××站用变压器保护远方投退压板软压板	主设备监控系统
2874	保护装置	站用变压器保护	运行数据	××站用变压器保护远方切换定值区软压板	主设备监控系统

续表

序号	设备类型	设备部位	信息类型	巡视点位/信息名称	数据来源
2875	保护装置	站用变压器保护	运行数据	××站用变压器保护远方修改定值软压板	主设备监控系统
2876	保护装置	站用变压器保护	运行数据	××站用变压器保护 SV 接收软压板	主设备监控系统
2877	保护装置	站用变压器保护	运行数据	××站用变压器保护 GOOSE 跳闸出口软压板	主设备监控系统
2878	保护装置	站用变压器保护	运行数据	××站用变压器速断过电流有效	主设备监控系统
2879	保护装置	站用变压器保护	运行数据	××站用变压器保护过电流×段有效	主设备监控系统
2880	保护装置	站用变压器保护	运行数据	××站用变压器保护零序电流×段有效	主设备监控系统
2881	保护装置	站用变压器保护	运行数据	××站用变压器保护低电压侧零序电流段有效	主设备监控系统
2882	保护装置	站用变压器保护	运行数据	××站用变压器保护过负荷有效	主设备监控系统
2883	保护装置	站用变压器保护	运行数据	××站用变压器保护非电量有效	主设备监控系统
2884	保护装置	站用变压器保护	运行数据	××站用变压器保护非电量投入	主设备监控系统
2885	保护装置	站用变压器保护	动作信息	××站用变压器保护出口	主设备监控系统
2886	保护装置	站用变压器保护	动作信息	××站用变压器速断过电流动作	主设备监控系统
2887	保护装置	站用变压器保护	动作信息	××站用变压器保护过电流×段动作	主设备监控系统
2888	保护装置	站用变压器保护	动作信息	××站用变压器保护零序电流×段时限动作	主设备监控系统
2889	保护装置	站用变压器保护	动作信息	××站用变压器保护低电压侧零序电流时限动作	主设备监控系统
2890	保护装置	站用变压器保护	动作信息	××站用变压器保护非电量动作	主设备监控系统
2891	保护装置	站用变压器保护	告警信息	××站用变压器保护装置故障	主设备监控系统
2892	保护装置	站用变压器保护	告警信息	××站用变压器保护装置异常	主设备监控系统
2893	保护装置	站用变压器保护	告警信息	××站用变压器保护启动	主设备监控系统
2894	保护装置	站用变压器保护	告警信息	××站用变压器保护 TA 断线	主设备监控系统
2895	保护装置	站用变压器保护	告警信息	××站用变压器保护 TV 断线	主设备监控系统
2896	保护装置	站用变压器保护	告警信息	××站用变压器保护装置通信中断	主设备监控系统
2897	保护装置	站用变压器保护	告警信息	××站用变压器保护 SV 总告警	主设备监控系统

序号	设备类型	设备部位	信息类型	巡视点位/信息名称	数据来源
2898	保护装置	站用变压器保护	告警信息	××站用变压器保护 SV 链路中断	主设备监控系统
2899	保护装置	站用变压器保护	告警信息	××站用变压器保护××SV链路中断	主设备监控系统
2900	保护装置	站用变压器保护	告警信息	××站用变压器保护GOOSE总告警	主设备监控系统
2901	保护装置	站用变压器保护	告警信息	××站用变压器保护GOOSE链路中断	主设备监控系统
2902	保护装置	站用变压器保护	告警信息	××站用变压器保护××GOOSE 链路中断	主设备监控系统
2903	保护装置	站用变压器保护	告警信息	××站用变压器保护对时异常	主设备监控系统
2904	保护装置	站用变压器保护	告警信息	××站用变压器保护检修不一致	主设备监控系统
2905	保护装置	站用变压器保护	告警信息	××站用变压器保护检修压板投入	主设备监控系统
2906	保护装置	站用变压器保护	告警信息	××站用变压器保护装置控制回路断线	主设备监控系统
2907	保护装置	站用变压器保护	告警信息	××站用变压器保护TA断线	主设备监控系统
2908	保护装置	站用变压器保护	告警信息	××站用变压器保护TV断线	主设备监控系统
2909	保护装置	站用变压器保护	告警信息	××站用变压器保护 SV 采样链路中断	主设备监控系统
2910	保护装置	站用变压器保护	告警信息	××站用变压器保护××SV采样链路中断	主设备监控系统
2911	保护装置	站用变压器保护	告警信息	××站用变压器保护闭锁保护	主设备监控系统
2912	保护装置	站用变压器保护	告警信息	××站用变压器保护模拟量采集错	主设备监控系统
2913	保护装置	站用变压器保护	告警信息	××站用变压器保护CPU 插件异常	主设备监控系统
2914	保护装置	站用变压器保护	告警信息	××站用变压器保护开出异常	主设备监控系统
2915	保护装置	站用变压器保护	告警信息	××站用变压器保护弹簧未储能告警	主设备监控系统
2916	保护装置	站用变压器保护	告警信息	××站用变压器保护事故总信号	主设备监控系统
2917	保护装置	站用变压器保护	告警信息	××站用变压器保护TWJ异常	主设备监控系统
2918	保护装置	站用变压器保护	告警信息	××站用变压器保护零序过电流告警	主设备监控系统
2919	保护装置	站用变压器保护	告警信息	××站用变压器保护过负荷告警	主设备监控系统
2920	保护装置	站用变压器保护	告警信息	××站用变压器保护光口×接收光强下限告警	主设备监控系统

续表

序号	设备类型	设备部位	信息类型	巡视点位/信息名称	数据来源
2921	保护装置	站用变压器保护	告警信息	××站用变压器保护光口×发送光强上限告警	主设备监控系统
2922	保护装置	站用变压器保护	告警信息	××站用变压器保护光口×发送光强下限告警	主设备监控系统
2923	保护装置	站用变压器保护	控制命令	××站用变压器保护装置信号复归	主设备监控系统
2924	保护装置	站用变压器保护	控制命令	××站用变压器保护 SV 接收软压板投/退	主设备监控系统
2925	保护装置	站用变压器保护	控制命令	××站用变压器保护GOOSE跳闸出口软压板投/退	主设备监控系统
2926	保护装置	站用变压器保护	控制命令	××站用变压器保护××遥控分/合	主设备监控系统
2927	保护装置	站用变压器保护	控制命令	××站用变压器保护运行定值区切换	主设备监控系统
2928	站用交直流系统	量测数据	运行数据	站用电×段线电压	主设备监控系统
2929	站用交直流系统	量测数据	运行数据	站用电×段×相电压	主设备监控系统
2930	站用交直流系统	量测数据	运行数据	站用电××进线开关×相电流	主设备监控系统
2931	站用交直流系统	量测数据	运行数据	站用电××分段开关×相电流	主设备监控系统
2932	站用交直流系统	低电压开关	运行数据	××站用变压器××低电压开关	主设备监控系统
2933	站用交直流系统	低电压开关	运行数据	站用电××分段开关	主设备监控系统
2934	站用交直流系统	低电压开关	动作信息	××站用变压器××低电压开关跳闸	主设备监控系统
2935	站用交直流系统	低电压开关	动作信息	站用电××分段开关跳闸	主设备监控系统
2936	站用交直流系统	备自投	动作信息	站用电××备自投装置出口	主设备监控系统
2937	站用交直流系统	低电压开关	告警信息	站用电××分段开关异常	主设备监控系统
2938	站用交直流系统	低电压开关	告警信息	××站用变压器××低电压开关异常	主设备监控系统
2939	站用交直流系统	交流电源	告警信息	站用电×段交流电源异常	主设备监控系统
2940	站用交直流系统	量测数据	运行数据	站用交流系统×段×线电压	主设备监控系统

续表

序号	设备类型	设备部位	信息类型	巡视点位/信息名称	数据来源
2941	站用交直流系统	ATS	运行数据	站用交流系统×段 ATS 主供位置	主设备监控系统
2942	站用交直流系统	ATS	运行数据	站用交流系统×段 ATS 备供位置	主设备监控系统
2943	站用交直流系统	低电压开关	动作信息	站用交流系统×段××馈电开关	主设备监控系统
2944	站用交直流系统	低电压开关	动作信息	站用交流系统×段馈电开关跳闸	主设备监控系统
2945	站用交直流系统	低电压开关	动作信息	站用交流系统×段××馈电开关跳闸	主设备监控系统
2946	站用交直流系统	ATS	告警信息	站用交流系统××ATS 控制装置故障	主设备监控系统
2947	站用交直流系统	监控装置	告警信息	站用交流系统×段监控装置通信中断	主设备监控系统
2948	站用交直流系统	监控装置	告警信息	站用交流系统×段监控装置异常	主设备监控系统
2949	站用交直流系统	监控装置	告警信息	站用交流系统×段监控装置故障	主设备监控系统
2950	站用交直流系统	交流电源	告警信息	站用交流系统×段母线电压异常	主设备监控系统
2951	站用交直流系统	交流电源	告警信息	站用交流系统剩余电流越限告警	主设备监控系统
2952	站用交直流系统	交流电源	告警信息	站用交流系统剩余电流监测装置故障	主设备监控系统
2953	站用交直流系统	站用交流电源	巡视数据	电流表	远程智能巡视系统
2954	站用交直流系统	站用交流电源	巡视数据	电压表	远程智能巡视系统
2955	站用交直流系统	站用交流电源	巡视数据	进线断路器	远程智能巡视系统
2956	站用交直流系统	站用交流电源	巡视数据	分段断路器	远程智能巡视系统
2957	站用交直流系统	站用交流电源	巡视数据	馈线断路器	远程智能巡视系统
2958	站用交直流系统	站用交流电源	巡视数据	指示灯	远程智能巡视系统
2959	站用交直流系统	站用交流电源	巡视数据	切换把手	远程智能巡视系统
2960	站用交直流系统	站用交流电源	巡视数据	自动转换开关	远程智能巡视系统
2961	站用交直流系统	不间断电源系统	巡视数据	UPS 装置	远程智能巡视系统

续表

序号	设备类型	设备部位	信息类型	巡视点位/信息名称	数据来源
2962	站用交直流系统	不间断电源系统	巡视数据	备自投装置	远程智能巡视系统
2963	避雷器	监测装置	巡视数据	外观及指示	远程智能巡视系统
2964	站用交直流系统	直流充电柜	运行数据	直流充电柜交流输入电源故障	主设备监控系统
2965	站用交直流系统	直流充电柜	运行数据	直流充电柜充电装置故障	主设备监控系统
2966	站用交直流系统	直流充电柜	运行数据	直流充电柜直流母线电压异常	主设备监控系统
2967	站用交直流系统	直流充电柜	运行数据	直流充电柜蓄电池告警	主设备监控系统
2968	站用交直流系统	直流充电柜	运行数据	直流充电柜蓄电池熔丝熔断	主设备监控系统
2969	站用交直流系统	直流充电柜	运行数据	直流充电柜监控装置故障	主设备监控系统
2970	站用交直流系统	直流联络柜	运行数据	一体化监控故障	主设备监控系统
2971	滤波器	噪声	巡视数据	声音	远程智能巡视系统
2972	滤波器	本体	巡视数据	温度	远程智能巡视系统
2973	站用交直流系统	量测数据	运行数据	直流系统×段控制母线电压	主设备监控系统
2974	站用交直流系统	量测数据	运行数据	直流系统×段合闸母线电压	主设备监控系统
2975	站用交直流系统	量测数据	运行数据	直流×段母线正极对地电压	主设备监控系统
2976	站用交直流系统	量测数据	运行数据	直流×段母线负极对地电压	主设备监控系统
2977	站用交直流系统	量测数据	运行数据	直流系统××蓄电池组电流	主设备监控系统
2978	站用交直流系统	量测数据	运行数据	直流系统××蓄电池组电压	主设备监控系统
2979	站用交直流系统	量测数据	运行数据	直流系统×段交流进线电压	主设备监控系统
2980	站用交直流系统	量测数据	运行数据	××逆变电源交流输入电压	主设备监控系统
2981	站用交直流系统	量测数据	运行数据	通信直流电源电压	主设备监控系统
2982	站用交直流系统	量测数据	运行数据	直流×段母线负极对地电阻	主设备监控系统
2983	站用交直流系统	量测数据	运行数据	直流×段充电机输出电流	主设备监控系统

续表

序号	设备类型	设备部位	信息类型	巡视点位/信息名称	数据来源
2984	站用交直流系统	量测数据	运行数据	直流系统××蓄电池组××号电池电压	主设备监控系统
2985	站用交直流系统	量测数据	运行数据	直流系统××蓄电池组××号电池内阻	主设备监控系统
2986	站用交直流系统	量测数据	运行数据	直流系统××蓄电池组××号电池温度	主设备监控系统
2987	站用交直流系统	量测数据	运行数据	直流×段×路交流输入×线电压	主设备监控系统
2988	站用交直流系统	交流输入电源	告警信息	直流系统×段交流输入故障	主设备监控系统
2989	站用交直流系统	交流输入电源	告警信息	直流系统×段交流电源异常	主设备监控系统
2990	站用交直流系统	交流输入电源	告警信息	直流系统×段防雷器故障	主设备监控系统
2991	站用交直流系统	充电机	告警信息	直流系统××充电机故障	主设备监控系统
2992	站用交直流系统	充电机	告警信息	直流系统××充电模块故障	主设备监控系统
2993	站用交直流系统	充电机	告警信息	直流系统××充电模块通信故障	主设备监控系统
2994	站用交直流系统	充电机	告警信息	直流系统××充电机均充状态	主设备监控系统
2995	站用交直流系统	蓄电池	告警信息	直流系统×组蓄电池总熔丝熔断	主设备监控系统
2996	站用交直流系统	蓄电池	告警信息	直流系统×组蓄电池异常	主设备监控系统
2997	站用交直流系统	直流母线	告警信息	直流系统×段母线电压异常	主设备监控系统
2998	站用交直流系统	直流母线	告警信息	直流系统×段母线绝缘故障	主设备监控系统
2999	站用交直流系统	直流母线	告警信息	直流系统××支路绝缘故障	主设备监控系统
3000	站用交直流系统	直流母线	告警信息	直流系统×段母线交流窜入	主设备监控系统
3001	站用交直流系统	直流母线	告警信息	直流系统×段交窜直装置故障	主设备监控系统
3002	站用交直流系统	直流母线	告警信息	直流系统×段交窜直装置异常	主设备监控系统
3003	站用交直流系统	充电机	告警信息	直流系统×段交流窜入直流告警	主设备监控系统
3004	站用交直流系统	直流馈线	告警信息	直流系统×段馈电开关故障	主设备监控系统

续表

序号	设备类型	设备部位	信息类型	巡视点位/信息名称	数据来源
3005	站用交直流系统	通信直流系统	告警信息	通信直流系统异常	主设备监控系统
3006	站用交直流系统	监控装置	告警信息	一体化电源监控装置 MMS 通信中断	主设备监控系统
3007	站用交直流系统	监控装置	告警信息	一体化电源监控装置异常	主设备监控系统
3008	站用交直流系统	监控装置	告警信息	一体化电源监控装置故障	主设备监控系统
3009	站用交直流系统	监控装置	告警信息	直流系统×段监控装置异常	主设备监控系统
3010	站用交直流系统	监控装置	告警信息	直流系统×段监控装置故障	主设备监控系统
3011	站用交直流系统	蓄电池	告警信息	直流系统×组蓄电池温度过高	主设备监控系统
3012	站用交直流系统	蓄电池	告警信息	直流系统×组蓄电池单体电压异常	主设备监控系统
3013	站用交直流系统	蓄电池	告警信息	直流系统×组蓄电池单体内阻异常	主设备监控系统
3014	站用交直流系统	蓄电池	告警信息	直流系统×组蓄电池出口隔离开关	主设备监控系统
3015	站用交直流系统	直流母线	告警信息	直流系统×段降压装置故障	主设备监控系统
3016	站用交直流系统	直流母线	告警信息	直流系统×段绝缘监测装置故障	主设备监控系统
3017	站用交直流系统	直流母线	告警信息	直流系统×段绝缘监测装置异常	主设备监控系统
3018	站用交直流系统	直流母线	告警信息	直流系统母线联络开关	主设备监控系统
3019	站用交直流系统	直流馈线	告警信息	直流系统×段××馈电开关跳闸	主设备监控系统
3020	站用交直流系统	直流馈线	告警信息	直流系统×段馈电开关	主设备监控系统
3021	站用交直流系统	直流馈线	告警信息	直流系统×段××馈电开关	主设备监控系统
3022	站用交直流系统	监控装置	告警信息	××通信电源监控装置故障	主设备监控系统
3023	站用交直流系统	蓄电池	巡视数据	蓄电池外观	远程智能巡视系统
3024	站用交直流系统	充电装置	巡视数据	监控装置	远程智能巡视系统

续表

序号	设备类型	设备部位	信息类型	巡视点位/信息名称	数据来源
3025	站用交直流系统	充电装置	巡视数据	直流输出电压	远程智能巡视系统
3026	站用交直流系统	充电装置	巡视数据	充电模块	远程智能巡视系统
3027	站用交直流系统	充电装置	巡视数据	控制母线电压	远程智能巡视系统
3028	站用交直流系统	充电装置	巡视数据	动力母线电压	远程智能巡视系统
3029	站用交直流系统	充电装置	巡视数据	交流输入断路器	远程智能巡视系统
3030	站用交直流系统	馈线屏	巡视数据	绝缘监测装置	远程智能巡视系统
3031	站用交直流系统	事故照明屏	巡视数据	交流电压表	远程智能巡视系统
3032	站用交直流系统	事故照明屏	巡视数据	直流电压表	远程智能巡视系统
3033	站用交直流系统	事故照明屏	巡视数据	断路器	远程智能巡视系统
3034	站用交直流系统	本体及外观	巡视数据	外观及温度	远程智能巡视系统
3035	测控装置	智能控制柜	运行数据	智能控制柜电气联锁解除	主设备监控系统
3036	测控装置	智能控制柜	运行数据	智能控制柜交流电源消失	主设备监控系统
3037	测控装置	智能控制柜	运行数据	智能控制柜直流电源消失	主设备监控系统
3038	测控装置	智能控制柜	运行数据	智能控制柜温湿度控制设备故障	主设备监控系统
3039	测控装置	智能控制柜	运行数据	智能控制柜温度异常	主设备监控系统
3040	测控装置	智能终端	运行数据	××智能终端控制切至就地位置	主设备监控系统
3041	测控装置	智能终端	运行数据	××智能终端装置温度	主设备监控系统
3042	测控装置	智能终端	运行数据	××智能终端工作电压	主设备监控系统
3043	测控装置	智能终端	运行数据	××智能终端光口×接收光强	主设备监控系统
3044	测控装置	智能终端	运行数据	××智能终端光口×发送光强	主设备监控系统
3045	测控装置	智能终端	运行数据	××智能终端控制就地状态	主设备监控系统
3046	测控装置	智能终端	运行数据	××智能终端出口硬压板投入	主设备监控系统
3047	测控装置	智能终端	告警信息	××智能终端故障	主设备监控系统
3048	测控装置	智能终端	告警信息	××智能终端异常	主设备监控系统
3049	测控装置	智能终端	告警信息	××智能终端GOOSE总告警	主设备监控系统
3050	测控装置	智能终端	告警信息	××智能终端对时异常	主设备监控系统

续表

序号	设备类型	设备部位	信息类型	巡视点位/信息名称	数据来源
3051	测控装置	智能终端	告警信息	××智能终端 GOOSE 数据异常	主设备监控系统
3052	测控装置	智能终端	告警信息	××智能终端 GOOSE 检修不一致	主设备监控系统
3053	测控装置	智能终端	告警信息	××智能终端 GOOSE 链路中断	主设备监控系统
3054	测控装置	智能终端	告警信息	××智能终端××GOOSE链路中断	主设备监控系统
3055	测控装置	智能终端	告警信息	××智能终端防误解除	主设备监控系统
3056	测控装置	智能终端	告警信息	××智能终端检修压板投入	主设备监控系统
3057	测控装置	智能终端	告警信息	××智能终端装置电源失电	主设备监控系统
3058	测控装置	智能终端	告警信息	××智能终端控制电源失电	主设备监控系统
3059	测控装置	智能终端	告警信息	××智能终端遥信电源失电	主设备监控系统
3060	测控装置	智能终端	告警信息	××智能终端光口×接收光强下限告警	主设备监控系统
3061	测控装置	智能终端	告警信息	××智能终端光口×发送光强上限告警	主设备监控系统
3062	测控装置	智能终端	告警信息	××智能终端光口×发送光强下限告警	主设备监控系统
3063	测控装置	智能终端	控制命令	××智能终端装置信号复归	主设备监控系统
3064	中性点隔直装置	量测数据	运行数据	×号变压器中性点直流电流	主设备监控系统
3065	中性点隔直装置	量测数据	运行数据	×号变压器中性点直流电压	主设备监控系统
3066	中性点隔直装置	故障异常信息	告警信息	×号变压器中性点隔直装置故障	主设备监控系统
3067	中性点隔直装置	故障异常信息	告警信息	×号变压器中性点隔直装置异常	主设备监控系统
3068	中性点隔直装置	故障异常信息	告警信息	×号变压器中性点隔直装置电源消失	主设备监控系统
3069	中性点隔直装置	故障异常信息	告警信息	×号变压器中性点直流越限告警	主设备监控系统
3070	中性点隔直装置	故障异常信息	告警信息	×号变压器中性点隔直装置电容投入	主设备监控系统
3071	中性点隔直装置	故障异常信息	告警信息	×号变压器中性点隔直装置切至手动	主设备监控系统
3072	中性点隔直装置	故障异常信息	告警信息	×号变压器中性点隔直装置异常	主设备监控系统
3073	中性点隔直装置	故障异常信息	告警信息	×号变压器中性点隔直通信中断	主设备监控系统

序号	设备类型	设备部位	信息类型	巡视点位/信息名称	数据来源
3074	中性点隔直装置	遥控	控制命令	×号变压器中性点隔直装置信号复归	主设备监控系统
3075	中性点隔直装置	本体	巡视数据	面板	远程智能巡视系统
3076	中性点隔直装置	本体	巡视数据	刀闸位置指示	远程智能巡视系统
3077	中性点隔直装置	本体	巡视数据	接地开关位置指示	远程智能巡视系统
3078	保护装置	变压器保护	运行数据	保护信息 LLN0 低电压分支后备保护软压板	主设备监控系统
3079	保护装置	变压器保护	运行数据	保护信息 LLN0 低电压绕组后备保护软压板	主设备监控系统
3080	保护装置	变压器保护	运行数据	保护信息 LLN0 高压侧后备保护软压板	主设备监控系统
3081	保护装置	变压器保护	运行数据	保护信息 LLN0 公共绕组后备保护软压板	主设备监控系统
3082	保护装置	变压器保护	运行数据	保护信息 LLN0 远方切换定值区软压板	主设备监控系统
3083	保护装置	变压器保护	运行数据	保护信息 LLN0 远方投退压板软压板	主设备监控系统
3084	保护装置	变压器保护	运行数据	保护信息 LLN0 远方修改定值软压板	主设备监控系统
3085	保护装置	变压器保护	运行数据	保护信息 LLN0 中压侧后备保护软压板	主设备监控系统
3086	保护装置	变压器保护	运行数据	保护信息LLN0主保护软压板	主设备监控系统
3087	保护装置	变压器保护	运行数据	保护信息保护功能闭锁信号闭锁后备保护	主设备监控系统
3088	保护装置	变压器保护	运行数据	保护信息保护功能闭锁信号闭锁主保护	主设备监控系统
3089	保护装置	变压器保护	运行数据	保护信息保护功能状态信号分侧差动有效	主设备监控系统
3090	保护装置	变压器保护	运行数据	保护信息保护功能状态信号分相差动速断有效	主设备监控系统
3091	保护装置	变压器保护	运行数据	保护信息保护功能状态信号分相差动有效	主设备监控系统
3092	保护装置	变压器保护	运行数据	保护信息保护功能状态信号高接地阻抗有效	主设备监控系统
3093	保护装置	变压器保护	运行数据	保护信息保护功能状态信号高相间阻抗有效	主设备监控系统
3094	保护装置	变压器保护	运行数据	保护信息保护功能状态信号零序差动有效	主设备监控系统

续表

序号	设备类型	设备部位	信息类型	巡视点位/信息名称	数据来源
3095	保护装置	变压器保护	运行数据	保护信息保护功能状态信号纵差保护有效	主设备监控系统
3096	保护装置	变压器保护	运行数据	保护信息保护功能状态信号纵差差动速断有效	主设备监控系统
3097	保护装置	变压器保护	运行数据	保护信息差动速断保护差动速断	主设备监控系统
3098	保护装置	变压器保护	运行数据	保护信息差动速断保护差动速断电流定值	主设备监控系统
3099	保护装置	变压器保护	运行数据	保护信息差动速断保护纵差差动速断	主设备监控系统
3100	保护装置	变压器保护	运行数据	保护信息低电压侧 TV 一次值	主设备监控系统
3101	保护装置	变压器保护	运行数据	保护信息低电压侧套管 TA 二次值	主设备监控系统
3102	保护装置	变压器保护	运行数据	保护信息低电压侧套管 TA 一次值	主设备监控系统
3103	保护装置	变压器保护	运行数据	保护信息低电压分支 TA 二次值	主设备监控系统
3104	保护装置	变压器保护	运行数据	保护信息低电压分支 TA 一次值	主设备监控系统
3105	保护装置	变压器保护	运行数据	保护信息低电压分支保护测量低电压分支 I_1 低电压分支×相电流	主设备监控系统
3106	保护装置	变压器保护	运行数据	保护信息低电压分支保护测量低电压分支 U_1 低电压分支×相电压	主设备监控系统
3107	保护装置	变压器保护	运行数据	保护信息低电压分支复压闭锁过电流 t 低低电压闭锁定值	主设备监控系统
3108	保护装置	变压器保护	运行数据	保护信息低电压分支复压闭锁过电流 t 低复流时限	主设备监控系统
3109	保护装置	变压器保护	运行数据	保护信息低电压分支复压闭锁过电流 t 低复压过电流定值	主设备监控系统
3110	保护装置	变压器保护	运行数据	保护信息低电压分支复压闭锁过电流 t 低复压过电流时限	主设备监控系统
3111	保护装置	变压器保护	运行数据	保护信息低电压分支过电流 t 低温过热器电流定值	主设备监控系统
3112	保护装置	变压器保护	运行数据	保护信息低电压分支过电流 t 低温过热器电流时限	主设备监控系统
3113	保护装置	变压器保护	运行数据	保护信息低电压分支零序过电压告警低零序过电压告警	主设备监控系统
3114	保护装置	变压器保护	运行数据	保护信息低电压分支失灵联跳低断路器失灵联跳	主设备监控系统
3115	保护装置	变压器保护	运行数据	保护信息低电压分支失灵联跳低电压分支失灵经主变压器跳闸	主设备监控系统

序号	设备类型	设备部位	信息类型	巡视点位/信息名称	数据来源
3116	保护装置	变压器保护	运行数据	保护信息低电压绕组复压闭锁过电流 t 低绕组低电压闭锁定值	主设备监控系统
3117	保护装置	变压器保护	运行数据	保护信息低电压绕组复压闭锁过电流 t 低绕组复流时限	主设备监控系统
3118	保护装置	变压器保护	运行数据	保护信息低电压绕组复压闭锁过电流 t 低绕组复压过电流定值	主设备监控系统
3119	保护装置	变压器保护	运行数据	保护信息低电压绕组复压闭锁过电流 t 低绕组复压过电流时限	主设备监控系统
3120	保护装置	变压器保护	运行数据	保护信息低电压绕组过电流 t 低绕组过电流定值	主设备监控系统
3121	保护装置	变压器保护	运行数据	保护信息低电压绕组过电流 t 低绕组过电流时限	主设备监控系统
3122	保护装置	变压器保护	运行数据	保护信息低电压套管保护测量低电压套管 Ilr 低电压套管×相电流	主设备监控系统
3123	保护装置	变压器保护	运行数据	保护信息电力变压器低电压侧额定电压	主设备监控系统
3124	保护装置	变压器保护	运行数据	保护信息电力变压器高压侧额定电压	主设备监控系统
3125	保护装置	变压器保护	运行数据	保护信息电力变压器中压侧额定电压	主设备监控系统
3126	保护装置	变压器保护	运行数据	保护信息电力变压器主变压器低电压侧额定容量	主设备监控系统
3127	保护装置	变压器保护	运行数据	保护信息电力变压器主变压器高中压侧额定容量	主设备监控系统
3128	保护装置	变压器保护	运行数据	保护信息分侧比率差动保护分侧差动	主设备监控系统
3129	保护装置	变压器保护	运行数据	保护信息分侧比率差动保护分侧差动保护	主设备监控系统
3130	保护装置	变压器保护	运行数据	保护信息分侧比率差动保护分侧差动启动电流定值	主设备监控系统
3131	保护装置	变压器保护	运行数据	保护信息分侧差流分侧差流×相分侧差流	主设备监控系统
3132	保护装置	变压器保护	运行数据	保护信息分相比率差动保护分相差动	主设备监控系统
3133	保护装置	变压器保护	运行数据	保护信息分相比率差动保护分相差动保护	主设备监控系统
3134	保护装置	变压器保护	运行数据	保护信息分相差差流×相分相差流	主设备监控系统

序号	设备类型	设备部位	信息类型	巡视点位/信息名称	数据来源
3135	保护装置	变压器保护	运行数据	保护信息分相差动速断保护分相差动速断	主设备监控系统
3136	保护装置	变压器保护	运行数据	保护信息高压侧 TA 二次值	主设备监控系统
3137	保护装置	变压器保护	运行数据	保护信息高压侧 TA 一次值	主设备监控系统
3138	保护装置	变压器保护	运行数据	保护信息高压侧 TV 一次值	主设备监控系统
3139	保护装置	变压器保护	运行数据	保护信息高压侧保护测量高压侧 I_h 压侧×相电流	主设备监控系统
3140	保护装置	变压器保护	运行数据	保护信息高压侧保护测量高压侧 U_h 高压侧×相电压	主设备监控系统
3141	保护装置	变压器保护	运行数据	保护信息高压侧定时限过励磁告警高温过热器励磁告警定值	主设备监控系统
3142	保护装置	变压器保护	运行数据	保护信息高压侧定时限过励磁告警高温过热器励磁告警时间	主设备监控系统
3143	保护装置	变压器保护	运行数据	保护信息高压侧反时限过励磁保护反时限过励磁	主设备监控系统
3144	保护装置	变压器保护	运行数据	保护信息高压侧反时限过励磁保护高反时限过励磁段倍数	主设备监控系统
3145	保护装置	变压器保护	运行数据	保护信息高压侧反时限过励磁保护高反时限过励磁段时间	主设备监控系统
3146	保护装置	变压器保护	运行数据	保护信息高压侧反时限过励磁保护高温过热器励磁保护跳闸	主设备监控系统
3147	保护装置	变压器保护	运行数据	保护信息高压侧复压闭锁过电流高低电压闭锁定值	主设备监控系统
3148	保护装置	变压器保护	运行数据	保护信息高压侧复压闭锁过电流高负序电压闭锁定值	主设备监控系统
3149	保护装置	变压器保护	运行数据	保护信息高压侧复压闭锁过电流高复压过电流	主设备监控系统
3150	保护装置	变压器保护	运行数据	保护信息高压侧复压闭锁过电流高复压过电流保护	主设备监控系统
3151	保护装置	变压器保护	运行数据	保护信息高压侧复压闭锁过电流高复压过电流定值	主设备监控系统
3152	保护装置	变压器保护	运行数据	保护信息高压侧复压闭锁过电流高复压过电流时间	主设备监控系统
3153	保护装置	变压器保护	运行数据	保护信息高压侧接地阻抗+高接地阻抗零序补偿系数	主设备监控系统
3154	保护装置	变压器保护	运行数据	保护信息高压侧接地阻抗+高接地阻抗时限	主设备监控系统
3155	保护装置	变压器保护	运行数据	保护信息高压侧接地阻抗+高指向母线接地阻抗定值	主设备监控系统

续表

序号	设备类型	设备部位	信息类型	巡视点位/信息名称	数据来源
3156	保护装置	变压器保护	运行数据	保护信息高压侧接地阻抗+高指向主变压器接地阻抗定值	主设备监控系统
3157	保护装置	变压器保护	运行数据	保护信息高压侧零序过电流Ⅰ段高零序电流×段	主设备监控系统
3158	保护装置	变压器保护	运行数据	保护信息高压侧零序过电流Ⅰ段高零序过电流×段	主设备监控系统
3159	保护装置	变压器保护	运行数据	保护信息高压侧零序过电流Ⅰ段高零序过电流×段定值	主设备监控系统
3160	保护装置	变压器保护	运行数据	保护信息高压侧零序过电流Ⅰ段高零序过电流×段时间	主设备监控系统
3161	保护装置	变压器保护	运行数据	保护信息高压侧失灵联跳高断路器失灵联跳	主设备监控系统
3162	保护装置	变压器保护	运行数据	保护信息高压侧失灵联跳高压侧失灵经主变压器跳闸	主设备监控系统
3163	保护装置	变压器保护	运行数据	保护信息高压侧相间阻抗+高相间阻抗时限	主设备监控系统
3164	保护装置	变压器保护	运行数据	保护信息高压侧相间阻抗+高指向母线相间阻抗定值	主设备监控系统
3165	保护装置	变压器保护	运行数据	保护信息高压侧相间阻抗+高指向主变压器相间阻抗定值	主设备监控系统
3166	保护装置	变压器保护	运行数据	保护信息公共绕组TA二次值	主设备监控系统
3167	保护装置	变压器保护	运行数据	保护信息公共绕组TA一次值	主设备监控系统
3168	保护装置	变压器保护	运行数据	保护信息公共绕组保护测量公共绕组I_g公共绕组×相电流	主设备监控系统
3169	保护装置	变压器保护	运行数据	保护信息公共绕组零序TA二次值	主设备监控系统
3170	保护装置	变压器保护	运行数据	保护信息公共绕组零序TA一次值	主设备监控系统
3171	保护装置	变压器保护	运行数据	保护信息公共绕组零序过电流	主设备监控系统
3172	保护装置	变压器保护	运行数据	保护信息公共绕组零序过电流保护跳闸	主设备监控系统
3173	保护装置	变压器保护	运行数据	保护信息公共绕组零序过电流定值	主设备监控系统
3174	保护装置	变压器保护	运行数据	保护信息公共绕组零序过电流时间	主设备监控系统
3175	保护装置	变压器保护	运行数据	保护信息开入信号低电压分支电压硬压板	主设备监控系统
3176	保护装置	变压器保护	运行数据	保护信息开入信号低电压分支后备保护硬压板	主设备监控系统

续表

序号	设备类型	设备部位	信息类型	巡视点位/信息名称	数据来源
3177	保护装置	变压器保护	运行数据	保护信息开入信号低电压绕组后备保护硬压板	主设备监控系统
3178	保护装置	变压器保护	运行数据	保护信息开入信号高压侧电压硬压板	主设备监控系统
3179	保护装置	变压器保护	运行数据	保护信息开入信号高压侧后备保护硬压板	主设备监控系统
3180	保护装置	变压器保护	运行数据	保护信息开入信号中压侧电压硬压板	主设备监控系统
3181	保护装置	变压器保护	运行数据	保护信息开入信号中压侧后备保护硬压板	主设备监控系统
3182	保护装置	变压器保护	运行数据	保护信息开入信号主保护硬压板	主设备监控系统
3183	保护装置	变压器保护	运行数据	保护信息零序比率差动保护零序分量差动	主设备监控系统
3184	保护装置	变压器保护	运行数据	保护信息零序比率差动保护零序分量差动保护	主设备监控系统
3185	保护装置	变压器保护	运行数据	保护信息零序差流零差差流	主设备监控系统
3186	保护装置	变压器保护	运行数据	保护信息频率	主设备监控系统
3187	保护装置	变压器保护	运行数据	保护信息一般事件手动录波	主设备监控系统
3188	保护装置	变压器保护	运行数据	保护信息一般事件保护启动	主设备监控系统
3189	保护装置	变压器保护	运行数据	保护信息一般事件采样数据异常	主设备监控系统
3190	保护装置	变压器保护	运行数据	保护信息一般事件手动录波	主设备监控系统
3191	保护装置	变压器保护	运行数据	保护信息远方操作保护功能投退信号低电压分支后备保护投入	主设备监控系统
3192	保护装置	变压器保护	运行数据	保护信息远方操作保护功能投退信号低电压绕组后备保护投入	主设备监控系统
3193	保护装置	变压器保护	运行数据	保护信息远方操作保护功能投退信号高压侧后备保护投入	主设备监控系统
3194	保护装置	变压器保护	运行数据	保护信息远方操作保护功能投退信号公共绕组后备保护投入	主设备监控系统
3195	保护装置	变压器保护	运行数据	保护信息远方操作保护功能投退信号中压侧后备保护投入	主设备监控系统
3196	保护装置	变压器保护	运行数据	保护信息远方操作保护功能投退信号主保护投入	主设备监控系统
3197	保护装置	变压器保护	运行数据	保护信息中压侧 TA 二次值	主设备监控系统
3198	保护装置	变压器保护	运行数据	保护信息中压侧 TA 一次值	主设备监控系统

续表

序号	设备类型	设备部位	信息类型	巡视点位/信息名称	数据来源
3199	保护装置	变压器保护	运行数据	保护信息中压侧 TV 一次值	主设备监控系统
3200	保护装置	变压器保护	运行数据	保护信息中压侧保护测量中压侧 I_m 中压侧×相电流	主设备监控系统
3201	保护装置	变压器保护	运行数据	保护信息中压侧保护测量中压侧 U_m 中压侧×相电压	主设备监控系统
3202	保护装置	变压器保护	运行数据	保护信息中压侧复压闭锁过电流中低电压闭锁定值	主设备监控系统
3203	保护装置	变压器保护	运行数据	保护信息中压侧复压闭锁过电流中负序电压闭锁定值	主设备监控系统
3204	保护装置	变压器保护	运行数据	保护信息中压侧复压闭锁过电流中复压过电流	主设备监控系统
3205	保护装置	变压器保护	运行数据	保护信息中压侧复压闭锁过电流中复压过电流保护	主设备监控系统
3206	保护装置	变压器保护	运行数据	保护信息中压侧复压闭锁过电流中复压过电流定值	主设备监控系统
3207	保护装置	变压器保护	运行数据	保护信息中压侧复压闭锁过电流中复压过电流时间	主设备监控系统
3208	保护装置	变压器保护	运行数据	保护信息中压侧接地阻抗 t 中接地阻抗零序补偿系数	主设备监控系统
3209	保护装置	变压器保护	运行数据	保护信息中压侧接地阻抗 t 中接地阻抗时限	主设备监控系统
3210	保护装置	变压器保护	运行数据	保护信息中压侧接地阻抗 t 中指向母线接地阻抗定值	主设备监控系统
3211	保护装置	变压器保护	运行数据	保护信息中压侧接地阻抗 t 中指向主变压器接地阻抗定值	主设备监控系统
3212	保护装置	变压器保护	运行数据	保护信息中压侧零序过电流 II 段 t 中零序电流 II 段时限	主设备监控系统
3213	保护装置	变压器保护	运行数据	保护信息中压侧零序过电流 II 段 t 中零序过电流 II 段定值	主设备监控系统
3214	保护装置	变压器保护	运行数据	保护信息中压侧零序过电流 II 段 t 中零序过电流 II 段时限	主设备监控系统
3215	保护装置	变压器保护	运行数据	保护信息中压侧零序过电流 I 段 t 中零序电流×段时限	主设备监控系统
3216	保护装置	变压器保护	运行数据	保护信息中压侧零序过电流 I 段 t 中零序过电流×段定值	主设备监控系统
3217	保护装置	变压器保护	运行数据	保护信息中压侧零序过电流 I 段 t 中零序过电流×段时限	主设备监控系统
3218	保护装置	变压器保护	运行数据	保护信息中压侧失灵联跳中断路器失灵联跳	主设备监控系统
3219	保护装置	变压器保护	运行数据	保护信息中压侧失灵联跳中压侧失灵经主变压器跳闸	主设备监控系统

续表

序号	设备类型	设备部位	信息类型	巡视点位/信息名称	数据来源
3220	保护装置	变压器保护	运行数据	保护信息中压侧相间阻抗 t 中相间阻抗时限	主设备监控系统
3221	保护装置	变压器保护	运行数据	保护信息中压侧相间阻抗 t 中指向母线相间阻抗定值	主设备监控系统
3222	保护装置	变压器保护	运行数据	保护信息中压侧相间阻抗 t 中指向主变压器相间阻抗定值	主设备监控系统
3223	保护装置	变压器保护	运行数据	保护信息装置物理信息被保护设备	主设备监控系统
3224	保护装置	变压器保护	运行数据	保护信息装置物理信息定值区号	主设备监控系统
3225	保护装置	变压器保护	运行数据	保护信息自检信号保护长起动告警	主设备监控系统
3226	保护装置	变压器保护	运行数据	保护信息自检信号出口传动状态告警	主设备监控系统
3227	保护装置	变压器保护	运行数据	保护信息自检信号低电压侧过负荷	主设备监控系统
3228	保护装置	变压器保护	运行数据	保护信息自检信号低电压分支 TA 断线	主设备监控系统
3229	保护装置	变压器保护	运行数据	保护信息自检信号低电压分支零序过电压	主设备监控系统
3230	保护装置	变压器保护	运行数据	保护信息自检信号低电压分支失灵联跳开入长起动	主设备监控系统
3231	保护装置	变压器保护	运行数据	保护信息自检信号低电压绕组 TA 断线	主设备监控系统
3232	保护装置	变压器保护	运行数据	保护信息自检信号低电压绕组过负荷	主设备监控系统
3233	保护装置	变压器保护	运行数据	保护信息自检信号定时限过励磁告警	主设备监控系统
3234	保护装置	变压器保护	运行数据	保护信息自检信号反时限过励磁告警	主设备监控系统
3235	保护装置	变压器保护	运行数据	保护信息自检信号分侧差差流越限	主设备监控系统
3236	保护装置	变压器保护	运行数据	保护信息自检信号分相差差流越限	主设备监控系统
3237	保护装置	变压器保护	运行数据	保护信息自检信号高压侧 TA 断线	主设备监控系统
3238	保护装置	变压器保护	运行数据	保护信息自检信号高压侧 TV 断线	主设备监控系统
3239	保护装置	变压器保护	运行数据	保护信息自检信号高压侧过负荷	主设备监控系统
3240	保护装置	变压器保护	运行数据	保护信息自检信号高压侧失灵联跳开入长起动	主设备监控系统

续表

序号	设备类型	设备部位	信息类型	巡视点位/信息名称	数据来源
3241	保护装置	变压器保护	运行数据	保护信息自检信号公共绕组TA断线	主设备监控系统
3242	保护装置	变压器保护	运行数据	保护信息自检信号公共绕组过负荷	主设备监控系统
3243	保护装置	变压器保护	运行数据	保护信息自检信号公共绕组零序电流告警	主设备监控系统
3244	保护装置	变压器保护	运行数据	保护信息自检信号零差差流越限	主设备监控系统
3245	保护装置	变压器保护	运行数据	保护信息自检信号模拟通道零点漂移越限告警	主设备监控系统
3246	保护装置	变压器保护	运行数据	保护信息自检信号失灵开入异常	主设备监控系统
3247	保护装置	变压器保护	运行数据	保护信息自检信号中压侧TA断线	主设备监控系统
3248	保护装置	变压器保护	运行数据	保护信息自检信号中压侧TV断线	主设备监控系统
3249	保护装置	变压器保护	运行数据	保护信息自检信号中压侧过负荷	主设备监控系统
3250	保护装置	变压器保护	运行数据	保护信息自检信号中压侧失灵联跳开入长起动	主设备监控系统
3251	保护装置	变压器保护	运行数据	保护信息自检信号纵差差流越限	主设备监控系统
3252	保护装置	变压器保护	运行数据	保护信息纵差比率差动保护TA断线闭锁差动保护	主设备监控系统
3253	保护装置	变压器保护	运行数据	保护信息纵差比率差动保护启动电流定值	主设备监控系统
3254	保护装置	变压器保护	运行数据	保护信息纵差比率差动保护纵差保护	主设备监控系统
3255	保护装置	变压器保护	运行数据	保护信息纵差差流×相纵差差流	主设备监控系统
3256	保护装置	变压器保护	运行数据	公用 LDLLN0 定值区号	主设备监控系统
3257	保护装置	变压器保护	运行数据	公用 LDLLN0 远方信号复归	主设备监控系统
3258	保护装置	变压器保护	运行数据	公用 LD 告警信号×D基准电压自检异常	主设备监控系统
3259	保护装置	变压器保护	运行数据	公用 LD 告警信号 CID 文件错误	主设备监控系统
3260	保护装置	变压器保护	运行数据	公用 LD 告警信号 DSP 内存检测出错	主设备监控系统
3261	保护装置	变压器保护	运行数据	公用 LD 告警信号保护 CPU 插件异常	主设备监控系统

续表

序号	设备类型	设备部位	信息类型	巡视点位/信息名称	数据来源
3262	保护装置	变压器保护	运行数据	公用 LD 告警信号定值越界	主设备监控系统
3263	保护装置	变压器保护	运行数据	公用 LD 告警信号开出异常	主设备监控系统
3264	保护装置	变压器保护	运行数据	公用 LD 告警信号模拟量采集错	主设备监控系统
3265	保护装置	变压器保护	运行数据	公用 LD 告警信号智能 IO 插件闭锁	主设备监控系统
3266	保护装置	变压器保护	运行数据	公用 LD 告警信号装置故障告警	主设备监控系统
3267	保护装置	变压器保护	运行数据	公用 LD 间隔层/站控层被授时设备自检状态对时服务状态	主设备监控系统
3268	保护装置	变压器保护	运行数据	公用 LD 间隔层/站控层被授时设备自检状态对时信号状态	主设备监控系统
3269	保护装置	变压器保护	运行数据	公用 LD 间隔层/站控层被授时设备自检状态时间跳变侦测状态	主设备监控系统
3270	保护装置	变压器保护	运行数据	公用 LD 装置工作电压	主设备监控系统
3271	保护装置	变压器保护	运行数据	公用 LD 装置温度装置内部温度	主设备监控系统
3272	保护装置	变压器保护	运行数据	公用 LD 装置运行状态信号保护跳闸	主设备监控系统
3273	保护装置	变压器保护	运行数据	公用 LD 装置运行状态信号差动保护闭锁	主设备监控系统
3274	保护装置	变压器保护	运行数据	公用 LD 装置运行状态信号检修	主设备监控系统
3275	保护装置	变压器保护	运行数据	公用 LD 装置运行状态信号异常	主设备监控系统
3276	保护装置	变压器保护	运行数据	公用 LD 装置运行状态信号运行	主设备监控系统
3277	保护装置	变压器保护	运行数据	公用 LD 自检信号对时服务状态	主设备监控系统
3278	保护装置	变压器保护	运行数据	公用 LD 自检信号对时信号状态	主设备监控系统
3279	保护装置	变压器保护	运行数据	公用 LD 自检信号对时异常	主设备监控系统
3280	保护装置	变压器保护	运行数据	公用 LD 自检信号管理任务异常报警	主设备监控系统
3281	保护装置	变压器保护	运行数据	公用 LD 自检信号开入电源异常	主设备监控系统
3282	保护装置	变压器保护	运行数据	公用 LD 自检信号时间跳变侦测状态	主设备监控系统
3283	保护装置	变压器保护	运行数据	公用 LD 自检信号运行异常	主设备监控系统

续表

序号	设备类型	设备部位	信息类型	巡视点位/信息名称	数据来源
3284	保护装置	变压器保护	运行数据	公用 LD 自检信号智能插件告警	主设备监控系统
3285	保护装置	变压器保护	运行数据	录波低电压分支故障信息低电压分支最大相电流	主设备监控系统
3286	保护装置	变压器保护	运行数据	录波低电压绕组故障信息低电压绕组最大故障电流	主设备监控系统
3287	保护装置	变压器保护	运行数据	录波分侧差故障信息分侧差差流×	主设备监控系统
3288	保护装置	变压器保护	运行数据	录波分相差故障信息分相差流×	主设备监控系统
3289	保护装置	变压器保护	运行数据	录波高压侧故障信息高压侧自产零序电流	主设备监控系统
3290	保护装置	变压器保护	运行数据	录波高压侧故障信息高压侧最大相电流	主设备监控系统
3291	保护装置	变压器保护	运行数据	录波高压侧故障信息过励磁倍数	主设备监控系统
3292	保护装置	变压器保护	运行数据	录波公共绕组故障信息公共绕组外接零序电流	主设备监控系统
3293	保护装置	变压器保护	运行数据	录波公共绕组故障信息公共绕组自产零序电流	主设备监控系统
3294	保护装置	变压器保护	运行数据	录波故障序号	主设备监控系统
3295	保护装置	变压器保护	运行数据	录波零差故障信息零序差流	主设备监控系统
3296	保护装置	变压器保护	运行数据	录波完成	主设备监控系统
3297	保护装置	变压器保护	运行数据	录波中压侧故障信息中压侧自产零序电流	主设备监控系统
3298	保护装置	变压器保护	运行数据	录波中压侧故障信息中压侧最大相电流	主设备监控系统
3299	保护装置	变压器保护	运行数据	录波纵差故障信息纵差差流×	主设备监控系统
3300	组合电器	气室	告警信息	××气室 SF_6 气压低告警	主设备监控系统
3301	组合电器	汇控柜	告警信息	××开关汇控柜电气联锁解除	主设备监控系统
3302	组合电器	汇控柜	告警信息	××开关汇控柜开关就地控制	主设备监控系统
3303	组合电器	汇控柜	告警信息	××开关汇控柜刀闸就地控制	主设备监控系统
3304	组合电器	汇控柜	告警信息	××开关汇控柜线路带电显示无电	主设备监控系统
3305	组合电器	汇控柜	告警信息	××开关汇控柜交流电源消失	主设备监控系统
3306	组合电器	汇控柜	告警信息	××开关汇控柜直流电源消失	主设备监控系统
3307	组合电器	汇控柜	告警信息	××开关汇控柜温湿度控制设备故障	主设备监控系统

续表

序号	设备类型	设备部位	信息类型	巡视点位/信息名称	数据来源
3308	组合电器	汇控柜	告警信息	××开关汇控柜温度异常	主设备监控系统
3309	组合电器	汇控柜	告警信息	××开关汇控柜间隔联锁解除	主设备监控系统
3310	组合电器	汇控柜	告警信息	××开关汇控柜同期选择把手远方	主设备监控系统
3311	组合电器	汇控柜	告警信息	××开关汇控柜智能终端遥信电源消失	主设备监控系统
3312	组合电器	汇控柜	告警信息	××开关汇控柜智能终端装置电源消失	主设备监控系统
3313	组合电器	汇控柜	告警信息	××开关汇控柜报警电源消失	主设备监控系统
3314	组合电器	汇控柜	告警信息	××开关汇控柜指示电源消失	主设备监控系统
3315	组合电器	汇控柜	告警信息	××开关汇控柜电机电源消失	主设备监控系统
3316	组合电器	本体	巡视数据	运行声音	远程智能巡视系统
3317	组合电器	本体	巡视数据	伸缩节	远程智能巡视系统
3318	组合电器	本体	巡视数据	盆式绝缘子	远程智能巡视系统
3319	组合电器	本体	巡视数据	断路器压力表计	远程智能巡视系统
3320	组合电器	本体	巡视数据	断路器动作计数器	远程智能巡视系统
3321	组合电器	本体	巡视数据	避雷器表计	远程智能巡视系统
3322	组合电器	本体	巡视数据	带电显示器	远程智能巡视系统
3323	组合电器	套管	巡视数据	套管外观	远程智能巡视系统
3324	组合电器	汇控柜	巡视数据	汇控柜外观	远程智能巡视系统
3325	组合电器	汇控柜	巡视数据	汇控柜环境	远程智能巡视系统
3326	组合电器	汇控柜	巡视数据	汇控柜面板	远程智能巡视系统
3327	组合电器	均压环	巡视数据	均压环、引线、接头	远程智能巡视系统
3328	组合电器	本体	巡视数据	伸缩节、导流排	远程智能巡视系统
3329	安防系统	安防监控终端	运行数据	安防监控终端电源状态	安防监控系统
3330	安防系统	安防监控终端	运行数据	安防监控终端通信状态	安防监控系统
3331	安防系统	安防监控终端	运行数据	硬件版本	安防监控系统
3332	安防系统	安防监控终端	运行数据	软件版本	安防监控系统
3333	安防系统	安防监控终端	运行数据	软件版本校验码	安防监控系统
3334	安防系统	安防监控终端	运行数据	以太网 IP 地址	安防监控系统
3335	安防系统	安防监控终端	运行数据	以太网 MAC 地址	安防监控系统
3336	安防系统	安防监控终端	运行数据	串口通信状态	安防监控系统
3337	安防系统	安防监控终端	运行数据	网口通信状态	安防监控系统
3338	安防系统	安防监控终端	运行数据	CPU 负载率	安防监控系统

续表

序号	设备类型	设备部位	信息类型	巡视点位/信息名称	数据来源
3339	安防系统	安防监控终端	运行数据	内存使用率	安防监控系统
3340	安防系统	安防监控终端	运行数据	内存使用率告警定值	安防监控系统
3341	安防系统	安防监控终端	运行数据	内存使用率预警定值	安防监控系统
3342	安防系统	安防监控终端	运行数据	内存容量	安防监控系统
3343	安防系统	安防监控终端	运行数据	磁盘使用率	安防监控系统
3344	安防系统	安防监控终端	运行数据	磁盘使用率告警定值	安防监控系统
3345	安防系统	安防监控终端	运行数据	磁盘使用率预警定值	安防监控系统
3346	安防系统	安防监控终端	运行数据	磁盘存储空间	安防监控系统
3347	安防系统	安防监控终端	运行数据	对时信号状态	安防监控系统
3348	安防系统	门禁控制器	运行数据	门报警	锁控系统
3349	安防系统	门禁控制器	运行数据	门禁监控终端故障	锁控系统
3350	安防系统	门禁控制器	运行数据	门禁监控终端通信状态	锁控系统
3351	安防系统	门禁控制器	运行数据	门状态	锁控系统
3352	安防系统	门禁控制器	运行数据	门禁控制器通信状态	安防监控系统
3353	安防系统	门禁控制器	运行数据	门状态	安防监控系统
3354	安防系统	锁控监控终端	运行数据	电子钥匙在线数量	在线监测系统
3355	安防系统	锁控监控终端	运行数据	钥匙座电量	在线监测系统
3356	安防系统	锁控监控终端	运行数据	装置连接状态	在线监测系统
3357	安防系统	锁控监控终端	运行数据	锁控监控终端接收开锁任务状态	在线监测系统
3358	安防系统	锁控监控终端	运行数据	登录人员信息	在线监测系统
3359	安防系统	锁控监控终端	运行数据	操作人员登录认证状态	在线监测系统
3360	安防系统	锁控监控终端	运行数据	钥匙座电子钥匙初始化状态	在线监测系统
3361	安防系统	锁控监控终端	运行数据	钥匙座电子钥匙接收开锁任务状态	在线监测系统
3362	安防系统	锁控监控终端	运行数据	钥匙座电子钥匙发送开锁任务结果状态	在线监测系统
3363	安防系统	锁控监控终端	运行数据	电子钥匙在线数量	锁控系统
3364	安防系统	锁控监控终端	运行数据	钥匙座电量	锁控系统
3365	安防系统	锁控监控终端	运行数据	锁控监控终端连接状态	锁控系统
3366	安防系统	锁控监控终端	运行数据	锁控监控终端接收开锁任务状态	锁控系统
3367	安防系统	锁控监控终端	运行数据	登录人员信息	锁控系统
3368	安防系统	锁控监控终端	运行数据	操作人员登录认证状态	锁控系统
3369	安防系统	锁控监控终端	运行数据	钥匙座电子钥匙初始化状态	锁控系统

续表

序号	设备类型	设备部位	信息类型	巡视点位/信息名称	数据来源
3370	安防系统	锁控监控终端	运行数据	钥匙座电子钥匙接收开锁任务状态	锁控系统
3371	安防系统	锁控监控终端	运行数据	钥匙座电子钥匙发送开锁任务结果状态	锁控系统
3372	安防系统	探测器	运行数据	探测器告警	在线监测系统
3373	安防系统	探测器	运行数据	探测器防拆报警	在线监测系统
3374	安防系统	声光报警器	动作信息	声光报警器动作	安防监控系统
3375	安防系统	安防监控终端	告警信息	防区报警状态	安防监控系统
3376	安防系统	安防监控终端	告警信息	安防监控终端防拆报警	安防监控系统
3377	安防系统	安防监控终端	告警信息	装置故障	安防监控系统
3378	安防系统	安防监控终端	告警信息	装置通信中断	安防监控系统
3379	安防系统	安防监控终端	告警信息	异常告警	安防监控系统
3380	安防系统	安防监控终端	告警信息	安全防卫总告警	安防监控系统
3381	安防系统	安防监控终端	告警信息	安全防卫总故障	安防监控系统
3382	安防系统	安防监控终端	告警信息	安防监控终端故障	安防监控系统
3383	安防系统	安防监控终端	告警信息	CPU 负载率预警	安防监控系统
3384	安防系统	安防监控终端	告警信息	CPU 负载率告警	安防监控系统
3385	安防系统	安防监控终端	告警信息	内存使用率预警	安防监控系统
3386	安防系统	安防监控终端	告警信息	内存使用率告警	安防监控系统
3387	安防系统	安防监控终端	告警信息	磁盘使用率预警	安防监控系统
3388	安防系统	安防监控终端	告警信息	磁盘使用率告警	安防监控系统
3389	安防系统	安防监控终端	告警信息	安防监控总告警	安防监控系统
3390	安防系统	安防监控终端	告警信息	安防监控总故障	安防监控系统
3391	安防系统	安全警卫	告警信息	安防装置故障	安防监控系统
3392	安防系统	安全警卫	告警信息	安防总告警	安防监控系统
3393	安防系统	报警探测器	告警信息	××探测器入侵报警	安防监控系统
3394	安防系统	报警探测器	告警信息	××探测器防拆报警	安防监控系统
3395	安防系统	电子围栏	告警信息	防区工作状态（布防/撤防）	安防监控系统
3396	安防系统	电子围栏	告警信息	防区告警	安防监控系统
3397	安防系统	电子围栏	告警信息	设备（控制器）故障	安防监控系统
3398	安防系统	电子围栏	告警信息	控制器电源故障	安防监控系统
3399	安防系统	电子围栏	告警信息	电子围栏控制器通信故障	安防监控系统
3400	安防系统	电子围栏	告警信息	防拆报警	安防监控系统
3401	安防系统	电子围栏	告警信息	电子围栏入侵报警	安防监控系统

续表

序号	设备类型	设备部位	信息类型	巡视点位/信息名称	数据来源
3402	安防系统	电子围栏	告警信息	电子围栏装置故障	安防监控系统
3403	安防系统	防盗报警控制器	告警信息	××防区入侵报警	安防监控系统
3404	安防系统	防盗报警控制器	告警信息	防盗报警控制器装置故障	安防监控系统
3405	安防系统	红外对射	告警信息	红外对射告警（入侵）	在线监测系统
3406	安防系统	红外对射	告警信息	红外对射告警（防拆）	在线监测系统
3407	安防系统	红外对射	告警信息	红外对射故障	在线监测系统
3408	安防系统	红外对射	告警信息	红外对射电源故障	在线监测系统
3409	安防系统	红外对射探测器	告警信息	防区入侵报警状态	安防监控系统
3410	安防系统	红外对射探测器	告警信息	探测器防拆报警状态	安防监控系统
3411	安防系统	门禁控制器	告警信息	门报警	安防监控系统
3412	安防系统	门禁控制器	告警信息	门禁控制器故障	安防监控系统
3413	安防系统	门禁控制器	告警信息	门禁控制器故障	锁控系统
3414	安防系统	门禁控制器	告警信息	门禁控制器运行状态	锁控系统
3415	安防系统	双鉴探测器	告警信息	双鉴告警（入侵）	消防监控系统
3416	安防系统	双鉴探测器	告警信息	双鉴告警（防拆）	消防监控系统
3417	安防系统	双鉴探测器	告警信息	双鉴故障	消防监控系统
3418	安防系统	双鉴探测器	告警信息	双鉴电源故障	消防监控系统
3419	安防系统	锁控监控终端	告警信息	交流电源输入异常	在线监测系统
3420	安防系统	锁控监控终端	告警信息	内存存储异常告警	在线监测系统
3421	安防系统	锁控监控终端	告警信息	装置故障	在线监测系统
3422	安防系统	锁控监控终端	告警信息	钥匙座电子钥匙充电故障	在线监测系统
3423	安防系统	锁控监控终端	告警信息	异常开门告警	在线监测系统
3424	安防系统	锁控监控终端	告警信息	交流电源输入异常	锁控系统
3425	安防系统	锁控监控终端	告警信息	内存存储异常告警	锁控系统
3426	安防系统	锁控监控终端	告警信息	装置异常告警	锁控系统
3427	安防系统	锁控监控终端	告警信息	钥匙座电子钥匙充电故障	锁控系统
3428	安防系统	锁控监控终端	告警信息	异常开门告警	锁控系统
3429	安防系统	总信号	告警信息	安全防范装置故障	在线监测系统
3430	安防系统	总信号	告警信息	安全防范总告警	在线监测系统
3431	安防系统	安防监控终端	控制命令	电子围栏防区布防/撤防	安防监控系统
3432	安防系统	电子围栏	控制命令	防区布防/撤防	安防监控系统
3433	安防系统	门禁监控终端	控制命令	门远程开启/关闭	锁控系统
3434	安防系统	门禁控制器	控制命令	门远程开启/关闭	安防监控系统

续表

序号	设备类型	设备部位	信息类型	巡视点位/信息名称	数据来源
3435	安防系统	人脸识别及其他	巡视数据	人脸识别及其他	远程智能巡视系统
3436	动环系统	SF_6 传感器	运行数据	SF_6 浓度	动环监控系统
3437	动环系统	SF_6 传感器	运行数据	O_2 浓度	动环监控系统
3438	动环系统	SF_6 传感器	运行数据	SF_6 浓度	在线监测系统
3439	动环系统	SF_6 传感器	运行数据	O_2 浓度	在线监测系统
3440	动环系统	SF_6 传感器	运行数据	SF_6 越限告警信号	在线监测系统
3441	动环系统	除湿机控制器	运行数据	除湿机运行状态	在线监测系统
3442	动环系统	除湿机控制器	控制命令	除湿机启停控制	在线监测系统
3443	动环系统	除湿机控制器	运行数据	除湿机控制器通信状态	动环监控系统
3444	动环系统	除湿机控制器	运行数据	除湿机运行状态	动环监控系统
3445	动环系统	除湿机控制器	动作信息	除湿机启动	动环监控系统
3446	动环系统	除湿机控制器	控制命令	除湿机启停控制	动环监控系统
3447	动环系统	动环监控终端	告警信息	装置故障	动环监控系统
3448	动环系统	动环监控终端	告警信息	异常告警	动环监控系统
3449	动环系统	动环监控终端	运行数据	硬件版本	动环监控系统
3450	动环系统	动环监控终端	运行数据	软件版本	动环监控系统
3451	动环系统	动环监控终端	运行数据	软件版本校验码	动环监控系统
3452	动环系统	动环监控终端	运行数据	以太网 IP 地址	动环监控系统
3453	动环系统	动环监控终端	运行数据	以太网 MAC 地址	动环监控系统
3454	动环系统	动环监控终端	运行数据	串口通信状态	动环监控系统
3455	动环系统	动环监控终端	运行数据	网口通信状态	动环监控系统
3456	动环系统	动环监控终端	运行数据	CPU 负载率	动环监控系统
3457	动环系统	动环监控终端	运行数据	内存使用率	动环监控系统
3458	动环系统	动环监控终端	运行数据	内存使用率告警定值	动环监控系统
3459	动环系统	动环监控终端	运行数据	内存使用率预警定值	动环监控系统
3460	动环系统	动环监控终端	运行数据	内存容量	动环监控系统
3461	动环系统	动环监控终端	运行数据	磁盘使用率	动环监控系统
3462	动环系统	动环监控终端	运行数据	磁盘使用率告警定值	动环监控系统
3463	动环系统	动环监控终端	运行数据	磁盘使用率预警定值	动环监控系统
3464	动环系统	动环监控终端	运行数据	磁盘存储空间	动环监控系统
3465	动环系统	动环监控终端	运行数据	对时信号状态	动环监控系统
3466	动环系统	动环监控终端	告警信息	装置通信中断	动环监控系统

续表

序号	设备类型	设备部位	信息类型	巡视点位/信息名称	数据来源
3467	动环系统	动环监控终端	告警信息	CPU 负载率预警	动环监控系统
3468	动环系统	动环监控终端	告警信息	CPU 负载率告警	动环监控系统
3469	动环系统	动环监控终端	告警信息	内存使用率预警	动环监控系统
3470	动环系统	动环监控终端	告警信息	内存使用率告警	动环监控系统
3471	动环系统	动环监控终端	告警信息	磁盘使用率预警	动环监控系统
3472	动环系统	动环监控终端	告警信息	磁盘使用率告警	动环监控系统
3473	动环系统	风机控制器	运行数据	风机运行状态	在线监测系统
3474	动环系统	风机控制器	运行数据	风机就地/远方状态	在线监测系统
3475	动环系统	风机控制器	告警信息	风机回路电源故障	在线监测系统
3476	动环系统	风机控制器	告警信息	风机控制回路电源故障	在线监测系统
3477	动环系统	风机控制器	控制命令	风机启停控制	在线监测系统
3478	动环系统	风机控制器	运行数据	风机控制器通信状态	动环监控系统
3479	动环系统	风机控制器	运行数据	风机运行状态	动环监控系统
3480	动环系统	风机控制器	运行数据	风机就地/远方状态	动环监控系统
3481	动环系统	风机控制器	动作信息	风机启动	动环监控系统
3482	动环系统	风机控制器	告警信息	风机电机回路电源故障	动环监控系统
3483	动环系统	风机控制器	告警信息	风机控制回路电源故障	动环监控系统
3484	动环系统	风机控制器	控制命令	风机启停控制	动环监控系统
3485	动环系统	环境监测	运行数据	××小室温度	动环监控系统
3486	动环系统	环境监测	运行数据	××小室湿度	动环监控系统
3487	动环系统	环境监测	运行数据	××小室 SF_6 浓度	动环监控系统
3488	动环系统	环境监测	运行数据	××小室氧气浓度	动环监控系统
3489	动环系统	环境监测	告警信息	××水泵电机回路电源故障	动环监控系统
3490	动环系统	环境监测	告警信息	××水泵控制回路电源故障	动环监控系统
3491	动环系统	环境监测	告警信息	××空调故障	动环监控系统
3492	动环系统	环境监测	告警信息	××空调与控制器通信故障	动环监控系统
3493	动环系统	环境监测	告警信息	××风机电源故障	动环监控系统
3494	动环系统	环境监测	告警信息	××风机控制回路故障	动环监控系统
3495	动环系统	环境监测	告警信息	环境监测装置故障	动环监控系统
3496	动环系统	环境监测	告警信息	电缆水浸总告警	动环监控系统
3497	动环系统	空调控制器	运行数据	空调控制器通信状态	在线监测系统
3498	动环系统	空调控制器	运行数据	空调工作状态	在线监测系统
3499	动环系统	空调控制器	运行数据	空调工作模式	在线监测系统

序号	设备类型	设备部位	信息类型	巡视点位/信息名称	数据来源
3500	动环系统	空调控制器	控制命令	设定空调运行模式	在线监测系统
3501	动环系统	空调控制器	控制命令	设定空调运行温度	在线监测系统
3502	动环系统	空调控制器	控制命令	设定空调运行风速	在线监测系统
3503	动环系统	空调控制器	控制命令	空调启动/停止	在线监测系统
3504	动环系统	空调控制器	运行数据	空调控制器通信状态	动环监控系统
3505	动环系统	空调控制器	运行数据	空调工作状态	动环监控系统
3506	动环系统	空调控制器	运行数据	空调工作模式	动环监控系统
3507	动环系统	空调控制器	动作信息	空调启动	动环监控系统
3508	动环系统	空调控制器	控制命令	设定空调运行温度	动环监控系统
3509	动环系统	空调控制器	控制命令	设定空调运行模式	动环监控系统
3510	动环系统	空调控制器	控制命令	设定空调运行风速	动环监控系统
3511	动环系统	空调控制器	控制命令	空调启动/停止	动环监控系统
3512	动环系统	漏水传感器	告警信息	电缆漏水总告警	消防监控系统
3513	动环系统	漏水传感器	告警信息	漏水告警	动环监控系统
3514	动环系统	排水泵控制器	告警信息	排水泵回路电源故障	消防监控系统
3515	动环系统	排水泵控制器	告警信息	水泵	消防监控系统
3516	动环系统	排水泵控制器	控制命令	排水泵启停控制	消防监控系统
3517	动环系统	排水水位传感器	运行数据	水位	消防监控系统
3518	动环系统	排水水位传感器	运行数据	运行状态	消防监控系统
3519	动环系统	水泵控制器	运行数据	水泵运行状态	消防监控系统
3520	动环系统	水泵控制器	运行数据	水泵控制器运行状态	消防监控系统
3521	动环系统	水泵控制器	运行数据	水泵就地/远方状态	消防监控系统
3522	动环系统	水泵控制器	运行数据	水泵控制器通信状态	动环监控系统
3523	动环系统	水泵控制器	运行数据	水泵运行状态	动环监控系统
3524	动环系统	水泵控制器	运行数据	水泵就地/远方状态	动环监控系统
3525	动环系统	水泵控制器	动作信息	水泵启动	动环监控系统
3526	动环系统	水泵控制器	告警信息	水泵电机回路电源故障	动环监控系统
3527	动环系统	水泵控制器	告警信息	水泵控制回路电源故障	动环监控系统
3528	动环系统	水泵控制器	控制命令	水泵启停控制	动环监控系统
3529	动环系统	水浸传感器	告警信息	电缆水浸总告警	消防监控系统
3530	动环系统	水浸传感器	告警信息	水浸告警	动环监控系统
3531	动环系统	水位传感器	运行数据	水位	动环监控系统
3532	动环系统	微气象传感器	运行数据	通信状态	在线监测系统

续表

序号	设备类型	设备部位	信息类型	巡视点位/信息名称	数据来源
3533	动环系统	微气象传感器	运行数据	温度	在线监测系统
3534	动环系统	微气象传感器	运行数据	湿度	在线监测系统
3535	动环系统	微气象传感器	运行数据	风向	在线监测系统
3536	动环系统	微气象传感器	运行数据	风速	在线监测系统
3537	动环系统	微气象传感器	运行数据	气压	在线监测系统
3538	动环系统	微气象传感器	运行数据	雨量	在线监测系统
3539	动环系统	微气象传感器	运行数据	风向	动环监控系统
3540	动环系统	微气象传感器	运行数据	风速	动环监控系统
3541	动环系统	微气象传感器	运行数据	气压	动环监控系统
3542	动环系统	微气象传感器	运行数据	雨量	动环监控系统
3543	动环系统	温湿度传感器	运行数据	××小室温度	在线监测系统
3544	动环系统	温湿度传感器	运行数据	××小室湿度	在线监测系统
3545	动环系统	照明控制器	运行数据	照明控制器通信状态	在线监测系统
3546	动环系统	照明控制器	运行数据	照明回路状态	在线监测系统
3547	动环系统	照明控制器	控制命令	照明回路开关	在线监测系统
3548	动环系统	照明控制器	运行数据	照明控制器通信状态	动环监控系统
3549	动环系统	照明控制器	运行数据	照明回路状态	动环监控系统
3550	动环系统	照明控制器	控制命令	照明回路开关	动环监控系统
3551	动环系统	姿态传感器	运行数据	道闸分合位置	动环监控系统
3552	设备在线监测系统	GIS/断路器SF_6监测	运行数据	SF_6气体密度；SF_6气体压力；SF_6气体水分；传感器运行状态	主设备监控系统
3553	设备在线监测系统	GIS/断路器机构监测	运行数据	分闸线圈电流	主设备监控系统
3554	设备在线监测系统	GIS/断路器机构监测	运行数据	合闸线圈电流	主设备监控系统
3555	设备在线监测系统	GIS/断路器机构监测	运行数据	储能电机电流	主设备监控系统
3556	设备在线监测系统	GIS/断路器机构监测	运行数据	储能时间	主设备监控系统
3557	设备在线监测系统	GIS/断路器机构监测	运行数据	分闸时间	主设备监控系统
3558	设备在线监测系统	GIS/断路器机构监测	运行数据	合闸时间	主设备监控系统
3559	设备在线监测系统	GIS/断路器机构监测	运行数据	分闸速度	主设备监控系统
3560	设备在线监测系统	GIS/断路器机构监测	运行数据	合闸速度	主设备监控系统

续表

序号	设备类型	设备部位	信息类型	巡视点位/信息名称	数据来源
3561	设备在线监测系统	GIS/断路器SF_6监测	运行数据	SF_6气体密度	在线监测系统
3562	设备在线监测系统	GIS/断路器SF_6监测	运行数据	SF_6气体压力	在线监测系统
3563	设备在线监测系统	GIS/断路器SF_6监测	运行数据	SF_6气体水分	在线监测系统
3564	设备在线监测系统	GIS/断路器SF_6监测	告警信息	相对介质损耗因数（初值差）告警	在线监测系统
3565	设备在线监测系统	GIS/断路器机构监测	运行数据	分闸线圈电流	在线监测系统
3566	设备在线监测系统	GIS/断路器机构监测	运行数据	合闸线圈电流	在线监测系统
3567	设备在线监测系统	GIS/断路器机构监测	运行数据	储能电机电流	在线监测系统
3568	设备在线监测系统	GIS/断路器机构监测	运行数据	储能时间	在线监测系统
3569	设备在线监测系统	GIS/断路器机构监测	运行数据	分闸时间	在线监测系统
3570	设备在线监测系统	GIS/断路器机构监测	运行数据	合闸时间	在线监测系统
3571	设备在线监测系统	GIS/断路器机构监测	运行数据	分闸速度	在线监测系统
3572	设备在线监测系统	GIS/断路器机构监测	运行数据	合闸速度	在线监测系统
3573	设备在线监测系统	GIS/断路器机构监测	运行数据	分闸2速度	在线监测系统
3574	设备在线监测系统	GIS/断路器机构监测	运行数据	阻性电流	在线监测系统
3575	设备在线监测系统	GIS/断路器机构监测	运行数据	动作次数	在线监测系统
3576	设备在线监测系统	GIS/断路器机构监测	运行数据	系统频率	在线监测系统
3577	设备在线监测系统	GIS/断路器机构监测	运行数据	容性电流	在线监测系统
3578	设备在线监测系统	GIS/断路器机构监测	运行数据	阻容比	在线监测系统
3579	设备在线监测系统	GIS/断路器机构监测	运行数据	计数器动作次数	在线监测系统
3580	设备在线监测系统	GIS/断路器机构监测	运行数据	最后一次动作时间	在线监测系统
3581	设备在线监测系统	GIS/断路器机构监测	运行数据	合闸行程	在线监测系统

续表

序号	设备类型	设备部位	信息类型	巡视点位/信息名称	数据来源
3582	设备在线监测系统	GIS/断路器机构监测	运行数据	分闸行程	在线监测系统
3583	设备在线监测系统	GIS 局部放电在线监测	告警信息	电容量相对变化率（初值差）预警	在线监测系统
3584	设备在线监测系统	GIS 局部放电在线监测	告警信息	电容量相对变化率（初值差）告警	在线监测系统
3585	设备在线监测系统	GIS 局部放电在线监测	告警信息	放电次数告警	在线监测系统
3586	设备在线监测系统	GIS 局部放电在线监测	告警信息	放电次数预警	在线监测系统
3587	设备在线监测系统	本体	运行数据	终端运行状态	在线监测系统
3588	设备在线监测系统	本体	告警信息	异常告警	在线监测系统
3589	设备在线监测系统	本体	告警信息	相对介质损耗因数（初值差）预警	在线监测系统
3590	设备在线监测系统	本体	运行数据	终端运行状态	主设备监控系统
3591	设备在线监测系统	变电设备	告警信息	顶层油温告警	在线监测系统
3592	设备在线监测系统	变电设备	告警信息	顶层油温预警	在线监测系统
3593	设备在线监测系统	变压器套管绝缘监测	运行数据	电容量	在线监测系统
3594	设备在线监测系统	除湿机	运行数据	除湿机数值	在线监测系统
3595	设备在线监测系统	电缆沟	运行数据	无线电缆沟测温数值	在线监测系统
3596	设备在线监测系统	电压互感器电容设备绝缘监测	告警信息	介质损耗因数预警	在线监测系统
3597	设备在线监测系统	电压互感器电容设备绝缘监测	告警信息	开关监测终端异常告警	在线监测系统
3598	设备在线监测系统	电压互感器电容设备绝缘监测	告警信息	介质损耗因数告警	在线监测系统
3599	设备在线监测系统	断路器 SF_6 气体压力及水分监测	告警信息	SF_6 气体压力告警	主设备监控系统
3600	设备在线监测系统	断路器 SF_6 气体压力及水分监测	告警信息	SF_6 气体压力预警	主设备监控系统
3601	设备在线监测系统	断路器 SF_6 气体压力及水分监测	告警信息	SF_6 气体压力告警	在线监测系统

续表

序号	设备类型	设备部位	信息类型	巡视点位/信息名称	数据来源
3602	设备在线监测系统	断路器SF$_6$气体压力及水分监测	告警信息	SF$_6$气体压力预警	在线监测系统
3603	设备在线监测系统	机械特性在线监测	告警信息	合闸行程告警	在线监测系统
3604	设备在线监测系统	机械特性在线监测	告警信息	合闸行程预警	在线监测系统
3605	设备在线监测系统	机械特性在线监测	告警信息	分闸行程告警	在线监测系统
3606	设备在线监测系统	机械特性在线监测	告警信息	分闸行程预警	在线监测系统
3607	设备在线监测系统	机械特性在线监测	告警信息	合闸时间告警	在线监测系统
3608	设备在线监测系统	机械特性在线监测	告警信息	合闸时间预警	在线监测系统
3609	设备在线监测系统	机械特性在线监测	告警信息	分闸时间告警	在线监测系统
3610	设备在线监测系统	机械特性在线监测	告警信息	分闸时间预警	在线监测系统
3611	设备在线监测系统	声纹在线监测	运行数据	声纹监测数据	在线监测系统
3612	设备在线监测系统	声纹在线监测	告警信息	声纹监测异常告警	在线监测系统
3613	设备在线监测系统	声纹在线监测	告警信息	声纹采集装置异常告警	在线监测系统
3614	设备在线监测系统	声纹在线监测	告警信息	数据通信异常告警	在线监测系统
3615	设备在线监测系统	金属氧化物避雷器泄漏电流监测	告警信息	阻性电流告警	主设备监控系统
3616	设备在线监测系统	金属氧化物避雷器泄漏电流监测	告警信息	阻性电流预警	主设备监控系统
3617	设备在线监测系统	金属氧化物避雷器泄漏电流监测	运行数据	系统电压	在线监测系统
3618	设备在线监测系统	金属氧化物避雷器泄漏电流监测	告警信息	阻性电流告警	在线监测系统
3619	设备在线监测系统	金属氧化物避雷器泄漏电流监测	告警信息	阻性电流预警	在线监测系统
3620	设备在线监测系统	金属氧化物避雷器泄漏电流监测	运行数据	全电流	主设备监控系统
3621	设备在线监测系统	金属氧化物避雷器泄漏电流监测	运行数据	阻性电流	主设备监控系统
3622	设备在线监测系统	金属氧化物避雷器泄漏电流监测	运行数据	动作次数	主设备监控系统

续表

序号	设备类型	设备部位	信息类型	巡视点位/信息名称	数据来源
3623	设备在线监测系统	金属氧化物避雷器泄漏电流监测	运行数据	系统电压	主设备监控系统
3624	设备在线监测系统	金属氧化物避雷器泄漏电流监测	运行数据	系统频率	主设备监控系统
3625	设备在线监测系统	金属氧化物避雷器泄漏电流监测	运行数据	容性电流	主设备监控系统
3626	设备在线监测系统	金属氧化物避雷器泄漏电流监测	运行数据	阻容比	主设备监控系统
3627	设备在线监测系统	金属氧化物避雷器泄漏电流监测	运行数据	计数器动作次数	主设备监控系统
3628	设备在线监测系统	金属氧化物避雷器泄漏电流监测	运行数据	最后一次动作时间	主设备监控系统
3629	设备在线监测系统	局部放电监测	告警信息	放电量告警	主设备监控系统
3630	设备在线监测系统	局部放电监测	告警信息	放电量预警	主设备监控系统
3631	设备在线监测系统	局部放电监测	告警信息	放电量告警	在线监测系统
3632	设备在线监测系统	局部放电在线监测	运行数据	局部最小放电量	在线监测系统
3633	设备在线监测系统	局部放电在线监测	运行数据	局部最大放电量	在线监测系统
3634	设备在线监测系统	局部放电在线监测	运行数据	局部平均放电位置	在线监测系统
3635	设备在线监测系统	局部放电在线监测	运行数据	局部放电位置	在线监测系统
3636	设备在线监测系统	局部放电在线监测	运行数据	放电次数	在线监测系统
3637	设备在线监测系统	局部放电在线监测	运行数据	局部放电相位	在线监测系统
3638	设备在线监测系统	局部放电在线监测	运行数据	放电波形	在线监测系统
3639	设备在线监测系统	局部放电在线监测	运行数据	放电类型	在线监测系统
3640	设备在线监测系统	局部放电在线监测	运行数据	局部最小放电量	主设备监控系统
3641	设备在线监测系统	局部放电在线监测	运行数据	局部最大放电量	主设备监控系统
3642	设备在线监测系统	局部放电在线监测	运行数据	局部平均放电位置	主设备监控系统
3643	设备在线监测系统	局部放电在线监测	运行数据	局部放电位置	主设备监控系统

续表

序号	设备类型	设备部位	信息类型	巡视点位/信息名称	数据来源
3644	设备在线监测系统	局部放电在线监测	运行数据	放电次数	主设备监控系统
3645	设备在线监测系统	局部放电在线监测	运行数据	局部放电相位	主设备监控系统
3646	设备在线监测系统	局部放电在线监测	运行数据	放电波形	主设备监控系统
3647	设备在线监测系统	局部放电在线监测	运行数据	放电类型	主设备监控系统
3648	设备在线监测系统	局部放电在线监测	运行数据	传感器运行状态	主设备监控系统
3649	设备在线监测系统	耦合电容器电容设备绝缘监测	运行数据	介质损耗因数	在线监测系统
3650	设备在线监测系统	容性设备在线监测	运行数据	系统电压×次谐波	在线监测系统
3651	设备在线监测系统	容性设备在线监测	告警信息	放电量预警	在线监测系统
3652	设备在线监测系统	容性设备在线监测	告警信息	容性设备/避雷器监测终端异常告警	在线监测系统
3653	设备在线监测系统	容性设备在线监测	运行数据	传感器运行状态	在线监测系统
3654	设备在线监测系统	容性设备在线监测	运行数据	传感器运行状态	在线监测系统
3655	设备在线监测系统	容性设备在线监测	运行数据	系统电压×次谐波	主设备监控系统
3656	设备在线监测系统	容性设备在线监测	运行数据	电容量	主设备监控系统
3657	设备在线监测系统	容性设备在线监测	运行数据	介质损耗因数	主设备监控系统
3658	设备在线监测系统	套管绝缘监测装置	告警信息	末屏断相告警	主设备监控系统
3659	设备在线监测系统	套管绝缘监测装置	告警信息	介质损耗因数告警	主设备监控系统
3660	设备在线监测系统	套管绝缘监测装置	告警信息	介质损耗因数预警	主设备监控系统
3661	设备在线监测系统	套管绝缘监测装置	告警信息	相对介质损耗因数（初值差）告警	主设备监控系统
3662	设备在线监测系统	套管绝缘监测装置	告警信息	相对介质损耗因数（初值差）预警	主设备监控系统
3663	设备在线监测系统	套管绝缘监测装置	告警信息	电容量相对变化率（初值差）告警	主设备监控系统
3664	设备在线监测系统	套管绝缘监测装置	告警信息	电容量相对变化率（初值差）预警	主设备监控系统

续表

序号	设备类型	设备部位	信息类型	巡视点位/信息名称	数据来源
3665	设备在线监测系统	套管绝缘监测装置	告警信息	末屏断相告警	在线监测系统
3666	设备在线监测系统	套管绝缘监测装置	告警信息	变压器监测终端异常告警	在线监测系统
3667	设备在线监测系统	铁芯夹件接地电流监测	运行数据	铁芯全电流	在线监测系统
3668	设备在线监测系统	铁芯夹件接地电流监测	运行数据	夹件接地电流	在线监测系统
3669	设备在线监测系统	铁芯接地电流监测	告警信息	全电流告警	主设备监控系统
3670	设备在线监测系统	铁芯接地电流监测	告警信息	全电流预警	主设备监控系统
3671	设备在线监测系统	铁芯接地电流监测	告警信息	全电流告警	在线监测系统
3672	设备在线监测系统	铁芯接地电流监测	运行数据	全电流	在线监测系统
3673	设备在线监测系统	蓄电池室蓄电池	动作信息	蓄电池开始放电	在线监测系统
3674	设备在线监测系统	蓄电池室蓄电池	动作信息	蓄电池停止放电	在线监测系统
3675	设备在线监测系统	蓄电池室蓄电池	动作信息	蓄电池启动内阻测试	在线监测系统
3676	设备在线监测系统	油中溶解气体	告警信息	氢气气体绝对值告警	在线监测系统
3677	设备在线监测系统	油中溶解气体	告警信息	氢气气体绝对值预警	在线监测系统
3678	设备在线监测系统	油中溶解气体	告警信息	氢气气体相对产气速率告警	在线监测系统
3679	设备在线监测系统	油中溶解气体	告警信息	氢气气体相对产气速率预警	在线监测系统
3680	设备在线监测系统	油中溶解气体	告警信息	氢气气体绝对产气速率告警	在线监测系统
3681	设备在线监测系统	油中溶解气体	告警信息	氢气气体绝对产气速率预警	在线监测系统
3682	设备在线监测系统	油中溶解气体	告警信息	乙炔气体绝对值告警	在线监测系统
3683	设备在线监测系统	油中溶解气体	告警信息	乙炔气体绝对值预警	在线监测系统
3684	设备在线监测系统	油中溶解气体	告警信息	乙炔气体相对产气速率告警	在线监测系统
3685	设备在线监测系统	油中溶解气体	告警信息	乙炔气体相对产气速率预警	在线监测系统

序号	设备类型	设备部位	信息类型	巡视点位/信息名称	数据来源
3686	设备在线监测系统	油中溶解气体	告警信息	乙炔气体绝对产气速率告警	在线监测系统
3687	设备在线监测系统	油中溶解气体	告警信息	乙炔气体绝对产气速率预警	在线监测系统
3688	设备在线监测系统	油中溶解气体	告警信息	总烃气体绝对值告警	在线监测系统
3689	设备在线监测系统	油中溶解气体	告警信息	总烃气体绝对值预警	在线监测系统
3690	设备在线监测系统	油中溶解气体	告警信息	总烃气体相对产气速率告警	在线监测系统
3691	设备在线监测系统	油中溶解气体	告警信息	总烃气体相对产气速率预警	在线监测系统
3692	设备在线监测系统	油中溶解气体	告警信息	总烃气体绝对产气速率告警	在线监测系统
3693	设备在线监测系统	油中溶解气体	告警信息	总烃气体绝对产气速率预警	在线监测系统
3694	设备在线监测系统	油中溶解气体	告警信息	一氧化碳气体绝对值告警	在线监测系统
3695	设备在线监测系统	油中溶解气体	告警信息	一氧化碳气体绝对值预警	在线监测系统
3696	设备在线监测系统	油中溶解气体	告警信息	二氧化碳气体绝对值告警	在线监测系统
3697	设备在线监测系统	油中溶解气体	告警信息	二氧化碳气体绝对值预警	在线监测系统
3698	设备在线监测系统	油中溶解气体	告警信息	甲烷气体绝对值告警	在线监测系统
3699	设备在线监测系统	油中溶解气体	告警信息	甲烷气体绝对值预警	在线监测系统
3700	设备在线监测系统	油中溶解气体	告警信息	乙烯气体绝对值告警	在线监测系统
3701	设备在线监测系统	油中溶解气体	告警信息	乙烯气体绝对值预警	在线监测系统
3702	设备在线监测系统	油中溶解气体	告警信息	乙烷气体绝对值告警	在线监测系统
3703	设备在线监测系统	油中溶解气体	告警信息	载气压力状态	在线监测系统
3704	设备在线监测系统	油中溶解气体	告警信息	过热告警	在线监测系统
3705	设备在线监测系统	油中溶解气体	告警信息	载气剩余压力	在线监测系统
3706	设备在线监测系统	油中溶解气体	告警信息	未取到油样报警	在线监测系统

续表

序号	设备类型	设备部位	信息类型	巡视点位/信息名称	数据来源
3707	设备在线监测系统	油中溶解气体	告警信息	载气是否充足	在线监测系统
3708	设备在线监测系统	油中溶解气体	告警信息	载气压力异常报警	在线监测系统
3709	设备在线监测系统	油中溶解气体	告警信息	油气模块气压异常报警	在线监测系统
3710	设备在线监测系统	油中溶解气体	告警信息	油气模块温控异常报警	在线监测系统
3711	设备在线监测系统	油中溶解气体	告警信息	色谱模块温控异常报警	在线监测系统
3712	设备在线监测系统	油中溶解气体	告警信息	过热兼放电告警	在线监测系统
3713	设备在线监测系统	油中溶解气体	告警信息	乙烷气体绝对值预警	在线监测系统
3714	设备在线监测系统	油中溶解气体	告警信息	水分预警	在线监测系统
3715	设备在线监测系统	油中溶解气体	告警信息	气体绝对值告警	在线监测系统
3716	设备在线监测系统	油中溶解气体	告警信息	氢气气体绝对值告警	主设备监控系统
3717	设备在线监测系统	油中溶解气体	告警信息	氢气气体绝对值预警	主设备监控系统
3718	设备在线监测系统	油中溶解气体	告警信息	氢气气体相对产气速率告警	主设备监控系统
3719	设备在线监测系统	油中溶解气体	告警信息	氢气气体相对产气速率预警	主设备监控系统
3720	设备在线监测系统	油中溶解气体	告警信息	氢气气体绝对产气速率告警	主设备监控系统
3721	设备在线监测系统	油中溶解气体	告警信息	氢气气体绝对产气速率预警	主设备监控系统
3722	设备在线监测系统	油中溶解气体	告警信息	乙炔气体绝对值告警	主设备监控系统
3723	设备在线监测系统	油中溶解气体	告警信息	乙炔气体绝对值预警	主设备监控系统
3724	设备在线监测系统	油中溶解气体	告警信息	乙炔气体相对产气速率告警	主设备监控系统
3725	设备在线监测系统	油中溶解气体	告警信息	乙炔气体相对产气速率预警	主设备监控系统
3726	设备在线监测系统	油中溶解气体	告警信息	乙炔气体绝对产气速率告警	主设备监控系统
3727	设备在线监测系统	油中溶解气体	告警信息	乙炔气体绝对产气速率预警	主设备监控系统

序号	设备类型	设备部位	信息类型	巡视点位/信息名称	数据来源
3728	设备在线监测系统	油中溶解气体	告警信息	气体绝对值告警	主设备监控系统
3729	设备在线监测系统	油中溶解气体	告警信息	总烃气体绝对值预警	主设备监控系统
3730	设备在线监测系统	油中溶解气体	告警信息	总烃气体相对产气速率告警	主设备监控系统
3731	设备在线监测系统	油中溶解气体	告警信息	总烃气体相对产气速率预警	主设备监控系统
3732	设备在线监测系统	油中溶解气体	告警信息	总烃气体绝对产气速率告警	主设备监控系统
3733	设备在线监测系统	油中溶解气体	告警信息	总烃气体绝对产气速率预警	主设备监控系统
3734	设备在线监测系统	油中溶解气体	告警信息	一氧化碳气体绝对值告警	主设备监控系统
3735	设备在线监测系统	油中溶解气体	告警信息	一氧化碳气体绝对值预警	主设备监控系统
3736	设备在线监测系统	油中溶解气体	告警信息	二氧化碳气体绝对值告警	主设备监控系统
3737	设备在线监测系统	油中溶解气体	告警信息	二氧化碳气体绝对值预警	主设备监控系统
3738	设备在线监测系统	油中溶解气体	告警信息	甲烷气体绝对值告警	主设备监控系统
3739	设备在线监测系统	油中溶解气体	告警信息	甲烷气体绝对值预警	主设备监控系统
3740	设备在线监测系统	油中溶解气体	告警信息	乙烯气体绝对值告警	主设备监控系统
3741	设备在线监测系统	油中溶解气体	告警信息	乙烯气体绝对值预警	主设备监控系统
3742	设备在线监测系统	油中溶解气体	告警信息	乙烷气体绝对值告警	主设备监控系统
3743	设备在线监测系统	油中溶解气体	告警信息	载气压力状态	主设备监控系统
3744	设备在线监测系统	油中溶解气体	告警信息	过热告警	主设备监控系统
3745	设备在线监测系统	油中溶解气体	告警信息	载气剩余压力	主设备监控系统
3746	设备在线监测系统	油中溶解气体	告警信息	未取到油样报警	主设备监控系统
3747	设备在线监测系统	油中溶解气体	告警信息	载气是否充足	主设备监控系统
3748	设备在线监测系统	油中溶解气体	告警信息	载气压力异常报警	主设备监控系统

序号	设备类型	设备部位	信息类型	巡视点位/信息名称	数据来源
3749	设备在线监测系统	油中溶解气体	告警信息	油气模块气压异常报警	主设备监控系统
3750	设备在线监测系统	油中溶解气体	告警信息	油气模块温控异常报警	主设备监控系统
3751	设备在线监测系统	油中溶解气体	告警信息	色谱模块温控异常报警	主设备监控系统
3752	设备在线监测系统	油中溶解气体	告警信息	过热兼放电告警	主设备监控系统
3753	设备在线监测系统	油中溶解气体	告警信息	乙烷气体绝对值预警	主设备监控系统
3754	设备在线监测系统	油中溶解气体监测	运行数据	氢气	在线监测系统
3755	设备在线监测系统	油中溶解气体监测	运行数据	一氧化碳	在线监测系统
3756	设备在线监测系统	油中溶解气体监测	运行数据	二氧化碳	在线监测系统
3757	设备在线监测系统	油中溶解气体监测	运行数据	甲烷	在线监测系统
3758	设备在线监测系统	油中溶解气体监测	运行数据	乙烯	在线监测系统
3759	设备在线监测系统	油中溶解气体监测	运行数据	乙炔	在线监测系统
3760	设备在线监测系统	油中溶解气体监测	运行数据	乙烷	在线监测系统
3761	设备在线监测系统	油中溶解气体监测	运行数据	总烃	在线监测系统
3762	设备在线监测系统	油中溶解气体监测	运行数据	氮气	在线监测系统
3763	设备在线监测系统	油中溶解气体监测	运行数据	氧气	在线监测系统
3764	设备在线监测系统	油中溶解气体监测	运行数据	水分	在线监测系统
3765	设备在线监测系统	油中溶解气体监测	运行数据	当前采样周期	在线监测系统
3766	设备在线监测系统	油中溶解气体监测	运行数据	运行状态	在线监测系统
3767	设备在线监测系统	油中微水监测	告警信息	水分告警	主设备监控系统
3768	设备在线监测系统	油中微水监测	告警信息	水分预警	主设备监控系统
3769	设备在线监测系统	油中微水监测	告警信息	水分告警	在线监测系统

续表

序号	设备类型	设备部位	信息类型	巡视点位/信息名称	数据来源
3770	设备在线监测系统	油中微水监测	告警信息	全电流预警	在线监测系统
3771	变电站机器人信息	机器人	运行数据	机器人在线状态	在线监测系统
3772	变电站机器人信息	机器人	运行数据	电池电量	在线监测系统
3773	变电站机器人信息	机器人	运行数据	行驶里程	在线监测系统
3774	变电站机器人信息	机器人	运行数据	运动速度	在线监测系统
3775	变电站机器人信息	机器人	运行数据	工作状态	在线监测系统
3776	变电站机器人信息	机器人	运行数据	超声停障	在线监测系统
3777	变电站机器人信息	机器人	运行数据	控制模式	在线监测系统
3778	变电站机器人信息	机器人	运行数据	控制权状态	在线监测系统
3779	变电站机器人信息	机器人	运行数据	轮转状态	在线监测系统
3780	变电站机器人信息	机器人	运行数据	坐标	在线监测系统
3781	变电站机器人信息	巡视路线	运行数据	巡视路线	在线监测系统
3782	变电站机器人信息	微气象信息	运行数据	环境温度	远程智能巡视系统
3783	变电站机器人信息	微气象信息	运行数据	环境湿度	远程智能巡视系统
3784	变电站机器人信息	微气象信息	运行数据	风速	远程智能巡视系统
3785	变电站机器人信息	微气象信息	运行数据	雨量	远程智能巡视系统
3786	变电站机器人信息	微气象信息	运行数据	风向	远程智能巡视系统
3787	变电站机器人信息	微气象信息	运行数据	气压	远程智能巡视系统
3788	变电站机器人信息	巡视任务状态	运行数据	任务 ID	远程智能巡视系统
3789	变电站机器人信息	巡视任务状态	运行数据	任务名称	远程智能巡视系统
3790	变电站机器人信息	巡视任务状态	运行数据	任务状态	远程智能巡视系统

续表

序号	设备类型	设备部位	信息类型	巡视点位/信息名称	数据来源
3791	变电站机器人信息	巡视任务状态	运行数据	计划开始时间	远程智能巡视系统
3792	变电站机器人信息	巡视任务状态	运行数据	开始时间	远程智能巡视系统
3793	变电站机器人信息	巡视任务状态	运行数据	任务进度	远程智能巡视系统
3794	变电站机器人信息	巡视任务状态	运行数据	任务预计剩余时间	远程智能巡视系统
3795	变电站机器人信息	巡视任务状态	运行数据	描述	远程智能巡视系统
3796	变电站机器人信息	巡视结果	运行数据	巡视设备编码	远程智能巡视系统
3797	变电站机器人信息	巡视结果	运行数据	任务编码	远程智能巡视系统
3798	变电站机器人信息	巡视结果	运行数据	设备点位名称	远程智能巡视系统
3799	变电站机器人信息	巡视结果	运行数据	设备点位 ID	远程智能巡视系统
3800	变电站机器人信息	巡视结果	运行数据	实物 ID	远程智能巡视系统
3801	变电站机器人信息	巡视结果	运行数据	值	远程智能巡视系统
3802	变电站机器人信息	巡视结果	运行数据	值带单位	远程智能巡视系统
3803	变电站机器人信息	巡视结果	运行数据	单位	远程智能巡视系统
3804	变电站机器人信息	巡视结果	运行数据	时间	远程智能巡视系统
3805	变电站机器人信息	巡视结果	运行数据	识别类型	远程智能巡视系统
3806	变电站机器人信息	巡视结果	运行数据	采集文件类型	远程智能巡视系统
3807	变电站机器人信息	巡视结果	运行数据	文件名称	远程智能巡视系统
3808	变电站机器人信息	巡视结果	运行数据	图像框	远程智能巡视系统
3809	变电站机器人信息	巡视结果	运行数据	巡视任务执行 ID	远程智能巡视系统
3810	变电站机器人信息	巡视结果	运行数据	结论	远程智能巡视系统
3811	变电站机器人信息	巡视告警	告警信息	告警等级	远程智能巡视系统

序号	设备类型	设备部位	信息类型	巡视点位/信息名称	数据来源
3812	变电站机器人信息	巡视告警	告警信息	告警类型	远程智能巡视系统
3813	变电站机器人信息	巡视告警	告警信息	告警描述	远程智能巡视系统
3814	变电站机器人信息	机器人	告警信息	电池电量低	在线监测系统
3815	变电站机器人信息	机器人	告警信息	驱动异常	在线监测系统
3816	变电站机器人信息	机器人	告警信息	通信状态异常	在线监测系统
3817	变电站机器人信息	机器人	告警信息	电源故障报警	在线监测系统
3818	变电站视频监控	电源	运行数据	视频装置失电告警	在线监测系统
3819	变电站视频监控	摄像机	运行数据	摄像机在线状态	在线监测系统
3820	变电站视频监控	摄像机	运行数据	视频分析结果	在线监测系统
3821	变电站视频监控	红外摄像机	运行数据	测温数据	在线监测系统
3822	变电站视频监控	硬盘录像机	运行数据	硬盘录像机在线状态	在线监测系统
3823	变电站视频监控	硬盘录像机	运行数据	视频丢失	在线监测系统
3824	变电站视频监控	硬盘录像机	运行数据	移动侦测	在线监测系统
3825	变电站视频监控	硬盘录像机	运行数据	视频遮挡	在线监测系统
3826	变电站视频监控	硬盘录像机	运行数据	设备高温	在线监测系统
3827	变电站视频监控	硬盘录像机	运行数据	设备低温	在线监测系统
3828	变电站视频监控	硬盘录像机	运行数据	风扇故障	在线监测系统
3829	变电站视频监控	硬盘录像机	运行数据	磁盘故障	在线监测系统
3830	变电站视频监控	摄像机	控制命令	云台控制	在线监测系统
3831	变电站视频监控	摄像机	控制命令	雨刷控制	在线监测系统
3832	变电站视频监控	摄像机	控制命令	灯光控制	在线监测系统

序号	设备类型	设备部位	信息类型	巡视点位/信息名称	数据来源
3833	变电站视频监控	摄像机	控制命令	预置位调用	在线监测系统
3834	变电站巡视系统	巡视采集文件	巡视数据	可见光照片	远程智能巡视系统
3835	变电站巡视系统	巡视采集文件	巡视数据	红外图片	远程智能巡视系统
3836	变电站巡视系统	巡视采集文件	巡视数据	红外图谱文件	远程智能巡视系统
3837	变电站巡视系统	巡视采集文件	巡视数据	音频文件	远程智能巡视系统
3838	变电站巡视系统	巡视采集文件	巡视数据	视频文件	远程智能巡视系统
3839	变电站巡视系统	模型	运行数据	设备点位模型文件	远程智能巡视系统
3840	变电站巡视系统	模型	运行数据	巡视设备模型文件	远程智能巡视系统
3841	变电站巡视系统	模型	运行数据	任务模型文件	远程智能巡视系统
3842	变电站巡视系统	模型	运行数据	检修区域模型文件	远程智能巡视系统
3843	变电站巡视系统	模型	运行数据	模型同步	远程智能巡视系统
3844	变电站巡视系统	模型	运行数据	检修区域下发	远程智能巡视系统
3845	变电站巡视系统	地图	运行数据	地图文件	远程智能巡视系统
3846	变电站巡视系统	巡视设备	运行数据	状态数据	远程智能巡视系统
3847	变电站巡视系统	巡视设备	运行数据	运行数据	远程智能巡视系统
3848	变电站巡视系统	巡视设备	运行数据	坐标	远程智能巡视系统
3849	变电站巡视系统	巡视设备	运行数据	巡视路线	远程智能巡视系统
3850	变电站巡视系统	巡视设备	运行数据	异常告警数据	远程智能巡视系统
3851	变电站巡视系统	巡视设备	运行数据	环境数据	远程智能巡视系统
3852	变电站巡视系统	巡视设备	运行数据	机巢状态数据	远程智能巡视系统
3853	变电站巡视系统	巡视设备	运行数据	机巢运行数据	远程智能巡视系统

续表

序号	设备类型	设备部位	信息类型	巡视点位/信息名称	数据来源
3854	变电站巡视系统	巡视设备	运行数据	无人机控制	远程智能巡视系统
3855	变电站巡视系统	巡视设备	运行数据	机器人控制	远程智能巡视系统
3856	变电站巡视系统	巡视任务	运行数据	任务状态数据	远程智能巡视系统
3857	变电站巡视系统	巡视任务	运行数据	巡视结果	远程智能巡视系统
3858	变电站巡视系统	巡视任务	运行数据	任务控制	远程智能巡视系统
3859	变电站巡视系统	巡视任务	运行数据	任务下发	远程智能巡视系统
3860	变电站巡视系统	可靠性指标	运行数据	摄像机录像完整率（%）	远程智能巡视系统
3861	变电站巡视系统	可靠性指标	运行数据	投运期间累计在线时长（h）	远程智能巡视系统
3862	变电站巡视系统	可靠性指标	运行数据	累积离线次数	远程智能巡视系统
3863	变电站巡视系统	可靠性指标	运行数据	累计连续正常运行天数	远程智能巡视系统
3864	变电站巡视系统	可靠性指标	运行数据	累计巡检天数	远程智能巡视系统
3865	变电站巡视系统	可靠性指标	运行数据	出勤率（%）	远程智能巡视系统
3866	变电站巡视系统	可靠性指标	运行数据	巡视点位漏检率（%）	远程智能巡视系统
3867	变电站巡视系统	可靠性指标	运行数据	巡视任务执行闭环率（%）	远程智能巡视系统
3868	变电站巡视系统	可靠性指标	运行数据	巡视告警人工审核完成率（%）	远程智能巡视系统
3869	变电站巡视系统	可靠性指标	运行数据	巡视告警准确率（%）	远程智能巡视系统
3870	变电站巡视系统	可靠性指标	运行数据	巡视结果人工审核完成率（%）	远程智能巡视系统
3871	变电站巡视系统	主控室工装检测	巡视数据	未穿工装	远程智能巡视系统
3872	变电站巡视系统	主控室安全帽检测	巡视数据	未戴安全帽	远程智能巡视系统
3873	变电站巡视系统	大门	巡视数据	大门外观	远程智能巡视系统
3874	变电站巡视系统	围墙	巡视数据	围墙外观	远程智能巡视系统

续表

序号	设备类型	设备部位	信息类型	巡视点位/信息名称	数据来源
3875	变电站巡视系统	建筑物	巡视数据	墙面	远程智能巡视系统
3876	变电站巡视系统	建筑物	巡视数据	门窗	远程智能巡视系统
3877	火灾消防系统	消防信息传输控制单元	运行数据	通信状态	消防监控系统
3878	火灾消防系统	消防信息传输控制单元	运行数据	运行异常告警	消防监控系统
3879	火灾消防系统	消防信息传输控制单元	运行数据	电源失电	消防监控系统
3880	火灾消防系统	消防信息传输控制单元	运行数据	硬件版本	消防监控系统
3881	火灾消防系统	消防信息传输控制单元	运行数据	软件版本	消防监控系统
3882	火灾消防系统	消防信息传输控制单元	运行数据	以太网 IP 地址	消防监控系统
3883	火灾消防系统	消防信息传输控制单元	运行数据	对时信号状态	消防监控系统
3884	火灾消防系统	消防信息传输控制单元	运行数据	串口通信状态	消防监控系统
3885	火灾消防系统	消防信息传输控制单元	运行数据	网口通信状态	消防监控系统
3886	火灾消防系统	消防信息传输控制单元	运行数据	反馈信号	消防监控系统
3887	火灾消防系统	消防信息传输控制单元	运行数据	输出/反馈检线信号	消防监控系统
3888	火灾消防系统	消防信息传输控制单元	运行数据	模拟量信号	消防监控系统
3889	火灾消防系统	固定式灭火系统	运行数据	泵组电源工作状态	消防监控系统
3890	火灾消防系统	固定式灭火系统	运行数据	××防护区电磁阀启动	消防监控系统
3891	火灾消防系统	固定式灭火系统	运行数据	供水侧信号阀状态	消防监控系统
3892	火灾消防系统	固定式灭火系统	运行数据	系统侧信号阀状态	消防监控系统
3893	火灾消防系统	固定式灭火系统	运行数据	消防泵组启、停状态	消防监控系统
3894	火灾消防系统	固定式灭火系统	运行数据	稳压泵组启、停状态	消防监控系统
3895	火灾消防系统	固定式灭火系统	运行数据	消防泵组故障状态	消防监控系统

续表

序号	设备类型	设备部位	信息类型	巡视点位/信息名称	数据来源
3896	火灾消防系统	固定式灭火系统	运行数据	稳压泵组故障状态	消防监控系统
3897	火灾消防系统	固定式灭火系统	运行数据	压力开关状态	消防监控系统
3898	火灾消防系统	固定式灭火系统	运行数据	喷放指示状态	消防监控系统
3899	火灾消防系统	固定式灭火系统	运行数据	消防泵控制柜手动/自动状态	消防监控系统
3900	火灾消防系统	固定式灭火系统	运行数据	稳压泵控制柜（箱）手动/自动状态	消防监控系统
3901	火灾消防系统	固定式灭火系统	运行数据	流量开关状态	消防监控系统
3902	火灾消防系统	固定式灭火系统	运行数据	××主变压器各侧断路器分位信号	消防监控系统
3903	火灾消防系统	固定式灭火系统	运行数据	××防护区分区控制阀启动	消防监控系统
3904	火灾消防系统	固定式灭火系统	运行数据	××防护区分区控制阀启动反馈	消防监控系统
3905	火灾消防系统	固定式灭火系统	运行数据	细水雾泵组启、停状态	消防监控系统
3906	火灾消防系统	固定式灭火系统	运行数据	细水雾泵组故障状态	消防监控系统
3907	火灾消防系统	固定式灭火系统	运行数据	细水雾泵控制柜手动/自动状态	消防监控系统
3908	火灾消防系统	固定式灭火系统	运行数据	水箱液位高/低	消防监控系统
3909	火灾消防系统	固定式灭火系统	运行数据	细水雾系统启动	消防监控系统
3910	火灾消防系统	固定式灭火系统	运行数据	细水雾系统告警	消防监控系统
3911	火灾消防系统	固定式灭火系统	运行数据	细水雾系统管网泄漏	消防监控系统
3912	火灾消防系统	固定式灭火系统	运行数据	启动瓶电磁阀启动	消防监控系统
3913	火灾消防系统	固定式灭火系统	运行数据	××防护区泡沫分区阀启动	消防监控系统
3914	火灾消防系统	固定式灭火系统	运行数据	××防护区泡沫分区阀启动反馈	消防监控系统
3915	火灾消防系统	固定式灭火系统	运行数据	××防护区泡沫分区阀后压力开关状态	消防监控系统
3916	火灾消防系统	固定式灭火系统	运行数据	泵组启、停状态	消防监控系统

序号	设备类型	设备部位	信息类型	巡视点位/信息名称	数据来源
3917	火灾消防系统	固定式灭火系统	运行数据	泵组故障状态	消防监控系统
3918	火灾消防系统	固定式灭火系统	运行数据	泵组控制柜手动/自动工作状态	消防监控系统
3919	火灾消防系统	固定式灭火系统	运行数据	泡沫箱液位低	消防监控系统
3920	火灾消防系统	固定式灭火系统	运行数据	排油注氮装置故障（失电）	消防监控系统
3921	火灾消防系统	固定式灭火系统	运行数据	远程启动条件满足（灭火装置启动）	消防监控系统
3922	火灾消防系统	固定式灭火系统	运行数据	装置排油启动（排油阀位置开）	消防监控系统
3923	火灾消防系统	固定式灭火系统	运行数据	系统远方/就地	消防监控系统
3924	火灾消防系统	固定式灭火系统	运行数据	系统自动/手动	消防监控系统
3925	火灾消防系统	固定式灭火系统	运行数据	系统投入/退出	消防监控系统
3926	火灾消防系统	固定式灭火系统	运行数据	××报警探测器火警	消防监控系统
3927	火灾消防系统	固定式灭火系统	运行数据	断流阀关闭	消防监控系统
3928	火灾消防系统	固定式灭火系统	运行数据	氮气瓶压力低	消防监控系统
3929	火灾消防系统	固定式灭火系统	运行数据	排油阀渗漏油报警	消防监控系统
3930	火灾消防系统	固定式灭火系统	运行数据	装置注氮启动（氮气释放阀位置开）	消防监控系统
3931	火灾消防系统	固定式灭火系统	运行数据	检修锁定	消防监控系统
3932	火灾消防系统	固定式灭火系统	运行数据	CAFS产生装置电源工作状态	消防监控系统
3933	火灾消防系统	固定式灭火系统	运行数据	CAFS联动控制系统异常	消防监控系统
3934	火灾消防系统	固定式灭火系统	运行数据	CAFS产生装置启动	消防监控系统
3935	火灾消防系统	固定式灭火系统	运行数据	CAFS产生装置故障	消防监控系统
3936	火灾消防系统	固定式灭火系统	运行数据	分区控制阀启动	消防监控系统
3937	火灾消防系统	固定式灭火系统	运行数据	分区控制阀故障	消防监控系统

续表

序号	设备类型	设备部位	信息类型	巡视点位/信息名称	数据来源
3938	火灾消防系统	固定式灭火系统	运行数据	喷淋阀启动	消防监控系统
3939	火灾消防系统	固定式灭火系统	运行数据	喷淋阀故障	消防监控系统
3940	火灾消防系统	固定式灭火系统	运行数据	消防炮阀启动	消防监控系统
3941	火灾消防系统	固定式灭火系统	运行数据	消防炮阀故障	消防监控系统
3942	火灾消防系统	固定式灭火系统	运行数据	××主变压器各侧断路器分位信号	消防监控系统
3943	火灾消防系统	固定式灭火系统	运行数据	瞄准器工作正常	消防监控系统
3944	火灾消防系统	固定式灭火系统	运行数据	瞄准器已复位	消防监控系统
3945	火灾消防系统	固定式灭火系统	运行数据	火源检测成功	消防监控系统
3946	火灾消防系统	固定式灭火系统	运行数据	涡扇炮转到指定角度	消防监控系统
3947	火灾消防系统	固定式灭火系统	运行数据	火源定位成功	消防监控系统
3948	火灾消防系统	固定式灭火系统	运行数据	火源定位失败	消防监控系统
3949	火灾消防系统	固定式灭火系统	运行数据	火源垂直定位成功	消防监控系统
3950	火灾消防系统	固定式灭火系统	运行数据	火源垂直定位失败	消防监控系统
3951	火灾消防系统	固定式灭火系统	运行数据	连续工作小时	消防监控系统
3952	火灾消防系统	固定式灭火系统	运行数据	涡扇炮旋转垂直角度	消防监控系统
3953	火灾消防系统	固定式灭火系统	运行数据	涡扇炮旋转水平角度	消防监控系统
3954	火灾消防系统	固定式灭火系统	运行数据	火源水平定位成功	消防监控系统
3955	火灾消防系统	固定式灭火系统	运行数据	火源水平定位失败	消防监控系统
3956	火灾消防系统	固定式灭火系统	运行数据	发动机启动状态	消防监控系统
3957	火灾消防系统	固定式灭火系统	运行数据	涡扇炮高就位	消防监控系统
3958	火灾消防系统	固定式灭火系统	运行数据	涡扇炮落到位	消防监控系统

序号	设备类型	设备部位	信息类型	巡视点位/信息名称	数据来源
3959	火灾消防系统	固定式灭火系统	运行数据	涡扇炮旋转角度	消防监控系统
3960	火灾消防系统	固定式灭火系统	运行数据	电瓶电压	消防监控系统
3961	火灾消防系统	固定式灭火系统	运行数据	气路气压	消防监控系统
3962	火灾消防系统	固定式灭火系统	运行数据	运动速度	消防监控系统
3963	火灾消防系统	固定式灭火系统	运行数据	偏航角度	消防监控系统
3964	火灾消防系统	固定式灭火系统	运行数据	经度	消防监控系统
3965	火灾消防系统	固定式灭火系统	运行数据	纬度	消防监控系统
3966	火灾消防系统	固定式灭火系统	运行数据	冷却液温度	消防监控系统
3967	火灾消防系统	固定式灭火系统	运行数据	机油压力	消防监控系统
3968	火灾消防系统	固定式灭火系统	运行数据	液压油液位	消防监控系统
3969	火灾消防系统	固定式灭火系统	运行数据	燃油油量	消防监控系统
3970	火灾消防系统	气体灭火系统	运行数据	系统手动、自动工作状态	消防监控系统
3971	火灾消防系统	气体灭火系统	运行数据	系统故障状态	消防监控系统
3972	火灾消防系统	气体灭火系统	运行数据	启动瓶电磁阀启动反馈	消防监控系统
3973	火灾消防系统	气体灭火系统	运行数据	强切非消防电源启动	消防监控系统
3974	火灾消防系统	气体灭火系统	运行数据	强切非消防电源反馈	消防监控系统
3975	火灾消防系统	气体灭火系统	运行数据	关闭防火阀启动	消防监控系统
3976	火灾消防系统	气体灭火系统	运行数据	关闭防火阀启动反馈	消防监控系统
3977	火灾消防系统	气体灭火系统	运行数据	××防护区选择阀启动	消防监控系统
3978	火灾消防系统	气体灭火系统	运行数据	××防护区选择阀启动反馈	消防监控系统
3979	火灾消防系统	气体灭火系统	运行数据	系统启动、停止信号	消防监控系统

续表

序号	设备类型	设备部位	信息类型	巡视点位/信息名称	数据来源
3980	火灾消防系统	气体灭火系统	运行数据	（应急）手动启动、停止信号	消防监控系统
3981	火灾消防系统	贮压悬挂式超细干粉灭火装置（联动型）	运行数据	灭火剂喷放启动	消防监控系统
3982	火灾消防系统	防烟排烟系统	运行数据	电动挡烟垂壁启动	消防监控系统
3983	火灾消防系统	防烟排烟系统	运行数据	电动挡烟垂壁启动反馈	消防监控系统
3984	火灾消防系统	防烟排烟系统	运行数据	防排烟控制箱手动、自动工作状态	消防监控系统
3985	火灾消防系统	防烟排烟系统	运行数据	电动排烟口启动	消防监控系统
3986	火灾消防系统	防烟排烟系统	运行数据	电动排烟口启动反馈	消防监控系统
3987	火灾消防系统	防烟排烟系统	运行数据	排烟风机启动	消防监控系统
3988	火灾消防系统	防烟排烟系统	运行数据	排烟风机启动反馈	消防监控系统
3989	火灾消防系统	防烟排烟系统	运行数据	排烟风机入口防火阀启动	消防监控系统
3990	火灾消防系统	防烟排烟系统	运行数据	排烟风机入口防火阀启动反馈	消防监控系统
3991	火灾消防系统	防烟排烟系统	运行数据	排烟风机停止启动	消防监控系统
3992	火灾消防系统	防烟排烟系统	运行数据	排烟风机停止反馈	消防监控系统
3993	火灾消防系统	防火门及卷帘系统	运行数据	防火卷帘启动	消防监控系统
3994	火灾消防系统	防火门及卷帘系统	运行数据	防火卷帘启动反馈	消防监控系统
3995	火灾消防系统	防火门及卷帘系统	运行数据	防火门已开启	消防监控系统
3996	火灾消防系统	防火门及卷帘系统	运行数据	防火门已关闭	消防监控系统
3997	火灾消防系统	防火门及卷帘系统	运行数据	防火门故障	消防监控系统
3998	火灾消防系统	消防应急广播控制装置	运行数据	站内消防广播启动	消防监控系统
3999	火灾消防系统	电梯	运行数据	电梯迫降	消防监控系统

序号	设备类型	设备部位	信息类型	巡视点位/信息名称	数据来源
4000	火灾消防系统	电梯	运行数据	电梯故障	消防监控系统
4001	火灾消防系统	消防应急照明和疏散指示系统（集中型）	运行数据	故障总	消防监控系统
4002	火灾消防系统	消防应急照明和疏散指示系统（集中型）	运行数据	应急照明和疏散指示启动	消防监控系统
4003	火灾消防系统	消防应急照明和疏散指示系统（集中型）	运行数据	应急照明和疏散指示启动反馈	消防监控系统
4004	火灾消防系统	消防电源	运行数据	××消防主电电源故障信号	消防监控系统
4005	火灾消防系统	消防电源	运行数据	××消防备电电源故障信号	消防监控系统
4006	火灾消防系统	消防电源	运行数据	非消防电源强制切除启动	消防监控系统
4007	火灾消防系统	消防电源	运行数据	非消防电源强制切除启动反馈	消防监控系统
4008	火灾消防系统	供暖、通风和空气调节系统	运行数据	站内通风系统强切启动	消防监控系统
4009	火灾消防系统	供暖、通风和空气调节系统	运行数据	站内通风系统强切启动反馈	消防监控系统
4010	火灾消防系统	供暖、通风和空气调节系统	运行数据	防火阀启动	消防监控系统
4011	火灾消防系统	供暖、通风和空气调节系统	运行数据	防火阀启动反馈	消防监控系统
4012	火灾消防系统	供暖、通风和空气调节系统	运行数据	防火百叶启动	消防监控系统
4013	火灾消防系统	供暖、通风和空气调节系统	运行数据	防火百叶启动反馈	消防监控系统
4014	火灾消防系统	出入口控制系统	运行数据	站内门禁释放启动	消防监控系统
4015	火灾消防系统	全站公共信号级消防	告警信息	站内火灾总告警	消防监控系统
4016	火灾消防系统	全站公共信号级消防	告警信息	火灾报警控制器故障总	消防监控系统
4017	火灾消防系统	全站公共信号级消防	告警信息	火灾报警控制器屏蔽总	消防监控系统
4018	火灾消防系统	全站公共信号级消防	告警信息	火灾报警控制器启动总	消防监控系统

续表

序号	设备类型	设备部位	信息类型	巡视点位/信息名称	数据来源
4019	火灾消防系统	全站公共信号级消防	告警信息	火灾报警控制器反馈总	消防监控系统
4020	火灾消防系统	全站公共信号级消防	告警信息	火灾报警控制器主电故障	消防监控系统
4021	火灾消防系统	全站公共信号级消防	告警信息	火灾报警控制器备电故障	消防监控系统
4022	火灾消防系统	全站公共信号级消防	告警信息	火灾报警控制器回路通信故障总	消防监控系统
4023	火灾消防系统	全站公共信号级消防	告警信息	火灾报警控制器异常告警	消防监控系统
4024	火灾消防系统	全站公共信号级消防	告警信息	火灾报警控制器失电告警	消防监控系统
4025	火灾消防系统	全站公共信号级消防	告警信息	重要消防联动设备动作	消防监控系统
4026	火灾消防系统	主变压器消防（水喷雾）	告警信息	主变压器雨淋蝶阀关	消防监控系统
4027	火灾消防系统	主变压器消防（水喷雾）	告警信息	主变压器雨淋电磁阀动作	消防监控系统
4028	火灾消防系统	主变压器消防（水喷雾）	告警信息	水喷雾泵故障	消防监控系统
4029	火灾消防系统	主变压器消防（水喷雾）	告警信息	稳压罐低电压告警	消防监控系统
4030	火灾消防系统	主变压器消防（水喷雾）	告警信息	消防水池水位高告警	消防监控系统
4031	火灾消防系统	主变压器消防（水喷雾）	告警信息	消防水池水位低告警	消防监控系统
4032	火灾消防系统	主变压器消防（水喷雾）	告警信息	感温电缆超温告警	消防监控系统
4033	火灾消防系统	主变压器消防（水喷雾）	告警信息	水喷雾系统故障	消防监控系统
4034	火灾消防系统	主变压器消防（水喷雾）	告警信息	水喷雾系统运行状态（手动/自动）	消防监控系统
4035	火灾消防系统	主变压器消防（水喷雾）	告警信息	水喷雾泵电源故障	消防监控系统
4036	火灾消防系统	主变压器消防（水喷雾）	告警信息	水喷雾装置失电	消防监控系统
4037	火灾消防系统	主变压器消防（排油注氮）	告警信息	排油注氮系统运行状态（手动/自动）	消防监控系统
4038	火灾消防系统	主变压器消防（排油注氮）	告警信息	排油注氮系统火灾告警	消防监控系统
4039	火灾消防系统	主变压器消防（排油注氮）	告警信息	排油注氮装置失电	消防监控系统

序号	设备类型	设备部位	信息类型	巡视点位/信息名称	数据来源
4040	火灾消防系统	主变压器消防（排油注氮）	告警信息	排油注氮装置故障	消防监控系统
4041	火灾消防系统	主变压器消防（排油注氮）	告警信息	排油注氮装置远程启动反馈	消防监控系统
4042	火灾消防系统	主变压器消防（排油注氮）	告警信息	氮气瓶压力告警	消防监控系统
4043	火灾消防系统	主变压器消防（排油注氮）	告警信息	排油阀位置关	消防监控系统
4044	火灾消防系统	主变压器消防（排油注氮）	告警信息	断流阀位置开	消防监控系统
4045	火灾消防系统	主变压器消防（排油注氮）	告警信息	排油阀位置开	消防监控系统
4046	火灾消防系统	主变压器消防（排油注氮）	告警信息	氮气释放阀位置开	消防监控系统
4047	火灾消防系统	主变压器消防（排油注氮）	告警信息	漏油告警	消防监控系统
4048	火灾消防系统	主变压器消防（泡沫灭火）	告警信息	泡沫灭火系统运行状态（手动/自动）	消防监控系统
4049	火灾消防系统	主变压器消防（泡沫灭火）	告警信息	泡沫灭火装置火灾告警	消防监控系统
4050	火灾消防系统	主变压器消防（泡沫灭火）	告警信息	泡沫灭火装置动作	消防监控系统
4051	火灾消防系统	主变压器消防（泡沫灭火）	告警信息	泡沫灭火装置失电	消防监控系统
4052	火灾消防系统	主变压器消防（泡沫灭火）	告警信息	泡沫灭火装置远程启动反馈	消防监控系统
4053	火灾消防系统	主变压器消防（泡沫灭火）	告警信息	泡沫灭火装置故障	消防监控系统
4054	火灾消防系统	主变压器消防（泡沫灭火）	告警信息	电动阀故障	消防监控系统
4055	火灾消防系统	主变压器消防（泡沫灭火）	告警信息	电动阀动作反馈	消防监控系统
4056	火灾消防系统	主变压器消防（泡沫灭火）	告警信息	感温电缆断线告警	消防监控系统
4057	火灾消防系统	主变压器消防（泡沫灭火）	告警信息	电磁阀故障	消防监控系统
4058	火灾消防系统	主变压器消防（泡沫灭火）	告警信息	电磁阀动作反馈	消防监控系统
4059	火灾消防系统	主变压器消防（泡沫灭火）	告警信息	泡沫灭火装置电源故障	消防监控系统
4060	火灾消防系统	火灾报警	告警信息	消防装置故障	消防监控系统

续表

序号	设备类型	设备部位	信息类型	巡视点位/信息名称	数据来源
4061	火灾消防系统	火灾报警	告警信息	消防火灾总告警	消防监控系统
4062	火灾消防系统	火灾报警	告警信息	××变压器消防火灾告警	消防监控系统
4063	火灾消防系统	火灾报警	告警信息	××变压器灭火装置异常	消防监控系统
4064	火灾消防系统	水喷雾灭火系统、细水雾灭火系统	告警信息	水泵电源工作状态	消防监控系统
4065	火灾消防系统	水喷雾灭火系统、细水雾灭火系统	告警信息	信号阀状态	消防监控系统
4066	火灾消防系统	水喷雾灭火系统、细水雾灭火系统	告警信息	报警阀状态	消防监控系统
4067	火灾消防系统	水喷雾灭火系统、细水雾灭火系统	告警信息	水泵启、停状态	消防监控系统
4068	火灾消防系统	水喷雾灭火系统、细水雾灭火系统	告警信息	水泵故障状态	消防监控系统
4069	火灾消防系统	水喷雾灭火系统、细水雾灭火系统	告警信息	水流指示器状态	消防监控系统
4070	火灾消防系统	水喷雾灭火系统、细水雾灭火系统	告警信息	分区控制阀正常工作、动作状态	消防监控系统
4071	火灾消防系统	泡沫喷雾灭火系统	告警信息	消防水泵、泡沫液泵电源工作状态	消防监控系统
4072	火灾消防系统	泡沫喷雾灭火系统	告警信息	消防水泵、泡沫液泵、分区控制阀正常工作状态和动作状态	消防监控系统
4073	火灾消防系统	排油注氮灭火系统	告警信息	灭火系统电源指示信号	消防监控系统
4074	火灾消防系统	排油注氮灭火系统	告警信息	装置启动指示信号	消防监控系统
4075	火灾消防系统	排油注氮灭火系统	告警信息	火灾报警指示信号	消防监控系统
4076	火灾消防系统	排油注氮灭火系统	告警信息	感温电缆报警信号	消防监控系统
4077	火灾消防系统	排油注氮灭火系统	告警信息	氮气瓶压力报警信号	消防监控系统
4078	火灾消防系统	排油注氮灭火系统	告警信息	氮气释放阀位置信号	消防监控系统
4079	火灾消防系统	排油注氮灭火系统	告警信息	排油阀位置信号	消防监控系统
4080	火灾消防系统	排油注氮灭火系统	告警信息	漏油报警信号	消防监控系统

序号	设备类型	设备部位	信息类型	巡视点位/信息名称	数据来源
4081	火灾消防系统	排油注氮灭火系统	告警信息	检修锁定信号	消防监控系统
4082	火灾消防系统	排油注氮灭火系统	告警信息	断流阀关闭信号	消防监控系统
4083	火灾消防系统	气体灭火系统	告警信息	阀驱动装置工作状态	消防监控系统
4084	火灾消防系统	气体灭火系统	告警信息	防护区域防火门（窗）状态	消防监控系统
4085	火灾消防系统	气体灭火系统	告警信息	防护区域防火阀状态	消防监控系统
4086	火灾消防系统	气体灭火系统	告警信息	通风空调设备状态	消防监控系统
4087	火灾消防系统	气体灭火系统	告警信息	系统启、停信息	消防监控系统
4088	火灾消防系统	气体灭火系统	告警信息	紧急停止信号	消防监控系统
4089	火灾消防系统	气体灭火系统	告警信息	管网压力信号	消防监控系统
4090	火灾消防系统	消防给水消火栓系统	告警信息	消防水泵电源工作状态	消防监控系统
4091	火灾消防系统	消防给水消火栓系统	告警信息	消防水泵启、停状态	消防监控系统
4092	火灾消防系统	消防给水消火栓系统	告警信息	消防水泵故障状态	消防监控系统
4093	火灾消防系统	消防给水消火栓系统	告警信息	消防水箱水位异常	消防监控系统
4094	火灾消防系统	消防给水消火栓系统	告警信息	消防水池水位异常	消防监控系统
4095	火灾消防系统	消防给水消火栓系统	告警信息	管网压力告警	消防监控系统
4096	火灾消防系统	消防给水消火栓系统	告警信息	消火栓按钮告警	消防监控系统
4097	火灾消防系统	干粉灭火系统	告警信息	阀驱动装置动作状态	消防监控系统
4098	火灾消防系统	防烟排烟系统	告警信息	系统启动信号	消防监控系统
4099	火灾消防系统	防烟排烟系统	告警信息	防烟排烟风机电源工作状态	消防监控系统
4100	火灾消防系统	防烟排烟系统	告警信息	风机状态	消防监控系统
4101	火灾消防系统	防烟排烟系统	告警信息	电动防火阀状态	消防监控系统

续表

序号	设备类型	设备部位	信息类型	巡视点位/信息名称	数据来源
4102	火灾消防系统	防烟排烟系统	告警信息	电动排烟防火阀状态	消防监控系统
4103	火灾消防系统	防烟排烟系统	告警信息	常闭送风口状态	消防监控系统
4104	火灾消防系统	防烟排烟系统	告警信息	排烟阀（口）状态	消防监控系统
4105	火灾消防系统	防烟排烟系统	告警信息	电动排烟窗状态	消防监控系统
4106	火灾消防系统	防烟排烟系统	告警信息	电动挡烟垂壁状态	消防监控系统
4107	火灾消防系统	供暖、通风和空气调节系统	告警信息	系统故障信号	消防监控系统
4108	火灾消防系统	供暖、通风和空气调节系统	告警信息	防火阀工作状态	消防监控系统
4109	火灾消防系统	供暖、通风和空气调节系统	告警信息	防火百叶工作状态	消防监控系统
4110	火灾消防系统	供暖、通风和空气调节系统	告警信息	排风机工作状态	消防监控系统
4111	火灾消防系统	防火门及卷帘系统	告警信息	防火卷帘控制器、防火门控制器工作状态	消防监控系统
4112	火灾消防系统	防火门及卷帘系统	告警信息	卷帘门工作状态	消防监控系统
4113	火灾消防系统	防火门及卷帘系统	告警信息	××防火卷帘控制器、防火门控制器故障状态	消防监控系统
4114	火灾消防系统	防火门及卷帘系统	告警信息	××防火门反馈信号	消防监控系统
4115	火灾消防系统	防火门及卷帘系统	告警信息	××疏散门工作状态和故障状态	消防监控系统
4116	火灾消防系统	消防应急照明和疏散指示系统	告警信息	消防应急照明和疏散指示系统故障状态	消防监控系统
4117	火灾消防系统	消防应急照明和疏散指示系统	告警信息	消防应急照明和疏散指示系统应急工作状态	消防监控系统
4118	火灾消防系统	消防电源	告警信息	系统内各消防用电设备电源欠电压报警信息	消防监控系统
4119	火灾消防系统	消防信息传输控制单元	告警信息	装置电源失电	消防监控系统
4120	火灾消防系统	消防信息传输控制单元	告警信息	装置故障	消防监控系统
4121	火灾消防系统	消防信息传输控制单元	告警信息	通信中断	消防监控系统
4122	火灾消防系统	消防信息传输控制单元	告警信息	××火灾报警信息	消防监控系统

序号	设备类型	设备部位	信息类型	巡视点位/信息名称	数据来源
4123	火灾消防系统	消防信息传输控制单元	告警信息	××火灾报警屏蔽	消防监控系统
4124	火灾消防系统	消防信息传输控制单元	告警信息	××火灾报警故障	消防监控系统
4125	火灾消防系统	消防信息传输控制单元	告警信息	采集回路短路状态	消防监控系统
4126	火灾消防系统	消防信息传输控制单元	告警信息	采集回路断路状态	消防监控系统
4127	火灾消防系统	消防信息传输控制单元	告警信息	采集输入/反馈信号	消防监控系统
4128	火灾消防系统	消防信息传输控制单元	告警信息	采集输入/反馈检线信号	消防监控系统
4129	火灾消防系统	火灾自动报警系统	告警信息	火灾报警控制器总告警	消防监控系统
4130	火灾消防系统	火灾自动报警系统	告警信息	站内消防广播	消防监控系统
4131	火灾消防系统	火灾自动报警系统	告警信息	站内门禁已释放	消防监控系统
4132	火灾消防系统	火灾自动报警系统	告警信息	站内风机已强切	消防监控系统
4133	火灾消防系统	火灾自动报警系统	告警信息	站内空调已强切	消防监控系统
4134	火灾消防系统	火灾自动报警系统	告警信息	消火栓泵运行	消防监控系统
4135	火灾消防系统	火灾自动报警系统	告警信息	消防水池高水位报警	消防监控系统
4136	火灾消防系统	火灾自动报警系统	告警信息	消防水池低水位报警	消防监控系统
4137	火灾消防系统	火灾自动报警系统	告警信息	防火百叶已动作	消防监控系统
4138	火灾消防系统	火灾自动报警系统	告警信息	防火阀 1（1−N）已动作	消防监控系统
4139	火灾消防系统	火灾自动报警系统	告警信息	防火阀 1（1−N）已复位	消防监控系统
4140	火灾消防系统	火灾自动报警系统	告警信息	高位百叶已动作	消防监控系统
4141	火灾消防系统	火灾自动报警系统	告警信息	高位百叶已复位	消防监控系统
4142	火灾消防系统	火灾自动报警系统	告警信息	风机强切报警	消防监控系统
4143	火灾消防系统	火灾自动报警系统	告警信息	空调强切报警	消防监控系统

续表

序号	设备类型	设备部位	信息类型	巡视点位/信息名称	数据来源
4144	火灾消防系统	细水雾	告警信息	系统运行状态	消防监控系统
4145	火灾消防系统	细水雾	告警信息	细水雾泵运行	消防监控系统
4146	火灾消防系统	细水雾	告警信息	细水雾选择阀动作	消防监控系统
4147	火灾消防系统	细水雾	告警信息	细水雾泵故障	消防监控系统
4148	火灾消防系统	细水雾	告警信息	电磁阀运行	消防监控系统
4149	火灾消防系统	细水雾	告警信息	电动阀运行（分相）	消防监控系统
4150	火灾消防系统	细水雾	告警信息	装置失电	消防监控系统
4151	火灾消防系统	细水雾	告警信息	电动阀故障（分相）	消防监控系统
4152	火灾消防系统	气体灭火	告警信息	灭火延时中	消防监控系统
4153	火灾消防系统	气体灭火	告警信息	启动喷洒	消防监控系统
4154	火灾消防系统	气体灭火	告警信息	气体控制盘故障	消防监控系统
4155	火灾消防系统	预作用	告警信息	预作用报警阀蝶阀关闭	消防监控系统
4156	火灾消防系统	预作用	告警信息	预作用喷淋就地启动	消防监控系统
4157	火灾消防系统	预作用	告警信息	预作用喷淋泵动作	消防监控系统
4158	火灾消防系统	预作用	告警信息	预作用喷淋泵故障	消防监控系统
4159	火灾消防系统	预作用	告警信息	压缩空气压力低报警	消防监控系统
4160	火灾消防系统	预作用	告警信息	电动排气阀 1（1−N）已动作	消防监控系统
4161	火灾消防系统	预作用	告警信息	电动排气阀 1（1−N）已复位	消防监控系统
4162	火灾消防系统	暖通风阀	告警信息	风阀已动作	消防监控系统
4163	火灾消防系统	暖通风阀	告警信息	风阀已复位	消防监控系统
4164	火灾消防系统	暖通防火阀	告警信息	防火阀已动作	消防监控系统

续表

序号	设备类型	设备部位	信息类型	巡视点位/信息名称	数据来源
4165	火灾消防系统	暖通防火阀	告警信息	防火阀已复位	消防监控系统
4166	火灾消防系统	暖通防火阀	告警信息	防火阀复位	消防监控系统
4167	火灾消防系统	暖通排烟阀	告警信息	排烟阀已动作	消防监控系统
4168	火灾消防系统	暖通排烟阀	告警信息	排烟阀已复位	消防监控系统
4169	火灾消防系统	电梯	告警信息	电梯迫降到位位置	消防监控系统
4170	火灾消防系统	防火卷帘门	告警信息	防火卷帘门动作状态	消防监控系统
4171	火灾消防系统	防火卷帘门	告警信息	防火阀1（1-N）复位状态	消防监控系统
4172	火灾消防系统	空气采样机	告警信息	空气采样机失电	消防监控系统
4173	火灾消防系统	空气采样机	告警信息	空气采样机故障	消防监控系统
4174	火灾消防系统	空气采样机	告警信息	空气采样机预警	消防监控系统
4175	火灾消防系统	烟感	告警信息	烟感报警	消防监控系统
4176	火灾消防系统	烟感	告警信息	烟感故障	消防监控系统
4177	火灾消防系统	烟感	告警信息	烟感屏蔽	消防监控系统
4178	火灾消防系统	温感	告警信息	温感报警	消防监控系统
4179	火灾消防系统	温感	告警信息	温感故障	消防监控系统
4180	火灾消防系统	温感	告警信息	温感屏蔽	消防监控系统
4181	火灾消防系统	手动报警器	告警信息	手动报警启动	消防监控系统
4182	火灾消防系统	声光告警器	告警信息	声光警报已鸣响	消防监控系统
4183	火灾消防系统	消火栓泵	告警信息	消火栓泵手动启动	消防监控系统
4184	火灾消防系统	全站公共信号	告警信息	××消防报警装置故障总	消防监控系统
4185	火灾消防系统	全站公共信号	告警信息	××消防报警装置火警总	消防监控系统

序号	设备类型	设备部位	信息类型	巡视点位/信息名称	数据来源
4186	火灾消防系统	全站公共信号	告警信息	消防水池/水箱液位（高/低）总	消防监控系统
4187	火灾消防系统	全站公共信号	告警信息	××防护区（主变压器等）消防火警总	消防监控系统
4188	火灾消防系统	全站公共信号	告警信息	××防护区（主变压器等）灭火装置启动	消防监控系统
4189	火灾消防系统	全站公共信号	告警信息	××防护区（主变压器等）灭火装置故障	消防监控系统
4190	火灾消防系统	消防信息传输/控制单元	告警信息	装置故障（失电）告警	消防监控系统
4191	火灾消防系统	消防信息传输/控制单元	告警信息	装置异常告警	消防监控系统
4192	火灾消防系统	消防信息传输/控制单元	告警信息	控制输出/反馈回路短路状态	消防监控系统
4193	火灾消防系统	消防信息传输/控制单元	告警信息	控制输出/反馈回路断路状态	消防监控系统
4194	火灾消防系统	消防信息传输/控制单元	告警信息	模拟量_消防水池/水箱液位	消防监控系统
4195	火灾消防系统	消防信息传输/控制单元	告警信息	模拟量_给水系统管网压力	消防监控系统
4196	火灾消防系统	消防信息传输/控制单元	告警信息	模拟量_消防电源电压	消防监控系统
4197	火灾消防系统	火灾自动报警系统	告警信息	火警总	消防监控系统
4198	火灾消防系统	火灾自动报警系统	告警信息	屏蔽总	消防监控系统
4199	火灾消防系统	火灾自动报警系统	告警信息	监管总	消防监控系统
4200	火灾消防系统	火灾自动报警系统	告警信息	启动总	消防监控系统
4201	火灾消防系统	火灾自动报警系统	告警信息	反馈总	消防监控系统
4202	火灾消防系统	火灾自动报警系统	告警信息	回路通信故障总	消防监控系统
4203	火灾消防系统	火灾自动报警系统	告警信息	主电故障	消防监控系统
4204	火灾消防系统	火灾自动报警系统	告警信息	备电故障	消防监控系统
4205	火灾消防系统	火灾自动报警系统	告警信息	手/自动状态	消防监控系统
4206	火灾消防系统	火灾自动报警系统	告警信息	复位	消防监控系统

序号	设备类型	设备部位	信息类型	巡视点位/信息名称	数据来源
4207	火灾消防系统	火灾自动报警系统	告警信息	探测器状态	消防监控系统
4208	火灾消防系统	火灾自动报警系统	告警信息	模块采集/控制状态	消防监控系统
4209	火灾消防系统	消防给水及消火栓系统	告警信息	消防水池/水箱高水位告警	消防监控系统
4210	火灾消防系统	消防给水及消火栓系统	告警信息	消防水池/水箱低水位告警	消防监控系统
4211	火灾消防系统	遥控	控制命令	主变压器消防装置远方启动出口	在线监测系统
4212	火灾消防系统	遥控	控制命令	火灾告警信号远方复归	在线监测系统
4213	火灾消防系统	固定灭火系统	控制命令	××主变压器灭火装置远方应急启动	消防监控系统
4214	火灾消防系统	遥控	控制命令	主变压器消防装置远方启动出口	消防监控系统
4215	火灾消防系统	遥控	控制命令	火灾告警信号远方复归	消防监控系统
4216	火灾消防系统	遥控	控制命令	火灾报警信号确认	消防监控系统
4217	火灾消防系统	遥控	控制命令	故障设备隔离	消防监控系统
4218	火灾消防系统	遥控	控制命令	固定灭火系统启动/停止	消防监控系统
4219	火灾消防系统	固定式灭火系统	控制命令	××灭火装置远方应急启动指令	消防监控系统
4220	火灾消防系统	固定式灭火系统	控制命令	××灭火装置远方应急启动反馈	消防监控系统
4221	火灾消防系统	主变压器区域消防管	巡视数据	外观	消防监控系统
4222	火灾消防系统	消防感温电缆接线箱	巡视数据	接线箱外观	消防监控系统
4223	火灾消防系统	指示灯	巡视数据	指示灯	远程智能巡视系统
4224	辅助设施	消防设施	巡视数据	火灾报警控制器	消防监控系统
4225	辅助设施	消防设施	巡视数据	消防告警信号	消防监控系统
4226	辅助设施	消防设施	巡视数据	排油充氮灭火装置控制屏	消防监控系统
4227	辅助设施	消防设施	巡视数据	排油充氮灭火装置消防柜	消防监控系统
4228	辅助设施	消防设施	巡视数据	水（泡沫）喷淋系统控制柜	消防监控系统
4229	辅助设施	安防设施	巡视数据	安防告警信号	安防监控系统

序号	设备类型	设备部位	信息类型	巡视点位/信息名称	数据来源
4230	辅助设施	安防设施	巡视数据	电子围栏	安防监控系统
4231	辅助设施	防汛设施	巡视数据	电缆通道	消防监控系统
4232	辅助设施	运行环境	巡视数据	温湿度	远程智能巡视系统
4233	辅助设施	运行环境	巡视数据	SF_6浓度	远程智能巡视系统
4234	辅助设施	运行环境	巡视数据	O_2浓度	远程智能巡视系统
4235	辅助设施	运行环境	巡视数据	SF_6告警信号	远程智能巡视系统
4236	辅助设施	防汛设施	巡视数据	水浸告警信号	消防监控系统